TRAITÉ

DE

MINÉRALOGIE

PAR

Fred. WALLERANT

PROFESSEUR A LA FACULTÉ DES SCIENCES DE RENNES

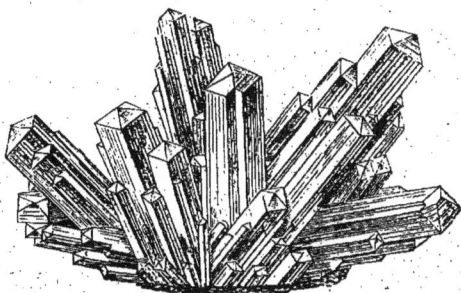

PARIS

LIBRAIRIE POLYTECHNIQUE, BAUDRY ET Cⁱᵉ, ÉDITEURS

15, RUE DES SAINTS-PÈRES, 15

MÊME MAISON A LIÉGE, RUE DES DOMINICAINS, 7

—

1891

TRAITÉ

DE

MINÉRALOGIE

TRAITÉ

DE

MINÉRALOGIE

PAR

Fred. WALLERANT

PROFESSEUR A LA FACULTÉ DES SCIENCES DE RENNES

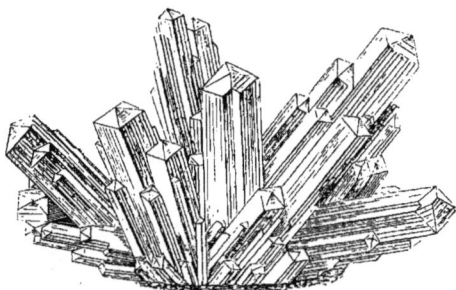

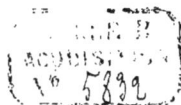

PARIS

LIBRAIRIE POLYTECHNIQUE, BAUDRY ET Cⁱᵉ, ÉDITEURS

15, RUE DES SAINTS-PÈRES, 15

MÊME MAISON A LIÈGE, RUE DES DOMINICAINS, 7

—

1891

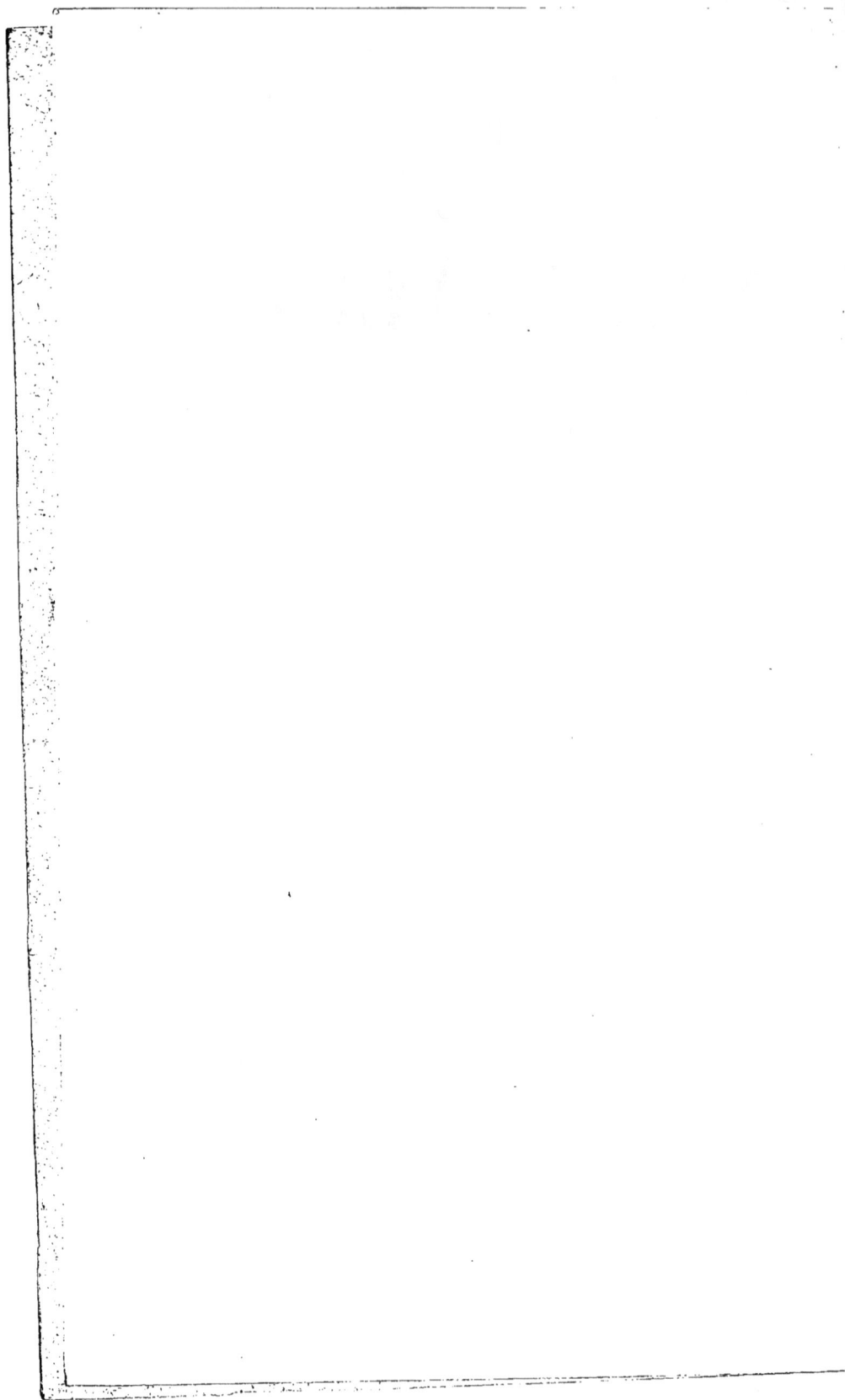

PRÉFACE

———

Depuis quelques années l'enseignement de la minéralogie a fait de grands progrès dans nos facultés et l'on a rendu à cette science la place qu'elle méritait d'occuper dans les examens de la licence ès sciences physiques. On a compris qu'une étude approfondie des propriétés si remarquables et si spéciales des cristaux pouvait seule donner la solution de problèmes, qui comptent dans la science parmi les plus importants. D'autre part les recherches pétrographiques, exigeant une complète connaissance des minéraux, l'impulsion, donnée en France par MM. Fouqué et Michel Lévy à l'étude des roches, devait avoir son contre-coup dans l'enseignement de la minéralogie.

Mais il ne suffisait pas de constater la nécessité de cet enseignement, il fallait encore le bâtir de toutes pièces. Sous ce rapport, la science est redevable à M. Mallard du progrès le plus sensible : en remplaçant dans son *Traité de Cristallographie*, la méthode analytique de Bravais par d'élégantes démonstrations géométriques, cet auteur a mis la cristallographie à la portée de tous. On ne s'étonnera donc pas si, en certains points, nous l'avons suivi pas à pas : vouloir modifier ses démonstrations, c'eut été vouloir les rendre moins claires.

M. de Lapparent a publié depuis un *Cours de Minéralogie*, où avec son élégance de style habituelle, l'éminent professeur expose les derniers résultats de la science.

Il m'a semblé qu'à côté de ces deux ouvrages, il y avait place pour un troisième, conçu dans un esprit différent. C'est pourquoi je me suis décidé à publier le cours que je professe depuis plusieurs années. Le candidat à la licence ès sciences physiques y trouvera, à côté de la cristallographie, l'exposé des principales propriétés physiques des cristaux et en particulier de la double réfraction. Quant aux espèces minérales, je me suis astreint à ne décrire que les principales, trouvant inutile de surcharger la mémoire d'espèces rares ou peu connues. D'autre part, les candidats à l'agrégation des sciences naturelles y pourront puiser toutes les connaissances nécessaires aux recherches pétrographiques. J'insiste, en effet, sur la détermination au moyen du microscope, des propriétés optiques des minéraux, sur les méthodes employées pour reconnaître leur composition chimique, et enfin je décris les minéraux des roches en indiquant les caractères qu'ils y présentent.

En un mot cet ouvrage n'est pas un traité, mais un cours de minéralogie à l'usage des candidats à la licence ès sciences

physiques et des candidats à l'agrégation des sciences naturelles.

Ces derniers devront principalement consulter :

Le paragraphe iii de la page 212 ;

Le paragraphe iv de la page 214 ;

Le paragraphe v de la page 216 ;

Le paragraphe ii de la page 234 ;

Le paragraphe iii de la page 237 ;

Le chapitre II de la page 301 ;

Et le chapitre II de la page 367

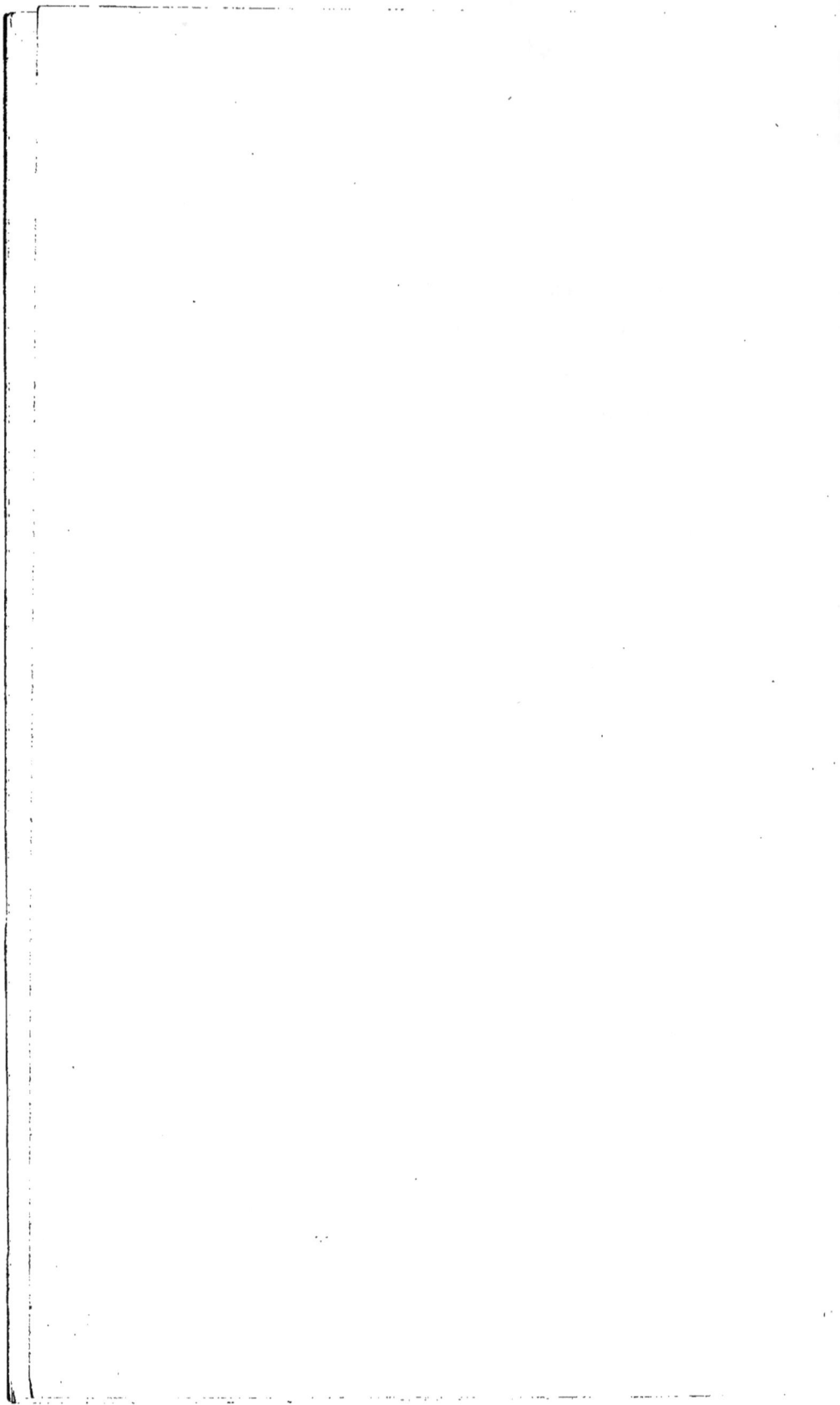

TRAITÉ DE MINÉRALOGIE

INTRODUCTION

On appelle minéral tout corps simple ou composé, de composition chimique définie, entrant dans la constitution du sol.

La minéralogie a pour but l'étude de ces minéraux, de leurs caractères extérieurs, de leurs propriétés chimiques, de leurs propriétés physiques. Mais elle ne considère que les minéraux en eux-mêmes et abandonne à la pétrographie le soin de rechercher leurs modes d'association, d'étudier les roches qu'ils composent.

La minéralogie est donc une science dont le but et les limites sont nettement définis, et cependant il n'est pas de science qui ait été exposée de façons plus diverses. Cela tient, comme Dufrenoy le fait remarquer dans la préface de son traité, à ce que peu de personnes sont aptes à cultiver avec le même succès les différentes branches de la minéralogie. Les unes, s'adonnant plus spécialement à l'observation des phénomènes naturels, considèrent la minéralogie comme une science exclusivement naturelle et la réduisent à la description des caractères extérieurs des minéraux; d'autres la considèrent comme une branche de la chimie; d'autres enfin font rentrer dans la physique l'examen des principales propriétés des minéraux.

Les espèces se définissent en minéralogie comme en chimie, c'est-à-dire que les espèces simples se définissent par l'énoncé de leurs propriétés caractéristiques; les espèces composées se définissent par l'énoncé des corps simples entrant dans leur composition et l'énoncé des proportions dans lesquelles ils y entrent.

Les espèces peuvent présenter des variétés se différenciant par leurs propriétés physiques. Ainsi, par exemple, l'espèce minérale silice se trouve dans la nature à deux états différents : tantôt les molécules sont orientées d'une façon régulière, comme dans la variété quartz; tantôt les molécules sont orientées d'une façon quelconque, comme dans la variété silex.

L'examen de ces espèces et de ces variétés se fait à différents points de vue ; à chacun de ceux-ci correspond un chapitre de la minéralogie.

On étudie d'abord leur constitution moléculaire et les formes géométriques qui en sont la conséquence ; cette étude constitue la *cristallographie*.

Dans la *Minéralogie physique* on s'occupe des autres propriétés physiques, les propriétés élastiques, optiques, thermiques, électriques, etc…

Dans un troisième chapitre — la *Minéralogie chimique* — on traite des propriétés chimiques, et surtout des méthodes de recherches spéciales à la minéralogie.

Enfin, la *Minéralogie spécifique* comprend la description des différentes espèces et variétés de minéraux.

Cet ouvrage devrait donc logiquement être divisé en quatre livres. Mais la Minéralogie chimique se confond presque entièrement avec la chimie minérale : elle ne possède en propre que quelques méthodes destinées à reconnaître rapidement les espèces minérales. Aussi ferons-nous simplement précéder la description des espèces de l'exposé de ces méthodes et notre cours se trouvera ainsi divisé en trois livres :

I.   — Cristallographie.
II. — Minéralogie physique.
III. — Minéralogie spécifique.

LIVRE PREMIER

CRISTALLOGRAPHIE

PREMIÈRE SECTION

ÉTUDE GÉNÉRALE DES FORMES CRISTALLINES

CHAPITRE PREMIER

DES SYSTÈMES RÉTICULAIRES

§ I. — DE LA STRUCTURE DES CORPS CRISTALLISÉS

La cristallographie date des travaux de Romé de l'Isle, qui furent publiés en 1772. Depuis, elle fit jusqu'à nos jours des progrès incessants. Dans la longue liste des minéralogistes, deux hommes ont pris une place prépondérante, grâce à l'importance de leurs découvertes : Haüy et Bravais.

Romé de l'Isle se servit du goniomètre d'application, encore employé aujourd'hui, pour démontrer que, dans une espèce minérale, deux faces planes déterminées font toujours entre elles le même angle. Il répartit en outre les cristaux en sept groupes, d'après la valeur de ces angles et d'après la disposition des faces ; il établit ainsi une classification, dont les bases manquaient de précision et de valeur scientifique, mais dont les résultats étaient naturels et en accord presque complet avec les découvertes postérieures. Autrement dit, sans avoir pu énoncer les lois posées par Haüy, il les avait pressenties.

Haüy précisa les idées de de l'Isle en s'appuyant sur la découverte suivante, qui lui est personnelle. Certains cristaux possèdent la propriété de se fendre suivant certains plans ayant une position fixe dans le cristal. Quand le cristal possède trois systèmes de ces plans de clivage, ceux-ci déterminent un solide prismatique, de forme constante, qu'Haüy appelle la forme primitive. Tout autre forme polyédrique du minéral peut se déduire de cette forme primitive au moyen de troncatures, c'est-à-dire en remplaçant une arête ou un sommet de la forme primitive par une ou plusieurs faces.

En outre, ces faces ne sont pas indépendantes les unes des autres ; leur production est soumise à une loi, la loi de symétrie : Quand une troncature se produit sur un élément de la forme primitive, elle se produit sur tous les autres éléments semblables.

Enfin, ayant reconnu l'existence de sept formes primitives, Haüy en conclut l'existence de sept systèmes cristallins, encore adoptés aujourd'hui.

Telle est en principe la base de la cristallographie établie par Haüy. Mais à l'époque où ce minéralogiste fit ses belles découvertes, les propriétés cristallographiques de certains minéraux étaient trop peu connues pour qu'il en pût tenir compte en posant les bases de sa théorie. C'est Weiss qui étudia le premier, et indépendamment de toute idée théorique, ces formes mériédriques qui ne satisfont pas aux lois d'Haüy.

A Bravais revient l'honneur d'avoir donné une théorie générale des formes géométriques des cristaux, en s'appuyant sur des considérations mathématiques aussi simples que fécondes.

Mais si les idées de Haüy ont été rejetées comme trop particulières au point de vue théorique, dans la pratique elles ont le grand avantage de donner une image simple et frappante du mode de formation des différentes formes géométriques des cristaux : aussi, dans le langage courant, fait-on continuellement appel aux expressions et aux notations d'Haüy.

C'est pourquoi, après l'exposition de la théorie de Bravais, simplifiée par M. Mallard, on trouvera un résumé des idées d'Haüy.

Définition de l'état cristallin. — Cette définition est indépendante des hypothèses que l'on peut faire sur la constitution de la matière : elle ne suppose ni que la matière soit continue, ni qu'elle soit formée d'atomes ou de molécules. Mais, pour simplifier le langage, nous emploierons les expressions de la théorie moléculaire, en désignant sous le nom de molécules aussi bien les atomes des corps simples que les molécules des corps composés.

Au point de vue de la structure moléculaire, les minéraux peuvent présenter deux états différents : dans l'état *amorphe* les molécules sont orientées d'une façon quelconque ; dans l'état *cristallin*, elles sont au contraire orientées d'une façon particulière dont la définition a été suggérée à Bravais par les observations suivantes.

Bravais remarqua que, dans les minéraux présentant l'état cristallin, deux directions parallèles possédaient les mêmes propriétés, tandis qu'on constatait des propriétés différentes dans deux directions non parallèles. La vitesse de propagation de la lumière est la même suivant deux directions parallèles ; elle varie en même temps que sa direction de propagation. La cohésion est toujours la même perpendiculairement à deux plans parallèles ; elle varie avec l'orientation de ces plans.

Cette constatation amena Bravais à définir ce qu'il appelle points homologues de deux molécules.

Les molécules d'un corps sont géométriquement égales, c'est-à-dire que, si les molécules étaient des corps géométriques, on pourrait les faire coïncider. Si un point A d'une molécule coïncide avec un point A′ d'une autre molécule, lors de la coïncidence des deux molécules, les points A et A′ sont dits *homologues*.

Dans certains cas, on peut faire coïncider les molécules de plusieurs façons ; le point A de la première molécule pourra donc coïncider avec plusieurs points de la deuxième molécule ; autrement dit, il aura plusieurs points homologues.

Ceci posé, un corps est dit *cristallisé* lorsque les molécules sont disposées de telle sorte que, si A et A′ sont deux points homologues et si les droites AB, A′B′ (fig. 1) sont égales, parallèles et

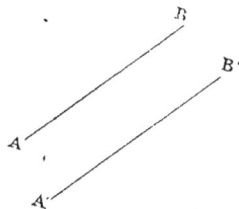

Fig. 1.

de même sens, les points B et B′ sont homologues entre eux. En partant de cette définition, nous allons chercher comment sont disposés tous les points homologues d'un point A_0 dans un corps cristallisé supposé infini.

Soit A_1 (fig. 2) un point homologue de A_0, tel que sur la droite $A_0 A_1$ il n'existe aucun point homologue de A_0 entre A_0 et A_1. Prenons sur cette droite un point A_2, tel que l'on ait : $A_1 A_2 = A_0 A_1$; le point A_2 est un point homologue de A_1. En effet, les droites $A_0 A_1$ et $A_1 A_2$ sont égales, parallèles et de même sens, par conséquent leurs extrémités sont deux points homologues entre eux ; A_2 est donc homologue de A_1 et par suite de A_0.

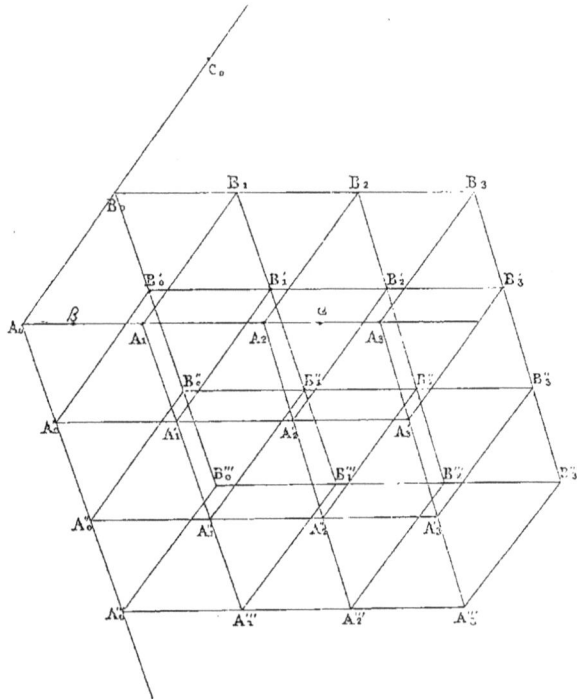

Fig. 2.

En répétant le même raisonnement, on voit que sur la droite $A_0 A_1$ il existe une infinité de points homologues à A_0, tous équidistants d'une longueur $A_0 A_1$.

Je dis en outre qu'entre deux de ces points il n'existe aucun autre point homologue de A_0. En effet, si entre A_2 et A_3, par exemple, nous avions un point α, homologue de A_0, en menant par A_0 une droite égale, parallèle et de même sens à $A_2 \alpha$, nous obtiendrions un point β homologue de A_0, compris entre A_0 et A_1, ce qui est impossible d'après l'hypothèse faite.

Une droite telle que $A_0 A_1$ passant par une infinité de points homologues de A_0 s'appelle une *rangée*, et la distance de deux points homologues s'appelle le *paramètre* de la rangée.

Considérons maintenant un plan passant par la droite $A_0 A_1$ et par un point homologue de A_0 non situé sur $A_0 A_1$, et dans ce plan une droite coïncidant primitivement avec $A_0 A_1$ et se déplaçant parallèlement à elle-même ; cette droite finira par rencontrer un point A'_0 homologue de A_0 tel qu'entre sa position initiale et sa position finale, il n'existe aucun point homologue de A_0.

Joignons $A_0 A_0'$. Cette droite est une rangée passant par les points $A_0 A_0' A_0'' A_0'''$ etc., tous équidistants de la distance $A_0 A'_0$. Par ces points menons des droites parallèles à $A_0 A_1$; puisqu'elles ont pour origines des points homologues de A_0, ces droites seront des rangées de même paramètre que la rangée $A_0 A_1$.

Soient $A_0' A_1' A_2'$ les points homologues situés sur la première rangée, $A_0'' A_1'' A_2''$ les points homologues situés sur la seconde rangée, et ainsi de suite. Il est évident que tous les points homologues ayant même indice inférieur se trouvent sur une droite parallèle à $A_0 A_0'$, autrement dit les points homologues occupent les sommets de parallélogrammes juxtaposés. A l'intérieur de l'un de ces parallélogrammes il ne peut exister de points homologues à A_0. Si en effet nous avions un point α', homologue de A_0, dans l'intérieur du parallélogramme $A_1' A_2' A_2'' A_1''$, en menant par A_0 une droite $A_0 \beta'$ égale, parallèle et de même sens à $A_1' \alpha'$, nous obtiendrions un point β' homologue de α', c'est-à-dire homologue de A_0, compris entre la droite $A_0 A_1$ et la droite $A_0' A_1'$, ce qui est contraire à l'hypothèse.

On appelle *réseau* l'ensemble de deux systèmes de droites parallèles situées dans un même plan, les droites de chacun des systèmes étant équidistantes.

On appelle *plan réticulaire* le plan contenant les deux systèmes

de droites ; *nœuds* du réseau les points d'intersection des droites
de l'un des systèmes avec les droites de l'autre système ; *maille*
du réseau le parallélogramme construit sur les paramètres de deux
de ses rangées.

D'après ce que nous venons de voir, tous les points homologues
d'un point A_0, situés dans le même plan, coïncident avec les
nœuds d'un réseau.

Ceci posé, considérons un plan coïncidant primitivement avec
le plan A et se déplaçant parallèlement à lui-même. Il arrivera
un moment où il rencontrera un point B_0, analogue de A_0, tel
qu'entre sa position initiale et sa position finale ne se trouve
aucun point homologue de A_0. Joignons A_0 B_0, nous obtenons
une rangée passant par une infinité de points homologues
A_0 B_0 C_0, tous équidistants de la longueur A_0 B_0. Par ces points
menons des plans parallèles au plan A. Ces plans étant parallèles
et passant par des points homologues, seront des plans réticulaires dont les réseaux seront égaux et parallèles aux réseaux du
plan A.

En se reportant à la figure 2, il est facile de voir que tous les
points homologues ayant même indice inférieur se trouvent dans
un même plan parallèle au plan B_0 A_0 A'_0. Tous les points homologues ayant même indice supérieur se trouvent dans un
même plan parallèle au plan B_0 A_0 A_1. Par conséquent, tous les
points homologues considérés coïncident avec les sommets de
parallélipipèdes juxtaposés. En suivant la marche indiquée, précédemment, on démontrerait qu'il ne peut y avoir de points homologues à A_0, dans l'intérieur d'un de ces parallélipipèdes.

On appelle *système réticulaire* l'ensemble de trois systèmes de
plans, les plans de chaque système étant parallèles et équidistants.
Les points d'intersection communs de trois plans de chacun des
systèmes s'appellent les *nœuds* du système réticulaire.

Le parallélipipède construit sur les paramètres de trois rangées
s'appelle la *maille* du système réticulaire.

D'après ce que nous venons de voir, tous les points homologues
d'un même point A₀ coïncident avec les nœuds d'un système réticulaire.

Soit maintenant α_0 un autre point quelconque du corps cristallisé. Si, par tous les points homologues de A_0, nous menons des droites égales, parallèles et de même sens à $A_0\,\alpha_0$, nous obtiendrons tous les points homologues de α_0. Or, tous ces points coïncident évidemment avec les nœuds d'un système réticulaire que l'on obtiendrait en donnant au système réticulaire précédent une translation égale parallèle et de même sens à $A_0\,\alpha_0$.

Nous voyons que la disposition des molécules sera complètement déterminée quand on connaîtra le système réticulaire dont les nœuds coïncident avec les points homologues d'un point quelconque du corps cristallisé. Pour étudier les différentes positions que peuvent présenter ces molécules, il faut donc étudier les différents systèmes réticulaires.

§ II. — Propriétés analytiques des systèmes réticulaires

Dans un réseau, on dit que deux rangées parallèles sont *limitrophes* lorsqu'il n'y a aucun nœud compris entre elles deux. Dans un système réticulaire, on dit que deux plans parallèles sont *limitrophes* lorsqu'il n'y a aucun nœud entre eux deux. Dans un réseau, deux rangées sont dites *conjuguées* lorsque le réseau construit sur ces deux rangées renferme tous les nœuds du réseau donné.

Ainsi dans la figure 3, $A_0\,A_1$ et $A_0\,A_1''$ ne sont pas deux rangées conjuguées, puisque le parallélogramme construit sur les paramètres $A_0\,A_1$ et $A_0\,A_1''$ de ces rangées renferme un nœud, qui par conséquent ne coïncide pas avec l'un des nœuds du nouveau réseau.

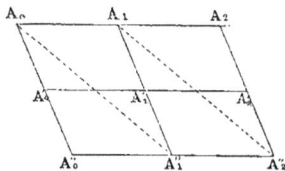
Fig. 3.

D'après ce que nous avons vu sur la répartition des points homologues situés dans un même plan, pour obtenir une rangée conjuguée d'une rangée donnée, il suffit de joindre un nœud de cette dernière à un nœud d'une rangée limitrophe.

Nous avons considéré, en effet, une droite coïncidant primitivement avec $A_0 A_1$ et se déplaçant parallèlement à elle-même; puis nous avons joint A_0 au premier nœud A'_0 que cette droite a rencontré et nous avons ainsi obtenu une rangée $A_0 A'_0$, conjuguée de $A_0 A_1$. Or, en même temps qu'elle rencontrait A'_0, cette droite rencontrait une infinité d'autres nœuds que nous aurions pu prendre pour définir la rangée conjuguée $A_0 A'_0$.

On dit qu'un plan réticulaire est *conjugué* d'une rangée, lorsque le système réticulaire construit sur la rangée et sur le réseau du plan renferme tous les nœuds du système réticulaire donné. D'après ce que nous avons vu, pour obtenir une rangée conjuguée d'un plan réticulaire, il suffit de joindre un nœud de ce plan à un nœud d'un plan limitrophe. On dit que trois rangées sont conjuguées lorsque le système réticulaire construit sur ces trois rangées comprend tous les nœuds du système réticulaire donné. Pour avoir trois rangées conjuguées, on prendra deux rangées conjuguées dans un plan réticulaire, puis on prendra une troisième rangée conjuguée de ce plan réticulaire.

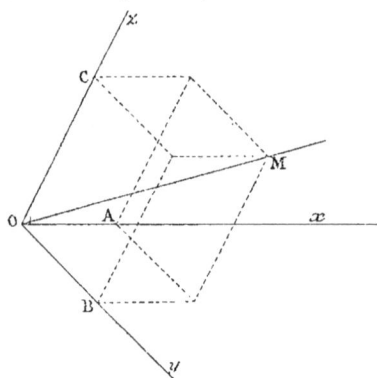

Fig. 4.

Ces définitions étant admises, prenons pour origine de coordonnées un nœud O et pour axes de coordonnées trois rangées conjuguées passant par ce point et cherchons la forme des coordonnées d'un nœud quelconque. Soient a, b, c, les paramètres des trois axes de coordonnées et M un nœud (fig. 4).

D'après la constitution même des systèmes réticulaires, si par le point M nous menons un plan parallèle au plan des yz, ce plan coupera l'axe des x en un point A qui sera un nœud de la rangée O x. Le point O étant lui-même un nœud, la distance OA sera égale à un nombre entier de fois le paramètre a : $OA = ma$, m étant un nombre entier. On verrait de même que l'y du point M est un multiple du paramètre b, et son z un multiple du paramètre c.

Donc :

$$x = ma, y = nb, z = pc$$

m, n, p étant des entiers positifs ou négatifs. Ces nombres m, n, p, s'appellent les *coordonnées numériques* du point **M**.

Des rangées. — Considérons d'abord les rangées, passant par l'origine. Pour qu'une droite soit une rangée, il faut qu'elle passe par deux nœuds. L'origine étant déjà un nœud, il suffit d'exprimer qu'elle passe par un second nœud. Si ma, nb, pc sont les coordonnées de ce second nœud, l'équation de la rangée sera :

$$\frac{x}{ma} = \frac{y}{nb} = \frac{z}{pc}$$

Il suffit donc de se donner les nombres m, n, p pour que la rangée soit déterminée. En général, pour définir une rangée on se donne les coordonnées numériques du nœud limitrophe de l'origine; étant données les coordonnées numériques m, n, p d'un nœud quelconque de la rangée, il est facile de calculer les coordonnées de ce nœud limitrophe de l'origine. En effet, si m', n', p', sont les coordonnées numériques d'un autre nœud de la rangée, on aura la relation

$$\frac{m'a}{ma} = \frac{n'b}{nb} = \frac{p'c}{pc}$$

ou :

$$\frac{m'}{m} = \frac{n'}{n} = \frac{p'}{p} = \frac{1}{d}$$

d'où :

$$m' = \frac{m}{d} \, , \, n' = \frac{n}{d} \, , \, p' = \frac{p}{d}$$

On obtiendra pour m', n', p' des valeurs qui seront les coordonnées numériques d'un nœud en donnant à d une valeur telle que $\frac{m}{d}$, $\frac{n}{d}$, $\frac{p}{d}$ soient des nombres entiers, et on obtiendra les plus petites valeurs de m', n', p', c'est-à-dire les coordonnées du point limitrophe de l'origine, en prenant pour d le plus grand commun diviseur de m, n, p. On obtient ainsi trois nombres premiers entre eux que l'on appelle les *caractéristiques* de la rangée, et celle-ci se représente par le symbole (mnp). On désigne l'ensemble des rangées parallèles à (mnp) par le symbole $[mnp]$.

Cherchons maintenant l'équation générale des rangées. Tous les nœuds étant identiques, une rangée quelconque sera forcément parallèle à une rangée passant par l'origine, elle sera donc parallèle à une rangée ayant des équations de la forme

$$\frac{x}{ma} = \frac{y}{nb} = \frac{z}{pc}$$

$$\text{ou} \quad \begin{cases} n\,\dfrac{z}{c} - p\,\dfrac{y}{b} = 0 \\[2mm] p\,\dfrac{x}{a} - m\,\dfrac{z}{c} = 0 \\[2mm] m\,\dfrac{y}{b} - n\,\dfrac{x}{a} = 0 \end{cases}$$

par conséquent, une rangée quelconque sera représentée par des équations de la forme :

$$\begin{cases} n\,\dfrac{z}{c} - p\,\dfrac{y}{b} = k_1 \\[2mm] p\,\dfrac{x}{a} - m\,\dfrac{z}{c} = k_2 \\[2mm] m\,\dfrac{y}{b} - n\,\dfrac{x}{a} = k_3 \end{cases} \qquad (1)$$

La droite représentée par ces deux équations est parallèle à une rangée, il nous suffit donc d'exprimer maintenant que cette droite passe par un nœud.

Soient m', n', p' les cordonnées numériques de ce nœud, nous devrons avoir

$$\begin{cases} np' - pn' = k_1 \\ pm' - mp' = k_2 \\ mn' - nm' = k_3 \end{cases}$$

m', n', p' étant des nombres entiers, il en résulte que k_1, k_2, k_3 sont également entiers. Une rangée quelconque sera donc représentée par les trois équations (1) dans lesquelles k_1, k_2 et k_3 sont entiers.

Deux de ces équations suffisent pour représenter la droite, mais il est préférable de les faire intervenir toutes les trois, pour conserver la symétrie dans le calcul ; entre les nombres m, n, p, k_1 k_2, k_3 existe alors la relation évidente :

$$mk_1 + nk_2 + pk_3 = 0$$

Problème. — *Un réseau étant donné, trouver l'équation d'une rangée limitrophe d'une rangée donnée.*

En prenant pour plan des xy le réseau donné, une rangée passant par l'origine aura pour équation

$$n\frac{x}{a} - m\frac{y}{b} = 0$$

Une rangée parallèle aura pour équation

$$n\frac{x}{a} - m\frac{y}{b} = k$$

où k est entier. Nous obtiendrons toutes les rangées parallèles en donnant à k toutes les valeurs entières possibles, et nous obtiendrons les rangées les plus proches de l'origine en donnant à k les plus petites valeurs possibles, par conséquent les deux valeurs de k qui correspondent aux rangées les plus proches de l'origine sont ± 1, qui fournissent les deux équations.

$$n\frac{x}{a} - m\frac{y}{b} = \pm 1$$

Ces deux rangées, étant les plus proches de l'origine, sont par cela même les plus proches parallèles de la rangée

$$n\frac{x}{a} - m\frac{y}{b} = 0$$

Ce sont donc les deux rangées limitrophes de la rangée $(m\,n)$.

Problème. — *Trouver la condition pour que deux rangées d'un réseau $(m\,n)$, $(m'\,n')$ soient conjuguées.*

D'après ce que nous avons vu, le nœud dont les coordonnées sont m', n' doit se trouver sur l'une des rangées limitrophes de la rangée

$(m\,n)$, par conséquent, ses coordonnées doivent satisfaire à l'une des deux équations :

$$n\,\frac{x}{a} - m\,\frac{y}{b} = \pm 1$$

On doit donc avoir :

$$nm' - mn' = \pm 1$$

Théorème. — *La surface du parallélogramme construit sur les paramètres de deux rangées conjuguées est constante.*

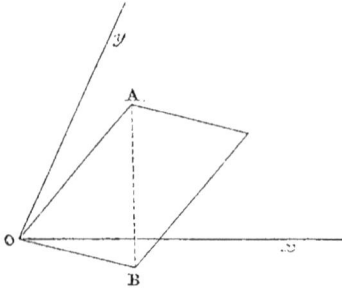

Fig. 5.

Soient OA, OB (fig. 5) les paramètres de deux de ces rangées conjugées, la surface du parallélogramme est double de celle du triangle OAB ; or, la surface de ce triangle est égale à :

$$\pm \frac{1}{2}\sin\theta \begin{vmatrix} 1 & 0 & 0 \\ 1 & ma & nb \\ 1 & m'a & n'b \end{vmatrix}$$

θ étant l'angle des axes des coordonnées.

Par conséquent, le parallélogramme a pour surface :

$$\pm \sin\theta \begin{vmatrix} ma & nb \\ m'a & n'b \end{vmatrix} = \pm\, ab \sin\theta \begin{vmatrix} m & n \\ m' & n' \end{vmatrix} = \pm\, ab \sin\theta\,(mn' - nm')$$

Si les deux rangées sont conjuguées $mn' - mn' = \pm 1$, et la surface du parallélogramme est égale à :

$$ab \sin\theta.$$

Théorème. — *Si on considère plusieurs rangées passant par un même nœud, et si l'on prend sur chacune de ces rangées des longueurs OA, OB... égales à un multiple de leurs paramètres respectifs, la résultante de ces longueurs est une rangée.*

Considérons d'abord le cas de deux rangées OA, OB (fig. 6). Si par A, qui est un nœud, nous menons une droite AC égale, parallèle et de même sens à OB, puisque B est un nœud, C sera également un nœud, par suite OC, résultante de OA, OB sera une rangée.

Supposons maintenant que le théorème soit vrai pour $n - 1$ rangées, la résultante de ces $n - 1^t$ rangées sera une droite OP don l'extrémité sera un nœud. Or, en vertu du premier cas, la résultante de OP et de la $n^{ème}$ rangée est une rangée ; et, d'après la définition, la résultante de OP

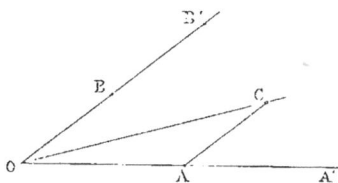

Fig. 6.

et de la $n^{ème}$ rangée est elle-même la résultante des n rangées.

Des plans réticulaires. — Cherchons l'équation des plans réticulaires passant par l'origine. Un plan passant par l'origine a pour équation :

$$Ax + By + Cz = 0$$

Puisqu'il passe déjà par un nœud, il suffit d'exprimer qu'il passe par deux autres nœuds. Si m,n,p, m',n',p' sont les coordonnées numériques de ces deux nœuds, on doit avoir :

$$Ama + Bnb + Cpc = 0$$
$$Am'a + Bn'b + Cp'c = 0$$

d'où

$$\frac{A}{bc\,(np' - pn')} = \frac{B}{ac\,(pm' - mp')} = \frac{C}{ab\,(mn' - nm')}$$

ou en divisant par abc, il vient :

$$\frac{A}{\dfrac{np' - pn'}{a}} = \frac{B}{\dfrac{pm' - mp'}{b}} = \frac{C}{\dfrac{mn' - nm'}{c}}$$

En remplaçant A, B, C par leurs valeurs proportionnelles, on obtient pour équation du plan :

$$(np' - pn')\,\frac{x}{a} + (pm' - mp')\,\frac{y}{b} + (mn' - nm')\,\frac{z}{c} = 0$$

m, n, p, m', n', p étant des nombres entiers, il en est de même des coefficients de $\frac{x}{a}$, $\frac{y}{b}$, $\frac{z}{c}$; désignons par q, r, s les quotients de la division de ces coefficients par leur plus grand commun diviseur.

L'équation du plan s'écrira :

$$q\,\frac{x}{a} + r\,\frac{y}{b} + s\,\frac{z}{c} = 0$$

où q, r, s sont trois nombres entiers premiers entre eux ; q, r, s s'appellent les *caractéristiques* du plan réticulaire qui se représente par le symbole (qrs).

Quand on met les signes des caractéristiques en évidence, on les place au-dessus de ces caractéristiques au lieu de les placer devant. Ainsi $(- qr - s)$ s'écrit $(\bar{q}r\bar{s})$.

Cherchons l'équation générale des plans réticulaires. Un plan réticulaire étant toujours parallèle à un plan réticulaire passant par l'origine, son équation sera de la forme.

$$q\,\frac{x}{a} + r\,\frac{y}{b} + s\,\frac{z}{c} = k$$

Le plan représenté par cette équation étant parallèle à un plan réticulaire, il suffit d'écrire qu'il passe par un nœud, autrement dit que les coordonnées ma, nb, pc d'un nœud satisfont à son équation ; on obtient ainsi la condition :

$$qm + rn + sp = k$$

q, r, s, m, n, p étant entiers, il en est de même de k et par conséquent l'équation générale des plans réticulaires sera ;

$$q\,\frac{x}{a} + r\,\frac{y}{b} + s\,\frac{z}{c} = k$$

q, r, s, k étant des nombres entiers quelconques

Nous obtiendrons les plans réticulaires parallèles au plan (qrs) les plus proches de l'origine en donnant à k les plus petites valeurs possibles ; donc les équations des plans réticulaires limitrophes du plan (qrs) seront :

$$q\,\frac{x}{a} \quad r\,\frac{y}{b} + s\,\frac{z}{c} = \pm 1$$

Théorème. — *Deux plans réticulaires interceptent sur une rangée des longueurs qui, comptées à partir d'un nœud, sont entre elles dans un rapport rationnel.*

Prenons en effet pour axe des x la rangée considérée, et pour origine le nœud à partir duquel on compte les longueurs. Les équations des deux plans réticulaires sont :

$$q\,\frac{x}{a} + r\,\frac{y}{b} + s\,\frac{z}{c} = k$$

$$q'\,\frac{x}{a} + r'\,\frac{y}{b} + s'\,\frac{z}{c} = k'$$

Les longueurs interceptées par ces deux plans sur Ox sont, pour le premier $x_1 = \frac{k}{q}\,a$ et pour le second $x_2 = \frac{k'}{q'}\,a$

Le rapport de ces deux longueurs est $\frac{k}{k'} \times \frac{q'}{q}$. Or k, k', q, q', étant des nombres entiers, ce rapport est rationnel.

Problème. — *Trouver la condition pour que la rangée (mnp) soit conjuguée du plan (qrs).*

Le nœud qui a pour coordonnées numériques m, n, p doit se trouver dans l'un des plans limitrophes du plan (qrs). Or, ces plans limitrophes ont pour équation :

$$q\,\frac{x}{a} + r\,\frac{y}{b} + s\,\frac{z}{c} = \pm\,1.$$

On doit donc avoir la relation :

$$qm + rn + sp = \pm\,1$$

Problème. — *Trouver les équations des rangées limitrophes d'une rangée (mnp) situées dans un plan (qrs).*

Une rangée parallèle à (mnp) peut être représentée par les équations :

$$n\,\frac{z}{c} - p\,\frac{y}{b} = k_1$$

$$p\,\frac{x}{a} - m\,\frac{z}{c} = k_2 \qquad (1)$$

$$m\,\frac{y}{b} - n\,\frac{x}{a} = k_3$$

avec la condition :

$$mk_1 + nk_2 + pk_3 = 0 \qquad (2)$$

Exprimons que cette rangée est située dans le plan (qrs). En portant dans l'équation :

$$q\,\frac{x}{a} + r\,\frac{y}{b} + s\,\frac{z}{c} = 0$$

les valeurs de $\frac{x}{a}$ et $\frac{y}{b}$ tirées des équations (1) et en tenant compte de la relation :

$$qm + rn + sp = 0$$

nous trouvons les conditions :

$$\frac{k_1}{q} = \frac{k_2}{r} = \mu.$$

qui, jointes à la condition (1) donnent :

$$\frac{k_3}{s} = \mu\,;$$

les équations d'une rangée parallèle à (mnp) sont donc :

$$n\,\frac{z}{c} - p\,\frac{y}{b} = \mu q$$

$$p\,\frac{x}{a} - m\,\frac{z}{c} = \mu r$$

$$m\,\frac{y}{b} - n\,\frac{x}{a} = \mu s$$

μ étant un nombre entier.

Par suite, la distance de l'origine à une rangée représentée par ces équations est proportionnelle à μ. Elle sera donc d'autant plus petite que μ sera plus petit, et les équations des rangées limitrophes de la rangée passant par l'origine s'obtiendront en faisant $\mu = \pm\,1$.

Problème. — *Trouver la condition pour que deux rangées* (mnp) $(m'n'p')$ *soient conjuguées.*

Supposons qu'elles soient dans le plan (qrs), si elles sont conjuguées on aura évidemment :

$$np' - pn' = \pm\,q$$
$$pm' - mp' = \pm\,r$$
$$mn' - nm' = \pm\,s$$

les seconds membres étant des nombres premiers entre eux, il devra en être de même des premiers membres.

En particulier, pour que deux rangées du plan des xy dont les caractéristiques sont (001) soient conjuguées, il faut que :

$$mn' - nm' = \pm 1$$

Problème. — *Trouver la condition pour que les trois rangées* (mnp), $(m'n'p')$, $(m''n''p'')$ *soient conjuguées.*

Si les rangées (mnp), $(m'n'p')$ sont conjuguées, les nombres $np' - pn'$, $pm' - mp'$, $mn' - nm'$ sont précisément les caractéristiques du plan réticulaire qui les renferme et dont l'équation est par suite :

$$(np' - pn') \frac{x}{a} + (pm' - mp') \frac{y}{b} + (mn' - nm') \frac{z}{c} = 0$$

Les équations des plans limitrophes de ce plan réticulaire s'obtiennent en égalant le premier membre à ± 1. Pour que la rangée $(m''n''p'')$ soit conjuguée du plan réticulaire passant par les deux autres, il faut que le nœud $m''a$, $m''b$, $p''c$ soit dans l'un de ces plans, c'est-à-dire que l'on ait :

$$(np' - pn') \, m'' + (pm' - mp') \, n'' + (mn' - nm') \, p'' = \pm 1$$

Théorème. — *Le volume du parallélipipède construit sur les paramètres de trois rangées conjuguées est constant.*

Soient OA, OB, OC (fig. 7) les paramètres de ces trois rangées conjuguées. Le volume du parallélipipède construit sur ces trois longueurs est égal à six fois le volume du tétraèdre OABC.

Si nous posons :

$$\Delta = \begin{vmatrix} 1 & \cos yz & \cos xz \\ \cos yz & 1 & \cos xy \\ \cos xz & \cos xy & 1 \end{vmatrix}$$

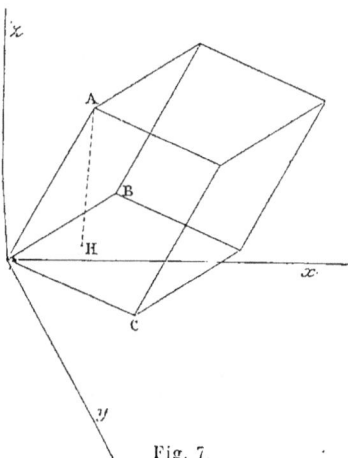

Fig. 7.

le volume du tétraèdre OABC est :

$$v = \pm \frac{1}{6} \sqrt{\Delta} \begin{vmatrix} 1 & 0 & 0 & 0 \\ 1 & ma & nb & pc \\ 1 & m'a & n'b & p'c \\ 1 & m''a & n''b & p''c \end{vmatrix}$$

ou :

$$v = \frac{1}{6} \sqrt{\Delta} \; abc \; [(np' - pn') \, m'' + (pm' - mp') \, n'' + (mn' - nm') \, p'']$$

Si les trois rangées sont conjuguées, la quantité entre parenthèse est égale à ± 1 et on a $v = \sqrt{\Delta} \frac{abc}{6}$; donc le volume V du parallélipipède est :

$$V = \sqrt{\Delta} \; abc$$

quantité indépendante de $m, n, p,\; m', n', p',\; m'', n'', p''$.

Remarque. — Le volume de ce parallélipipède est encore égal au produit de la surface du parallélogramme construit sur OC et sur OB par la distance $AH = h$ du point A au plan des deux rangées. Le parallélogramme OCB est la maille du plan réticulaire passant par OC et OB, et la distance AH est la distance du plan réticulaire OCB au plan réticulaire limitrophe. On a donc :

$$sh = \sqrt{\Delta} \; a \, b \, c = C^{\text{te}} \text{ ou } h = \frac{C^{\text{te}}}{s}$$

d'où le théorème suivant :

La distance d'un plan réticulaire à son plan réticulaire limitrophe est en raison inverse de la surface de la maille du plan réticulaire.

Théorème. — *La distance d'un plan réticulaire à son plan réticulaire limitrophe est d'autant plus grande que les caractéristiques du plan sont plus petites.*

Cette distance est égale à la distance de l'origine au plan réticulaire limitrophe de celui passant par l'origine.

L'équation de ce plan réticulaire limitrophe peut s'écrire :

$$qbcx + racy + sabz = abc$$

par conséquent, la distance h de l'origine à ce plan est :

$$h = \frac{abc \sqrt{\Delta}}{\sqrt{\Sigma \, q^2 b^2 c^2 \sin^2 yz - 2\Sigma \, qrabc^2 \sin yz \sin xz \cos \varsigma}}$$

ς étant l'angle du dièdre formé par les plans des xz et des yz.

Il est facile de voir que plus les caractéristiques q, r, s sont petites, plus le dénominateur est petit et par suite plus h est grand.

Des deux théorèmes précédents il résulte que la maille d'un plan réticulaire est d'autant plus petite que les caractéristiques de ce plan sont plus petites.

Des zones. — On appelle zone l'ensemble des plans réticulaires parallèles à une même droite qui s'appelle l'axe de la zone. Nous verrons plus tard que les faces d'un cristal sont des plans réticulaires ; aussi dans la pratique appelle-t-on zone l'ensemble des faces parallèles à une même droite.

Théorème. — *La droite d'intersection de deux plans réticulaires est parallèle à une rangée.*

Pour le démontrer, il suffit de démontrer que les deux plans réticulaires parallèles aux plans réticulaires donnés et passant par l'origine se coupent suivant une rangée. Soient :

$$q \, \frac{x}{a} + r \, \frac{y}{b} + s \, \frac{z}{c} = 0$$

$$q' \, \frac{x}{a} + r' \, \frac{y}{b} + s' \, \frac{z}{c} = 0$$

les équations des plans réticulaires passant par l'origine. Leur intersection a pour équation :

$$\frac{\frac{x}{a}}{rs' - sr'} = \frac{\frac{y}{b}}{sq' - qs'} = \frac{\frac{z}{c}}{qr' - rq'} \quad \text{ou} \quad \frac{x}{aM} = \frac{y}{bN} = \frac{z}{cP}$$

M, N, P étant trois nombres entiers, cette droite d'intersection est donc bien une rangée.

Il résulte de là que l'axe d'une zone ne peut être qu'une droite parallèle à une rangée, et si nous supposons que cette droite passe par l'origine qui est un nœud, elle se confondra avec une rangée, et ses équations seront de la forme :

$$\frac{x}{Ma} = \frac{y}{Nb} = \frac{z}{Pc}$$

où M, N, P sont entiers.

Problème. — *Trouver la condition pour qu'un plan réticulaire appartienne à une zone dont on se donne l'axe.*

Soit :

$$q\,\frac{x}{a} + r\,\frac{y}{b} + s\,\frac{z}{c} = 0$$

l'équation du plan réticulaire passant par l'origine et parallèle au plan réticulaire considéré. Si ce dernier appartient à la zone, le premier devra contenir l'axe de la zone et nous devrons avoir :

$$qM + rN + sP = 0$$

Assez fréquemment, au lieu de se donner les caractéristiques d'un plan réticulaire, on se donne les axes de deux zones auxquelles ce plan réticulaire doit appartenir. Il est alors facile de calculer les caractéristiques du plan. On doit en effet avoir :

$$qM + rN + sP = 0$$
$$qM' + rN' + sP' = 0$$

MNP, M'N'P' étant les caractéristiques des deux axes ; d'où on tirera :

$$\frac{q}{NP' - PN'} = \frac{r}{PM' - MP'} = \frac{s}{MN' - NM'}$$

En divisant les dénominateurs par leur plus grand commun diviseur, on aura q, r, s.

§ III. — DE LA SYMÉTRIE DES POLYÈDRES ET DES SYSTÈMES RÉTICULAIRES

Les plans de symétrie et les centres de symétrie se définissent en cristallographie comme en géométrie. On généralise en cristallographie la définition des axes de symétrie. On dit qu'une droite est un axe d'ordre q lorsqu'en faisant tourner le polyèdre d'un angle égal à $\frac{2\pi}{q}$ autour de cette droite, le polyèdre se retrouve en coïncidence avec lui-même. Si $q = 2, 3, 4, 6...$, on a un axe binaire, ternaire, quaternaire, senaire... Quand $q = 2$, on a les axes de symétrie tels qu'on les considère en géométrie.

Nous allons d'abord nous occuper des théorèmes relatifs à la symétrie d'un polyèdre quelconque, puis nous démontrerons les théorèmes particuliers à la symétrie des systèmes réticulaires, en nous contentant, toutefois, d'énoncer les théorèmes dont on trouve la démonstration dans tous les traités de géométrie.

THÉORÈMES GÉNÉRAUX SUR LA SYMÉTRIE DES POLYÈDRES

Théorème. — *Si un polyèdre possède plusieurs axes, plusieurs plans de symétrie, ces axes et ces plans se coupent en un même point, qui est le centre du polyèdre si ce polyèdre a un centre.*

Théorème. — *Si un polyèdre possède un axe d'ordre pair et un centre, il possède un plan de symétrie perpendiculaire à l'axe.*

Réciproquement, si un polyèdre possède un plan de symétrie et un centre, il possède un axe d'ordre pair perpendiculaire au plan de symétrie.

Théorème. — *Si un polyèdre possède q axes binaires et q seulement dans un plan, deux axes contigus font entre eux un angle égal à* $\dfrac{\pi}{q}$,

Soient en effet OL_1, OL_2, OL_3 (fig. 8), trois axes binaires consécutifs, c'est-à-dire que dans l'angle $L_1 OL_3$. il n'y a pas d'autre axe binaire que l'axe OL_2 ; ce dernier axe est bissectrice de l'angle $L_1 OL_3$. Si, en effet, l'angle $L_2 OL_3$, était plus grand par exemple que l'angle $L_2 OL_1$, en faisant tourner le polyèdre d'un angle égal

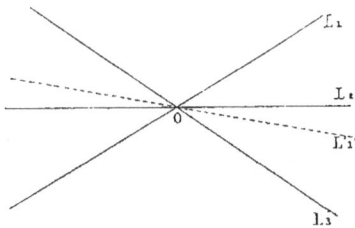

Fig. 8.

à π autour de OL_2, OL_1 viendrait en OL'_1 situé dans l'angle $L_2 OL_3$, et puisque le polyèdre se retrouve en coïncidence avec lui-même après la rotation, OL'_1 serait un axe binaire, ce qui est contraire à l'hypothèse. Il résulte de là que deux axes binaires consécutifs font entre eux un angle constant. Or, les q axes binaires déterminent autour du point O, $2q$ directions et comme la somme des angles est égale à 2π, chaque angle vaut $\dfrac{2\pi}{2q} = \dfrac{\pi}{q}$.

Théorème. — *Quand un polyèdre possède* q *axes binaires dans un plan, il possède perpendiculairement au plan un axe d'ordre* q *ou d'un multiple de* q.

Soient OA (fig. 9) la perpendiculaire au plan, OL₁, OL₂ deux axes binaires faisant entre eux un angle $\frac{\pi}{q}$. Soit S un sommet quelconque du polyèdre ; il faut démontrer qu'en faisant tourner le polyèdre d'un angle $\frac{2\pi}{q}$ autour de OA, le point S viendra coïncider avec un autre sommet du polyèdre.

Soit en effet S₁ le sommet symétrique de S par rapport à OL₁, soit S₂ le symétrique de S₁ par rapport à OL₂ ; désignons par s, s_1, s_2 les projections S, S₁, S₂ sur le plan des axes binaires. Nous avons :

$$Os = Os_1 = Os_2$$

et

$$Ss = Ss_1 = Ss_2$$

d'où

$$\widehat{sOL_1} = \widehat{s_1OL_1}$$

et

$$\widehat{s_2OL_2} = \widehat{s_1OL_2}$$

en additionnant il vient :

$$\widehat{sOL_1} + \widehat{s_2OL_2} = \widehat{L_1OL_2} = \frac{\pi}{q}$$

et

$$\widehat{sOs_2} = \frac{2\pi}{q}$$

Si donc on fait tourner le polyèdre d'un angle $\frac{2\pi}{q}$ autour de OA, Os vient coïncider avec Os_2 ; les deux droites sS, $s_2 S_2$, étant égales et perpendiculaires au plan des axes binaires, coïncident, et par suite S vient en S₂.

Remarque. — Supposons que q soit impair : en faisant tourner le polyèdre d'un angle $\frac{2\pi}{q}$ autour de OA, OL₁, ne vient pas coïncider avec OL₂ mais avec l'axe binaire suivant OL₃ ; donc, dans les rotations successives égales à $\frac{2\pi}{q}$, OL₁ coïncide avec les autres axes pris de deux en deux ; mais après $\left(\frac{q+1}{2}\right)$ rotations de $\frac{2\pi}{q}$, on a une

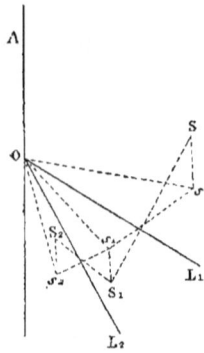

Fig. 9.

rotation totale de $\pi + \frac{\pi}{q}$ et OL_1 vient dans le prolongement de OL_2. Donc, quand q est impair, un axe binaire quelconque OL_1 peut être amené en coïncidence avec un autre axe binaire quelconque ; tous les axes binaires sont donc identiques entre eux ou de même espèce.

Si au contraire q est pair, on ne pourra amener OL_1 en coïncidence qu'avec les axes pris de deux en deux ; il y a donc deux espèces d'axes, les axes d'une espèce étant bissectrices des axes de l'autre espèce.

Réciproque. — *Si un polyèdre possède un axe d'ordre* q *et un axe binaire perpendiculaire, il possède en tout* q *axes binaires perpendiculaires à l'axe d'ordre* q.

Théorème. — *Si un polyèdre possède* q *plans de symétrie passant par une même droite, cette droite est un axe d'ordre* q.

Réciproque. — *Si un polyèdre possède un axe d'ordre* q *et un plan de symétrie passant par cet axe, il possède* q *plans de symétrie passant par cet axe.*

Ce théorème se démontre en suivant la même marche que dans le *théorème précédent.*

THÉORÈMES PARTICULIERS SUR LA SYMÉTRIE DES SYSTÈMES RÉTICULAIRES

Remarquons que les systèmes réticulaires étant indéfinis, un nœud quelconque est un centre de symétrie. Soient en effet N et N' (fig. 10) deux nœuds quelconques : en prolongeant N'N d'une longueur $NN'' = NN'$, le point N'' est un nœud, et par suite N un centre.

En second lieu, tous les nœuds étant iden-

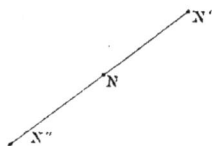

Fig. 10.

tiques entre eux, si par un nœud passe un axe de symétrie, par les autres nœuds passent des axes de symétrie de même ordre que le premier et lui étant parallèles.

Théorème. — *Si par un nœud on mène un plan perpendiculaire à un axe de symétrie, ce plan est un plan réticulaire.*

Si en effet l'axe est d'un ordre supérieur à 2, en faisant tourner le système réticulaire autour de cet axe, le nœud situé dans le plan vient coïncider avec au moins deux autres nœuds situés dans ce plan, lequel, contenant trois nœuds, sera un plan réticulaire.

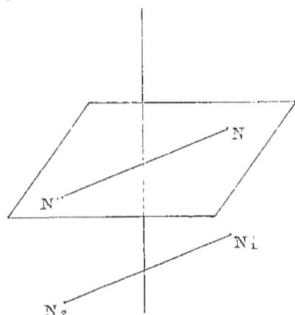

Supposons que l'axe soit binaire, et soit N_1 (fig. 11) un nœud quelconque situé en dehors du plan. Le point N symétrique de N_1 par rapport à l'axe est un nœud ; or, $N_1 N_2$ étant perpendiculaire à l'axe est parallèle au plan. Si donc par le nœud N situé dans ce plan nous menons une droite égale,

Fig. 11.

parallèle et de même sens à $N_1 N_2$, nous avons un nœud N' situé dans le plan. Ce plan, renfermant une infinité de nœuds, est donc un plan réticulaire.

Théorème. — *Un axe de symétrie passant par un nœud est une rangée.*

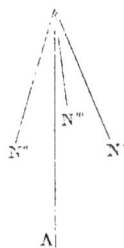

Soit NA (fig. 12) un axe passant par le nœud N, et N' un nœud quelconque en dehors de l'axe ; en faisant tourner le système réticulaire q fois (si l'axe est d'ordre q) d'un angle $\frac{2\pi}{q}$, nous obtenons q rangées NN', NN'', NN'''..... égales entre elles, faisant avec l'axe des angles égaux, et faisant entre elles des angles égaux. Donc la résultante de ces rangées, qui est une rangée, sera dirigée suivant NA.

Fig. 12.

Théorème. — *Si par un nœud on mène une droite parallèle à un axe d'ordre q, cette droite est également un axe d'ordre q.*

Soit N un nœud quelconque (fig. 13) ; par ce point N menons un plan perpendiculaire à un axe d'ordre q : ce plan est un plan réticulaire coupant l'axe en O ; il faut démontrer que si on fait tourner le système réticulaire d'un angle $\frac{2\pi}{q}$ autour d'une droite parallèle à l'axe passant par N, un nœud quelconque N' viendra coïncider avec un autre nœud.

Faisons en effet tourner le triangle ONN' d'un angle égal à

$\frac{2\pi}{q}$ autour de l'axe O : le triangle viendra en ON$_1$ N'$_1$, N$_1$, N'$_1$ étant des nœuds. Par N'$_1$ menons une droite N'$_1$ N$_2$ égale, parallèle et de même sens à N$_1$N : le point N$_2$ sera un nœud ; mais la figure NN$_2$ N'$_1$ N$_1$ est un parallélogramme, donc NN$_2$ = N$_1$ N'$_1$ = NN'. L'angle de NN$_2$ avec NN' est égal à l'angle de NN' avec N$_1$ N'$_1$, or l'angle de NN' avec N$_1$ N'$_1$ est égal à l'angle dont on a fait tourner la

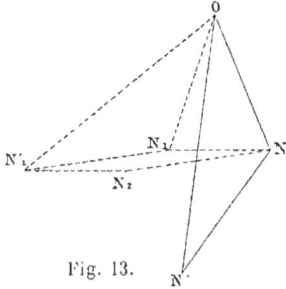

Fig. 13.

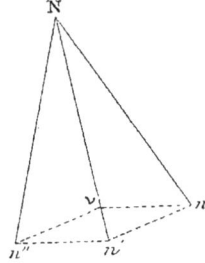

Fig. 14.

figure, ou à $\frac{2\pi}{q}$. Si donc on fait tourner le système réticulaire d'un angle $\frac{2\pi}{q}$ autour de l'axe N, un nœud quelconque N' viendra coïncider avec un nœud N$_2$.

La même construction et le même raisonnement pouvant être fait pour tout plan parallèle, le théorème se trouve démontré.

Théorème. — *Un système réticulaire ne peut avoir d'axe d'ordre autre que 2, 3, 4, 6.*

Considérons le plan perpendiculaire à un axe d'ordre q passant par un nœud N (fig. 14). Soit dans ce plan un nœud n tel qu'il n'y en ait pas de plus près de N. Si nous faisons tourner le système d'un angle $\frac{2\pi}{q}$, à deux reprises différentes, autour de N, nous obtenons deux autres nœuds, n' n''. Par n'' menons une droite égale, parallèle et de même sens à n' n : nous avons un nœud ν situé sur Nn'. Cherchons la condition à laquelle doit satisfaire q pour que l'on ait Nν > Nn, ou en posant Nn = 1, pour que Nν soit plus grand que 1.

Nous avons :

$$N\nu = Nn' - \nu n' = 1 - \nu n'$$

de plus

$$\nu n' = 2nn' \sin \frac{\pi}{q} ;$$

ainsi :

$$N\nu = 1 - 2nn' \sin \frac{\pi}{q}$$

Mais d'autre part, dans le triangle nNn' on a :

$$nn' = 2Nn \sin \frac{\pi}{q} = 2 \sin \frac{\pi}{q}$$

et enfin :

$$N\nu = 1 - 4 \sin^2 \frac{\pi}{q}$$

Faisons

$$q = 3$$

$$\sin \frac{\pi}{q} = \frac{\sqrt{3}}{2}, \ 4 \sin^2 \frac{\pi}{q} = 3$$

et

$$N\nu = -2$$

ce qui veut dire que le point ν se trouve sur le prolongement de Nn' à une distance de N égale à 2 fois Nn.

Faisons

$$q = 4$$

$$\sin \frac{\pi}{4} = \frac{\sqrt{2}}{2}, \ 4 \sin^2 \frac{\pi}{q} = 2$$

et

$$N\nu = -1$$

ν est à une distance de n égale à Nn, sur le prolongement de Nn'.
Faisons

$$q = 5$$

$$\sin \frac{\pi}{5} = \frac{1}{4} \sqrt{10 - 2\sqrt{5}}$$

(demi-côté du pentagone régulier inscrit).

$$4 \sin^2 \frac{\pi}{5} = \frac{1}{4} \left(10 - 2\sqrt{5}\right)$$

et

$$N\nu = 1 - \frac{10 - 2\sqrt{5}}{4} = -\frac{3 - \sqrt{5}}{2}$$

$\sqrt{5}$ étant compris entre 2 et 3, le numérateur est plus petit que 1 ; donc, pour $q = 5$, $N\nu$ est plus petit que 1 et $q = 5$ est à rejeter.
Faisons

$$q = 6$$

$$\sin \frac{\pi}{6} = \frac{1}{2}, \ 4 \sin^2 \frac{\pi}{6} = 1$$

et

$$N\nu = 0$$

Le point ν coïncide avec l'origine.

Pour

$$q > 6$$

$$\sin \frac{\pi}{q} < \frac{1}{2} \; , \; 4 \sin^2 \frac{\pi}{q} < 1$$

et

$$N\nu < 1$$

donc $N\nu$ est compris entre 0 et 1 et toutes les valeurs plus grandes que 6 sont à rejeter.

La formule n'est pas applicable au cas où $q = 2$, car la figure cesse d'exister; mais comme évidemment les systèmes réticulaires peuvent admettre des axes binaires, il en résulte que ces systèmes ne peuvent admettre des axes d'ordre autre que 2, 3, 4 et 6.

Théorème. — *Lorsqu'un système réticulaire possède un axe d'ordre* q *plus grand que 2, il possède* q *axes binaires dans un plan perpendiculaire, c'est-à-dire qu'il possède* q *systèmes d'axes binaires dans un plan perpendiculaire, les axes de chaque système étant parallèles entre eux.*

Soit $N\lambda$ (fig. 15) un axe d'ordre q passant par un nœud N. Considérons le plan réticulaire perpendiculaire à $N\lambda$ et limitrophe du plan réticulaire passant par N. Soit O le point d'intersection de l'axe et du plan et N_1 un nœud tel qu'il n'y en ait pas de plus proche de O.

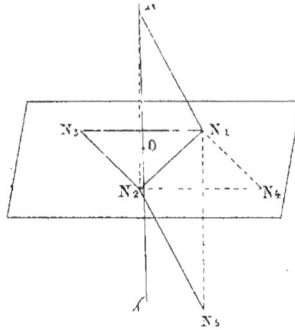

Fig. 15.

1° Supposons $q = 3$.

En faisant tourner deux fois le système d'un angle égal $\frac{2\pi}{3}$, N vient en N_2 et en N_3, le triangle N_1 N_2 N_3 étant équilatéral et ayant le point O pour centre. On veut démontrer que les trois côtés du triangle sont des axes binaires. Par N_2 menons une droite égale, parallèle et de même sens à $N_3 N_1$; nous avons ainsi un nœud N_4 tel que $N_2 N_4 = N_2 N_3$ et la droite $N_2 N_4$ est bissectrice de l'angle N_3 N_2 N_4. Par N_2 menons une droite égale, parallèle et de même sens à NN_1; nous obtenons ainsi un nœud N_5 tel que

$N_2 N_5 = N_2 N_1$ et $N_2 N_4$ est la bissectrice de l'angle $NN_2 N_5$. Si nous faisons tourner d'un angle égale à π le système réticulaire autour de $N_2 N_1$, la rangée $N_2 N_1$ reste en coïncidence avec elle-même ; $N_2 N_3$ vient coïncider avec $N_2 N_4$ et $N_2 N$ avec $N_2 N_5$. Donc trois rangées conjuguées du système réticulaire viennent coïncider avec trois nouvelles rangées conjuguées. Le système réticulaire se trouve donc en coïncidence avec lui-même.

2° Supposons $q = 4$.

En faisant tourner trois fois le système réticulaire d'un angle égal à $\frac{2\pi}{4}$, on obtient les nœuds N_2, N_3, N_4 (fig. 16), les quatre nœuds formant un carré ayant pour centre le point O. On démontrerait comme dans le cas où $q = 3$, que les côtés du carré sont des axes binaires.

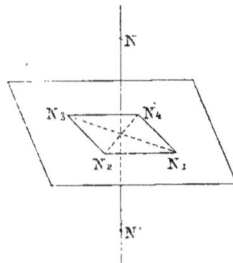

Fig. 16.

Nous allons démontrer que les diagonales sont elle-même des axes binaires.

Le plan réticulaire étant un plan passant par un centre et perpendiculaire à un axe d'ordre pair, est par cela même un plan de symétrie. Donc sur $N\lambda$ existe un nœud N' symétrique de N par rapport à O. Si donc on fait tourner le système réticulaire d'un angle égal à π autour de $N_2 N_4$, $N_2 N_3$ viendra coïncider avec $N_2 N_1$, $N_2 N_1$ avec $N_2 N_3$ et N_2N avec $N_2 N'$. Trois rangées conjuguées se trouvent donc en coïncidence avec trois nouvelles rangées conjuguées.

3° Supposons $q = 6$.

En faisant tourner cinq fois le système réticulaire, on aura cinq nouveaux nœuds N_2, N_3, N_4, N_5, N_6 (fig. 17) formant un hexagone régulier dont le point O est le centre. On démontrerait comme dans le cas où $q = 3$ que les côtés de l'hexagone sont des axes binaires, et comme dans le cas où $q = 4$ que les diagonales joignant les sommets de deux en deux sont trois autres axes binaires.

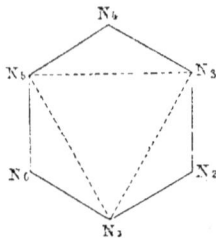

Fig. 17.

§ IV. — CLASSIFICATION DES SYSTÈMES RÉTICULAIRES

On classe les systèmes réticulaires d'après le nombre de leurs éléments de symétrie. En appelant axe principal un axe d'ordre plus grand que 2, on répartit d'abord les systèmes réticulaires en trois groupes, suivant qu'ils n'ont pas d'axe principal, qu'ils en ont un seul ou qu'ils en ont plusieurs.

1er Groupe. — 1° *Supposons qu'un système réticulaire n'ait pas d'axe de symétrie.*

Il a toujours un centre puisque chaque nœud est un centre. Il n'aura pas de plan de symétrie; car sans cela perpendiculairement à chaque plan de symétrie il aurait un axe d'ordre pair. Nous avons donc une première espèce de système réticulaire n'ayant pour élément de symétrie qu'un centre.

On la désigne par le symbole :

$$OL, C, OP.$$

2° *Supposons que le système réticulaire ait un axe binaire.*

Puisqu'il possède un centre, il possédera un plan de symétrie perpendiculaire à l'axe binaire. Nous avons ainsi une deuxième espèce de système réticulaire ayant pour éléments de symétrie

$$L^2, C, P$$

3° *Supposons que le système réticulaire possède deux axes binaires.*

Il en possède un troisième et seulement un troisième, et ces trois axes binaires sont perpendiculaires entre eux deux à deux.

Considérons le plan passant par les deux axes binaires donnés OL_1, OL_2 (fig. 18). Si OL_2 n'est pas perpendiculaire sur OL_1, en faisant tourner le système réticulaire d'un angle égal à π autour de OL_2, OL_1 viendra en OL'_1, ne coïncidant pas avec le prolongement de OL_1. Par suite, le système réticulaire aurait au minimum trois axes binaires dans un plan et posséderait un axe d'un ordre au moins égale à 3 perpendiculairement à ce plan. Donc les deux axes sont perpendiculaires entre eux, et, perpendiculairement à leur plan, existe un troisième axe binaire.

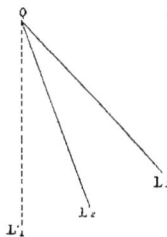

Fig. 18.

Le système réticulaire ne peut avoir un quatrième axe binaire, car sans cela, ce quatrième axe ferait avec les trois axes binaires précédents un angle inférieur à $\frac{\pi}{2}$, et dans le plan $OL_3 \ OL_4$, par exemple, existeraient plusieurs axes binaires et perpendiculairement à ce plan existerait un axe principal. Donc le système réticulaire possède trois axes binaires et trois seulement. Comme il possède un centre, perpendiculairement à chacun des axes binaires, il possède un plan de symétrie passant par les deux autres axes binaires. Nous avons donc une troisième espèce de système réticulaire, représentée par le symbole

$$L^2, \ L'^2, \ L''^2, \ C, \ P, \ P', \ P''.$$

2ᵉ Groupe. — *Supposons d'abord que le système réticulaire possède un axe principal d'ordre trois.*

Dans un plan perpendiculaire il possédera trois axes binaires de même espèce faisant entre eux des angles égaux à $\frac{\pi}{3}$. Perpendiculairement à chacun des axes binaires le système réticulaire possédera un plan de symétrie puisqu'il possède un centre. Nous avons donc une quatrième espèce de système réticulaire ayant pour symbole

$$A^3, \ 3L^2, \ C, \ 3P.$$

2° *Supposons maintenant que le système réticulaire possède un axe d'ordre quatre.*

Il possédera dans un plan perpendiculaire quatre axes binaires faisant entre eux des angles égaux à $\frac{\pi}{4}$; mais ces axes seront de deux espèces, les axes d'une espèce étant perpendiculaires entre eux et étant les bissectrices des axes de l'autre espèce. L'axe principal étant d'ordre pair, le système réticulaire possédera un plan de symétrie principal perpendiculaire à A^4, il possédera en outre des plans de symétrie perpendiculaires à chaque axe binaire. Cette cinquième espèce aura pour symbole

$$A^4, \ 2L^2, \ 2L'^2, \ C, \ 2P, \ 2P', \ \text{II}$$

3° *Supposons que le système réticulaire possède un axe d'ordre six.*

En raisonnant comme dans le cas où $q = 4$, on voit qu'on a une sixième espèce de système réticulaire ayant pour symbole

$$A^6, \ 3L^2, \ 3L'^2, \ C, \ 3P, \ 3P', \ \text{II}$$

Les angles binaires d'une espèce font entre eux des angles de 120° et sont bissectrices des axes de l'autre espèce.

3ᵉ Groupe. — Pour rechercher la nature des systèmes réticulaires du troisième groupe, on s'appuie sur les lemmes suivants :

1ᵉʳ Lemme. — *Si un système réticulaire possède un axe d'ordre* p *et un axe d'ordre* q, p *et* q *étant plus grands que* 2, *il possède plusieurs axes d'ordre* p *et plusieurs axes d'ordre* q.

Soient en effet OP (fig. 19) un axe d'ordre p et OQ un axe d'ordre q. Si nous faisons tourner le système réticulaire d'un angle égal à $\dfrac{2\pi}{q}$ autour de OQ, OP viendra en OP', qui sera un nouvel axe d'ordre p, car q étant supérieur à 2, OP' ne peut coïncider avec le prolongement de OP.

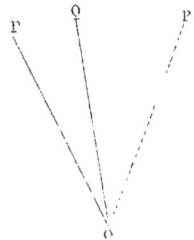

Fig. 19.

2ᵉ Lemme. — *Si du point d'intersection des axes comme centre, avec un rayon arbitraire, on décrit une sphère et si l'on représente chaque axe par son point d'intersection avec cette sphère — point que nous appelons pôle de l'axe — les pôles des axes d'ordre* p *sont les sommets de polygones réguliers recouvrant exactement la sphère.*

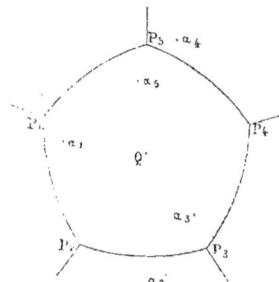

Soient P₁, P₂ (fig. 20) les pôles de deux axes d'ordre p, tels qu'il n'y ait pas de pôle plus proche de P₁ que P₂.

Fig. 20.

Si nous faisons tourner le système réticulaire d'un angle $\dfrac{2\pi}{p}$ autour de P₂, P₁ viendra en P₃ ; si nous faisons tourner autour de P₃, P₂ viendra en P₄, et ainsi de suite. Nous aurons de la sorte toute une série de pôles d'axes d'ordre p, tous situés sur un petit cercle de la sphère. Finalement nous retomberons sur le point P₁, car dans le cas contraire nous aurions une infinité de pôles d'axes d'ordre p et forcément nous arriverions à en trouver un situé plus près de P₁ que l'est P₂. Donc tous ces pôles sont les sommets d'un polygone régulier.

Ceci posé, si on fait tourner le polygone tout entier d'un angle égal à $\frac{2\pi}{p}$ autour de P_2, nous obtiendrons un nouveau polygone adjacent au premier et dont les sommets sont les pôles d'axes d'ordre p. Si nous faisons tourner ce nouveau polygone à son tour, et ainsi de suite, nous finirons par recouvrir exactement la sphère, car sans cela nous obtiendrions une infinité d'axes d'ordre p et nous finirions par en trouver un plus près de P_1 que l'est P_2.

3ᵉ Lemme. — *Si les polygones précédents ont un nombre pair de côtés, égal à q, les pôles de ces polygones sont les pôles d'axes d'ordre $\frac{q}{2}$.*

Soit en effet α_1 (fig. 20) un nœud du système réticulaire que nous pouvons supposer sur la sphère, puisque le rayon de celle-ci est arbitraire. Si nous faisons tourner le système réticulaire d'un angle égal à $\frac{2\pi}{p}$ autour de P_2, α_1 vient en α_2. Si nous le faisons tourner d'un angle égal à $\frac{2\pi}{p}$ autour de P_3, α_2 vient en α_3 et α_3 occupera par rapport à P_3 P_4 la même position que α_1 par rapport à P_1 P_2. Si donc Q est le pôle du polygone, $Q\alpha_1 = Q\alpha_3$ et

$$\alpha_1 Q\alpha_3 = P_1 QP_3 = 2P_1 QP_2 = 2\frac{2\pi}{q} = \frac{2\pi}{\left(\frac{q}{2}\right)}$$

q étant pair, $\frac{q}{2}$ est un nombre entier. Donc si on fait tourner le système réticulaire d'un angle égal à $\frac{2\pi}{\left(\frac{q}{2}\right)}$ autour de Q, α_1, c'est-à-dire un nœud quelconque, vient coïncider avec un autre nœud.

4ᵉ Lemme. — *Si les polygones ont un nombre impair de côtés égal à q, le centre des polygones est le pôle d'un axe d'ordre q et les milieux des côtés des polygones sont les pôles d'axes binaires.*

Si en effet nous faisons tourner le polyèdre d'un angle égal à $\frac{2\pi}{p}$ autour de P_2, un sommet α_1 viendra en α_2 (fig. 21), par une rotation autour de P_3 il viendra en α_3 occupant par rapport à P_3 P_4 la même position que α_1 par rapport à P_1 P_2.

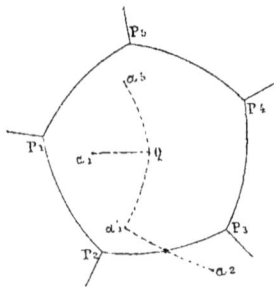

Fig. 21.

Après $q - 1$ rotations successives autour de chacun des sommets, si q est impair, nous obtiendrons un sommet α_q, occupant par rapport à $P_q P_1$ la même position que α_1 par rapport à $P_1 P_2$.

Nous aurons donc :

$$\alpha_1 Q = \alpha_q Q$$

et l'angle :

$$\alpha_1 Q \alpha_q = P_1 Q P_q = \frac{2\pi}{q}$$

Donc par une rotation de $\frac{2\pi}{q}$ autour de Q on amène un sommet quelconque α_1 en coïncidence avec un autre sommet α_q. D'autre part, en faisant tourner le polyèdre autour de P_2 d'un angle égal à $\frac{2\pi}{p}$, nous obtenons un sommet α_2; en le faisant tourner autour de Q d'un angle égal à $\frac{2\pi}{q}$, nous obtenons, d'après la première partie du lemme, un sommet α'_1 occupant par rapport à $P_2 P_3$, la même position que α_1 par rapport à $P_1 P_2$, il est par suite évident que l'arc de grand cercle $\alpha'_1 \alpha_2$ passe par le milieu du côté $P_2 P_3$ et est coupé en deux parties égales par ce côté $P_2 P_3$; donc le milieu de ce côté est un pôle d'axe binaire.

Ceci posé, cherchons à quelles conditions doivent satisfaire p et q pour que l'on puisse recouvrir exactement la sphère avec des polygones réguliers de q côtés, dont l'angle est égal à $\frac{2\pi}{p}$.

Nous nous appuierons sur le théorème de géométrie suivant :

Théorème. — *Si on prend pour unité d'angle, l'angle interceptant sur un grand cercle de la sphère une longueur égale au rayon, pour unité de surface, la surface du triangle sphérique trirectangle l'aire d'un polygone sphérique est mesurée par la somme des angles, diminuée d'autant de fois π qu'il y a de côtés moins 2, autrement dit, cette aire a pour expression* $\Sigma A - \pi (q - 2)$.

Dans le cas présent, tous les angles sont égaux à $\frac{2\pi}{p}$ et chaque polygone a q de ces angles; donc :

$$\Sigma A = \frac{2\pi q}{p}$$

Et l'aire d'un des polygones égale :

$$\frac{2\pi q}{p} - \pi (q - 2)$$

ou :

$$2\pi q \left(\frac{1}{p} + \frac{1}{q} - \frac{1}{2} \right)$$

Si n de ces polygones recouvrent exactement la sphère, la surface totale de la sphère aura pour expression :

$$2\pi nq \left(\frac{1}{p} + \frac{1}{q} - \frac{1}{2} \right)$$

D'autre part, avec les unités choisies, il est facile de voir que la surface de la sphère est mesurée par le nombre 4π. On a donc :

$$2\pi nq \left(\frac{1}{p} + \frac{1}{q} - \frac{1}{2} \right) = 4\pi$$

ou :

$$nq \left(\frac{1}{p} + \frac{1}{q} - \frac{1}{2} \right) = 2 \qquad\qquad (1)$$

La quantité entre parenthèse doit donc satisfaire à la condition :

$$\frac{1}{p} + \frac{1}{q} - \frac{1}{2} > 0$$

ou :

$$\frac{1}{p} > \frac{1}{2} - \frac{1}{q}$$

Or q étant le nombre de côtés du polygone a pour valeur minimum 3, $\frac{1}{q}$ a pour valeur maximum $\frac{1}{3}$ et $\frac{1}{2} - \frac{1}{q}$ a pour minimum $\frac{1}{2} - \frac{1}{3}$, c'est-à-dire $\frac{1}{6}$.

Donc il faut :

$$\frac{1}{p} > \frac{1}{6}$$

et par suite $p < 6$.

Les seuls valeurs admissibles pour p sont 3, 4, 5. La condition précédente étant symétrique en p et en q, la valeur minimum de p étant également 3, il en résulte que q doit être également plus petit que 6 et que par conséquent les seules valeurs admissibles pour q sont également 3, 4 et 5; $p = 5$ est à rejeter, car on a vu que les systèmes réticulaires n'admettent pas d'axes d'ordre 5.

$q = 5$ est également à rejeter puisqu'on a vu que quand q était impair, le polyèdre possédait des axes d'ordre q, c'est-à-dire d'ordre 5, ce qui est impossible.

Donc, les seules valeurs acceptables sont :

$$p = 3 \text{ avec } q = 3$$
$$p = 3 \quad - \quad q = 4$$
$$p = 4 \quad - \quad q = 3$$
$$p = 4 \quad - \quad q = 4$$

La dernière combinaison est à rejeter, car l'expression

$$\frac{1}{p} + \frac{1}{q} - \frac{1}{2}$$

est dans ce cas égale à 0.

1° Considérons le cas où $\begin{cases} p = 3 \\ q = 3 \end{cases}$

De la relation (1) on tire $n = 4$.

Donc la sphère est recouverte par quatre triangles équilatéraux.

Si, au lieu de joindre les sommets par des arcs de grand cercle, nous les joignons par des lignes droites, nous obtiendrons un tétraèdre régulier inscrit dans la sphère.

Puisque $p = 3$, en joignant le centre de la sphère aux sommets du tétraèdre, nous obtenons quatre axes ternaires $4L^3$; puisque q est impair et égal à 3, en joignant le centre de la sphère aux pôles des triangles sphériques ou, ce qui revient au même, au centre des faces du tétraèdre, nous obtenons des axes d'ordre 3, mais le tétraèdre étant régulier, ces nouveaux axes se confondent avec les premiers. Puisque q est impair, en joignant le centre de la sphère au milieu des arêtes, nous obtenons des axes binaires, nous avons six arêtes, mais comme ces milieux sont diamétralement opposés deux à deux, nous n'avons que trois axes binaires $3L^2$.

2° Supposons $\begin{cases} p = 3 \\ q = 4 \end{cases}$

La relation (1) nous donne $n = 6$. La sphère se trouve donc recouverte par 6 carrés sphériques, et en joignant les sommets par des lignes droites, nous obtenons un cube inscrit dans la sphère. Puisque $p = 3$, en joignant le centre au sommet du cube nous obtenons des axes ternaires; il y a huit sommets, mais, comme ils sont diamétralement opposés deux à deux, il n'existe que $4L^3$; puisque q est pair, en joignant le centre de la sphère au centre des faces du cube, nous obtenons des axes d'ordre $\frac{q}{2}$ c'est-à-dire des axes binaires; nous avons six faces dont les centres sont diamétralement opposés deux à deux ; par conséquent, nous avons $3L^2$.

3° Supposons $\begin{cases} p = 4 \\ q = 3 \end{cases}$

La relation (1) nous donne $n = 8$.

La sphère est recouverte par huit triangles sphériques et en joignant les sommets par des lignes droites nous obtenons un octaèdre régulier inscrit. En joignant le centre aux sommets nous obtenons trois axes d'ordre p, c'est-à-dire $3A^4$; puisque q est impair, en joignant les sommets au centre, on a des axes ternaires, on obtient ainsi $4L^3$. En joignant le centre au milieu des arêtes, nous obtenons les axes binaires $6L^2$ puisqu'il y a douze arêtes dont les milieux sont diamétralement opposés deux à deux.

Le premier et le deuxième cas sont à rejeter, car perpendiculairement à chaque axe ternaire un système réticulaire possède trois axes binaires et comme dans les deux premiers cas, il n'y a que trois axes binaires en tout, il ne peut pas y avoir trois axes binaires perpendiculaires à chacun des quatre axes ternaires.

Donc la seule espèce de systèmes réticulaires possédant plusieurs axes principaux a pour éléments de symétrie.

$$3A^4, 4L^3, 6L^2, C, 6P, 3\Pi$$

Nous voyons qu'il existe sept espèces de systèmes réticulaires définis par les éléments de symétrie suivants :

1re espèce OL^2, C, OP : système réticulaire asymétrique ou triclinique ou anorthique ;

2e — L^2, C, P : système réticulaire binaire ou clinorhombique ou monoclinique ;

3e — $L^2, L'^2, L''^2, C, P, P', P''$: système réticulaire terbinaire ou orthorhombique ;

4° — $A^3, 3L^2, C, 3P$: système réticulaire ternaire ou rhomboédrique ;

5e — $A^4, 2L^2, 2L'^2, C, 2P', 2P, \Pi$: système réticulaire quaternaire ou quadratique ;

6e — $A^6, 3L^2, 3L'^2, C, 3P, 3P', \pi$: système réticulaire sénaire ou hexagonal ;

7° — $3A^4, 4L^3, 6L^2, C, 6P, 3\Pi$: système réticulaire terquaternaire ou cubique ou régulier.

CHAPITRE II

DES FORMES CRISTALLINES

§ 1. — propriétés générales

Relations entre les éléments d'un cristal et les éléments de son système réticulaire. — Jusqu'ici, on a considéré les corps cristallisés comme infinis. Dans la nature, tous les corps cristallisés sont limités par une surface que l'on peut considérer comme passant par les centres de gravité des molécules limites, c'est-à-dire que cette surface ne laisse aucun centre de gravité à l'extérieur de l'espace qu'elle détermine. En général, cette surface est quelconque, mais dans certains cas elle se décompose en plans et le corps cristallisé forme ce qu'on appelle *un cristal* et les plans qui limitent le corps cristallisé s'appellent les faces du cristal.

Chacune des faces renfermant un grand nombre de centres de gravité, c'est-à-dire un grand nombre de points homologues, sont des plans réticulaires du système réticulaire dont les nœuds coïncident avec les centres de gravité des molécules du corps. Les droites d'intersection des faces, c'est-à-dire les arêtes du cristal, étant les droites d'intersection de deux plans réticulaires sont par suite parallèles à des rangées du système réticulaire. Bien plus, comme elles sont éloignées d'une de ces rangées parallèles d'une distance comparable à la distance de deux molécules, dans la pratique il nous est impossible de distinguer l'arête de la rangée parallèle la plus voisine et nous considérerons les arêtes comme des rangées.

Les sommets du cristal, étant les points d'intersection d'au moins trois rangées non situées dans le même plan, sont des nœuds.

De ces relations résulte, que si l'on prend pour axes de coordonnées trois rangées conjuguées, une face du cristal sera, comme un plan réticulaire, représentée par une équation de la forme

$$q\,\frac{x}{a} + r\,\frac{y}{b} + s\,\frac{z}{c} = k$$

dans laquelle q, r, s, k, sont des nombres entiers. L'orientation de la face sera donc déterminée quand on connaîtra les nombres q, r, s, que l'on appelle les caractéristiques de la face.

Des faces qui se produisent le plus fréquemment dans la cristallisation. — Haüy a démontré expérimentalement que, les faces qui se formaient le plus souvent dans la cristallisation étaient les faces ayant les plus petites caractéristiques.

Il a démontré en outre que deux faces interceptent sur une drète des longeurs qui, comptées à partir d'un sommet, étaient entre elles dans un rapport rationnel et généralement simple.

Ces résultats expérimentaux sont, dans la théorie de Bravais, une conséquence immédiate de la constitution moléculaire des corps cristallisés.

Pour le démontrer, nous nous appuierons sur la considération des clivages, c'est-à-dire sur la propriété que possèdent un grand nombre de cristaux de se fendre suivant des surfaces planes sous l'action de forces extérieures, telles que le choc.

Les plans de clivage qui sont des faces nouvelles, et par suite des plans réticulaires, sont évidemment des plans perpendiculairement auxquels la cohésion est minimum. Or, de même que la cohésion entre deux molécules suivant la droite qui joint les centres de gravité est d'autant plus faible que la distance est plus grande, de même la cohésion, perpendiculairement à deux plans réticulaires passant par les centres de gravité, est d'autant plus faible que ces plans réticulaires sont plus éloignés l'un de l'autre.

Or nous avons vu qu'un plan réticulaire est d'autant plus éloigné de son plan réticulaire limitrophe que les caractéristiques de ce plan réticulaire sont plus petites. Par conséquent, la cohésion perpendiculairement à un plan réticulaire sera d'autant plus plus petite que ses caractéristiques seront elles-mêmes d'autant plus petites ; fait confirmé par l'expérience.

Or dans la cristallisation, s'il se produit une face A, elle est due à l'intervention de forces extérieures comparables aux forces qui produisent les faces de clivage ; par conséquent, les faces qui doivent se reproduire le plus fréquemment dans la cristallisation sont les faces ayant les plus petites caractéristiques.

En second lieu, les sommets étant des nœuds, les arêtes des rangées, les faces des plans réticulaires, le deuxième résultat expérimental de Haüy résulte du théorème que nous avons démontré, disant :

Que deux plans réticulaires interceptent sur une rangée des longueurs, qui comptées à partir d'un nœud, sont entre elles dans un rapport rationnel.

Comme ce rapport est en outre égal au rapport des caractéristiques, puisque celles-ci sont de petits nombres entiers, leur rapport est par cela même simple.

Relations entre les éléments de symétrie d'un cristal et ceux de son système réticulaire.

Théorème. — *Pour qu'un corps cristallisé possède un élément de symétrie, il faut et il suffit que cet élément de symétrie appartienne au système réticulaire et à la molécule.*

Soit en effet OA un axe d'ordre q appartenant à la molécule et n'appartenant pas au système réticulaire. Cet axe ne saurait être un axe du corps cristallisé, car si G est le centre de gravité d'une molécule non située sur l'axe, lorsque nous ferons tourner le corps cristallisé d'un angle égal à $\frac{2\pi}{q}$ autour de OA, G ne viendra pas coïncider avec le centre de gravité d'une autre molécule, puisque OA n'est pas un axe de système réticulaire dont un nœud coïncide avec G.

En second lieu, soit OA (fig. 22) un axe d'ordre q appartenant au système réticulaire et n'appartenant pas à la molécule, c'est-à-dire un axe tel que, si par le centre de gravité d'une molécule on mène une droite parallèle à OA, cette droite ne soit pas un axe d'ordre q de la molécule. Il est facile de voir que OA n'est pas un axe du corps cristallisé. En effet, un centre de gravité G, après une rotation de $\frac{2\pi}{q}$, vient bien coïncider avec un autre centre de gravité G', mais la

Fig. 22.

molécule G ne vient pas coïncider avec la molécule G'. La rotation autour de OA peut en effet être remplacée par une translation du corps cristallisé égale, parallèle à GG' et de même sens, et par une rotation égale à $\frac{2\pi}{q}$ autour de la droite G'A' parallèle à OA. Or, étant donnée la constitution des corps cristallisés, la translation amène la molécule G en coïncidence avec la molécule G' ; mais, puisque G'A' n'est pas un axe de la molécule, après la rotation autour de G'A', la molécule G ne sera plus en coïncidence avec la molécule G'.

Réciproquement, la démonstration précédente montre que si OA est un axe appartenant au système réticulaire et à la molécule, cette droite sera un axe d'ordre q du corps cristallisé.

Il résulte de là que les éléments de symétrie d'un corps cristallisé sont les éléments de symétrie communs à son système réticulaire et à sa molécule.

Il est facile de voir que les faces d'une forme cristalline ne sont pas indépendantes les unes des autres. En effet, dans la cristallisation la production d'une face A est due à l'action de forces ne dépendant évidemment que du milieu cristalligène, c'est-à-dire du milieu où se produit la cristallisation et du milieu cristallisé. Le milieu cristalligène étant homogène, si le milieu cristallisé possède un élément de symétrie ce dernier sera un élément de symétrie de l'ensemble constitué par le milieu cristalligène et le milieu cristallisé. Par suite, les forces qui ont déterminé la production de la face A devront se reproduire symétriquement par rapport à cet élément de symétrie et détermineront la production d'une face symétrique de A par rapport à cet élément. Donc, en même temps que A se produiront toutes les faces symétriques de A par rapport aux éléments de symétrie du corps cristallisé.

Nous voyons ainsi qu'un cristal est un polyèdre ayant pour éléments de symétrie les éléments de symétrie communs au système réticulaire et à la molécule. Donc, un cristal ne peut avoir d'autre élément de symétrie que ceux dont nous avons constaté l'existence dans les systèmes réticulaires ; il ne peut avoir d'axe d'ordre différent de 2, 3, 4 et 6, fait confirmé par l'observation.

A vrai dire, il existe une différence notable entre la symétrie cristallographique et la symétrie géométrique.

Cette dernière entraîne deux conditions : une condition de distance et une condition d'angle. Ainsi on dit en géométrie qu'un polyèdre possède un centre lorsque les faces sont parallèles deux à deux et équidistantes d'un même point.

En cristallographie, la symétrie n'exige qu'une condition d'angle et l'on dit qu'un cristal possède un centre lorsque les faces sont 2 à 2 parallèles. Cela résulte des considérations précédentes. On a vu en effet que si un corps cristallisé possédait un centre, il en possédait une infinité. Par suite, s'il se produit deux faces A et B, il se produira en même temps deux faces A′,B′, symétriques de A et B par rapport à un centre ; mais le centre relatif au couple AA′ pourra être différent du centre relatif au couple BB′. Donc A′ sera parallèle à A, et B′ à B, mais ces faces ne seront pas deux à deux équidistantes d'un même point.

L'ensemble des faces, se déduisant d'une face A au moyen des éléments de symétrie, constitue ce que l'on appelle *une forme cristalline simple*. La face A s'appelle la face *déterminante* de cette forme cristalline.

Du nombre des faces d'une forme cristalline simple. — Quand on connaît les éléments de symétrie d'un corps cristallisé, on en peut déduire le nombre des faces de ses formes cristallines.

Si en effet on fait tourner la face déterminante $\overline{q-1}$ fois autour d'un axe d'ordre q, on obtient $\overline{q-1}$ nouvelles faces de la forme cristalline, et si le corps cristallisé possède N_q axes d'ordre q, on obtiendra, au moyen de tous ces axes, un nombre de faces égal à $N_q (q-1)$. En faisant ainsi tourner la face autour de tous les axes, on aura un nombre égal à $\Sigma N_q (q-1)$. Donc, en tenant compte de la face déterminante, le nombre des faces données par les axes, sera égal à :

$$1 + \Sigma N_q (q-1)$$

Si maintenant on prend les faces symétriques de toutes ces faces par rapport au centre de symétrie, on aura le nombre total F des faces de la forme cristalline

$$F = 2 [1 + \Sigma N_q (q-1)]$$

Comme q ne peut prendre que les valeurs 2, 3, 4 et 6, cette formule peut s'écrire :

$$F = 2 (1 + 5N_6 + 3N_4 + 2N_3 + N_2)$$

Ainsi, par exemple, dans le système terquaternaire, les éléments de symétrie sont :

$$3A^4, \ 4L^3, \ 6L^2, \ C, \ 6P, \ 3\Pi \ ;$$

le nombre des faces de la forme cristalline sera :

$$F = 2 (1 + 9 + 8 + 6) = 48.$$

L'ensemble des faces se déduisant de la face déterminante au moyen des axes seuls, s'appelle la *demi-forme directe*.

L'ensemble des faces déduites de la demi-forme directe au moyen du centre de symétrie s'appelle la *demi-forme inverse*.

L'ensemble des faces d'une forme se représente par le symbole $\{qrs\}$ q, r et s étant les caractéristiques de la face déterminante.

Remarque. — Le calcul précédent suppose que la face déterminante n'occupe pas une position particulière relativement aux éléments de symétrie; il suppose que la forme soit ce qu'on appelle une forme *oblique*. Lorsque la face déterminante occupe une position particulière relativement aux éléments de symétrie, le nombre des faces est diminué et la forme est dite *restreinte*. Il y a deux sortes de formes restreintes : les formes *parallèles*, produites par une face déterminante parallèle à un axe de symétrie d'ordre pair, et les formes *normales* produites par une face déterminante perpendiculaire à un axe de symétrie.

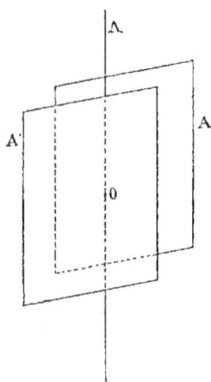

Fig. 23.

Lorsque la forme est parallèle, le nombre des faces est la moitié de ce qu'il est lorsque la forme est oblique. Soit en effet A (fig. 23) la face déterminante parallèle à un axe d'ordre pair OA : en faisant tourner A d'un angle égal à π, on obtient une face A′ de la demi-forme directe parallèle à A. Par suite, lorsqu'on prendra la face symétrique de A par rapport au centre O, on obtiendra

une seconde fois la face A'. Donc, la demi-forme inverse se confond avec la demi-forme directe dont les faces sont parallèles deux
à deux.

§ II. — DES FORMES MÉRIÉDRIQUES

On a vu que les éléments de symétrie d'une forme étaient les
éléments de symétrie communs à la molécule et au système réticulaire. Lorsque la molécule possède tous les éléments de symétrie
du système réticulaire, la forme est dite *holoédrique*, mais si la
molécule ne possède qu'une partie des éléments de symétrie du
système réticulaire, le corps cristallisé lui-même ne possède qu'une
partie des éléments de symétrie du système réticulaire et, par suite,
le nombre des faces des formes cristallines de ce corps cristallisé
se trouve diminué ; les formes sont dites alors *mériédriques*.

Il est facile de calculer le nombre des faces des formes mériédriques en fonction du nombre des faces F que posséderait la forme
si la molécule avait tous les éléments de symétrie du système réticulaire. Dans son cours de minéralogie, M. de Lapparent a représenté avec la plus grande clarté un résumé des travaux de Bravais.
résumé qui se trouve ici reproduit.

On s'appuie, pour effectuer le calcul, sur les remarques suivantes :

1° Si une partie des axes du système réticulaire fait défaut dans
la molécule, parmi les axes manquant se trouvent forcément
des axes binaires, puisque, comme on l'a vu, la présence d'axes
binaires entraîne dans un polyèdre la présence d'axes principaux ;

2° Si un axe binaire d'une espèce fait défaut, tous les axes
binaires de même espèce feront défaut. Car la valeur des angles
que font entre eux les axes binaires d'une espèce est déterminée
par le nombre de ces axes binaires ;

3° Si les axes binaires d'une espèce font défaut, l'axe principal
de la molécule aura un ordre égal à la moitié de celui de l'axe
principal du système réticulaire.

Cela posé, la molécule est dite *holoaxe* lorsqu'elle possède tous
les axes de symétrie du système réticulaire ; elle est dite *hémiaxe*

lorsqu'elle ne possède qu'une partie des axes, de telle sorte que la moitié des rotations soit supprimée. Une molécule peut être hémiaxe de deux façons différentes : ou bien elle ne possède aucun des axes binaires du système réticulaire mais son axe principal est du même ordre que l'axe principal du système réticulaire, — ou bien elle ne possède que la moitié des axes binaires du système réticulaire et l'ordre de son axe principal est la moitié de celui de l'axe principal du système réticulaire.

La molécule est dite *tétartoaxe* lorsqu'elle ne possède qu'une partie des axes de symétrie du système réticulaire, de telle sorte que les $\frac{3}{4}$ des rotations soient supprimées. Une molécule est tétartoaxe lorsqu'elle ne possède aucun des axes binaires du système réticulaire et lorsque l'ordre de son axe principal est la moitié de celui de l'axe principal du système réticulaire.

Partant de là, on suppose d'abord la molécule holoaxe. Si elle est centrée, elle possède tous les éléments de symétrie du système réticulaire et la forme est *holoédrique*. Le nombre des faces est alors égal à F. Si elle ne possède pas de centre de symétrie et par suite pas de plan de symétrie, autrement dit, si elle est *hémisymétrique*, la forme se compose de la demi-forme directe ; le nombre des faces sera égal à $\frac{F}{2}$ et la forme est dite *hémiédrique*.

On suppose en second lieu la molécule hémiaxe ; la demi-forme directe possédera un nombre de faces égal à $\frac{F}{4}$. Si la molécule est centrée, en prenant les symétriques de ces $\frac{F}{4}$ faces par rapport au centre, on double le nombre des faces qui devient $\frac{F}{2}$. La forme est encore *hémiédrique*. Si la molécule ne possède pas de centre, mais si elle possède les plans de symétrie perpendiculaires aux axes du système réticulaire qui lui manquent, c'est-à-dire si elle est *dichosymétrique*, en prenant les symétriques des $\frac{F}{4}$ faces par rapport à ces plans de symétrie, on double le nombre des faces qui devient $\frac{F}{2}$ et la forme est *hémiédrique*. Si la molécule ne possède ni centre ni plan de symétrie, si elle est *hémisymétrique*, la forme aura $\frac{F}{4}$ faces et sera *tétartoédrique*.

Enfin la molécule étant *tétartoaxe* la demi-forme directe aura un nombre de faces égal à $\frac{F}{8}$. Si la molécule est centrée, la forme aura $\frac{F}{4}$ faces et sera *tétartoédrique*. Si la molécule est *dichosymétrique*, la forme aura $\frac{F}{4}$ faces et sera *tétartoédrique*. Si la molécule est *hémisymétrique*, la forme aura $\frac{F}{8}$ faces et sera *hémitétartoédrique*.

En résumé, si la molécule est :

Holoaxe	centrée, la forme aura	F	faces et sera	holoédrique
	hémisymétrique, —	$\frac{F}{2}$	—	hémiédrique
Hémiaxe	centrée. —	$\frac{F}{2}$	—	hémiédrique
	dichosymétrique, —	$\frac{F}{2}$	—	hémiédrique
	hémisymétrique, —	$\frac{F}{4}$	—	tétartoédrique
Tétartoaxe	centrée, —	$\frac{F}{4}$	—	tétartoédrique
	dichosymétrique, —	$\frac{F}{4}$	—	tétartoédrique
	hémisymétrique, —	$\frac{F}{8}$	—	hémitétartoédrique

Remarque. — Les réductions qui viennent d'être indiquées dans le nombre des faces peuvent ne pas se produire lorsque la forme est restreinte. Ainsi par exemple, lorsque la forme est parallèle, toutes les faces s'obtiennent au moyen des axes de symétrie seuls, sans faire intervenir le centre; par conséquent, le centre de symétrie peut faire défaut dans la molécule sans qu'il en résulte une réduction dans le nombre des faces. C'est ainsi que le cube est à la fois une forme holoédrique et une forme hémitétartoédrique.

§ III. — CLASSIFICATION DES CORPS CRISTALLISÉS

On classe les corps critallisés d'après la nature et le nombre de leurs éléments de symétrie, en s'appuyant sur la remarque suivante : Un corps cristallise lorsque ses molécules jouissent d'une mobilité suffisante pour pouvoir s'orienter sous la seule influence de leurs actions mutuelles. Il est évident que dans ces conditions les molécules devront s'orienter de façon que l'édifice qu'elles construisent présente le maximum de stabilité. Or, il est facile de voir que la stabilité est d'autant plus grande que les éléments de symétrie sont plus nombreux. Si, par exemple, le corps cristallisé possède un axe de symétrie, la résultante des actions des molécules sur une molécule déterminée sera forcément dirigée suivant cet axe, et si le corps présente un deuxième axe, la résultante devant être dirigée suivant ces deux axes sera forcément nulle. Plus les éléments de symétrie sont nombreux, plus les conditions entraînant la nullité de la résultante seront nombreuses, et par suite plus l'équilibre sera stable. Les molécules devant s'orienter de façon à ce que le corps cristallisé présente le plus grand nombre d'éléments de symétrie, elles se disposeront suivant les mailles du système réticulaire présentant le plus d'éléments de symétrie communs avec elles-mêmes. Donc, dans des conditions déterminées, les molécules d'un corps se disposeront toujours suivant les mailles du même système réticulaire. C'est pourquoi on répartit les corps cristallisés en sept systèmes cristallins, chacun d'eux étant caractérisé par l'un des systèmes réticulaires dont nous avons reconnu l'existence.

Remarque. — En général, il est facile de reconnaître le système suivant les mailles duquel sont réparties les molécules d'après les éléments de symétrie des formes cristallines. Dans certains cas cependant il y a doute. Si par exemple la forme cristalline a pour éléments de symétrie $A^3, 3L^2, C, 3P$ le système réticulaire peut être ternaire ou sénaire. Dans le doute, on admet que les molécules sont réparties suivant les mailles du système ayant le moins d'éléments de symétrie.

§ IV. — REPRÉSENTATION GRAPHIQUE DES FORMES CRISTALLINES

Il est fréquemment nécessaire dans la pratique de représenter sur le papier la position relative exacte des faces d'une forme cristalline. Pour y parvenir, on transporte les faces parallèlement à elles-mêmes, de façon à ce qu'elles passent par un même point O. De ce point comme centre, avec un rayon arbitraire, on décrit une sphère dont on ne considère qu'un hémisphère, chaque face est représentée par celui de ses pôles qui se trouve sur l'hémisphère conservé. En projetant l'hémisphère sur un plan, on obtient une représentation plane des différentes faces de la forme cristalline. Il est à remarquer que dans ce mode de représentation toutes les faces appartenant à une même zone ont leurs pôles sur un même grand cercle dont le plan est perpendiculaire à l'axe de la zone. En outre, si la forme cristalline présente un axe binaire ou un plan de symétrie, les pôles des faces de la forme sont deux à deux symétriquement placés par rapport à un point de la sphère qui est le pôle du plan de symétrie ou le point d'intersection avec la sphère de l'axe binaire. Enfin si la forme présente un axe d'ordre n, les pôles sont répartis de façon à dessiner sur la sphère des polygones réguliers de n côtés dont les plans sont perpendiculaires à l'axe de symétrie.

Pour obtenir une représentation de l'hémisphère, on peut employer deux modes de projection, la projection *gnomonique* et la projection *stéréographique*

Projection gnomonique. — On prend pour plan de projection le plan tangent à l'hémisphère parallèle à la base de l'hémisphère et pour point de vue le centre O de la sphère (fig. 24), de sorte qu'un point de l'hémisphère est représenté par le point d'intersection du plan de projection avec la droite qui le joint au centre de

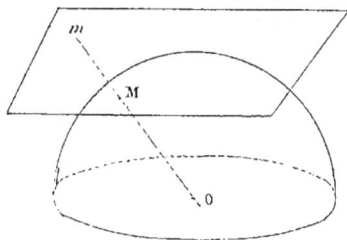

Fig. 24.

la sphère. L'avantage de ce mode consiste principalement en ce que tout grand cercle se projette suivant une droite. L'inconvénient de ce mode consiste en ce que les point situés près du cercle de base se projettent très loin sur le papier.

Projection stéréographique. — Dans la projection stéréogra-

phique, on prend pour plan de projection le plan de base de l'hémisphère, et pour point de vue celui des pôles de cette base qui
n'est pas situé sur l'hémisphère. L'avantage de ce mode de projection
consiste en ce que tous les points de l'hémisphère se projettent à
l'intérieur du cercle de base. Pour effectuer les constructions dans
les projections stéréographiques on s'appuie sur les théorèmes
suivants :

Théorème. — *Dans un cône à base circulaire, une section antiparallèle à la base est un cercle.*

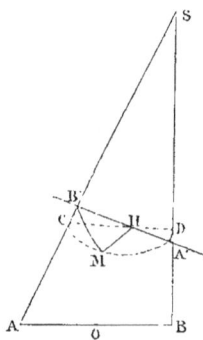

Prenons pour plan du tableau le plan de
symétrie du cône perpendiculaire au cercle de
base ; ce plan coupe le cône suivant deux
génératrices SA et SB (fig. 25), et le plan
d'une section antiparallèle suivant une droite
B'A' telle que l'angle SA'B' soit égal à l'angle
SAB. Soit M un point de la section ; menons
par ce point un plan parallèle à la base : il
coupe le cône suivant un cercle CMD, et le

Fig. 25.

plan de la section antiparallèle suivant une
droite MH perpendiculaire au plan du tableau ; la section CMD
étant un cercle de diamètre CD, on a :

$$\overline{MH}^2 = CH \times HD ;$$

d'autre part les triangles CHB', DHA' étant semblables, on a :

$$CH \times HD = B'H \times HA' ;$$

donc nous avons :

$$\overline{MH}^2 = B'H \times HA' ;$$

par suite le point M est sur un cercle décrit sur B'A' comme diamètre.

Théorème. — *La projection stéréographique d'un cercle est un
cercle.*

Prenons pour plan du tableau le plan du grand cercle passant
par le point de vue et perpendiculaire au plan du cercle dont on
cherche la projection (fig. 26). La projection du cercle est la courbe
d'intersection du plan de projection PP' avec un cône ayant pour
sommet le point V et pour directrice le cercle CD ; il suffit donc

de démontrer que le plan de projection est un plan antiparallèle à
la base du cône. Ce plan est en effet
perpendiculaire à celui des plans de
symétrie du cône qui est normal sur
la base ; il est en outre facile de voir
que sa droite d'intersection AB avec
ce plan de symétrie est antiparallèle
à la droite CD par rapport aux deux
génératrices CV et DV, en effet l'angle
DCV a pour mesure

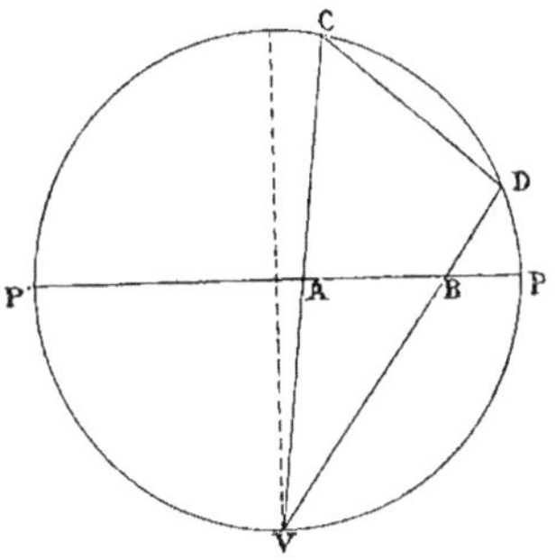

$$\frac{1}{2} DP + \frac{1}{2} PV, \text{ ou } \frac{1}{2} DP + 45°$$

Fig. 26.

il est donc égal à l'angle DBP. La section étant antiparallèle à la
base est par cela même un cercle.

Remarquons que tout grand cercle se projette suivant un cercle
coupant le cercle de base en deux points diamétralement opposés.

Théorème. — *Dans la projection stéréographique, l'angle de deux
courbes se projette en vraie grandeur.*

Soit M (fig. 27) le point d'intersection de deux courbes tracées
sur la sphère, et *m* la projec-
tion de M. Soient M*t*, M*t'* les
tangentes aux deux courbes
coupant le plan de projection
en *t* et en *t'* ; soient T et T'
les points d'intersection de ces
mêmes tangentes avec le plan
tangent à la sphère au point V :
il s'agit de démontrer que
l'angle *tmt'* est égale à l'angle
TMT'.

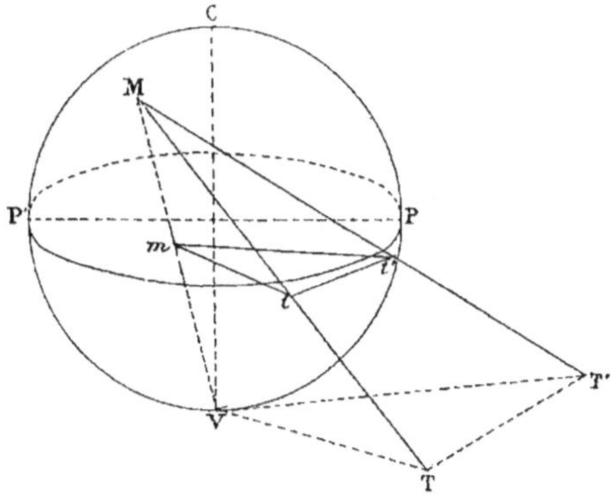

Remarquons en effet que les

Fig. 27.

deux triangles TVT', TMT' sont égaux comme ayant leurs côtés
égaux chacun à chacun : TV = TM comme tangentes à la sphère
issues du même point ; T'V = T'M pour la même raison et TT'
est commun. L'angle TVT' est donc égal à TMT' ; or les angles

TVT', *tmt'* sont égaux comme ayant leurs côtés parallèles deux à deux.

Problème. — *Etant données les projections stéréographiques de deux points d'un grand cercle, construire la projection de ce grand cercle.*

Soient *a,b*, les projections de deux points A et B du grand cercle ; il nous suffit de déterminer la projection d'un troisième point du grand cercle ; nous allons chercher la projection du point A', diamétralement opposé à A (fig. 28). Le point A' se trouve sur tous les grands cercles passant par A, en particulier sur celui

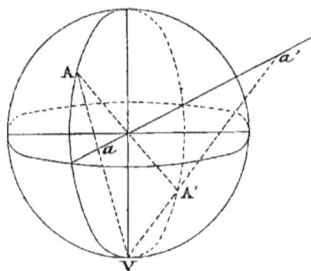 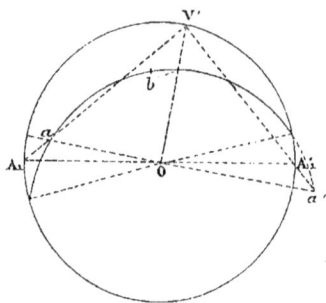

Fig. 28.   Fig. 29.

de ces grands cercles qui passe par le point de vue et qui se projette par suite suivant la droite O*a* ; sa projection est donc sur cette droite O*a*. Si maintenant on rabat sur le plan de projection ce dernier grand cercle en le faisant tourner autour de son diamètre O*a*, le point de vue vient en V' (fig. 29) sur une droite perpendiculaire à O*a* ; le rayon VA se rabat en V'*a* et le point A se rabat en A₁, point d'intersection de V'*a* avec le cercle de base. Dans ce même mouvement de rotation, le point A' se rabat en un point A', diamétralement opposé au point A₁ ; par conséquent le rayon VA' s'est rabattu suivant V'A', et la projection du point A' est au point *a'* d'intersection de ce rayon rabattu avec O*a*.

Problème. — *Étant donnée la projection d'un grand cercle, construire la projection de son pôle.*

Soit C*m*D la projection du grand cercle, coupant le cercle de base en deux points C et D diamétralement opposés (fig. 30). Considérons le grand cercle passant par le point de vue et dont le

plan est perpendiculaire sur le plan du grand cercle donné; il se
projette suivant une droite Om perpen-
diculaire sur CD. Ce grand cercle étant
perpendiculaire sur le grand cercle
donné passe par son pôle : donc la projection cherchée sera sur la droite
Om; le pôle P se trouve à une distance
angulaire de M égale à 90° ; si donc
nous faisons tourner le cercle se projetant en pOm autour de son diamètre pOm de façon à le rabattre sur

Fig. 30.

le plan de projection, le point de vue venant en C et le point M
en M', sur Cm, le point P devra venir en P', tel que l'arc P'M' soit
égal à 90°. Donc, pour avoir le point p cherché, on commencera par
rabattre le point M en M', puis on prendra le point P' situé à une
distance angulaire de M' égale à 90°, et en joignant CP' on obtiendra
une droite coupant Om au point p cherché.

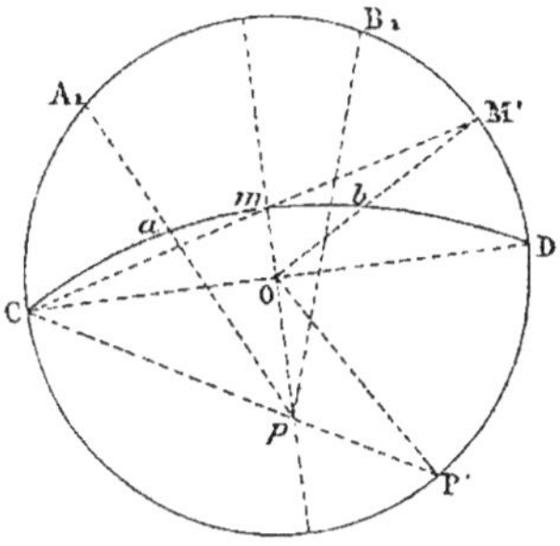

Problème. — *Étant données les projections de deux points, construire leur distance angulaire.*

Soient a et b les projections des deux points donnés : construisons d'abord la projection du grand cercle passant par A B (fig. 30).
Soit C D la droite d'intersection de ce grand cercle avec le grand
cercle de base; soit p la projection du pôle du cercle A B. Considérons les deux petits cercles passant respectivement par A et B
et dont les plans sont perpendiculaires au diamètre C D; ces deux
petits cercles coupent le cercle de base en deux points A_1 et B_1
dont la distance angulaire est évidemment égale à la distance angulaire des deux points A et B. Le problème revient donc à construire les poins A_1 et B_1. Or il est facile de voir que les trois
droites AA_1, BB_1 et VP sont parallèles entre elles; par conséquent
ces trois droites se projettent suivant trois droites passant par un
même point; or la droite PV, passant par le point de vue, se projette en un point unique p, donc les droites AA_1, BB_1 se projettent
suivant deux droites passant par p; comme elles passent également par a et b, il suffit de joindre pa et pb pour obtenir les points
A_1 et B_1 sur le grand cercle de base.

CHAPITRE III

La première loi cristallographique a été trouvée par Romé de l'Isle à la fin du siècle dernier. Carangeot venait d'inventer le goniomètre d'application, il s'en servit pour mesurer les angles des faces d'un grand nombre de cristaux, et il arriva à cette conclusion que dans une espèce minérale la même variété de forme présente toujours les mêmes angles. Ainsi par exemple, le quartz se présente fréquemment sous forme d'un prisme hexagonal terminé à chaque extrémité par une pyramide hexagonale. On constate au moyen du goniomètre que l'angle des deux faces d'une pyramide est constant et que l'angle de deux faces du prisme est toujours de 120°.

Haüy fit une autre observation de grande importance. Certains cristaux se clivent suivant certains plans d'orientation déterminée. Si un cristal possède au moins trois directions de plans de clivage, par le choc on obtiendra de petits solides limités par des faces, parallèles deux à deux à chaque direction de plan de clivage; et puisque ces plans de clivage ont une orientation déterminée, il en résulte que deux faces de ce solide de clivage font un angle constant caractéristique de l'espèce minérale. Ces solides peuvent toujours être sous l'action du choc, divisés en solides semblables, aussi Haüy crut-il pouvoir conclure que cette division pouvait être poussée jusqu'à la molécule, qui avait ainsi une forme de polyèdre semblable à la forme du solide de clivage. Il distingue six formes de molécule :

La forme cubique;

—   du prisme droit à base hexagonale;

—   du prisme droit à base carrée;

La forme du prisme droit à base rhombe;
— du prisme unioblique à base rhombe;
— du prisme bioblique à base rhombe.

Ces molécules, en se juxtaposant régulièrement, produisent des solides ayant même forme qu'elles. Ces solides sont ce que Haüy appelle les *formes primitives;* chacune d'elles caractérisant un système cristallin. Il montra en effet que toutes les autres formes cristallines pouvaient être déduites de ces formes primitives au moyen de troncatures, c'est-à-dire en remplaçant soit un angle, soit une arête par une face. Il fut amené à formuler cette opinion par l'observation suivante. Fréquemment, dans la nature, on trouve des cristaux de forme prismatique dont certains éléments, sommets ou arêtes, sont remplacés par de petites faces absolument

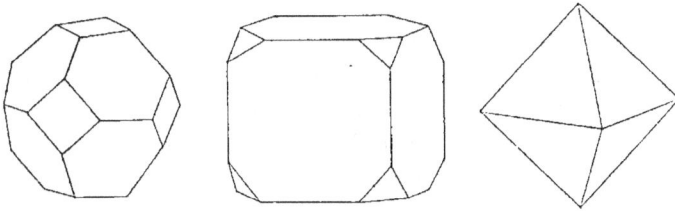

Fig. 31.

comme si on les avait tronqués. Dans le cas cité les dimensions des troncatures sont petites relativement aux dimensions des faces de la forme prismatique, mais ces troncatures peuvent être plus grandes, de telle sorte que les faces de la forme prismatique se présentent à leur tour comme des troncatures faites sur les éléments de la forme constituée par les premières troncatures. Enfin si les troncatures continuent à augmenter, les faces de la forme prismatiques disparaissent complètement. Autrement dit on observe toutes les gradations entre la forme primitive et la forme à laquelle conduisent les troncatures, comme l'indiquent les figures ci-jointes (fig. 31) montrant le passage du cube à l'octaèdre. Ces troncatures, dans leur formation, sont assujetties à deux lois, la loi de symétrie et la loi des indices rationnels. Sans l'énoncer géométriquement, Haüy reconnut en effet que les cristaux présentaient des éléments de symétrie et il formula les lois suivantes :

1° *Toute modification se produisant sur un élément d'un cristal se produit sur tous les autres éléments semblables et les éléments non semblables sont modifiés différemment ;*

2° *Deux faces d'un cristal interceptent sur une arête des longueurs qui sont entre elles dans un rapport rationnel et généralement simple.*

Autrement dit, soient OA, OB, OC (fig. 32) trois arêtes de longueur a, b, c partant d'un même sommet O. La longueur OA est déterminée par l'intersection de l'arête avec une face du cristal. Si A′ est le point d'intersection d'une seconde face, on aura : $OA' = \dfrac{a}{q}$, q étant un nombre rationnel généralement simple. De même, si la troncature coupe les arêtes OB et OC en B′ et C′, on aura $OB' = \dfrac{b}{r}$, $OC' = \dfrac{c}{s}$, r et s étant rationnels et simples.

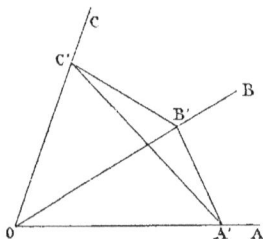

Fig. 32.

Ceci posé, Haüy définit les corps cristallisés en disant que leurs molécules sont juxtaposées, et régulièrement disposées suivant des droites parallèles et suivant des plans parallèles. On voit donc que l'hypothèse d'Haüy rentre dans celle de Bravais. Mais celle-ci est plus générale, car Bravais suppose que les molécules d'un corps cristallisant dans le système cubique par exemple ont les éléments de symétrie du cube, tandis qu'Haüy

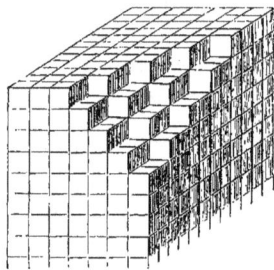

Fig. 33.

suppose qu'elles ont la forme même du cube. Aussi Haüy n'a-t-il pu expliquer, au moyen de sa théorie, tous les faits fournis par l'observation. Cependant elle lui permit d'expliquer la rationnalité des indices. Considérons en effet une forme primitive provenant de la juxtaposition de molécules semblables à elles-mêmes. Une arête OA est égale à un nombre entier de fois l'arête correspondante de la molécule. Or, dit Haüy, s'il se produit une troncature sur le sommet O, c'est que, lors de la cristallisation, les molécules qui auraient dû former ce sommet ne se sont pas déposées, de sorte qu'à la place du sommet on a une face en escalier (fig. 33). Les dimensions des molécules étant très petites, cette face en escalier produit l'impression physique d'une face plane.

En outre la longueur OA′ interceptée sur OA par la troncature est égale à un nombre entier de fois l'arête correspondante de la molécule, par conséquent les longueurs OA et OA′ ont une commune mesure qui est la longueur de l'arête de la molécule, et ces deux longueurs sont entre elles dans un rapport rationnel.

Loi des zones. — Weiss étudiant les formes cristallines, proposa une loi dite des zones, devant remplacer la loi des indices rationnels. Considérons quatre faces d'un cristal, dont trois n'appartiennent pas à une même zone, et désignons-les par les numéros 1,2,3,4. Si nous considérons les droites d'intersection de ces faces prises deux à deux comme des axes de zones, ces quatre faces déterminent six zones.

Les faces appartenant à deux de ses zones, considérées entre elles ou considérées avec les faces 1,2,3,4, déterminent de nouvelles zones qui, à leur tour, déterminent de nouvelles faces et ainsi de suite. D'après la loi des zones, une face d'un cristal appartient à deux zones déterminées d'après le mode précédent en partant de quatre faces quelconques du cristal. Cette loi des zones trouve son interprétation dans la théorie de Bravais ; elle revient à dire que toutes les faces d'un cristal doivent être parallèles aux plans réticulaires d'un même système réticulaire, car les quatre faces primitives étant dans la théorie de Bravais quatre plans réticulaires, les axes des zones successivement obtenus sont parallèles à des rangées d'un même système réticulaire. Une face devant être parallèle à deux rangées est par cela même parallèle à un plan réticulaire.

Des formes mériédriques. — Haüy n'avait pas étudié les formes mériédriques qu'il considérait comme des anomalies. Delafosse en fit une étude approfondie et constata que quand un minéral présentait des formes mériédriques, les éléments de sa forme primitive, quoique géométriquement semblables, pouvaient posséder des propriétés différentes au point de vue physique. Ainsi par exemple, si on électrise un cube de pyrite par le frottement, on constate qu'un sommet s'électrise positivement tandis que le sommet opposé s'électrise négativement; il y a donc une différence physique entre les deux sommets. Il fut ainsi amené à modifier de la façon suivante la loi de symétrie d'Haüy : Toute modification se produisant sur un élément d'un cristal se produit sur tous les éléments *physiquement* semblables du cristal. Pour expliquer les différences de propriétés physiques de deux éléments de la forme primitive, Delafosse fit intervenir la forme de la molécule. Il admit toujours comme Haüy que ces molécules avaient la forme de polyèdre, mais il admit en outre que la molécule d'un corps cristallisant dans le système cubique, au lieu d'être cubique elle-même, pouvait avoir la forme d'un polyèdre ayant moins d'éléments de symétrie que le cube, la forme d'un tétraèdre par exemple. Ces tétraèdres, en se superposant, donnent encore naissance à un cube, mais tandis qu'une des faces du cube est limitée par les faces du tétraèdre, la face opposée du cube est limitée par des sommets. De là résulte une différence, au point de vue physique, entre les deux faces du cube.

Les Allemands ayant étudié les formes mériédriques au point de vue géométrique, ont constaté que le plus grand nombre des formes mériédriques rentraient dans la loi suivante :

Si on transporte toutes les faces de la forme holoédrique parallèlement à elles-mêmes, de façon à ce qu'elles soient équidistantes d'un même point O, l'on obtiendra une forme hémiédrique en supprimant la moitié des faces, de telle sorte qu'après cette suppression, si n faces coupent un axe d'ordre pair en un point A, n faces couperont le même axe en un point A' symétrique de A par rapport à O ; si une face passant par A fait un angle α avec l'axe OA, une face passant par A' fera le même angle α avec OA' ; si deux faces passant par A font entre elles un angle β, deux faces passant par A' feront entre elles le même angle β.

Les formes satisfaisant à cette condition se répartissent en trois groupes :

1° Si le solide formé avec les faces supprimées n'est pas superposable au solide formé par les faces conservées, l'hémiédrie est dite *plagièdre*.

2° Si les deux solides sont superposables et si dans chacun d'eux les faces sont parallèles deux à deux, l'hémiédrie est dite à *faces parallèles*.

3° Si les solides sont superposables et si dans chacun d'eux les faces ne sont pas parallèles deux à deux, l'hémiédrie est dite à *faces inclinées*.

Il est à remarquer que les formes hémiédriques qui sont toutes expliquées dans la théorie de Bravais, ne rentrent pas toutes dans les lois précédentes.

Notation. — Haüy a proposé un système de notation en relation immédiate avec la méthode des troncatures et qui permet de se rendre compte de la position de ces troncatures. Aussi ces notations. légèrement modifiées par Lévy, sont-elles encore en usage quoiqu'on ait abandonné la théorie d'Haüy.

Il représente tous les éléments semblables de la forme primitive par une même lettre, et les éléments dissemblables par des lettres différentes. Les faces sont représentées par les consonnes p, m, t du mot *primitif*, les sommets par les voyelles a, e, i, o, les arêtes par les consonnes b, c, d, f, g, h (g et h étant réservées pour les arêtes latérales des prismes). Considérons une troncature A'B'C' rencontrant trois arêtes bcd issues d'un sommet a. Nous avons vu qu'on avait :

$$a\, A' = \frac{b}{q}$$

$$a\, B' = \frac{c}{r}$$

$$a\, C' = \frac{d}{s}$$

la troncature A'B'C' se représente par le symbole.

$$b^{1/q}\ c^{1/r}\ d^{1/s}$$

Remarquons que l'orientation de la face A'B'C' étant seule importante à connaître, on peut remplacer les nombres qrs par trois nombres qui leur sont proportionnels. On peut en particulier réduire q, r et s au même dénominateur, supprimer ce dénominateur commun, et remplacer q, r, s par les nombres entiers q', r', s'.

Si alors nous prenons les trois arêtes pour axes de coordonnées, la troncature A'B'C' sera représentée par l'équation.

$$q' \frac{x}{b} + r' \frac{y}{c} + s' \frac{z}{d} = k$$

Par suite, si l'on convient de considérer b, c, d comme les paramètres des trois arêtes, q', r', s' deviennent les caractéristiques de la face A'B'C' dans la théorie de Bravais.

Dans certains cas particuliers la notation se simplifie.

Supposons par exemple que la troncature soit parallèle à l'arête b, q sera égal à zéro, et la face sera représentée par le symbole $\left(b^{1/0}c^{1/r}d^{1/s}\right)$ que l'on remplace, pour abréger, par le symbole $b^{r/s}$.

Supposons maintenant que l'arête c soit égale à l'arête b et que la troncature intercepte des longueurs égales sur ces deux arêtes, elle sera représentée par le symbole $\left(b^{1/q}b^{1/q}d^{1/s}\right)$ que l'on remplace pour abréger par le symbole $a^{q/s}$.

On a proposé un autre système de notation. Au lieu de réduire q, r, s au même dénominateur, on peut les réduire au même numérateur ; en supprimant ce numérateur commun, OA', OB', OC', deviennent OA' $= q''b$, OB' $= r''c$, OC' $= s''d$; q'', r'', s'' étant des nombres entiers, et la face est représentée par le symbole $(q''a$ $r''b$ $s''c)$. L'inconvénient de ce système est que, si la troncature devient parallèle à l'arête b, q'' devient infini et la face est représentée par le symbole $(\infty\, b\; r''c\; s''d)$. Or l'emploi du signe ∞ est toujours peu commode dans la pratique.

CHAPITRE PREMIER

SYSTÈME TERQUATERNAIRE

§ 1. — GÉNÉRALITÉS

On fait rentrer dans ce système tous les corps dont les molécules sont réparties suivant les mailles du système réticulaire ayant pour éléments de symétrie $3 A^4$, $4 L^3$, $6 L^2$, C, 6 P, 3 H.

La position des axes de symétrie s'obtient facilement au moyen du cube (fig. 34).

Les axes quaternaires sont les droites joignant les centres des

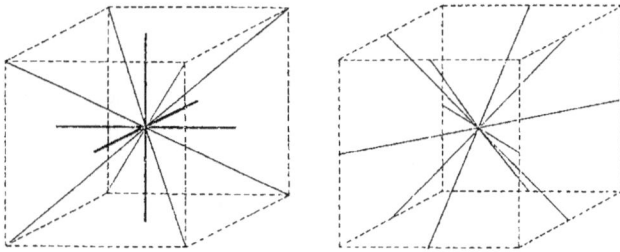

Fig. 34.

faces opposées. Les plans de symétrie principaux sont les plans de ces axes pris deux à deux.

Les axes ternaires sont les droites joignant les sommets opposés.

Les axes binaires sont les droites joignant les milieux de deux arêtes opposées et les plans de symétrie non principaux sont les plans passant par deux arêtes parallèles opposées. Les axes ternaires sont donc les droites d'intersection des plans de symétrie non principaux pris trois à trois. Les axes binaires sont les bissectrices des axes principaux pris deux à deux ou encore les droites d'intersection des plans de symétrie non principaux avec les plans de symétrie principaux.

Il est utile de faire intervenir la projection stérégraphique de ces éléments de symétrie. On prend pour plan de projection l'un des plans de symétrie principaux et par suite pour point de vue le point d'intersection de la sphère avec l'un des axes principaux. Les deux axes principaux se projettent suivant $x\bar{x}$, $y\bar{y}$, le troisième axe principal se projette au centre de la sphère. Les deux plans de symétrie non principaux passant par l'axe des z coupent la sphère suivant des cercles se projetant suivant les bissectrices de ox, oy (fig. 35).

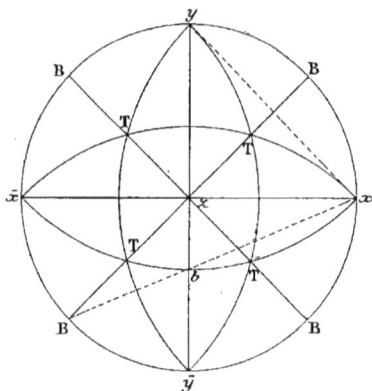

Fig. 35.

Cherchons la projection du grand cercle d'intersection de la sphère avec l'un des plans de symétrie non principaux passant par ox. Le cercle passe par les points x, $\bar{x}$; il coupe en outre le cercle se projetant suivant $y\bar{y}$ en un point situé à 45° du point z et du point $\bar{y}$. Si nous faisons tourner le cercle se projetant suivant $y\bar{y}$, autour de $y\bar{y}$, le point de vue vient en x par exemple et le point d'intersection des deux grands cercles vient en B à 45° de $\bar{x}$ et $\bar{y}$, par suite le rayon projetant se rabat suivant x B et la position cherchée du point d'intersection est b. Il est facile de voir que ce cercle projeté a pour centre y. En effet, dans le triangle yxb l'angle en b a pour mesure $\frac{1}{2}$ B$\bar{y}$ + $\frac{1}{2}$ yx. De même l'angle yxb a pour mesure $\frac{1}{2}$ (B$\bar{x}$ + $y\bar{x}$). Or dans ces deux expressions les premiers termes sont des arcs de 45° et les deuxièmes des arcs de 90°, le triangle est donc isocèle. Le point y est le centre du cercle et yx le rayon. On construirait de même la projection du second plan de symétrie passant par $x\bar{x}$ et les plans passant par $y\bar{y}$. Les axes ternaires étant les droites d'intersection des plans de symétrie non principaux pris trois à trois, leurs points d'intersection avec la sphère se projetteront aux points d'intersection communs à trois projections des trois plans, c'est-à-dire en T. De même, les points d'intersection des axes binaires avec la sphère se projetteront aux points d'intersection des plans de symétrie principaux avec les plans de symétrie non principaux, c'est-à-dire en B.

Cherchons maintenant quelles sont les différentes formes qu'on peut observer dans les corps du système cubique. Ces formes varient avec le nombre et la nature des éléments de symétrie, avec la position de la face déterminante relativement à ces éléments de symétrie. Remarquons d'abord que si la molécule est hémiaxe elle aura pour axes $3A^2$ et $4L^3$. Nous avons vu en effet que la molécule pouvait être hémiaxe de deux façons : ou bien en ne possédant que la moitié des axes binaires du système réticulaire et ayant des axes principaux dont l'ordre est la moitié de celui des axes principaux du système, ou bien en n'ayant aucun des axes binaires du système réticulaire et ayant les mêmes axes principaux que le système. Or dans le système cubique ce dernier cas n'est pas possible, car nous avons vu, à propos de la classification des systèmes réticulaires, qu'un polyèdre ayant trois axes quaternaires et quatre axes ternaires possède par cela même six axes binaires. Donc il faut supposer que tous les axes binaires qui sont de même espèce font défaut, et que les axes quaternaires soient réduits à des axes binaires. En second lieu, remarquons que la molécule ne peut pas être tétartoaxe, car il faudrait qu'elle ne possède que quatre axes ternaires. Or nous avons vu qu'un polyèdre qui possède $4L^3$ possède trois axes binaires.

Ceci posé, supposons la molécule holoaxe centrée, la forme aura pour éléments de symétrie :

$$3A^4, 4L^3, 6L^2, C, 6P, 3H. \qquad (1)$$

Si la molécule est holoaxe hémisymétrique, la forme a pour éléments de symétrie :

$$3A^4, 4L^3, 6L^2. \qquad (2)$$

Si la molécule est hémiaxe centrée, la forme aura pour éléments de symétrie :

$$3A^2,\ 4L^3,\ C,\ 3H. \tag{3}$$

Si la molécule est hémiaxe dichosymétrique, la forme aura pour éléments de symétrie :

$$3A^2,\ 4L^3,\ 6P. \tag{4}$$

Si la molécule est hémisymétrique, la forme aura pour éléments de symétrie :

$$3A^2,\ 4L^3. \tag{5}$$

Dans chaque cas nous devrons supposer successivement que la face déterminante est :

I oblique;

II parallèle à un axe quaternaire;

III parallèle à un axe binaire;

IV normale à un axe quaternaire;

V normale à un axe ternaire;

VI normale à un axe binaire.

Il y a donc dans le sytème cubique 30 variétés de formes.

Cette classification paraît présenter une anomalie en ce sens que nous supposons dans certains cas que la face déterminante occupe une position particulière vis-à-vis d'éléments de symétrie qui n'existent pas. Ainsi le tableau fait mention d'une forme parallèle à un axe binaire lorsque la molécule est hémiaxe centrée, c'est-à-dire quand l'axe binaire n'existe pas dans le corps cristallisé. En disant que la face déterminante est parallèle à L^2 on veut dire qu'elle est parallèle à la direction qu'aurait L^2 s'il existait, c'est-à-dire à la bissectrice des deux axes quaternaires.

Pour étudier ces formes en détail, on prend pour axes de coordonnées les axes quaternaires. Ces axes ayant même paramètre, on peut le prendre pour unité, et un plan réticulaire est représenté par une équation de la forme :

$$qx + ry + sz = k$$

où q, r, s, k sont des nombres entiers.

§ II. — FORMES OBLIQUES

1° *Forme holoédrique*. Le nombre des faces de cette forme est :

$$2 (1 + 3.3 + 2.4 + 6) = 48$$

Etant donné les caractéristiques q, r, s de la face déterminante, on demande de déterminer les caractéristiques des 47 autres faces.

Nous devrions régulièrement faire tourner la face déterminante trois fois autour de chacun des axes quaternaires, deux fois autour des axes ternaires, etc..., mais il est plus simple de la faire tourner autour de certains axes puis de faire tourner toutes les faces ainsi obtenues autour des autres axes jusqu'à ce que nous ayons obtenu 48 faces différentes. Faisons tourner la face déterminante de 180° autour de

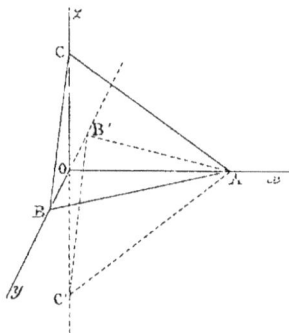

Fig. 36.

chacun des axes quaternaires considérés comme binaires. Si nous la faisons tourner autour de l'axe des x (fig. 36), son point d'intersection A ne change pas, le point d'intersection avec Oy vient en B′, symétrique de B par rapport à O, le point d'intersection avec Oz vient en C′ symétrique de C par rapport au point O. Donc la caractérisque relative à l'axe des x ne change pas et les caractéristiques relatives aux axes des z et des y changent de signe. On aura donc la face $q\bar{r}\bar{s}$. En faisant tourner autour des autres axes quaternaires, on obtient les faces dont les caractéristiques sont $\bar{q}r\bar{s}$ et $\bar{q}\bar{r}s$. Si maintenant nous faisons tourner ces faces de 120° autour de l'axe ternaire, bissectrice du trièdre, comme Oy vient en Ox, Ox en Oz et Oz en Oy, les caractéristiques des nouvelles faces s'obtiendront par une permutation des caractéristiques des faces précédentes. Ce seront donc rsq. $\bar{\bar{r}}sq$. $\bar{r}s\bar{q}$. $r\bar{s}\bar{q}$. En faisant tourner une deuxième fois de 120°, nous aurons des faces dont les caractéristiques se déduisent des précédentes par une nouvelle permutation.

DEMI-FORME DIRECTE		DEMI-FORME INVERSE	
I $3A^2 + 4L^3$	II $3A^{2^2}+4L^3=6L_1^2$	III $C_1 = 3H_1 = 6P_2$	IV $C_2 = 3H_2 = 6P_1$
q r s	q s r	q r s	q s r
q r s	q s r	q r s	q s r
q r s	q s r	q r s	q s r
q r s	q s r	q r s	q s r
r s q	r q s	r s q	r q s
r s q	r q s	r s q	r q s
r s q	r q s	r s q	r q s
r s q	r q s	r s q	r q s
s q r	s r q	s q r	s r q
s q r	s r q	s q r	s r q
s q r	s q r	s q r	s r q
s q r	s r q	s q r	r s q

Nous obtiendrons ainsi une colonne I de 12 faces, que nous désignerons par le symbole $3A^2 + 4L^3$, pour indiquer que nous avons déduit les faces de la face déterminante au moyen des axes quaternaires considérés comme binaires et au moyen des axes ternaires.

Faisons tourner maintenant chacune de ces faces de 90° autour de Ox : Oz vient en Oy, Oy en Oz, donc la caractéristique relative à Ox ne change pas ; celle relative à Oy devient égale à celle relative à Oz et celle relative à Oz devient égale à celle relative à Oy au signe près. Nous obtenons ainsi une colonne II de 12 faces que nous désignerons par le symbole $3A^{2^2} + 4L^3$.

Nous avons ainsi 24 faces différentes qui constituent la demi-forme directe.

Nous obtiendrons la demi-forme inverse en prenant les symétriques de ces 24 faces par rapport au centre. Pour avoir leurs caractéristiques, il suffit de changer les signes des caractéristiques des 24 premières faces. En changeant les signes des caractéristiques de la colonne 1 nous obtiendrons la colonne III que nous désignerons par le symbole C_1, *l'indice désignant que les faces se déduisent de la colonne* I *au moyen du centre*. En changeant les signes de la colonne II nous obtiendrons la colonne IV que nous désignerons par C_2.

Il est facile de voir que les faces de la colonne II peuvent se déduire des faces de la colonne I au moyen des 6 axes binaires; on peut donc représenter cette colonne par le symbole $6L_2^i$. De même les faces de la colonne III peuvent se déduire des faces de la colonne 1 au moyen de plans de symétrie principaux, et des faces de la colonne II au moyen de six plans de symétrie non principaux. On peut donc le représenter par $3\Pi_1$ ou $6P_2$. De même la colonne IV pourra se représenter par le symbole $3\Pi_2$ ou $6P_1$.

Pour nous rendre compte de la forme du solide formé par les 48 faces, décrivons une sphère ayant pour centre le centre du polyèdre et tangente à toutes les faces, puis projetons du centre sur la sphère, les arêtes et les sommets du polyèdre; nous recouvrons ainsi exactement la sphère au moyen de polygones sphériques tous semblables.

Remarquons que la face déterminante étant oblique sur tous les plans de symétrie, ceux-ci coupent forcément le polyèdre suivant des arêtes et que par suite les grands cercles d'intersection de ces plans de symétrie avec la sphère coïncident avec des côtés de polygones sphériques.

De là, résulte en outre que l'un des huit triangles trirectangles déterminés sur la sphère par les trois plans de symétrie principaux est recouvert par un nombre entier de polygones sphériques, ce nombre est égal à $\frac{48}{8} = 6$.

Considérons les arcs de grand cercle compris à l'intérieur de l'un de ces triangles trirectangles et provenant de l'intersection de la sphère avec les plans de symétrie non principaux; ces arcs au nombre de trois passent par les sommets des triangles tirectangles et par le milieu des côtés opposés. Ils se coupent en outre en un même point qui est le pôle de l'axe ternaire situé dans le triangle tirectangle (fig. 37).

Ces arcs de grand cercle déterminent six triangles sphériques dans les côtés coïncident avec les côtés des polygones sphériques cherchés; ils coïncident donc avec eux.

Donc chaque triangle trirectangle est recouvert par six triangles

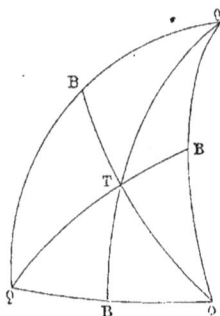
Fig. 37.

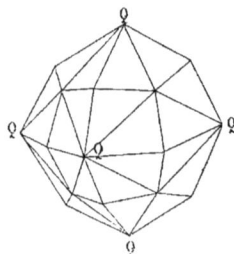
Fig. 38.

sphériques, autrement dit, le polyèdre a la forme d'un octaèdre dont chaque face est remplacée par six faces, aussi, l'appelle-t-on hexoctaèdre (fig. 38).

On obtient une perspective de ce solide en dessinant une perspective de la projection stéréographique des éléments de symétrie du cube et en remplaçant les arcs par des droites.

2° *Forme holoaxe hémisymétrique.*

Les éléments de symétrie de la forme sont :

$$3A^4,\ 4L^3,\ 6L^2.$$

Ces éléments nous donnent les faces des colonnes I et II. La forme présente donc 24 faces. Pour la déduire de l'hexoctaèdre, il suffit de supprimer dans celui-ci la moitié des faces, de telle sorte que de deux faces symétriques par rapport à un plan il n'en reste qu'une. Les vingt-quatre faces restant sont des pentagones et la forme est un *hémihexoctaèdre* que l'on n'a jamais rencontré dans la nature (fig. 39).

3° *Forme hémiaxe centrée.*

Les éléments de symétrie de la forme sont :

$$3A^2, 4L^3, C, 3\Pi.$$

Les axes nous donnent les faces de la colonne I, le centre et les plans de symétrie nous donnent les faces de la colonne III.

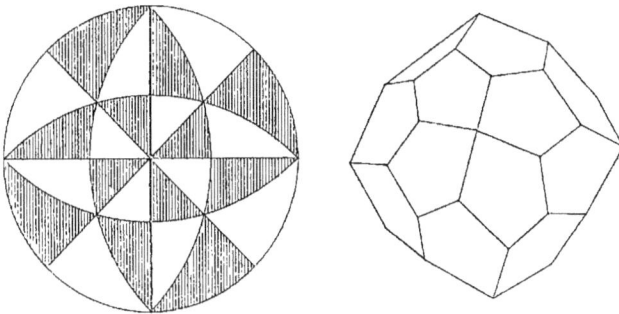

Fig. 39.

On peut déduire ce solide de l'hexoctaèdre en supprimant la moitié des faces de façon à ce que de deux faces symétriques par rapport aux plans de symétrie non principaux il n'en subsiste qu'une

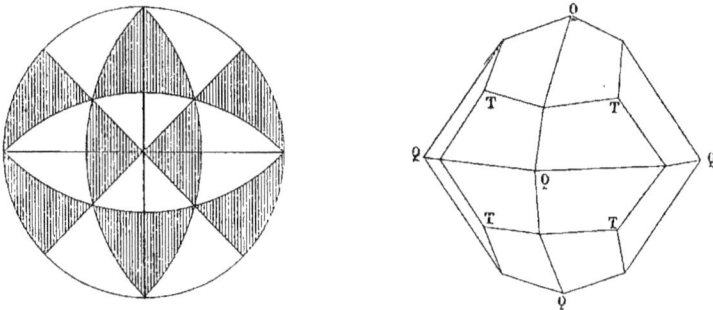

Fig. 40.

Fig. 41.

seule (fig. 40). Le solide dont les faces sont des quadrilatères quelconques, s'appelle un *diploèdre* (fig. 41).

4° *Forme hémiaxe dichosymétrique.*

Les éléments de symétrie de la forme sont :

$$3A^2, 4L^3, 6P.$$

Les axes nous donnent les faces de la colonne I et les six plans de symétrie nous donnent les faces de la colonne IV ; nous avons donc encore vingt-quatre faces que l'on déduit de celles de l'hexoctaèdre en supprimant la symétrie par rapport aux plans de symétrie principaux (fig. 42). Le solide a l'apparence d'un tétraèdre

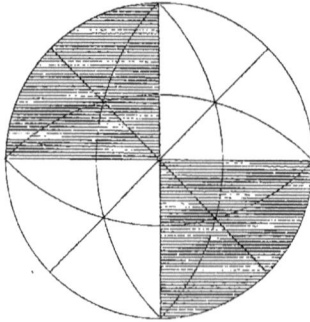

Fig. 42.

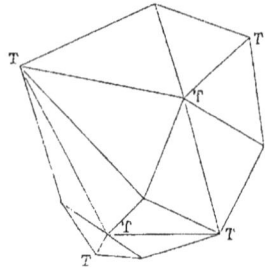

Fig. 43.

dont chaque face est remplacée par six faces ; on l'appelle l'*hexatétraèdre* (fig. 43).

5° *Forme hémiaxe hémisymétrique.*

Les éléments de symétrie de la forme sont :

$$3A^2, 4L^3.$$

Les axes ne nous donnent que les faces de la colonne I, la

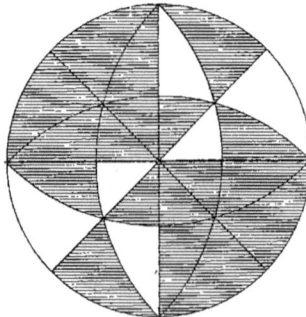

Fig. 44.

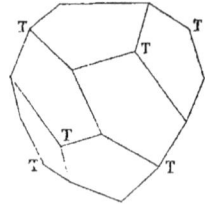

Fig. 45.

forme n'a donc que 12 faces que l'on obtient en supprimant la moitié des faces du cas précédent, de façon à faire disparaître la symétrie par rapport aux six plans non principaux qui n'existent plus (fig. 44).

Les faces sont des pentagones irréguliers et le solide s'appelle le *dodécaèdre tétraédrique pentagonal* (fig. 45).

§ III. — FORMES PARALLÈLES AUX AXES QUATERNAIRES

Si la face déterminante est parallèle à l'axe des x par exemple, ses caractéristiques seront o, r, s.

D'autre part, étant parallèle à un axe quaternaire, elle est perpendiculaire sur un plan de symétrie principal, par conséquent deux faces qui, dans le cas précédent, étaient symétriques par rapport à ce plan, se trouvent confondues dans ce cas, autrement dit les faces de la colonne III se trouvent confondues avec les faces de la colonne I et les faces de la colonne IV avec les faces de la colonne II.

1° *Forme holoaxe centrée.*

La forme se compose de vingt-quatre faces ; elle se déduit de l'hexoctaèdre en supposant que dans ce solide deux faces symétriques par rapport à un plan de symétrie principal se confon-

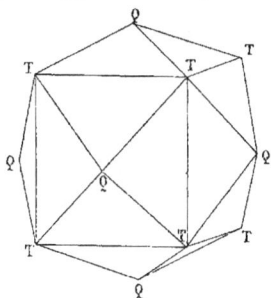

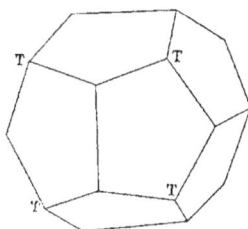

Fig. 46.   Fig. 47.

dent. Le solide a la forme d'un cube dont chaque face est remplacée par quatre faces qui sont des triangles, c'est le cube pyramidé ou *tétrahexaèdre* (fig. 46).

2° *Forme hémiaxe hémisymétrique.*

Les axes seuls nous donnent les faces de la colonne I et les faces de la colonne II, c'est-à-dire les vingt-quatre faces du cas précédent ; la forme est donc encore un tétrahexaèdre.

3° *Forme hémiaxe centrée*.

Les éléments de symétrie de la forme sont :

$$3A^2, \ 4L^3, \ C, \ 3\Pi.$$

Les axes nous donnent les faces de la colonne I, le centre et les plans de symétrie les faces de la colonne III. Comme ces colonnes sont confondues, il résulte que la forme se compose de douze faces ; ces faces sont des pentagones et le solide s'appelle un *dodé-caèdre pentagonal* (fig. 47).

2° *Forme hémiaxe dichosymétrique*.

Les axes donnent les faces de la colonne I et les six plans de symétrie non principaux donnent les faces de la colonne IV.

On obtient donc les ving-quatre faces formant un tétrahexaèdre.

5° *Forme hémiaxe hémisymétrique*.

Les axes nous donnent les faces de la colonne I, nous aurons donc douze faces formant un dodécaèdre pentagonal.

§ IV. — FORMES PARALLÈLES AUX AXES BINAIRES

Si nous supposons la face déterminante parallèle à l'axe binaire qui est la bissectrice de l'angle $x O \overline{y}$, elle intercepte sur l'axe des x et sur l'axe y des longueurs égales, par conséquent ses caractéristiques seront q, q et s (fig. 48).

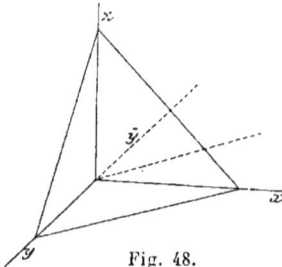

Fig. 48.

En outre, la face déterminante, parallèle à un axe binaire, est par suite perpendiculaire à un plan de symétrie non principal, donc deux faces qui sont symétriques par rapport à un de ces plans, dans le cas général, sont confondues dans le cas examiné, autrement dit les faces de la colonne IV sont confondues avec celles de I et celles de III avec celles de II.

1° *Forme holoaxe centrée*.

Le solide limité par ving-quatre faces prend un aspect différent suivant que l'on a q plus petit ou plus grand que s.

Si $q < s$, huit faces coupent effectivement leurs symétriques dans l'un des plans de symétrie principaux. Le solide est limité par des quadrilatères ayant leurs côtés égaux deux à deux. On l'appelle *trapézoèdre* ou *leucitoèdre* (fig. 49).

Si $q > s$ il n'y a que quatre faces coupant effectivement leurs

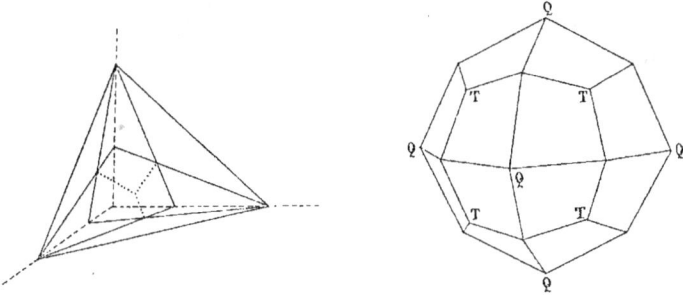

Fig. 49.

symétriques dans les plans de symétrie principaux et le solide à la forme d'un octaèdre dont chaque face est remplacée par trois triangles aussi l'appelle-t-on *trioctaèdre* (fig. 50).

2° *Forme holoaxe hémisymétrique.*

Les axes seuls nous donnant toutes les faces du solide précédent, on a encore ces deux mêmes formes, le trapézoèdre et le trioctaèdre.

3° *Forme hémiaxe centrée.*

Les axes nous donnent les faces de la colonne I, le centre les

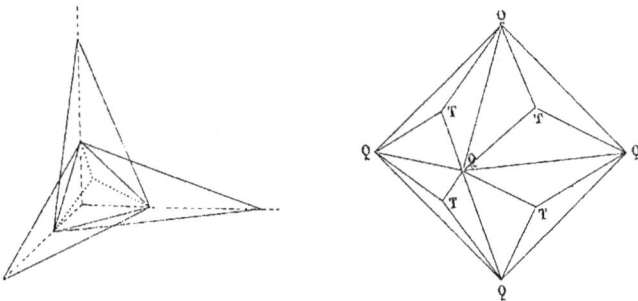

Fig. 50.

faces de la colonne III: on a donc encore les ving-quatre faces formant un trapézoèdre ou un trioctaèdre.

4° *Forme hémiaxe dichosymétrique.*

Les axes nous donnent les faces de la colonne I, les six plans les faces de la colonne IV. Comme ces deux colonnes sont confondues, la forme ne présente plus que douze faces.

Quand $q < s$, elle a l'aspect d'un tétraèdre dont chaque face est remplacée par trois triangles dont les arêtes aboutissent au sommet du tétraèdre. C'est le *tritétraèdre* (fig. 51).

Quand $q > s$ la forme a l'aspect d'un tétraèdre dont chaque face

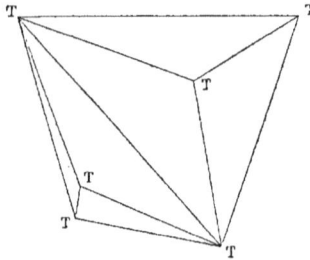
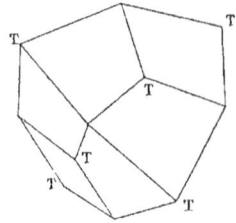

Fig. 51.   Fig. 52.

est remplacée par trois quadrilatères dont les arêtes aboutissent au milieu des arêtes du tétraèdre ; c'est le *dodécaèdre trapézoïdal* (fig. 52).

5° *Forme hémiaxe hémisymétrique.*

Les axes donnent les faces de la colonne I et on a encore un tritétraèdre ou un dodécaèdre trapézoïdal.

§ V. — FORMES NORMALES AUX AXES QUATERNAIRES

Supposons la face déterminante normale à l'axe des x. Ses caractérisques seront qoo. Les quatre colonnes se trouvent confondues et si l'on fait $s = r = o$ dans la première colonne, on voit que les faces sont au nombre de six ayant pour caractéristiques ;

$$qoo \quad oqo \quad ooq$$
$$\overline{q}oo \quad o\overline{q}o \quad oo\overline{q}$$

Ces six faces forment un cube. Comme ces six faces sont données par les axes $3A^2$ et $4 L^3$ qui subsistent lors de toutes les réductions dans les éléments de symétrie, il en résulte que les six faces du cube subsistent dans toutes ces réductions et que par suite le cube est en même temps une forme holoédrique et hémiédrique.

§ VI. — FORMES NORMALES AUX AXES TERNAIRES

Si nous supposons que la face déterminante soit normale à l'axe ternaire bissectrice de Ox, Oy, Oz, elle intercepte des longueurs égales sur ses trois axes et par suite ses caractéristiques sont q, q, q.

Mais par la même qu'elle est normale à cet axe ternaire, elle est parallèle à l'axe binaire bissectrice de l'angle $x O \bar{y}$, par conséquent les faces de la colonne I sont confondues avec les faces de la colonne IV et celles de la colonne II, celles de la colonne III. En outre les deux rangées horizontales inférieures du tableau général ont été déduites de la rangée supérieure, en faisant tourner les faces de cette rangée autour des axes ternaires. Puisque la face déterminante devient normale aux axes ternaires, les rangées inférieures se confondent avec la rangée supérieure, nous n'avons donc plus que deux colonnes de quatre faces chacune.

Si la molécule est holoaxe centrée ou hémisymétrique, la forme se compose de huit faces formant un *octaèdre régulier*.

Si la molécule est hémiaxe centrée nous obtenons encore l'octaèdre.

Si elle est hémiaxe dichosymétrique, la forme ne se compose que des quatre faces de la première colonne; ces quatre faces forment un *tétraèdre régulier;* il en est de même si la molécule est hémiaxe hémisymétrique.

§ VII. — FORMES NORMALES AUX AXES BINAIRES

La face déterminante est normale à la bissectrice de l'angle $x O y$; elle est par cela même parallèle à l'axe des z et parallèle à l'axe binaire bissectrice de l'angle $xO\bar{y}$; il en résulte que ses carac-

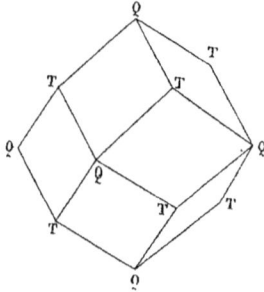

téristiques sont qqo et que les quatre colonnes sont confondues. La forme se compose de douze faces qui sont des losanges,
et s'appelle le *rhombododécaèdre* (fig. 53).
Comme toutes les faces nous sont don-
nées par les axes $3\mathrm{A}^2$ et $4\mathrm{L}^3$, il résulte
que comme le cube, le rhombododécaèdre
ne subit aucune diminution dans le nombre de ses faces quand on diminue le
nombre des éléments de symétrie de la
molécule.

Fig. 53.

§ VIII. — MÉTHODE DES TRONCATURES

La forme primitive est le cube, dont toutes les faces se désignent
par p, tous les sommets par a et les arêtes par b (fig. 54).

1° Supposons que sur un sommet a il se forme une troncature
ABC ayant pour symbole :

$$b^{1/q} \quad b^{1/r} \quad b^{1/s}$$

Pour que les deux faces C a A, B a A (fig. 55) soient également
affectées, il devra se former une seconde troncature AB'C' interceptant sur a B une longueur a C' $= a$ C et sur l'arête a C une
longueur a B' $= a$ B. Comme les trois arêtes sont identiques, il

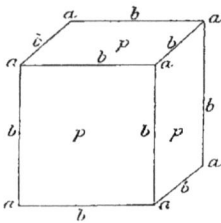

Fig. 54.

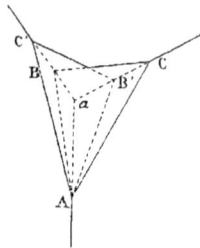

Fig. 55.

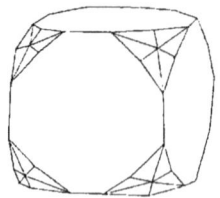

Fig. 56.

devra se former deux troncatures affectant l'arête a C comme les
deux troncatures précédentes affectent l'arête a A. Il devra de

même se former deux autres troncatures affectant l'arête a B, comme le sont les deux premières arêtes. Nous voyons donc qu'il se formera sur les sommets six troncatures, et si tous les sommets sont identiques, il se formera en tout $6 \times 8 = 48$ troncatures donnant naissance à l'hexoctaèdre (fig. 56).

Si des six troncatures on en conserve et on en supprime alternativement une, de telle sorte qu'en deux sommets opposés les troncatures ne soient pas parallèles, on obtiendra l'hémihexoctaèdre.

Si des six troncatures on en conserve trois en en supprimant et en en conservant alternativement une, de façon qu'en deux sommets opposés les troncatures soient parallèles, on obtiendra le diploèdre.

Si les six troncatures ne se forment que sur la moitié des sommets, de telle sorte que de deux sommets opposés un seul sommet porte des troncatures et que les sommets présentant des troncatures alternent avec ceux qui n'en présentent pas, on obtiendra l'hexatétraèdre.

Enfin, si après avoir fait la suppression précédente on supprime trois troncatures sur chaque sommet en en supprimant et en en conservant alternativement une, on obtient le dodécaèdre tétraédrique pentagonal.

2° Supposons qu'une troncature se produise sur une arête b, ayant pour symbole :

$$b^{q/s}$$

Pour que les faces se coupant suivant l'arête soient également affectées, il devra se produire une seconde troncature sur la même arête. Comme il y a douze arêtes, nous aurons 24 faces formant un cube pyramidé, ou un tétrahexaèdre (fig. 57).

Si sur chaque arête il ne se forme qu'une seule troncature, de telle sorte que des six troncatures aboutissant à un sommet, il y en ait alternativement une de supprimée et une de conservée et de telle sorte que les troncatures conservées soient parallèles deux à deux, on obtiendra le dodécaèdre pentagonal.

3° Supposons qu'il se forme sur un sommet a une troncature
interceptant deux longueurs égales et ayant pour symbole :

$$a^{q/s}$$

Il ne se formera que deux autres troncatures sur le même sommet.

Si q est plus petit que s, c'est-à-dire si les deux longueurs égales

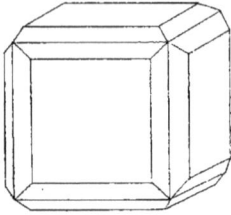 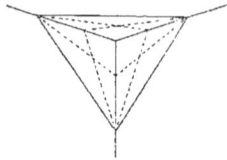 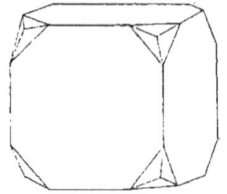

Fig. 57.   Fig 58.

sont supérieures à la troisième, ces trois troncatures se couperont
suivant des droites dirigées dans le sens des arêtes et les 24 troncatures formeront un trapézoèdre (fig. 58).

Si q est plus grand que s, c'est-à-dire si les deux longueurs
égales sont plus petites que la troisième, les trois troncatures se

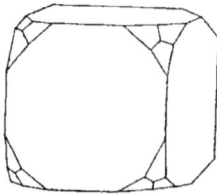 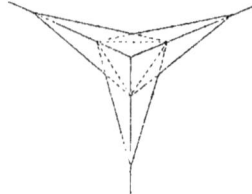

Fig. 59.

couperont suivant des droites dirigées vers le centre des faces, et
les 24 troncatures formeront un trioctaèdre (fig. 59).

Si les trois troncatures ne se forment que sur la moitié des
sommets, de sorte que de deux sommets opposés un seul soit affecté, et que les sommets affectés alternent avec ceux qui ne le
sont pas, on obtiendra : si q est plus petit que s, le tritétraèdre,
et si q est plus grand que s le dodécaèdre trapézoïdal.

4° S'il se forme une troncature interceptant sur les trois arêtes
des longueurs égales et ayant par suite comme notation :

$$a^1$$

il ne se formera qu'une seule troncature sur chaque sommet. Nous aurons en tout huit troncatures formant un octaèdre (fig. 60).

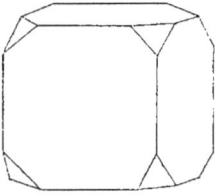

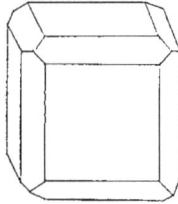

Fig. 60.   Fig. 61.

Si les troncatures ne se produisent que sur la moitié des sommets, de telle sorte que dans une face les sommets portant une troncature alternent avec ceux qui n'en présentent pas, nous n'avons plus que quatre troncatures formant un tétraèdre.

5° Supposons qu'il se produise une troncature sur une arête b, interceptant sur les deux autres arêtes des longueurs égales, elle aura pour notation :

$$b^1$$

Comme nous avons 12 arêtes, nous aurons 12 troncatures formant le rhombododécaèdre (fig. 61).

CHAPITRE II

§ I. — GÉNÉRALITÉS

Les éléments de symétrie du système réticulaire caractérisant le système hexagonal sont :

$$A^6, 3L^2, 3L'^2, C, 3P', 3P, 1$$

Les six axes binaires se trouvent dans le plan de symétrie principal perpendiculaire à l'axe sénaire. Les trois axes binaires d'une espèce font entre eux des angles de 60° et sont les bissectrices des angles des axes binaires de l'autre espèce, de sorte que deux axes binaires consécutifs, qui sont d'espèce différente, font entre eux des angles de 30°.

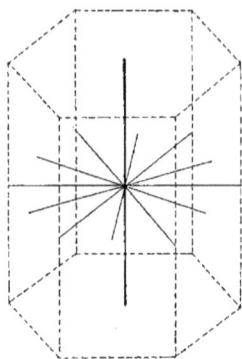

La position de ces axes se détermine facilement au moyen d'un prisme droit dont la base est un hexagone régulier (fig. 62). L'axe sénaire joint les centres des deux bases ; les axes binaires d'une espèce passent par le milieu des arêtes latérales et

Fig. 62.

sont par suite parallèles aux côtés de l'hexagone de base ; les axes binaires de seconde espèce passent par les centres des faces latérales et sont, par suite, parallèles aux diagonales de l'hexagone de base joignant les sommets de deux en deux.

Les plans de symétrie, qui contiennent tous les six l'axe principal, passent les uns par les arêtes latérales du prisme, les autres par les centres des faces latérales.

Cherchons les éléments de symétrie des différentes formes du système hexagonal. Remarquons d'abord que la molécule peut être hémiaxe de deux façons différentes : soit en possédant un axe sénaire sans avoir aucun des axes binaires, elle est dite alors hémiaxe principale ; — soit en possédant un axe ternaire et trois axes binaires.

Les éléments de symétrie de la forme sont :

Si la molécule est holoaxe centrée :

$$A^6, 3L^2, 3L'^2, C, 3P, 3P', \Pi ; \tag{1}$$

Si la molécule est holoaxe hémisymétrique :

$$A^6, 3L^2, 3L'^2 ; \tag{2}$$

Si la molécule est hémiaxe principale centrée :

$$A^6, C, \Pi ; \tag{3}$$

Si la molécule est hémiaxe principale dichosymétrique :

$$A^6, 3P, 3P' ; \tag{4}$$

Si la molécule est hémiaxe principale hémisymétrique :

$$A^6 ; \tag{5}$$

Si la molécule est hémiaxe non principale centrée :
soit :
$$A^3, 3L^2, C, 3P, \tag{6}$$
soit :
$$A^3, 3L'^2, C, 3P' ; \tag{7}$$

Si la molécule est hémiaxe non principale dichosymétrique :
soit :
$$A^3, 3L^2, \Pi, 3P', \tag{8}$$
soit :
$$A^3, 3L'^2, \Pi, 3P ; \tag{9}$$

Si la molécule est hémiaxe non principale hémisymétrique :
soit :
$$A^3, 3L^2, \tag{10}$$
soit :
$$A^3, 3L'^2 ; \tag{11}$$

Si la molécule est tétartoaxe centrée :

$$A^3, C ; \tag{12}$$

Si la molécule est tétartoaxe dichosymétrique :
soit :

$$A^3, 3P, \tag{13}$$

soit :

$$A^3, 3P', \tag{14}$$

soit :

$$A^3, H ; \tag{15}$$

Si la molécule est tétartoaxe hémisymétrique :

$$A^3. \tag{16}$$

Mais remarquons que les cas 6, 7, 10, 11, 12, 13 et 14 rentrent dans le système ternaire avec lequel on doit les étudier, d'après une hypothèse faite précédemment.

Dans chacun de ces cas, nous devons supposer successivement que la face déterminante est :

I,   oblique ;

II,   parallèle à l'axe sénaire ;

III.   parallèle à un axe binaire de première espèce ;

IV,   parallèle à un axe binaire de seconde espèce ;

V,   normale à l'axe sénaire ;

VI,   normale à un axe binaire de seconde espèce ;

VII.   normale à un axe binaire de première espèce.

Pour étudier ces différentes formes, on prend pour axe des z l'axe sénaire, pour axes des x, des y et des t les trois axes binaires de première espèce, en prenant pour directions positives les directions qui font entre elles des angles de 120°. On introduit un quatrième axe de coordonnées, pour conserver plus de symétrie aux formules ; mais, comme les caractéristiques relatives aux axes Ox, Oy, Oz suffisent pour déterminer la position d'une face, il en résulte que la caractéristique relative à l'axe des t est forcément déterminée lorsqu'on se donne les trois premières.

Soit en effet $q\,\dfrac{x}{a} + r\,\dfrac{y}{a} + s\,\dfrac{z}{c} = k$ l'équation d'une face. Cette face coupe le plan xOy suivant une droite AB ayant pour équation $q\,\dfrac{x}{a} + r\,\dfrac{y}{a} = k$ (fig. 63).

Cette droite AB coupe la prolongation de l'axe O*t* en un point M, dont il est facile de déterminer les coordonnées ; O*t* est bissectrice de l'angle *x*O*y* et a pour équation $y = x$.

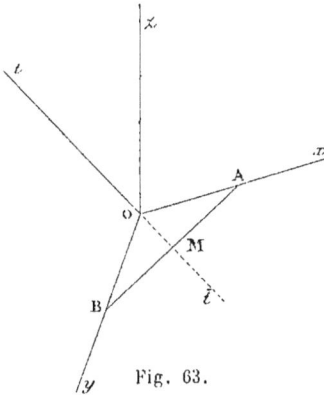

On a donc pour déterminer les coordonnées du point M les deux équations :

$$y = x$$

$$\frac{x}{a}(q + r) = k$$

d'où :

$$x = y = \frac{ka}{q + r}$$

Fig. 63.

Le carré de la distance :

$$\begin{aligned}
OM^2 &= x^2 + y^2 + 2xy \cos. 120° \\
&= x^2 + y^2 - 2xy \cos. 60° \\
&= x^2 + y^2 - xy \\
&= 2\frac{k^2 a^2}{(q + r)^2} - \frac{k^2 a^2}{(q + r)^2} \\
&= \frac{k^2 a^2}{(q + r)^2}
\end{aligned}$$

c'est-à-dire :

$$OM = \frac{ka}{q + r}$$

Or, si *j* est la caractéristique relative à l'axe des *t*, nous aurons : $OM = -\frac{ka}{j}$; car M étant situé sur la direction négative de l'axe des *t*, la caractéristique *j* est elle-même négative. Nous avons donc :

$$j = -(q + r) = \overline{q + r}$$

§ II. — FORMES OBLIQUES

1° *Forme holoédrique.*

La forme holoédrique oblique a un nombre de faces égal à :

$$2(1 + 5 + 6) = 24.$$

Etant données les caractéristiques *q*, *r*, $q \overline{+} r$, *s* de la face déterminante, nous allons chercher les caractéristiques des 23 autres faces. Pour cela, faisons tourner la face déterminante autour de l'axe sénaire considéré comme ternaire. Par une rotation de 120° Oy viendra en Ox, Ot en Oy, et Ox en Ot. Il suffit donc de faire une permutation entre les trois premières caractéristiques pour obtenir les caractéristiques, de la nouvelle face. On obtient : r, $\overline{q+r}$, q, s. Par une seconde rotation, nous obtiendrons la face ayant pour caractéristiques $\overline{q+r}$, q, r, s.

Ces faces forment un premier groupe que nous désignerons par le numéro 1 et par le symbole Λ^3.

DEMI-FORME DIRECTE

I Λ^3	II $\Lambda^{3\times2}$	III $3\,L^2_1 = 3\,L'^2_2$	IV $3\,L^2_2 = 3\,L'^2_1$
$q\;r\;\overline{q+r}\;s$	$\overline{q}\;\overline{r}\;q+r\;s$	$q\;\overline{q+r}\;r\;\overline{s}$	$\overline{q}\;q+r\;\overline{r}\;\overline{s}$
$r\;\overline{q+r}\;q\;s$	$\overline{r}\;q+r\;\overline{q}\;s$	$r\;q\;\overline{q+r}\;\overline{s}$	$\overline{r}\;\overline{q}\;q+r\;\overline{s}$
$\overline{q+r}\;q\;r\;s$	$q+r\;\overline{q}\;\overline{r}\;s$	$\overline{q+r}\;q\;r\;\overline{s}$	$q+r\;\overline{r}\;\overline{q}\;\overline{s}$

DEMI-FORME INVERSE

V $C_1 = \Pi_2 = 3P_3 = 3P'_4$	VI $C_2 = \Pi_1 = 3P_4 = 3P'_3$	VII $C_3 = \Pi_4 = 3P_1 = 3P'_2$	VIII $C_4 = \Pi_3 = 3P'_1 = 3P_2$
$\overline{q}\;\overline{r}\;q+r\;\overline{s}$	$q\;r\;\overline{q+r}\;\overline{s}$	$\overline{q}\;q+r\;\overline{r}\;s$	$q\;\overline{q+r}\;r\;s$
$\overline{r}\;q+r\;\overline{q}\;\overline{s}$	$r\;\overline{q+r}\;q\;\overline{s}$	$\overline{r}\;\overline{q}\;q+r\;s$	$r\;q\;\overline{q+r}\;s$
$q+r\;\overline{q}\;\overline{r}\;\overline{s}$	$\overline{q+r}\;q\;r\;s$	$q+r\;\overline{r}\;\overline{q}\;s$	$\overline{q+r}\;q\;r\;s$

Faisons tourner la face déterminante de 60° autour de l'axe sénaire. Cette rotation revient, comme il est facile de s'en rendre compte, à faire tourner les faces précédentes de 180° autour de l'axe sénaire. On obtiendra donc les caractéristiques de trois nouvelles faces en changeant les signes des caractéristiques des trois précédentes. Nous obtiendrons ainsi un second groupe II ou $\Lambda^{3\times2}$.

Faisons tourner maintenant ces faces de 180° autour de l'axe binaire Ox : Oz viendra en $O\overline{z}$, Oy en Ot et Ot en Oy. Donc, pour

-obtenir les caractéristiques des nouvelles faces, il faudra changer le signe relatif à Oz et permuter les caractéristiques des axes des y et des t. Nous obtiendrons ainsi deux groupes que nous désignerons par les chiffres III et IV et par les symboles $3\,L_1^2$ pour le premier, $3\,L_2^2$ pour le second.

Nous avons ainsi les douze faces de la demi-forme directe. Pour obtenir les douze faces de la demi-forme inverse, il suffira de changer les signes des caractéristiques. Nous obtiendrons ainsi les quatre groupes V ou C_1, VI ou C_2, VII ou C_3 et VIII ou C_4.

On voit facilement :

Que le groupe III peut être représenté par le symbole $3\,L_2^2$

—	IV	—	$3\,L_1'^2$
—	V	—	$\Pi_2 = 3\,P_3 = 3\,P_4'$
—	VI	—	$\Pi_1 = 3\,P_4 = 3\,P_3'$
—	VII	—	$\Pi_4 = 3\,P_1 = 3\,P_2'$
—	VIII	—	$\Pi_3 = 3\,P_1' = 3\,P_2.$

Pour se rendre compte du solide formé par les vingt-quatre faces, il suffit de les projeter sur une sphère concentrique au solide, et de remarquer que les plans de symétrie non principaux coupent la sphère suivant 6 grands cercles passant tous par les points où l'axe principal coupe la sphère. Ces 6 grands cercles et le cercle d'intersection du plan de symétrie principal déterminent sur la sphère 24 triangles sphériques répartis en deux groupes. Les 12 situés au-dessus du plan de symétrie principal ont un de leurs sommets coïncidant avec le point d'intersection de l'axe sénaire et de la sphère ; les 12 autres au-dessous ont un de leurs sommets coïncidant avec le point de la sphère diamétralement opposé.

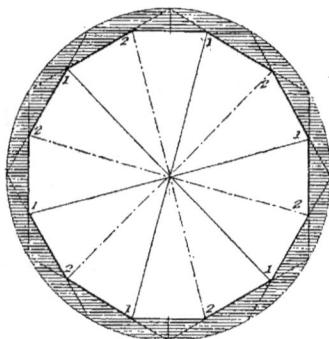

Fig. 64.

Comme les côtés de ces 24 triangles coïncident avec les côtés des 24 polygones sphériques provenant de la projection du solide, il en résulte que ces triangles coïncident avec ces polygones et que le solide est limité par 24 triangles formant deux pyramides dodé-

cagonales ayant leurs sommets sur l'axe sénaire. Ces deux pyramides se coupent dans le plan de symétrie principal suivant un
dodécagone présentant deux sortes d'angles (fig. 64); ce dodécagone peut être considéré comme résultant de l'enchevêtrement de
deux hexagones réguliers ; les angles d'une espèce sont sur les
axes de symétrie de première espèce, les angles de l'autre espèce
sont sur les axes de symétrie de deuxième espèce.

Ce solide s'appelle le *didodécaèdre* (fig. 65).

2° *Forme holoaxe hémisymétrique.*

La forme ne présentera plus que les 12 faces comprises dans
les quatre premiers groupes.

Ces 12 faces forment deux pyramides hexagonales ayant tou-

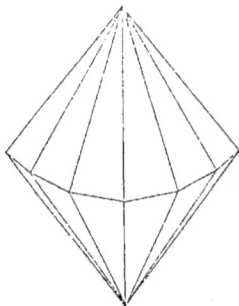   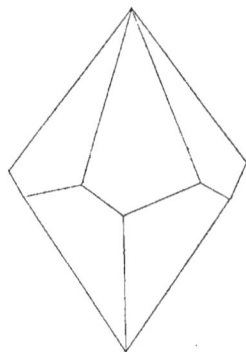

Fig. 65.   Fig. 66.

jours leur sommet sur l'axe sénaire ; mais comme il n'y a plus
de plan de symétrie principal, ces deux pyramides se coupent suivant un dodécagone gauche et les faces sont des quadrilatères.
Ce solide s'appelle un *trapézoèdre hexagonal* (fig. 66).

3° *Forme hémiaxe principale centrée.*

Les éléments de symétrie sont :

$$A^6.\ C.\ II.$$

la forme ne contient plus que les 12 faces des groupes I, II, V et
VI, formant deux pyramides hexagonales se coupant dans le plan
de symétrie principal suivant un hexagone régulier dont les côtés
n'ont aucune relation avec les axes binaires du système réticulaire.
Ce solide s'appelle un *isocéloèdre non orienté.*

4° *Forme hémiaxe principale dichosymétrique.*

La forme se compose des 12 faces des groupes I, II, VII et VIII, formant une seule pyramide indéfinie. Cette forme doit donc se joindre à une autre pour pouvoir limiter un polyèdre. C'est ce qu'on appelle un cas d'hémimorphisme. Sur un prisme hexagonal par exemple on observe à l'une des extrémités ces 12 faces, qui font défaut à l'autre extrémité. Il est à remarquer que cette forme particulière, observée dans la nature, ne rentre pas dans la loi des cristallographes allemands sur les formes hémiédriques.

5° *Forme hémiaxe principale hémisymétrique.*

La forme se compose des 6 faces des groupes I et II, formant une pyramide hexagonale illimitée.

6° *Forme hémiaxe non principale dichosymétrique.*

Elle a pour éléments de symétrie, soit :

$$A^3, 3L^2, \Pi, 3P',$$

soit :

$$A^3, 3L'^2, \Pi, 3P ;$$

la forme présentera, soit les faces des groupes I, III, VI et VIII, soit les faces des groupes I, IV, VI et VII formant deux pyramides hexagonales se coupant dans le plan de symétrie principal suivant un hexagone non régulier pouvant être considéré comme résultant de l'enchevêtrement de deux triangles équilatéraux (fig. 67).

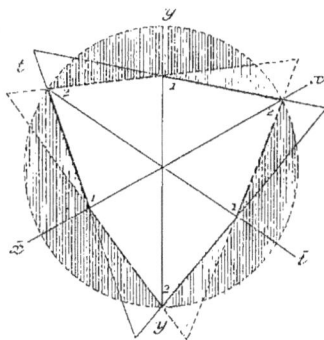

Fig. 67.

7° *Forme tétartoaxe dichosymétrique.*

La forme ne se compose plus que des six faces des groupes I et VI, formant deux pyramides triangulaires se raccordant dans le plan de symétrie principal suivant un triangle équilatéral.

8° *Forme tétartoaxe hémisymétrique.*

La forme se compose de trois faces du groupe I formant une pyramide triangulaire illimitée.

§ III. — FORMES PARALLÈLES A L'AXE SÉNAIRE

Les caractéristiques de la face déterminante sont :

$$q \; r \; \overline{q + r} \; o$$

Etant parallèle à l'axe sénaire, cette face est perpendiculaire sur le plan de symétrie principal et par suite deux faces qui, dans le cas précédent, étaient symétriques par rapport à ce plan, se confondront dans le cas examiné, autrement dit :

La colonne I   se confondra avec la colonne VI
— II — — V
— III — — VIII
— IV — — VII

1° *Forme holoaxe*, soit *centrée*, soit *hémisymétrique*, soit *hémiaxe dichosymétrique*.

Les douze faces formeront un prisme indéfini dodécagonal ayant pour bases le dodécagone étudié à propos du didodécaèdre.

2° *Forme hémiaxe principale*, soit *centrée*, soit *hémisymétrique*.

La forme ne se composera plus que des six faces des groupes I et II formant un prisme dont la section droite est un hexagone régulier, dont les côtés n'ont aucune relation de position avec les axes binaires du système.

C'est le *prisme hexagonal non orienté*.

3° *Forme hémiaxe non principale dichosymétrique*.

La forme se compose soit des faces des groupes I et III, soit des faces des groupes I et IV, formant un prisme hexagonal dont la section droite est un hexagone résultant de la pénétration de deux triangles équilatéraux.

4° *Forme tétartoaxe*, soit *dichosymétrique*, soit *hémisymétrique*.

La forme se compose de trois faces formant un prisme dont la section droite est un triangle équilatéral.

§ IV. — FORMES PARALLÈLES AUX AXES BINAIRES DE PREMIÈRE ESPÈCE

Supposons que la face déterminante soit parallèle à l'axe des y, par exemple. Elle aura pour caractéristiques :

$$q, o, \overline{q}, s.$$

En outre, elle sera perpendiculaire au plan de symétrie non principal ; par suite, deux faces symétriques dans le cas général se confondront dans ce cas-ci. Autrement dit :

La colonne I   se confondra avec la colonne VII
  — II   —   — VIII
  — III   —   — V
  — IV   —   — VI

1° *Forme holoaxe*, soit *centrée*, soit *hémisymétrique*.

Les douze faces forment deux pyramides se raccordant suivant un hexagone régulier, dont les côtés sont parallèles aux axes binaires de première espèce.

Il en est de même si la molécule est hémiaxe principale centrée.

Le solide est un *isocéloèdre de première espèce* (fig. 68).

2° *Forme hémiaxe principale dichosymétrique* ou *hémisymétrique*.

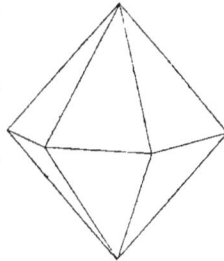

Fig. 68.

La forme ne se compose plus que des six faces des groupes I et II formant une pyramide hexagonale illimitée.

3° *Forme hémiaxe non principale dichosymétrique*.

Si l'on conserve les axes de première espèce, autrement dit, si les éléments de symétrie sont :

$$\Lambda^3, 3L^2, \Pi, 3P'$$

on obtient un isocéloèdre de première espèce.

Mais si les éléments de symétrie sont :

$$\Lambda^3, 3L'^2, \Pi, 3P.$$

on voit facilement qu'il ne subsiste que les faces des groupes I et IV qui forment deux pyramides triangulaires se raccordant suivant un triangle équilatéral.

On obtient la même pyramide si la molécule est tétartoaxe dichosymétrique.

4° *Forme tétartoaxe hémisymétrique.*

La forme se compose de trois faces formant une pyramide triangulaire illimitée.

§ V. — FORMES PARALLÈLES AUX AXES BINAIRES DE SECONDE ESPÈCE

Si la face déterminante est parallèle à la bissectrice de l'angle $x\,O\,\overline{y}$, axe de seconde espèce, elle intercepte des longueurs égales sur l'axe des x, et des y, elle aura par suite pour caractéristiques :

$$q,\ q,\ \overline{2q},\ s.$$

Le groupe I se confond avec le groupe VIII

—	II	—	—	VII
—	III	—	—	VI
—	IV	—	—	V

On obtient ainsi les mêmes solides que dans le cas précédent, mais les côtés des hexagones sont parallèles aux axes binaires de seconde espèce; aussi donne-t-on à ces solides le qualificatif de seconde espèce.

§ VI. — FORMES NORMALES A L'AXE SÉNAIRE

Si la face déterminante est normale à l'axe sénaire, elle est parallèle aux trois axes des x, des y et des t ; par conséquent, elle a pour caractéristiques :

$$0,\ 0,\ 0,\ s.$$

Toutes les fois que la molécule présentera soit un centre, soit un axe binaire, soit un plan de symétrie principal, la forme se compose des deux faces :

$$0,\ 0,\ 0,\ s \qquad 0,\ 0,\ 0,\ \overline{s}$$

que l'on appelle les bases. Dans les autres cas, la forme ne comprend que la face $0,\ 0,\ 0,\ s$.

§ VII. — FORMES NORMALES AUX AXES BINAIRES DE SECONDE ESPÈCE

Si la face déterminante est normale à la bissectrice de l'angle $x\,O\,\overline{t}$, elle sera par cela même parallèle à l'axe des y et parallèle à l'axe des z ; elle aura donc pour caractéristiques :

$$q, o, \overline{q}, o$$

Elle sera, en outre, normale au plan de symétrie principal et normale au plan de symétrie de première espèce ; par suite :

Le groupe I se confondra avec les groupes IV, VI et VII
— II — III, V· et VIII

1° *Forme holoaxe ou hémiaxe principale.*

La forme se compose de six faces formant un prisme hexagonal dont la section droite est un hexagone régulier dont les côtés sont parallèles aux axes binaires de première espèce. C'est le *prisme hexagonal de première espèce.*

2° *Forme hémiaxe non principale dichosymétrique.*

Si les éléments de symétrie sont :

$$A^3, 3L^2, \mathrm{II}, 3P,$$

on a encore un prisme hexagonal de première espèce ; mais si les éléments de symétrie sont :

$$A^3, 3L'^2, \mathrm{II}, 3P,$$

la moitié des faces disparaît et la forme est un prisme dont la section droite est un triangle équilatéral.

Il en est de même lorsque la molécule est tétartoaxe.

§ VIII. — FORMES NORMALES AUX AXES BINAIRES DE PREMIÈRE ESPÈCE

Si la face déterminante est normale à l'axe des t, elle intercepte des longueurs égales sur l'axe des x et des y et en outre elle est parallèle à l'axe des z. Elle a donc pour caractéristiques :

$$q, q, \overline{2q}, o$$

Le groupe I se confond avec les groupes III, VI et VIII

Le groupe II se confond avec les groupes IV, V et VI.

On obtient les mêmes formes que dans le cas précédent. Mais comme les formes sont parallèles aux axes binaires de seconde espèce, on les distingue des formes précédentes en leur donnant le nom de prismes de seconde espèce.

§ IX. — MÉTHODE DES TRONCATURES

On prend pour forme primitive du système hexagonal un prisme droit, résultant de la combinaison du prisme hexagonal de première espèce et des deux bases. Les bases s'appellent p, les faces

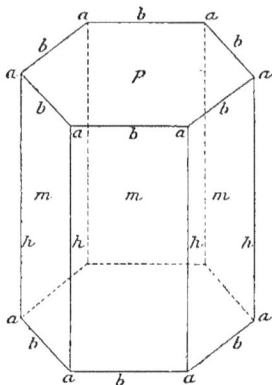

Fig. 69.

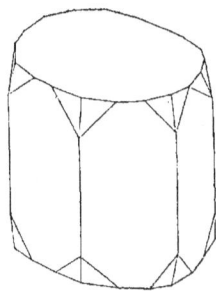

Fig. 70.

latérales m, les sommets a, les arêtes des bases b, et les arêtes latérales h (fig. 69).

1° Supposons que sur un sommet a il se forme une troncature ayant pour symbole :

$$b^{1/q} \; b^{1/r} \; h^{1/s}$$

Sur le même sommet il se formera une seconde troncature, de telle sorte que les deux faces m se coupant suivant l'arête h soient également affectées (fig. 70).

Il se formera ainsi 24 troncatures donnant naissance au dido-décaèdre.

Si sur chaque sommet il ne se produit qu'une seule troncature, de telle sorte que les troncatures affectant deux sommets diamétralement opposés ne soient pas parallèles, on obtiendra le trapézoèdre hexagonal.

S'il ne se produit sur chaque sommet qu'une seule troncature, de telle sorte que les troncatures situées sur deux sommets diamétralement opposés soient parallèles, on aura l'isocéloèdre non orienté.

Si les deux troncatures ne se produisent que sur la moitié des sommets de telle sorte que, dans une base, les sommets affectés alternent avec les sommets non affectés et que les deux sommets situés sur une arête latérale soient tous deux affectés ou tous deux non affectés, on obtiendra une double pyramide hexagonale dont les deux pyramides se coupent suivant un hexagone irrégulier.

Si sur les sommets affectés dans le cas précédent il ne se produit qu'une seule troncature, on obtiendra une double pyramide triangulaire.

2° Supposons qu'une troncature se produise sur une arête latérale. Elle aura pour symbole :

$$h^{q/s}$$

il se formera une autre troncature sur la même arête latérale et on aura en tout 12 faces formant un prisme dodécagonal.

Si sur chaque arête il ne se produit qu'une seule troncature, on aura une prisme hexagonal non orienté.

Si les deux troncatures ne se produisent que sur la moitié des arêtes, les arêtes affectées alternant avec les arêtes non affectées, on obtiendra un prisme hexagonal dont la section droite est un hexagone irrégulier.

Si sur la moitié des arêtes il ne se produit qu'une seule troncature, on aura un prisme triangulaire.

3° S'il se produit une troncature sur une arête b ; elle aura pour symbole :

$$b^{q/s}$$

Il se produira une troncature sur chacune des arêtes b ; on obtiendra un isocéloèdre de première espèce (fig. 71).

Si la troncature ne se produit que sur la moitié des arêtes b, de telle sorte que dans une base les arêtes non affectées alternent avec les arêtes affectées et de telle sorte qu'une face latérale soit

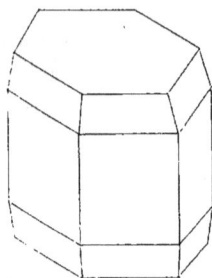
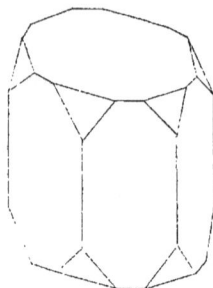

Fig. 71.   Fig. 72.

également affectée à ses deux extrémités, on aura une double pyramide à base triangulaire.

4° Si sur un sommet a il se produit une troncature interceptant des longueurs égales sur les deux arêtes b, elle aura pour symbole :

$$a^{q/s}$$

Il se forme une troncature sur chacun des sommets ; on aura ainsi un isocéloèdre de seconde espèce et de cette forme holoédrique on pourra déduire les mêmes formes mériédriques que dans le cas précédent (fig. 72).

5° S'il se produit sur un arête h une troncature interceptant des longueurs égales sur les deux arêtes elle aura pour symbole :

$$h^1$$

Nous aurons ainsi six troncatures formant un prisme hexagonal de seconde espèce.

Si la troncature ne se produit que sur la moitié des arêtes, on aura un prisme à section droite triangulaire.

CHAPITRE III

§ I. — GÉNÉRALITÉS

Les éléments de la symétrie du système réticulaire sont :

$$A^4, \ 2L^2, \ 2L'^2, \ C, \ 2P, \ 2P', \ \Pi.$$

Les quatre axes binaires sont dans le plan de symétrie principal et deux axes binaires consécutifs font entre eux un angle de 45°.

La position respective de ces éléments s'obtient facilement au moyen d'un prisme droit à base carrée (fig. 73).

L'axe quaternaire joint les centres des deux bases. Par définition, les axes binaires de première espèce joignent les centres des faces latérales parallèles et les axes binaires de seconde espèce joignent les milieux de deux arêtes latérales opposées.

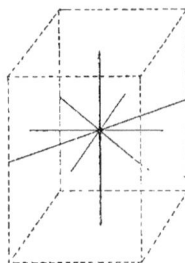

Les éléments de symétrie de la forme sont :

Si la molécule est holoaxe centrée :

Fig. 73.

$$A^4, \ 2L^2, \ 2L'^2, \ C, \ 2P, \ 2P', \ \Pi \ ; \tag{1}$$

Si la molécule est holoaxe hémisymétrique :

$$A^4, \ 2L^2, \ 2L'^2 \ ; \tag{2}$$

Si la molécule est hémiaxe principale centrée :

$$A^4, \ C, \ \Pi \ ; \tag{3}$$

Si la molécule est hémiaxe principale dichosymétrique :

$$A^4, \ 2P, \ 2P'; \tag{4}$$

Si la molécule est hémiaxe principale hémisymétrique :

$$A^4 ; \tag{5}$$

Si la molécule est hémiaxe non principale centrée :
soit :
$$A^2, 2L^2, C, 2P, \Pi, \tag{6}$$
soit :
$$A^2, 2L'^2, C, 2P, \Pi ; \tag{7}$$

Si la molécule est hémiaxe non principale dichosymétrique :
soit :
$$A^2, 2L^2, 2P', \tag{8}$$
soit :
$$A^2, 2L'^2, 2P ; \tag{9}$$

Si la molécule est hémiaxe non principale hémisymétrique :
soit :
$$A^2, 2L^2, \tag{10}$$
soit :
$$A^2, 2L'^2; \tag{11}$$

Si la molécule est tétartoaxe centrée :

$$A^2, C, \Pi ; \tag{12}$$

Si la molécule est tétartoaxe dichosymétrique :
soit :
$$A^2, 2P, \tag{13}$$
soit :
$$A^2, 2P'. \tag{14}$$

Enfin, si la molécule est tétartoaxe hémisymétrique, on a pour élément de symétrie de la forme :

$$A^2. \tag{15}$$

Le cas (6), (7), (10), (11), (12), (13), (14), (15), rentrent soit dans le système binaire, soit dans le système terbinaire.

Pour obtenir toutes les formes, nous devons supposer dans chacun des cas que la face déterminante est :

I,   oblique ;
II,   parallèle à l'axe quaternaire ;
III,   parallèle à un axe binaire de première espèce ;
IV,   parallèle à un axe binaire de deuxième espèce ;

V,   normale à l'axe quaternaire ;

VI,   normale à un axe binaire de première espèce ;

VII, normale à un axe binaire de seconde espèce.

Nous prendrons pour axe des z, l'axe quaternaire, et pour axes des x et des y, les axes binaires de première espèce.

§ II. — FORMES OBLIQUES

1° *Forme holoaxe centrée.*

La forme a un nombre de faces égal à $2(1 + 3 + 4) = 16$.

Etant données les caractéristiques de la face déterminante q, r, s, cherchons les caractéristiques des 15 autres faces.

Si nous faisons tourner la face déterminante de 180° autour de Λ^4, nous obtenons une face dont les caractéristiques sont : $\bar{q}, \bar{r}, s$; nous avons donc le groupe I que nous désignerons par Λ^2.

Faisons tourner ces deux faces de 90° autour de Λ^4. nous obtiendrons deux nouvelles faces qui formeront le groupe II ou $\Lambda^{2\times2}$.

DEMI-FORME DIRECTE

I Λ_2	II $\Lambda^{2\times2}$	III $2\,L_1^2 = 2\,L_2^2$	IV $2\,L_2^2 = 2\,L'^2_1$
$q\ r\ s$	$r\ \bar{q}\ s$	$q\ \bar{r}\ \bar{s}$	$r\ \bar{q}\ \bar{s}$
$\bar{q}\ \bar{r}\ s$	$\bar{r}\ q\ s$	$\bar{q}\ \bar{r}\ s$	$\bar{r}\ \bar{q}\ \bar{s}$

DEMI-FORME INVERSE

V $C_1 = \Pi_1 = 2P_3 = 2P'_4$	VI $C_2 = \Pi_2 = 2P'_3 = 2P_4$	VII $C_3 = 2P_1 = 2P'_2 = \Pi_3$	VIII $C_4 = 2P_2 = 2P'_1 = \Pi_4$
$\bar{q}\ \bar{r}\ \bar{s}$	$\bar{r}\ q\ \bar{s}$	$\bar{q}\ r\ s$	$\bar{r}\ \bar{q}\ \bar{s}$
$q\ r\ \bar{s}$	$r\ q\ \bar{s}$	$q\ r\ \bar{s}$	$r\ q\ s$

Faisons tourner ces faces de 180° autour de $O\,x$, nous obtenons

quatre nouvelles faces dont les caractéristiques sont comprises dans les groupes III et IV.

Il est facile de voir que le premier peut être représenté par le symbole $2 L_i^{\prime\prime} = 2 L_2^{\prime\prime}$ et le second par le symbole : $2 L_2^{\circ} = L_i^{\prime\prime}$.

En changeant les signes de toutes ces caractéristiques, on obtient les caractéristiques des faces constituant la demi-forme inverse.

Ces faces forment quatre nouveaux groupes qu'on peut représenter par les symboles : V ou $C_1 = \Pi_1$; VI ou $C_2 = \Pi_2$; VII ou $C_3 = 2P_1 = 2P'_2 = \Pi_3$; VIII ou $C_4 = 2P_2 = 2P'_4 = \Pi_4$.

En employant la méthode suivie à propos du didodécaèdre, on

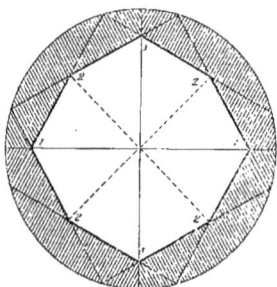

voit que ces 16 faces forment deux pyramides de 8 faces ayant leur sommet sur l'axe quaternaire et se coupant dans le plan de symétrie principal, suivant un octogone résultant de l'enchevêtrement de deux carrés (fig. 74).

Cet octogone présente deux sortes de sommets, les uns se trouvant sur les axes binaires de première espèce, les autres sur les axes binaires de seconde espèce. Ce solide s'appelle *dioctaèdre* (fig. 75).

Fig. 74.

2° *Forme holoaxe hémisymétrique.*

La forme ne se compose plus que des 8 faces des quatre premiers groupes formant deux pyramides quadrangulaires dont les faces sont des quadrilatères et qui se coupent suivant un octogone gauche (fig. 76); cette forme est l'*hémidioctaèdre*.

3° *Forme hémiaxe principale centrée.*

La forme se compose des 8 faces de groupes I, II, V et VI, formant un octaèdre quadratique, dont les faces n'ont aucune relation avec les axes binaires. C'est l'*octaèdre non orienté*.

4° *Forme hémiaxe principale dichosymétrique.*

La forme se compose de 8 faces des groupes I, II, VII et VIII, formant une *pyramide octogonale illimitée*.

5° *Forme hémiaxe principale hémisymétrique.*

La forme se compose des quatre faces des groupes I et II, formant une *pyramide quadrangulaire illimitée*.

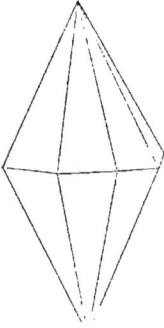 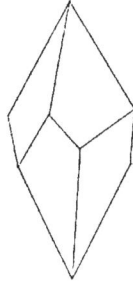

Fig. 75. Fig. 76.

6° *Forme hémiaxe non principale dichosymétrique.*

Elle a pour éléments de symétrie A^2, $2\,L^2$, $2\,P'$ ou A^2, $2\,L'^2$ $2\,P$. La forme est composée soit des 8 faces des groupes I, III, VI

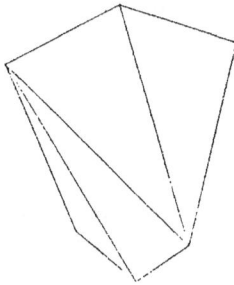

Fig. 77.

et VIII, soit des 8 faces des groupes I, IV, VI et VII, formant un solide ayant l'aspect d'un tétraèdre dont chaque face serait remplacée par deux faces. C'est un *disphénoèdre* (fig. 77).

§ III. — FORMES PARALLÈLES A L'AXE QUATERNAIRE

La face déterminante étant parallèle à O_2 aura pour caractéristiques $q\ r\ o$.

Les faces du groupe I se confondent avec les faces du groupe V.

Les faces du groupe II se confondent avec les faces du groupe VI.

Les faces du groupe III se confondent avec les faces du groupe VIII.

Les faces du groupe IV se confondent avec les faces du groupe VII.

1° *Forme holoaxe centrée.*

Les 8 faces forment un *prisme illimité*, dont la section droite est un octogone semblable à celui qui sert de base au dioctaèdre.

Il en est de même si la molécule est holoaxe hémisymétrique ou hémiaxe dichosymétrique :

2° *Forme hémiaxe principale centrée* ou *hémiaxe principale hémisymétrique.*

La forme se compose de 4 faces des groupes I et II, formant un prisme dont la section droite est un carré, et dont les faces n'ont aucune relation avec les axes binaires.

3° *Forme hémiaxe non principale dichosymétrique.*

On obtient le prisme octogonal.

§ IV. — FORMES PARALLÈLES AUX AXES BINAIRES DE PREMIÈRE ESPÈCE

Si la face déterminante est parallèle à Oy, par exemple, ses caractéristiques seront q o s.

Le groupe I se confond avec le groupe VII.

Le groupe II se confond avec le groupe VIII.

Le groupe III se confond avec le groupe V.

Le groupe IV se confond avec le groupe VI.

1° *Forme holoaxe* ou *hémiaxe principale centrée.*

La forme se compose de 8 faces formant un *octaèdre quadratique de première espèce.*

2° *Forme hémiaxe principale*, soit *dichosymétrique*, soit *hémisymétrique.*

La forme se compose d'une pyramide quadrangulaire illimitée comprenant les faces des groupes I et II.

3° *Forme hémiaxe non principale dichosymétrique.*

Si les axes conservés sont les axes binaires de première espèce, on obtient encore l'octaèdre de première espèce.

Si les axes conservés sont les axes binaires de seconde espèce,

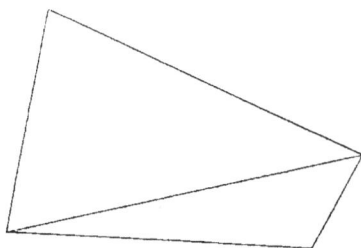

Fig. 78.

la forme se réduit à quatre faces des groupes I et IV formant un tétraèdre irrégulier appelé *sphénoèdre* (fig. 78).

§ V. — FORMES PARALLÈLES AUX AXES BINAIRES DE SECONDE ESPÈCE

Si la forme est parallèle à un axe binaire de seconde espèce, à la bissectrice de xOy, par exemple, elle interceptera des longueurs égales sur Ox et Oy; ses caractéristiques seront q q s.

Le groupe I se confond avec le groupe VIII.

Le groupe II avec le groupe VII.

Le groupe III avec le groupe VI.

Le groupe IV avec le groupe V.

On obtiendra les mêmes formes que dans le cas précédent avec cette différence que les faces de ces formes seront parallèles aux axes binaires de seconde espèce.

§ VI. — FORMES NORMALES A L'AXE QUATERNAIRE

La face déterminante aura pour caractéristiques o o s et la forme se composera de deux faces parallèles o o s, o o $\bar{s}$, toutes les fois que la molécule présentera un centre ou un axe binaire ou un plan de symétrie principal.

Dans les autres cas, la forme se composera de l'une de ces faces. Ces faces s'appellent les *bases*.

§ VII. — FORMES NORMALES AUX AXES BINAIRES DE PREMIÈRE ESPÈCE

Si la face déterminante est normale à O x, elle sera parallèle à O z et O y; elle aura pour caractéristiques q o o et les formes holoédriques et hémiédriques seront dans tous les cas un *prisme quadratique* dont les faces sont parallèles aux axes binaires de première espèce.

§ VIII. — FORMES NORMALES AUX AXES BINAIRES DE SECONDE ESPÈCE

Si la face déterminante est normale à l'axe binaire bissectrice de l'angle x O y, elle est parallèle à O z et intercepte des longueurs égales sur O x et O y; ses caractéristiques sont q q o.

La forme est toujours un *prisme quadratique* de seconde espèce.

§ IX. — MÉTHODE DES TRONCATURES

Lévy prenait pour forme primitive une combinaison du prisme quadratique de seconde espèce avec les deux bases. Ces bases s'appellent p, les faces latérales m, les sommets a, les arêtes de base b, les arêtes latérales h (fig. 79).

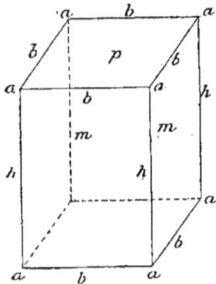

Fig. 79.

En général, une troncature sera représentée par le symbole :

$$b^{1/q'} \quad b^{1/r'} \quad h^{1/s}.$$

Mais le prisme pris pour forme primitive étant le prisme de deuxième espèce, les caractéristiques q' r' s' ne sont plus égales aux caractéristiques déterminant la position de la troncature dans la notation de Bravais.

En suivant une marche analogue à celle employée dans le système hexagonal, on voit facilement qu'on a, entre ces deux systèmes de caractéristiques, les relations suivantes :

$$s' = s$$
$$q' = q + r$$
$$r' = r - q$$

1° Si, sur un sommet a, il se produit une troncature ayant pour symbole :

$$b^{1/q'} \quad b^{1/r'} \quad h^{1/s'}$$

il se produira une autre troncature sur le même sommet (fig. 80).

Comme nous avons huit sommets, nous avons en tout seize troncatures, formant un dioctaèdre.

Si, sur chaque sommet, il ne se produit qu'une troncature, de

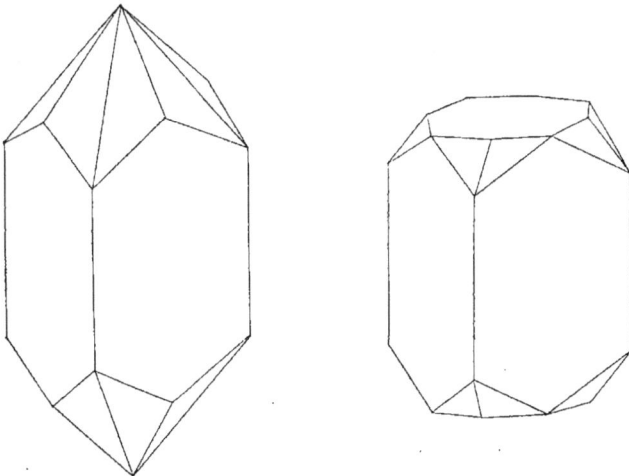

Fig. 80.

telle sorte que les troncatures affectant deux sommets diamétralement opposés ne soient pas parallèles, on obtient l'hémidioctaèdre.

Si, sur chaque sommet, il ne se produit qu'une seule troncature, de telle sorte que les troncatures affectant deux sommets diamétralement opposés soient parallèles, on obtient l'octaèdre non orienté.

Si les deux troncatures ne se produisent que sur la moitié des sommets, de telle sorte que sur une base les sommets affectés alternent avec les sommets non affectés, et que des deux sommets situés sur une même arête latérale un seul soit affecté, on obtient le disphénoèdre.

2° S'il se produit une troncature sur une arête latérale, elle aura pour symbole :

$$h^{q'/s'}$$

il se produira une deuxième troncature sur la même arête, on aura huit faces formant un prisme octogonal.

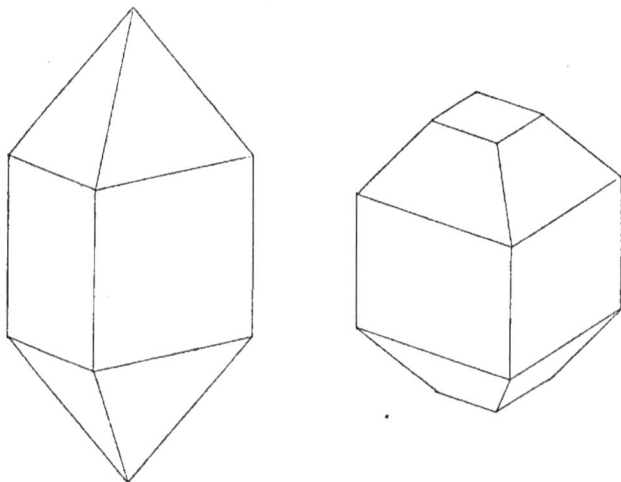

Fig. 81.

S'il ne se produit qu'une seule troncature sur chaque arête, on aura un prisme quadratique non orienté ;

3° S'il se produit une troncature sur une arête b, elle aura pour symbole :

$$b^{q'/r'}$$

et il se produira une troncature sur chacune des huit arêtes de base, et on aura un octaèdre de seconde espèce (fig. 84).

S'il ne se produit de troncature que sur la moitié des arêtes, de telle sorte que sur une base les arêtes affectées alternent avec les arêtes non affectées, et que des deux arêtes situées dans une même face latérale une seule soit affectée, on obtiendra un sphénoèdre de seconde espèce.

4° Si, sur un sommet a, il se produit une troncature intercep-

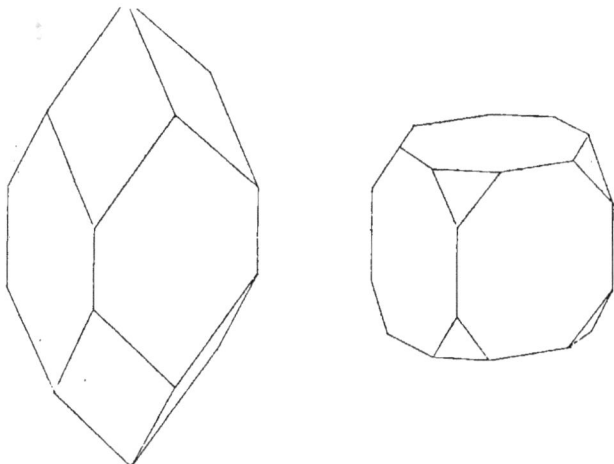

Fig. 82.

tant des longueurs égales sur les deux arêtes b, elle aura pour symbole :

$$a^{q'/s'}$$

et on aura huit troncatures formant un octaèdre de première espèce (fig. 82).

Si les troncatures ne se produisent que sur la moitié des sommets dans les conditions précédemment énoncées, on obtiendra un sphénoèdre de première espèce.

5° S'il se produit une troncature sur une arête h, interceptant des longueurs égales sur les arêtes b, elle aura pour symbole :

$$h^1,$$

on aura quatre troncatures formant un prisme quadratique de première espèce.

CHAPITRE IV

§ I. — GÉNÉRALITÉS

Dans ce système, les molécules d'un corps cristallisé sont réparties suivant les mailles d'un système réticulaire, ayant pour éléments de symétrie :

$$A^3, 3L^2, C, 3P.$$

Les trois axes binaires sont dans un plan perpendiculaire à l'axe ternaire et font entre eux des angles de 120°. Les formes du système ternaire peuvent avoir pour éléments de symétrie,

soit :
$$A^3, 3L^2, C, 3P, \tag{1}$$

soit :
$$A^3, 3L^2, \tag{2}$$

soit :
$$A^3, C, \tag{3}$$

soit :
$$A^3, 3P, \tag{4}$$

soit enfin :
$$. A^3. \tag{5}$$

La forme déterminative peut être :

I, oblique ;
II, parallèle à l'axe ternaire ;
III, parallèle à un axe binaire ;
IV, normale à l'axe ternaire :
V, normale à un axe binaire.

Pour étudier ces formes on prend les axes de coordonnées employés dans le système sénaire, c'est-à-dire quatre axes de coordonnées : l'axe ternaire pour axe des z, les axes binaires pour axes des x, des y et des t.

§ II. — FORMES OBLIQUES

1° *Forme holoaxe centrée.*

Cette forme a un nombre de faces égal à $2(1+2+3) = 12$.

Nous nous proposons, étant donné les caractéristiques q, r, $\overline{q+r}$, s de la face déterminante, de calculer les caractéristiques des 11 autres faces.

Si nous faisons tourner la face déterminante à deux reprises d'un angle de 120° autour de l'axe ternaire, nous obtenons deux nouvelles faces dont les caractéristiques s'obtiennent en faisant subir une permutation tournante aux trois premières caractéristiques. Nous obtenons ainsi un premier groupe que nous représentons par le symbole 1 ou A^3.

DEMI-FORME DIRECTE   DEMI-FORME INVERSE

I A^3	II $3L^2$	III $C_1 = 3P_2$	IV $C_2 = 3P_1$.
$q\ r\ \overline{q+r}\ s$	$q\ \overline{q+r}\ r\ \overline{s}$	$\overline{q}\ \overline{r}\ q+r\ \overline{s}$	$\overline{q}\ q+r\ \overline{r}\ s$
$r\ \overline{q+r}\ q\ s$	$r\ q\ \overline{q+r}\ \overline{s}$	$\overline{r}\ q\ \overline{q+r}\ \overline{s}$	$\overline{r}\ \overline{q}\ q+r\ s$
$\overline{q+r}\ q\ r\ s$	$\overline{q+r}\ r\ q\ \overline{s}$	$q+r\ \overline{q}\ \overline{r}\ \overline{s}$	$q+r\ \overline{r}\ \overline{q}\ s$

Faisant tourner ces trois faces de 180° autour de O z, nous avons trois nouvelles faces, que nous représentons de même par le symbole : II ou $3L^2$.

Nous avons ainsi les six faces de la demi-forme directe ; en changeant les signes de leurs caractéristiques, nous obtenons les caractéristiques des six faces de la demi-forme inverse, formant les deux groupes : III ou $C_1 = 3P_2$ et IV ou $C_2 = 3P_1$.

Ces 12 faces forment deux pyramides hexagonales ayant leur sommet sur l'axe ternaire.

Comme il n'y a pas de plan de symétrie perpendiculaire à l'axe ternaire, ces deux pyramides se coupent suivant un hexagone gauche : le solide est un *scalénoèdre* (fig. 83).

Il est cependant un cas particulier où les deux pyramides se coupent suivant un hexagone régulier plan, celui où la face déterminante coupe le plan des axes binaires, suivant une droite perpendiculaire à un des axes binaires : si cette droite est, par

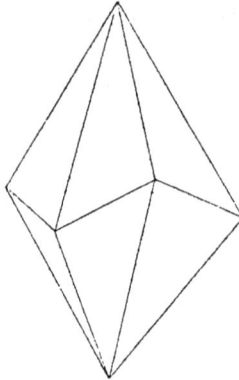   

Fig. 83.   Fig. 84.

exemple, perpendiculaire sur O t, ou si ses caractéristiques sont :

$$q, q, \overline{2q}, s.$$

Une rotation de 180° autour de O t donne une deuxième face coupant la première, suivant une droite située dans le plan des axes binaires : le solide est un *isocéloèdre*.

2° *Forme holoaxe hémisymétrique.*

La forme se compose des faces des groupes I et II : ces six faces forment deux pyramides triangulaires ayant leurs sommets sur l'axe ternaire et qui se coupent encore suivant un hexagone gauche (fig. 84).

Ce solide porte le nom de *hémiscalénoèdre*.

Dans le cas où les caractéristiques sont $q, q, 2\overline{q}, s$, la forme se compose de deux pyramides triangulaires, se coupant suivant un triangle équilatéral dont les côtés sont perpendiculaires aux axes binaires : on a un *hémiisocéloèdre*.

3° *Forme hémiaxe centrée.*

La forme se compose des faces des colonnes I et III : on a six

faces parallèles deux à deux. Le solide est donc un parallélipipède. Ce parallélipipède est un rhomboèdre, car deux des côtés
d'un des parallélogrammes, se coupant sur l'axe ternaire, sont
égaux, puisqu'ils doivent coïncider par une rotation de 120° ;
donc les parallélogrammes ayant leurs quatre côtés égaux sont
des losanges et le solide est un rhomboèdre non orienté.

3° *Forme hémiaxe dichosymétrique.*

Elle se compose des faces des colonnes I et IV : ces six faces
forment une pyramide hexagonale illimitée.

4° *Forme hémiaxe hémisymétrique.*

Elle ne se compose plus que des trois faces de la colonne I, qui
constituent une pyramide triangulaire illimitée.

§ III. — FORMES PARALLÈLES A L'AXE TERNAIRE

1° La face déterminante a pour caractéristique q, r, $\overline{q + r}$, o :
l'axe ternaire étant un axe d'ordre impair, la demi-forme directe
ne se confond pas avec la demi-forme inverse ; donc les 12 faces
de la forme oblique subsistent : ces 12 faces forment un prisme
dodécagonal, ayant pour section droite le dodécagone régulier étudié à propos du système sénaire.

Il y a cependant exception pour le cas où la face
déterminante coupe le plan des axes binaires suivant
une droite perpendiculaire à un axe binaire ; dans
ce cas, la forme ne se compose plus que de six
faces, formant un *prisme hexagonal de deuxième
espèce.*

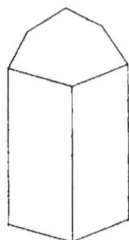

Fig. 85.

2° Si les éléments de symétrie sont : Λ^3, 3 L^2, la forme se compose de six faces formant un prisme hexagonal dont la section
droite est un hexagone irrégulier (fig. 85).

3° Si les éléments de symétrie se réduisent à Λ^3, on a un prisme
dont la section droite est un triangle équilatéral.

§ IV. — FORMES PARALLÈLES AUX AXES BINAIRES

Si la face déterminante est parallèle à O y par exemple, elle a
pour caractéristiques q o $\overline{q}$ s : les faces de la colonne I se con-

fondent avec celles de la colonne IV et celles de II avec celles de III.

Dans les trois premiers cas, la forme se compose de six faces parallèles deux à deux formant un *rhomboèdre* (fig. 86); dans le cas particulier où la face déterminante est en même temps parallèle à Oz, c'est-à-dire où elle a pour caractéristiques q, o, q, o, les six faces forment un prisme hexagonal dont la section droite est un hexagone ayant ses côtés parallèles aux axes

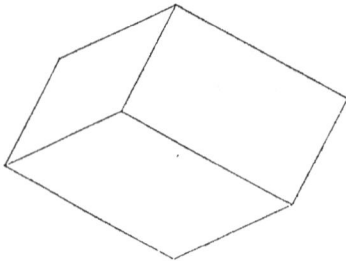

Fig. 86.

binaires : c'est le *prisme hexagonal de première espèce*.

Dans les deux derniers cas, la forme ne se compose plus que de trois faces formant soit une pyramide triangulaire illimitée, soit un prisme triangulaire.

§ V. — FORMES NORMALES A L'AXE TERNAIRE

La face déterminante ayant pour caractéristique o, o, o, s, dans les trois premiers cas la forme se compose de cette face et de la face parallèle o, o, o, $\bar{s}$, : ce sont les *bases;* dans les deux derniers cas, la forme ne se compose que de l'une de ces bases.

§ VI. — FORMES NORMALES A UN AXE BINAIRE

Si la face déterminante est normale à Ot par exemple, elle intercepte des longueurs égales sur Ox et Oy et est parallèle à Oz : elle a pour caractéristique :

$$q, q, \overline{2q}, o.$$

Dans les quatre premiers cas, la forme sera un *prisme hexagonal de première espèce;* dans le cinquième, la forme sera un prisme triangulaire.

§ VII. — MÉTHODE DES TRONCATURES

On prend pour forme primitive un rhomboèdre; il a deux sortes de sommets : à deux sommets diamétralement opposés aboutissent trois arêtes égales, tandis qu'aux autres sommets aboutissent des arêtes de deux longueurs différentes : les premiers sommets s'appellent a, les autres e (fig. 87). Les arêtes passant par a s'appellent b, les autres

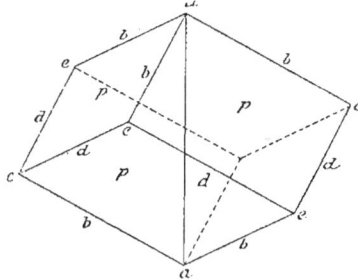

Fig. 87.

d, les faces p. L'axe ternaire est la droite joignant les sommets a; les axes binaires sont les droites joignant les milieux des arêtes d; les plans de symétrie sont les plans passant par l'axe ternaire et par les arêtes b.

1° *Troncature sur les sommets a.*

Si, sur un sommet a, il se produit une troncature ayant pour symbole :

$$\overset{1/q'}{b}\quad\overset{1/r'}{b}\quad\overset{1/s'}{b}$$

il se forme cinq autres troncatures sur le même sommet : en tout douze troncatures formant un scalénoèdre (fig. 88).

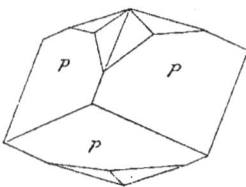
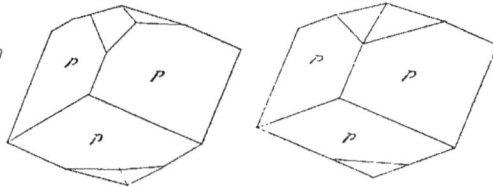

Fig. 88.   Fig. 89.

Si la troncature intercepte deux longueurs égales sur deux arêtes, elle a pour symbole :

$$\overset{q'/s'}{a}$$

on a trois troncatures sur chaque sommet et le solide est un
rhomboèdre (fig. 89).

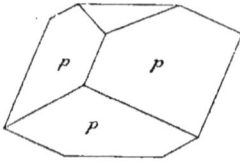

Fig. 90.

Si la troncature intercepte trois longueurs
égales sur les arêtes b, elle a pour symbole :

$$a^1.$$

Et la forme se compose de deux faces pa-
rallèles, les bases (fig. 90). Dans le premier cas, des troncatures,
s'il ne se produit que la moitié, de telle sorte que les troncatures
conservées ne soient pas parallèles deux à deux, on a l'hémiscalénoèdre.

2° *Troncature sur les arêtes b.*

S'il se produit sur une arête une troncature ayant pour symbole :

$$b^{q'/s'}$$

il se produit une deuxième troncature sur la même arête ; on a en
tout douze troncatures formant un scalénoèdre (fig. 91).

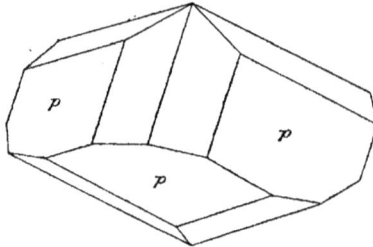 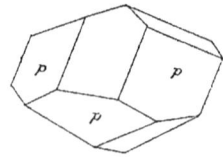

Fig. 91.   Fig. 92.

Si la troncature intercepte des longueurs égales sur les deux
autres arêtes b, elle a pour symbole :

$$b^1 :$$

la forme sera un rhomboèdre (fig. 92).

3° *Troncatures sur les sommets e.*

S'il se produit une troncature ayant pour symbole :

$$b^{1/q'} \quad d^{1/r'} \quad d^{1/s'}$$

il s'en produit une deuxième sur le même sommet ; comme nous
avons six sommets, nous avons douze troncatures formant un
scalénoèdre (fig. 93).

Dans le cas particulier où la troncature est parallèle à l'axe ternaire, la forme est un prisme dodécagonal.

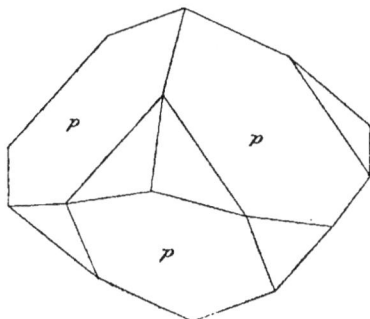

Fig. 93.

Si la troncature intercepte des longueurs égales sur les deux arêtes d, elle a pour symbole :

$$e^{s'/q'}$$

Nous avons six troncatures formant un rhomboèdre (fig. 94). Dans le cas particulier où $q' = \frac{1}{2} s' = 1$, c'est-à-dire où la face

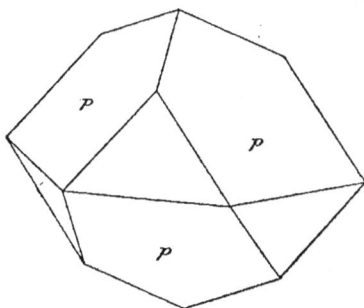

Fig. 94.

déterminante a pour symbole e^2, la forme est un prisme hexagonal de première espèce.

En effet, dans ce cas, la troncature passe par le milieu B (fig. 95) d'une arête b (A E) et par les extrémités E_1 E_2 de deux arêtes d ; cette troncature coupe la face E E_2 E_1 A_1 suivant l'une de ses diagonales ; elle passe donc par le milieu M de l'autre diagonale, et la droite B M qui, dans le triangle A E A_1 joint les milieux de deux côtés, est parallèle à A A_1 ; donc, la troncature contenant une droite parallèle à l'axe ternaire, est elle-même parallèle à cet axe ternaire.

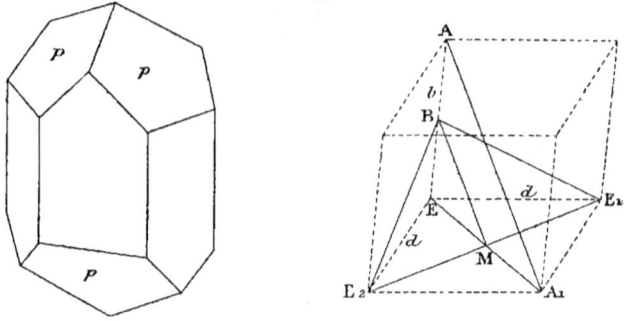

Fig. 95.

4° *Troncatures sur les arêtes d.*

S'il se produit une troncature ayant pour symbole :

$$d^{q'/s'}$$

il s'en produit une deuxième sur la même arête d et la forme se compose de douze faces : c'est un scalénoèdre (fig. 96).

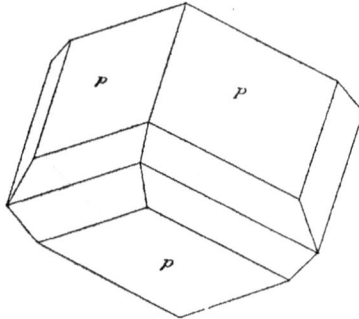

Fig. 96.

Dans le cas où $q' = s'$, c'est-à-dire où le symbole est d', les deux troncatures se confondent et la forme est un prisme hexagonal de deuxième espèce.

CHAPITRE V

SYSTÈME TERBINAIRE

§ I. — GÉNÉRALITÉS

Les éléments de symétrie caractérisant le système terbinaire sont :

$$L^2, L'^2, L''^2, C, P, P' P''.$$

Les trois axes binaires sont perpendiculaires deux à deux, et les plans de symétrie sont les plans déterminés par les axes binaires pris deux à deux.

Les formes holoédriques du système possèdent les mêmes éléments de symétrie :

$$L^2, L'^2, L''^2, C, P, P' P'', \tag{1}$$

Quand la molécule est holoaxe hémisymétrique, les éléments de symétrie sont :

$$L^2, L'^2, L''^2. \tag{2}$$

Quand la molécule est hémiaxe, les éléments de symétrie de la forme sont :

$$L^2, P', P'', \tag{3}$$

ou :

$$L'^2, P, P'', \tag{4}$$

ou :

$$L''^2, P, P'. \tag{5}$$

On n'a pas à considérer le cas où la molécule est hémiaxe centrée ou hémiaxe hémisymétrique, car ces cas rentrent dans le système binaire.

Nous aurons successivement à examiner le cas où la face déterminante est :

I, oblique.

II, parallèle à un axe binaire.

III, normale à un axe binaire.

§ II. — FORMES OBLIQUES

1° *Forme holoaxe centrée.*

Cette forme a un nombre de faces égal à $2\,(1+3)=8$.

Soient q, r et s les caractéristiques de la face déterminante.

En faisant tourner cette face déterminante de 180° autour de l'axe des z, on obtient une nouvelle face $\overline{q}\,\overline{r}\,s$; on obtient ainsi un groupe qu'on désignera par I ou L^2.

DEMI-FORME DIRECTE   DEMI-FORME INVERSE

I L^2	II $L'^2_1 = L''^2_1$	III $C_1 = P_1 = P'_2 = P''_2$	IV $\cdot C_2 = P_2 = P'_1 = P''_1$
$q\ r\ s$ $\overline{q}\ \overline{r}\ s$	$q\ \overline{r}\ \overline{s}$ $\overline{q}\ r\ \overline{s}$	$q\ \overline{r}\,.\,\overline{s}$ $q\ r\ \overline{s}$	$\overline{q}\ r\ s$ $\overline{q}\ \overline{r}\ s$

En faisant tourner ces deux faces autour de l'axe des x, on obtient un nouveau groupe II ou $L'^2_1 = L''^2_1$.

Car nous aurions obtenu les deux mêmes faces en faisant tourner les faces de I autour de l'axe des y.

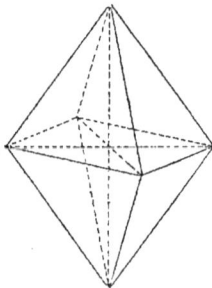

En changeant tous les signes, on obtient les caractéristiques de la demi-forme inverse comprenant les faces des groupes :

III ou $C_1 = P_1 = P'_2 = P''_2$

et

IV ou $C_2 = P'_1 = P''_1 = P_2$

Fig. 97.

Les huit faces ainsi obtenues forment un octaèdre dont les huits sommets sont deux à deux sur un axe binaire et dont les bases situées dans les plans de symétrie sont des losanges (fig. 97). C'est l'*octaèdre orthorhombique*.

2° *Forme holoaxe hémisymétrique.*

Elle ne présente plus que les faces des groupes I et II. Ces quatre faces forment un tétraèdre irrégulier auquel on donne le nom de *sphénoïde*.

3° *Forme hémiaxe dichosymétrique.*

La forme devient alors une *pyramide quadrangulaire illimitée*.

§ III. — FORMES PARALLÈLES A UN AXE BINAIRE

Dans ce cas, la demi-forme directe se confond avec la demi-forme inverse et la face déterminante, suivant qu'elle est parallèle à l'axe des z, des x ou des y, a pour caractéristiques :

$$q\ r\ o$$
$$o\ r\ s$$
$$q\ o\ s$$

Dans les trois cas, les quatre faces forment un prisme dont la section droite est un losange : aussi, les appelle-t-on *prismes orthorhombiques*.

Mais, en général, on distingue les prismes dont les arêtes sont parallèles à l'axe vertical, des prismes dont les arêtes sont parallèles aux axes horizontaux.

On réserve le nom de *prismes* pour les premiers et on appelle les derniers des *dômes*.

Quand la molécule est holoaxe dichosymétrique, si la face déterminante est parallèle à l'axe conservé, la forme est encore un prisme orthorhombique, mais si elle est parallèle à un axe déficient, la forme ne se compose plus que de deux faces formant un *hémi-prisme* ou un *hémi-dôme*, suivant qu'elles sont parallèles à un axe vertical ou à un axe horizontal.

§ IV. — FORMES NORMALES A UN AXE BINAIRE

La face déterminante a pour caractéristiques :

$$q\ 0\ 0$$
$$0\ r\ 0$$
$$0\ 0\ s$$

suivant qu'elle est normale à l'axe des x, des y ou des z.

Si la molécule est holoaxe, soit centrée, soit hémisymétrique, la forme se compose de deux faces parallèles. Si ces faces sont normales à l'axe des z, on leur donne le nom de *bases;* si elles sont normales à un axe horizontal, on leur donne le nom de *pinacoïdes.*

Dans le cas où la molécule est hémiaxe dichosymétrique, si la face déterminante est normale à l'axe conservé, la forme se réduit à cette seule face.

Si, au contraire, elle est normale à un axe déficient, la forme se compose de deux faces parallèles.

§ V. — MÉTHODE DES TRONCATURES

On prend pour forme primitive un prisme droit à base rhombe.

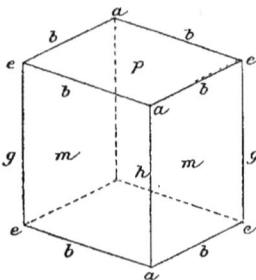

Fig. 98.

Les bases s'appellent p et les faces latérales m (fig. 98).

L'angle obtus des bases s'appelle a, les angles aigus e. Les arêtes de base b, les arêtes latérales passant par les sommets a s'appellent h ; on désigne les arêtes passant les sommets e par g.

Dans le prisme, l'un des axes binaires est parallèle aux arêtes verticales et les deux autres parallèles aux diagonales des bases.

Si donc on désigne par q', r', s' les caractéristiques d'une troncature dans la notation de Lévy, ces caractéristiques ne seront pas égales aux caractéristiques de la notation de Bravais, mais elles sont données par les égalités.

$$q' = q + r$$
$$r' = r - q$$
$$s' = s$$

1° *Troncatures sur les sommets.*

S'il se produit une troncature sur un sommet a, ayant pour caractéristiques :

$$\overset{1/q'}{b} \quad \overset{1/r'}{b} \quad \overset{1/s'}{h}$$

il s'en produira une deuxième sur le même sommet ; il se produira deux troncatures sur chaque sommet a, en tout, huit troncatures formant un octaèdre (fig. 99).

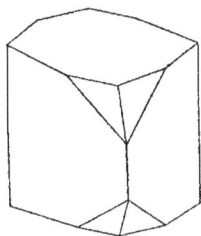 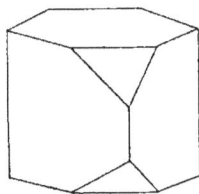 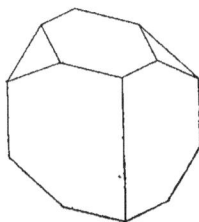

Fig. 99.   Fig. 100.   Fig. 101.

De même une troncature se produisant sur un sommet e et ayant pour symbole :

$$\overset{1/q'}{b} \quad \overset{1/r'}{b} \quad \overset{1/s'}{g}$$

donnera un octaèdre.

Mais si la troncature intercepte des longueurs égales sur les arêtes b, c'est-à-dire si elle a pour symbole :

$$\overset{q'/s'}{a}$$

ou :

$$\overset{q'/s'}{e}$$

on n'aura dans chaque cas que quatre troncatures formant des dômes (fig. 100 et 101).

2° *Troncatures sur les arêtes.*

S'il se produit une troncature sur une arête b, elle aura pour symbole :

$$\overset{q'/s'}{b}$$

il se produira en tout huit troncatures formant un octaèdre (fig. 102).

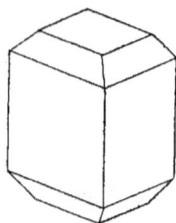 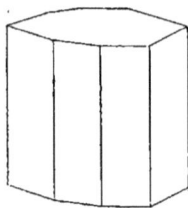 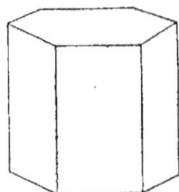

Fig. 102.　　　　　　　Fig. 103.　　　　　　　Fig. 104.

S'il se produit une troncature sur une arête g, ayant pour symbole :

$$\overset{q'/s'}{g}$$

il se produira une deuxième troncature sur la même arête et nous aurons en tout quatre troncatures formant un prisme.

De même, une troncature se formant sur une arête h et ayant pour symbole

$$\overset{q'/s'}{h}$$

fournira un prisme (fig. 103). Mais, si les troncatures se produisant sur g et h interceptent des longueurs égales sur les arêtes b, elles auront respectivement pour symbole :

$$g^{1}, h^{1},$$

et, dans chaque cas, on aura deux faces parallèles formant un pinacoïde (fig. 104).

CHAPITRE VI

SYSTÈME BINAIRE

§ I. — GÉNÉRALITÉS

Ce système est caractérisé par les éléments de symétrie de son système réticulaire :

$$L^2, \; C, \; P.$$

Ces éléments de symétrie sont également ceux des formes holoédriques et la seule réduction que l'on puisse observer dans le nombre des éléments de symétrie est celle que l'on trouve dans les formes holoaxes hémisymétriques, c'est-à-dire dans les formes ayant pour éléments de symétrie :

$$L^2.$$

On aura à supposer successivement que la face déterminante est :

I, oblique ;
II, parallèle à l'axe binaire ;
III, perpendiculaire à l'axe binaire.

On prendra pour axes des y l'axe binaire et pour axe des x et des z deux droites quelconques situées dans le plan de symétrie.

§ II. — FORMES OBLIQUES

1° *Forme holoaxe centrée.* Le nombre des faces de cette forme est est égale à

$$2 \, (1 + 1) = 4.$$

Si q, r et s sont les caractéristiques de la face déterminante, en faisant tourner cette face de 180° autour de l'axe des y, nous obtenons une face dont les caractéristiques sont :

$$\overline{q} \ r \ \overline{s}$$

Ces deux faces constituent la demi-forme directe.

Les deux faces dont les caractéristiques sont :

$$\overline{q} \ \overline{r} \ \overline{s}$$
$$q \ \overline{r} \ s$$

constituent la demi-forme inverse.

Ces quatre faces sont parallèles à une même droite qui, elle-même, est perpendiculaire sur l'axe binaire ; elles forment donc un prisme coupé par le plan des xy, suivant un losange dont la petite diagonale est l'axe binaire.

Cette diagonale qui, par suite, est perpendiculaire sur les arêtes latérales du prisme, porte le nom d'*orthodiagonale*, tandis que l'autre diagonale porte le nom de *clinodiagonale :* ce prisme porte le nom de *prisme clinorhombique* ou *monoclinique.*

2° *Forme holoaxe hémisymétrique.*

Elle se réduit à deux faces parallèles ayant pour caractéristiques :

$$q \ r \ s$$
$$\overline{q} \ r \ \overline{s}$$

§ III. — FORMES PARALLÈLES A L'AXE BINAIRE

Si la face déterminante est parallèle à L^2, c'est-à-dire à l'axe des y, elle a pour caractéristiques $q \ o \ s$, et la forme se compose de deux faces parallèles.

Dans le cas où elle est en même temps parallèle à l'axe des x, c'est-à-dire où elle a pour caractéristiques :

$$o \ o \ s,$$

ces deux faces portent le nom de *bases.*

Les deux faces se conservent évidemment quand la molécule est holoaxe hémisymétrique.

§ IV. — FORMES PERPENDICULAIRES A L'AXE BINAIRE

Si la face déterminante est normale à l'axe binaire, c'est-à-dire
à l'axe des y, elle a pour caractéristiques :

$$o \; r \; o \; ;$$

la forme se compose de deux faces parallèles.

Cette forme se réduit à une seule face, quand la molécule est
holoaxe hémisymétrique.

§ V. — MÉTHODE DES TRONCATURES

On prend pour forme primitive un prisme clinorhombique,
c'est-à-dire un prisme à base rhombe,
dont les arêtes latérales seront perpendiculaires sur une seule des diagonales du losange de base, c'est-à-
dire un prisme présentant une orthodiagonale et une clinodiagonale ; les
bases s'appellent p, les faces latérales
m (fig. 105).

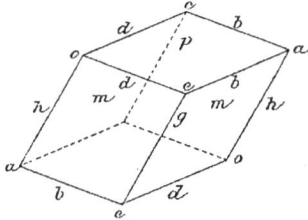

Fig. 105.

On désigne par a celui des som-
mets situé à l'extrémité de la clinodiagonale où cette clinodiagonale fait un angle aigu avec l'arête latérale.

Le sommet situé à l'autre extrémité est désigné par o et les
quatre autres sommets par e.

Les arêtes de base passant par un sommet a s'appellent b ; les
arêtes passant par un sommet o s'appellent d. Les arêtes latérales
passant par un sommet a se désignent par h, celles passant par
un sommet e s'appellent g.

Entre les notations de Lévy et celles de Bravais, on a encore
les relations :

$$q' = q + r$$
$$r' = r - q$$
$$s' = s$$

1° *Troncatures sur les sommets.*

S'il se produit sur un sommet a une troncature ayant pour symbole :

$$b^{1/q'} \ b^{1/r'} \ h^{1/s'},$$

il se produira une deuxième troncature sur le même sommet, et le nombre total sera de quatre troncatures formant un prisme.

S'il se produit sur un sommet o une troncature ayant pour symbole :

$$d^{1/q'} \ d^{1/r'} \ h^{1/s'},$$

on aura une deuxième troncature sur le même sommet et comme forme un prisme (fig. 106).

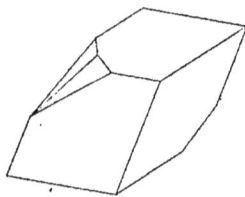 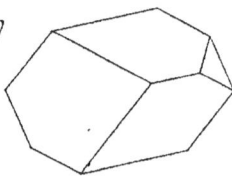

Fig. 106.   Fig. 107.

Quand ces troncatures intercepteront des longueurs égales, soit sur b, soit sur d, c'est-à-dire qu'elles auront pour notation :

$$a^{q'/s'}$$

ou

$$o^{q'/s'}$$

on aura deux faces parallèles (fig. 107).

S'il se produit une troncature sur e, elle aura pour symbole :

$$b^{1/q'} \ d^{1/r'} \ g^{1/s'},$$

il se produira une troncature sur les trois autres sommets e, nous aurons ainsi un prisme (fig. 108).

2° *Troncatures sur les arêtes.*

S'il se produit une troncature sur une arête b, elle a pour symbole :

$$b^{q'/s'}$$

et, se reproduisant quatre fois, elle donne naissance à un prisme (fig. 109).

De même, les troncatures sur une arête d ayant pour symbole :

$$d^{q'/s'}$$

forment un prisme (fig. 110).

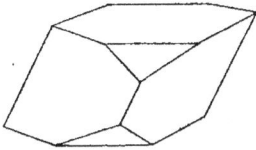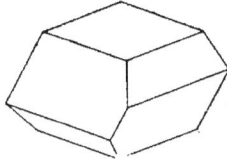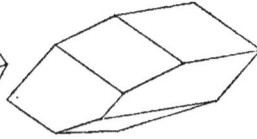

Fig. 108.   Fig. 109.   Fig. 110.

Une troncature sur une arête g a pour symbole :

$$g^{q'/s'}$$

elle se produira deux fois sur chaque arête et on aura ainsi quatre troncatures formant un prisme.

De même, une troncature se formant sur l'arête h et ayant pour symbole :

$$h^{q'/s'}$$

entraînera la formation de trois autres troncatures formant avec la première un prisme.

Si cette dernière troncature intercepte des longueurs égales sur les arêtes de base, elle aura pour symbole :

$$h^1$$

et l'on aura deux faces parallèles.

CHAPITRE VII

SYSTÈME ASYMÉTRIQUE

Le système réticulaire de base de ce système n'a pour éléments de symétrie qu'un centre C ; par conséquent, en même temps qu'une face ayant pour caractéristiques :

$$q \ r \ s,$$

il s'en formera une seule autre ayant pour caractéristiques :

$$\overline{q} \ \overline{r} \ \overline{s}.$$

Une forme ne se compose que de deux faces parallèles et il faut, par suite, au moins trois formes pour limiter un cristal.

Dans la méthode des troncatures, on prend pour forme primi-

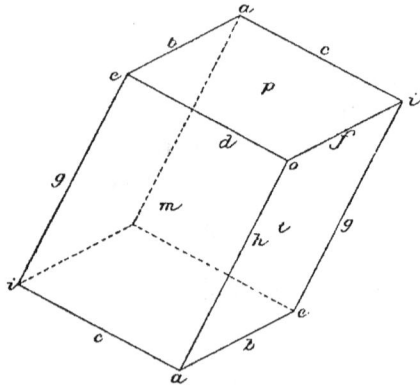

Fig. 111.

tive un parallélipipède quelconque auquel on donne le nom de prisme triclinique.

Deux des faces parallèles étant choisies pour bases de ce prisme, on l'oriente de façon :

1° Que l'angle obtus des faces latérales soit devant l'observateur ;

2° Que le prisme fuie devant l'observateur, lorsque l'on va de la base inférieure à la base supérieure.

Ceci posé, on appelle *p* les bases, *m* la face latérale située à gauche de l'observateur ; *t* celle située à droite (fig. 111) ; *a* le sommet le plus près de l'observateur, *e* le sommet de droite de la face inférieure, *i* le sommet de gauche, et *o* le quatrième sommet ; on appelle *b* l'arête de base située à droite, *c* celle située à gauche, *d* celle située au-dessus de *c*, *f* l'arête latérale passant par *a*, *g* les arêtes passant par *e*.

Comme les éléments sont semblables deux à deux, en même temps qu'une troncature quelconque, il s'en formera une seconde et une seule.

CHAPITRE VIII

MESURES DES ANGLES. — CALCULS CRISTALLOGRAPHIQUES

§ 1. — MESURE DES ANGLES

Pour mesurer l'angle d'un cristal, on se sert surtout de deux goniomètres : le goniomètre d'application et le goniomètre de Wollaston, suivant l'état du cristal.

Quand le cristal est de grande dimension, ou que ses faces sont peu réfléchissantes, on emploie le premier, lorsqu'il est petit ou qu'il a des faces nettement réfléchissantes, on emploie le goniomètre de Wollaston ou goniomètre à réflexion.

Goniomètre d'application. — Le goniomètre d'application se compose de deux alidades métalliques (fig. 112), évidées de façon à présenter une rainure dans leur longueur. Dans ces rainures, glisse l'axe que l'on peut rendre fixe, au moyen d'une vis de pression. Cette disposition permet d'allonger ou de raccourcir les branches des alidades, au milieu desquelles on place le dièdre à mesurer ; les mesures peuvent ainsi s'effectuer sur des cristaux enchâssés dans une gangue. Pour se servir de ce goniomètre, on place les alidades dans un plan perpendiculaire à l'arête du dièdre, en appliquant l'une d'elles contre le cristal ; puis, on amène l'autre à être

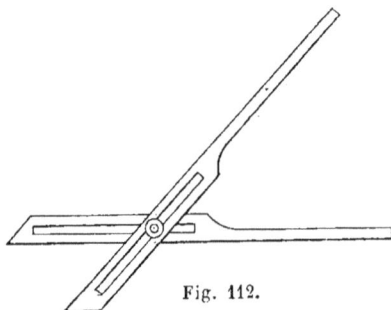

Fig. 112.

sensiblement parallèle à la seconde face du dièdre, pour éviter d'introduire dans la mesure l'influence des aspérités du cristal.

Puis, on porte les deux alidades sur un cercle gradué où l'on peut lire la valeur de l'angle à mesurer.

Avec de l'habitude, on obtient des valeurs exactes à un demi degré près.

Goniomètre de Wollaston. — Le gonionomètre à réflexion repose sur le principe suivant : soit A B C (fig, 113), une section droite du dièdre à mesurer ; et soient S et S′, deux mires situées dans le plan de cette section droite. Plaçons l'œil de façon à ce que l'image de la mire S, vue par réflexion sur la face AB, coïncide avec la mire S′, vue directement. Si nous faisons tourner le dièdre autour de son arête A, la coïncidence cessera d'exister et ne se rétablira que quand la face AC sera venue en AC′, sur le

Fig. 113.

prolongement de AB. Pour rétablir la coïncidence, il faut donc faire tourner le dièdre d'un angle C′AC, c'est-à-dire d'un angle égal au supplément de l'angle cherché.

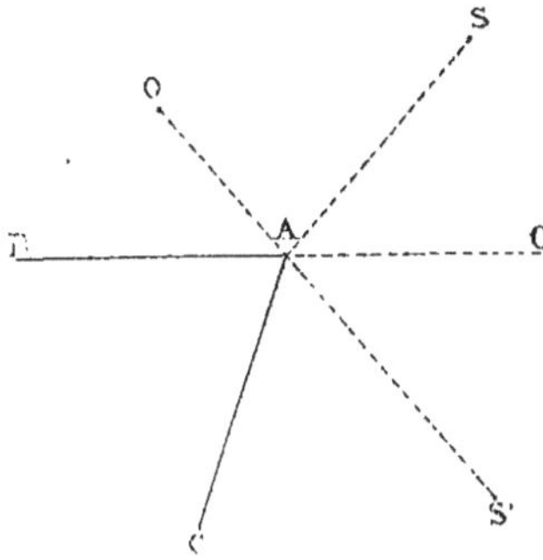

Le goniomètre de Wollaston a été très perfectionné dans ces derniers temps, dans le but d'en augmenter la précision. Mais, ces perfectionnements sont tout à fait illusoires, car les erreurs personnelles même avec l'instrument primitif sont supérieures aux erreurs provenant de l'instrument. En outre, avec l'instrument primitif lui-même, on a pu constater que les angles de divers individus offraient des différences de plusieurs minutes : par suite, il était inutile de faire des mesures à une minute près.

Le goniomètre de Wollaston se compose d'un cercle gradué, tournant à frottement doux autour d'un axe AB (fig. 114).

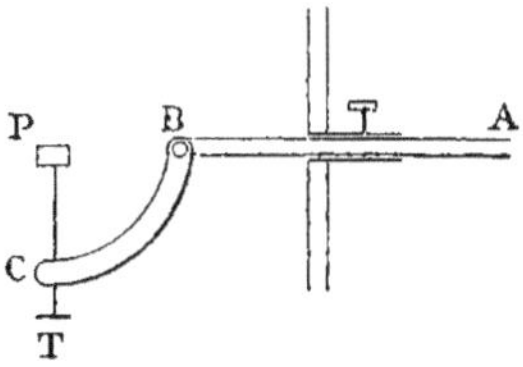

Fig. 114.

Une vis permet de rendre le cercle solidaire de l'axe. A l'extré-

mité B, se trouve un quart de cercle BC, pouvant tourner autour
d'un axe B. L'extrémité C porte une tige T, glissant à frottement
doux ; cette tige porte une petite platine P sur laquelle on fixe le
cristal. Le pied de l'appareil est muni d'un miroir parallèle à
l'axe BA.

Pour se servir de l'appareil, on le place parallèlement à une mire
horizontale, un barreau de fenêtre, par exemple ; quand la distance de l'appareil à la mire est d'au moins six mètres, le paral-
lélisme obtenu à vue d'œil est suffisant. Le barreau de fenêtre
joue ici le rôle de la mire S, et l'image du barreau, vue dans le
miroir, remplace la mire S'.

Il faut placer le cristal sur la platine P, où on le fixe avec de la
cire, de façon que l'arête du dièdre à mesurer soit dans le prolongement de l'arête AB, et de façon que cette arête soit rigoureusement perpendiculaire au limbe.

Pour y arriver, on suivra la marche suivante :

On place approximativement l'arête dans le prolongement de
l'axe BA, l'une des faces F du dièdre étant sensiblement perpendiculaire à l'axe B. Puis, faisant tourner l'axe BA, on essaie d'amener en coïncidence l'image de la mire vue dans le miroir avec
l'image de la mire vue dans la face F.

Si la coïncidence n'est pas possible, on l'établit en tournant
la tige T seule. Le cristal a dû être suffisamment bien placé
dès le début, pour qu'après cette première opération, on puisse
encore considérer la face F comme perpendiculaire à l'axe B.
Puis, faisant tourner l'axe AB, on tâche d'amener la coïncidence
des deux images sur la deuxième face F' du dièdre; si la coïncidence n'est pas possible, on l'établit en faisant tourner le support
du cristal autour de l'axe B seul.

Ce mouvement n'a pas dérangé l'orientation de la face F, puisqu'on l'a fait tourner autour d'un axe perpendiculaire. De cette
façon, on a amené les deux faces du dièdre, et par suite son arête,
à être parallèles à l'axe AB.

Une fois le cristal ainsi orienté, on fait coïncider le zéro du
limbe avec le zéro du vernier, et faisant tourner l'axe AB seul, on
amène la coïncidence des deux images sur l'une des faces, la face F',

par exemple ; puis, fixant le limbe à l'axe, on fait tourner le tout de façon à amener la coïncidence sur la face F'.

Il suffit de prendre le supplément de l'angle dont on a tourné le limbe pour obtenir l'angle cherché.

Les deux principales causes d'erreur, dans cette méthode, consistent en ce que l'œil ne reste pas fixe pendant toute la durée de la mesure et en ce que l'arête du dièdre n'est pas exactement dans le prolongement de l'axe de l'appareil.

Quand on analyse ces causes d'erreur au moyen du calcul, on reconnaît que la première disparaît lorsque les deux mires et le goniomètre sont les trois sommets d'un triangle isocèle, dont la base coïncide avec la droite joignant les deux mires, condition remplie lorsque la deuxième mire est l'image de la première, vue dans un miroir fixé au pied de l'appareil.

On voit de même que la seconde erreur est d'autant plus faible que la mire est plus éloignée.

Comme les mires éloignées sont généralement peu éclairées, on est obligé pour éviter cette erreur, d'avoir recours au dispositif de M. Mallard.

Ce dispositif consiste dans l'emploi d'une lunette d'un assez grand diamètre, présentant à une de ses extrémités une fente horizontale f (fig. 115), placée au foyer principal d'une lentille convergente F ; l'axe de ce collimateur est placé parallèlement au limbe de l'appareil, et le miroir, au lieu d'être fixé au pied de l'appareil, est porté par une tige l'amenant auprès du cristal.

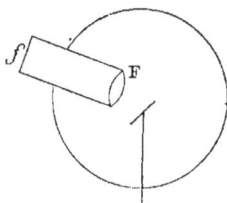

Fig. 115.

Les rayons qui arrivent par la fente f deviennent parallèles après avoir traversé la lentille ; une partie de ces rayons tombent sur le cristal et une autre sur le miroir ; ce dispositif revient à employer une mire située à l'infini.

§ II. — CALCULS CRISTALLOGRAPHIQUES

La mesure des angles fournit une partie des éléments nécessaires pour résoudre les problèmes crislallograpliques que l'on rencontre dans l'étude des cristaux. Ces problèmes sont au nombre de trois.

L'on doit d'abord déterminer le système cristallin auquel appartient le cristal considéré, ce qui revient à chercher ses éléments de symétrie.

En second lieu, il faut calculer les paramètres de trois rangées conjuguées de directions connues, pour connaître tous les éléments du système réticulaire.

Et enfin, il faut calculer les caractéristiques des faces du cristal.

Successivement, nous allons chercher à résoudre ces trois problèmes.

Détermination du système cristallin. — Il est généralement facile de reconnaître à vue d'œil à quel système appartient un cristal, quand il possède un axe principal. Chaque face se répète alors 6, 4, ou 3 fois autour de chaque axe principal et il en résulte un aspect particulier qui frappe à première vue.

Le développement anormal de certaines faces peut rendre difficile la détermination, qui exige également des mesures précises, dans le cas des formes limites. Si, par exemple dans un cristal appartenant au système quadratique, le rapport de l'axe quaternaire aux axes binaires est voisin de l'unité, ses formes seront très voisines de celles du système cubique, et une étude attentive pourra seule faire rejeter ce dernier système.

Si l'on veut reconnaître, d'une façon rationnelle, l'existence des éléments de symétrie, on peut employer les projections stéréographiques.

On commence, au moyen de mesures d'angle, par déterminer les positions relatives de trois faces p, m, t, du cristal, autant que possible, trois faces bien développées ; puis on mesure, les angles de toutes les autres faces, avec les faces p, m, t.

Si on ne peut mesurer les angles d'une face, avec p, m, t, on mesure les angles qu'elle fait avec trois faces, de position déterminée relativement à p, m, t.

On trace la projection stéréographique des pôles des faces p, m, t ; puis en construisant les cercles ayant pour pôles les pôles des faces p, m, t et pour rayons sphériques, le supplément des angles que fait une face avec les faces p, m, t ; on obtient, au point d'intersection des trois cercles, le pôle de la face.

Après avoir ainsi construit les pôles de toutes les faces, on cherchera si ces pôles satisfont aux conditions énoncées plus haut, page 49, relativement à la présence des éléments de symétrie.

Nous rappellerons que, dans la résolution des triangles sphériques, les formules les plus habituellement employées sont les suivantes :

Si A, B, C, sont les angles et a, b, c, les côtés respectivement opposés aux angles, on a :

$$\cos a = \cos b \cos C + \sin b \sin c \cos A$$
$$\cos A = . - \cos B \cos C + \sin B \sin C \cos a$$
$$\frac{\sin a}{\sin A} = \frac{\sin b}{\sin B} = \frac{\sin c}{\sin C}$$
$$\cotg b \sin c = \cos a \cos A + \sin A \cotg B$$

Formules qui se simplifient beaucoup, dans le cas où le triangle est rectangle.

Calcul des Paramètres. — Trois rangées conjuguées étant connues de direction, il s'agit de calculer leurs paramètres. Ces trois rangées sont : soit trois axes de symétrie, soit trois arêtes d'un trièdre... Pour connaître le système réticulaire, il n'est pas nécessaire de calculer les trois paramètres eux-mêmes ; il suffirait de calculer le rapport de deux d'entre eux au troisième.

Malheureusement la mesure des angles ne fournit pas les éléments nécessaires au calcul de ces rapports ; on n'obtient que les rapports de multiples des deux premiers paramètres à un multiple du troisième.

Soient : a, b, c les paramètres des rangées ; q, r, s, la caractéristique d'une face m, l'équation de celle-ci sera :

$$q \frac{x}{a} + r \frac{y}{b} + s \frac{z}{c} = 0$$

D'autre part, si nous désignons par α, β, γ, les angles de la normale à la face m avec les axes, son équation peut s'écrire :

$$x \cos \alpha + y \cos \beta + z \cos \gamma = 0$$

On a donc les relations :

$$\frac{\cos \alpha}{\dfrac{q}{a}} = \frac{\cos \beta}{\dfrac{r}{b}} = \frac{\cos \gamma}{\dfrac{s}{c}}$$

ou :

$$\frac{\cos \gamma}{\cos \alpha} = \frac{a}{c}\,\frac{s}{q}, \quad \frac{\cos \gamma}{\cos \beta} = \frac{b}{c}\,\frac{s}{r}$$

Les angles α, β, γ, sont donnés par l'observation, pour tirer de ces relations les rapports $\frac{a}{c}$ et $\frac{b}{c}$, il faudrait connaître les rapports $\frac{q}{s}$ et $\frac{r}{s}$. Ne les connaissant pas, on prend pour paramètres des rangées, les quantités $\frac{a}{q}, \frac{b}{r}, \frac{c}{s}$. Si nous désignons par a', b', c' ces paramètres conventionnels, leurs rapports nous sont donnés par les égalités :

$$\frac{\cos \gamma}{\cos \alpha} = \frac{a'}{c'}, \quad \frac{\cos \gamma}{\cos \beta} = \frac{b'}{c'}$$

On voit quelle part d'arbitraire intervient dans le calcul de ces paramètres. Si, au lieu de prendre la face (qrs) pour les déterminer on s'était servi d'une face ayant pour caractéristiques q', r', s' on aurait obtenu d'autres valeurs pour ces paramètres.

Dans le choix de cette face, on est guidé par cette remarque : Après avoir calculé les rapports $\frac{a'}{c'}, \frac{b'}{c'}$ on obtiendrait les rapports $\frac{a}{c}, \frac{b}{c}$ en multipliant $\frac{a'}{c'}, \frac{b'}{c'}$ respectivement par $\frac{q}{s}$ et $\frac{r}{s}$. Or, ces facteurs sont d'autant plus simples que la face $(q\,r\,s)$ est plus fréquente.

Donc, pour avoir des nombres $\frac{a'}{c'}, \frac{b'}{c'}$ différant le moins possible des rapports $\frac{a}{c}$ et $\frac{b}{c}$, on devra se servir de la face la plus fréquente; on pourra même être amené à se servir d'une face de clivage au lieu d'une face naturelle.

Remarquons que prendre pour paramètres les quantités $\frac{a}{q} = a'$, $\frac{b}{r} = b'$, $\frac{c}{s} = c'$ revient à assigner à la face $(q\,r\,s)$ les caractéristiques (111); car son équation

$$q\,\frac{x}{a} + r\,\frac{y}{b} + s\,\frac{z}{c} = 0$$

peut s'écrire :

$$\frac{x}{\left(\dfrac{a}{q}\right)} + \frac{y}{\left(\dfrac{b}{r}\right)} + \frac{z}{\left(\dfrac{c}{s}\right)} = 0 \quad \text{ou} \quad \frac{x}{a'} + \frac{y}{b'} + \frac{z}{c'} = 0$$

Calcul des caractéristiques d'une face. — Ayant calculé les paramètres, comme nous venons de l'indiquer, il est très facile de calculer les caractéristiques d'une autre face, relativement aux paramètres conventionnels.

Si q_1, r_1, s_1, sont ses caractéristiques vraies, son équation est :

$$q_1 \frac{x}{a} + r_1 \frac{y}{b} + s_1 \frac{z}{c} = 0$$

qui peut s'écrire :

$$\frac{q_1}{q} \frac{x}{\left(\dfrac{a}{q}\right)} + \frac{r_1}{r} \frac{y}{\left(\dfrac{b}{r}\right)} + \frac{s_1}{s} \frac{z}{\left(\dfrac{c}{s}\right)} = 0$$

ou :

$$\frac{q_1}{q} \frac{x}{a'} + \frac{r_1}{r} \frac{y}{b'} + \frac{s_1}{s} \frac{z}{c'} = 0$$

Les caractéristiques relatives aux paramètres a' b' c' sont donc : $\frac{q_1}{q}$, $\frac{r_1}{r}$, $\frac{s_1}{s}$. Or, si α_1, β_1, γ_1, sont les angles que fait sa normale avec les axes de coordonnée, on a les relations :

$$\frac{\cos \alpha_1}{\cos \gamma_1} = \frac{c}{a} \frac{q_1}{s_1} = \frac{\left(\dfrac{c}{s}\right)}{\left(\dfrac{a}{q}\right)} \frac{\left(\dfrac{q_1}{q}\right)}{\left(\dfrac{s_1}{s}\right)} = \frac{c'}{a'} \frac{\left(\dfrac{q_1}{q}\right)}{\left(\dfrac{s_1}{s}\right)} \text{ et } \frac{\cos \beta_1}{\cos \gamma_1} = \frac{c'}{b'} \frac{\left(\dfrac{r_1}{r}\right)}{\left(\dfrac{s_1}{s}\right)}$$

Remarque. — Si les mesures d'angles étaient exactes, on trouverait pour les rapports, dont nous venons de donner l'expression, des valeurs simples, mais comme ces mesures ne sont qu'approchées, ou obtient seulement des nombres différant peu des rapports simples. Pour avoir ces derniers, on applique la théorie des fractions continues.

Nous allons donner quelques exemples de calculs cristallographiques dans les cas les plus simples appartenant aux différents systèmes cristallins.

Système cubique. — Si l'on prend pour axes de coordonnées les axes du cube, l'arbitraire signalé plus haut n'existe plus puisque l'on peut faire $a = b = c = 1$; il suffit de mesurer les angles α, β, γ, d'une face avec les faces du cube pour calculer ses caractéristiques d'après les formules :

$$\frac{\cos \gamma}{\cos \alpha} = \frac{q}{s} \text{ et } \frac{\cos \gamma}{\cos \alpha} = \frac{r}{s}$$

Système hexagonal. — Supposons qu'un isocéloèdre se présente fréquemment dans une espèce déterminée, nous mesurerons l'angle 2α que font entre elles deux faces se coupant dans le plan de symétrie principal.

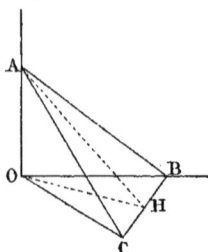

Fig. 116.

Cette mesure suffit pour déterminer le rapport du paramètre de l'axe sénaire aux paramètres des axes binaires des deux espèces.

Si, en effet, nous prenons, pour caractéristique de la face de cet isocéloèdre, les nombres (111) ; son équation est :

$$\frac{x}{a} + \frac{y}{a} + \frac{z}{c} = k$$

et, par suite, les longueurs interceptées sur les axes sont (fig. 116) :

$$OA = kc. \quad OB = OC = ka.$$

Si nous menons une perpendiculaire OH sur BC, dans les triangles OHB et OHA, nous avons :

$$OH = OB. \cos 30^\circ = OA \cotg \alpha.$$

ou :

$$ka \frac{\sqrt{3}}{2} = kc \cotg \alpha$$

$$\frac{c}{a} = \frac{\sqrt{3}}{2} \operatorname{tg} \alpha.$$

En second lieu, OH est un axe binaire de l'autre espèce et la longueur $OH = k \frac{a'}{2}$; a' étant le paramètre de cet axe.

On a donc :

$$k \frac{a'}{2} = kc \cotg \alpha$$

ou :

$$\frac{c}{a'} = \frac{\operatorname{tg} \alpha}{2}$$

Au lieu de mesurer l'angle 2 α, il peut être plus commode de mesurer l'angle 2 φ de deux faces latérales de l'isocéloèdre.

Dans le dièdre ayant son sommet en C, on a :

$$\sin A\,CO = \frac{AO}{\sqrt{AO^2 + OC^2}} = \mathrm{cotg}\,\varphi\ \mathrm{tg}\ 60°$$

$$\frac{c}{\sqrt{c^2 + a^2}} = 3\,\mathrm{cotg}\,\varphi$$

et :

$$\frac{c^2}{a^2} = \frac{3\,\mathrm{cotg}^2\,\varphi}{1 - 3\,\mathrm{cotg}^2\,\varphi} = \frac{3}{\mathrm{tg}^2\,\varphi - 3}$$

Système quadratique. — Si l'on donne les caractéristiques (111) à une face d'octaèdre et si 2 α est l'angle de deux faces symétriques, par rapport au plan de symétrie principal, on voit comme dans le cas du système hexagonal que le rapport de l'axe quaternaire à l'axe binaire est donné par l'égalité :

$$\frac{c}{a} = \frac{\mathrm{tg}\,\alpha}{2}$$

Système rhomboédrique. — On donne les caractéristiques (111) à la face d'un rhomboèdre et l'on mesure l'angle 2 φ de deux faces se coupant suivant une arête rencontrant l'axe ternaire.

L'angle OCB (fig. 117) étant de 30°, on a, dans le dièdre dont le sommet est en C :

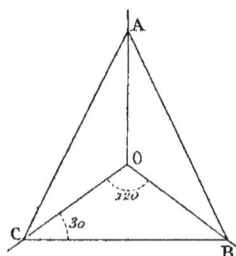

Fig. 117.

$$\sin A\,CO = \frac{AO}{\sqrt{AO^2 + OC^2}} = \mathrm{cotg}\,\varphi\ \mathrm{tg}\ 30°$$

$$\frac{c}{\sqrt{c^2 + a^2}} = \frac{\mathrm{cotg}\,\varphi}{\sqrt{3}}$$

$$\frac{a^2}{c^2} = \frac{1}{3\,\mathrm{tg}^2\,\varphi - 1}$$

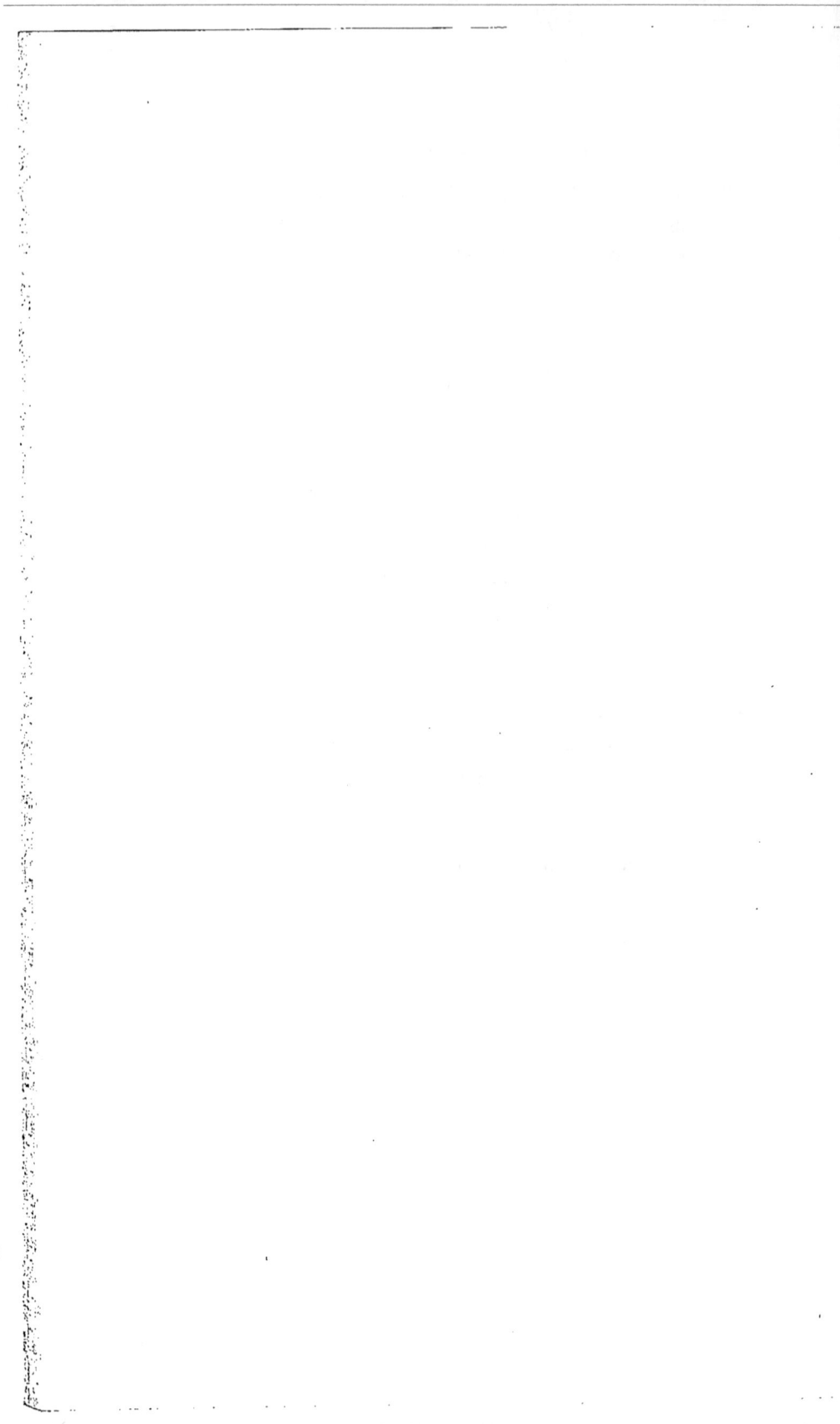

LIVRE II

MINÉRALOGIE PHYSIQUE

PROPRIÉTÉS PHYSIQUES DES MINÉRAUX

L'étude complète des propriétés physiques des minéraux comprendrait les chapitres suivants : 1° la cristallogénie, ou l'étude des modes de formation des cristaux ; — 2° l'étude des groupes de cristaux ; — 3° l'étude des propriétés élastiques et de la dureté des cristaux ; — 4° l'étude de leurs propriétés optiques ; — 5° l'étude de leurs propriétés thermiques ; — 6° l'étude de leurs propriétés électriques et magnétiques.

Mais certaines de ces propriétés demandent de longs développements mathématiques pour établir des formules que l'on n'a pu vérifier que dans un très petit nombre de cas ; c'est ainsi, par exemple, que pour les propriétés élastiques on n'a encore fait de recherches expérimentales que sur un nombre très restreint de minéraux. D'autres propriétés, quoique mieux connues, sont généralement considérées comme ayant un caractère trop spécial pour rentrer dans le cadre d'un cours de licence.

Pour ces différentes raisons, nous développerons l'étude des groupements des cristaux et celle de leurs propriétés optiques, nous dirons quelques mots sur la dureté, les propriétés thermiques et les propriétés électriques.

PREMIÈRE SECTION

CHAPITRE PREMIER

GROUPEMENT DES MINÉRAUX

Nous avons supposé jusqu'ici que dans les édifices cristallins, toutes les molécules étaient de même espèce ; qu'elles avaient la même orientation et, qu'enfin, elles étaient réparties suivant les nœuds du même système réticulaire.

Or, dans la nature, on trouve fréquemment des cristaux formés de deux ou plusieurs espèces de molécules, pouvant se remplacer les unes les autres en toute proportion. C'est dans ce phénomène que consiste l'*isomorphisme*.

On trouve également des groupements de cristaux dont les molécules sont disposées suivant divers systèmes réticulaires ou sont orientées différemment. Ces groupements s'appellent des *macles*.

Dans certains cas, la pénétration des cristaux groupés est tellement intime que l'individualité de chacun des cristaux disparaît et que l'ensemble se présente comme un cristal unique. Ce pseudo-cristal, par son origine même, possède, comme nous le verrons, une symétrie plus élevé que celle des cristaux composants. Il en résulte que l'espèce minérale, à laquelle appartient le pseudo-cristal, semble cristalliser dans deux systèmes cristallins : les systèmes auxquels appartiennent le pseudo-cristal et le cristal simple. Cette propriété apparente de cristalliser dans deux systèmes différent a reçu le nom de *dimorphisme*.

§ I. — DES MACLES PAR JUXTAPOSITION

Disposition des cristaux. — On a fait de nombreuses recherches pour trouver suivant quelles lois les cristaux se groupaient, mais, dans bien des macles, ces lois ont échappé à l'examen. Cependant, dans certaines, on a pu constater que le résultat de leur formation était de donner à l'édifice cristallin un élément de symétrie qui faisait défaut dans chacun des cristaux pris en particulier. Or, nous avons vu que, dans un tel édifice, l'équilibre était d'autant plus stable que le nombre des éléments de symétrie était plus grand. Il est donc fort probable que les macles sont le résultat de la tendance des molécules à former des édifices ayant le plus de stabilité possible.

En généralisant cette observation, on est amené à penser que la nature emploie toutes les dispositions possibles pour augmenter le nombre des éléments de symétrie de l'édifice cristallin et que la structure encore inconnue de certaines macles est le résultat de ces dispositions.

On distingue deux sortes de macles ; dans les unes, les cristaux sont simplement accolés suivant une face plane ; dans les autres, les cristaux se pénètrent.

Occupons-nous d'abord des macles par juxtaposition. La position de l'un des cristaux peut se déduire de celle de l'autre, de la façon suivante :

On fait tourner l'un des cristaux de 180° *autour d'une droite, de façon qu'un plan réticulaire de son système réticulaire se retrouve en coïncidence avec lui-même après la rotation.*

Le plan réticulaire commun est le plan de juxtaposition des cristaux : on lui donne le nom de *plan d'hémitropie.*

Quant à l'axe de rotation, on l'appelle *axe d'hémitropie.* Or, pour qu'un plan, après une rotation de 180° autour d'une droite se retrouve en coïncidence avec lui-même, il faut nécessairement que ce plan soit perpendiculaire à l'axe ou bien passe par l'axe.

On reconnaît ainsi l'existence de deux sortes de macles par juxtaposition. Dans les unes, dites macles par *hémitropie normale,* l'axe est perpendiculaire au plan d'hémitropie ; dans les autres, dites macles par *hémitropie parallèle,* le plan d'hémitropie contient l'axe. Remarquons que, dans les deux cas, l'ensemble des cristaux ainsi disposés présente un axe binaire qui est l'axe de rotation et, qu'en outre, si le cristal présente un centre, l'ensemble présen-

tera un plan de symétrie perpendiculaire à l'axe de rotation
(fig. 118).

Voyons à quelles conditions les deux cristaux ne se pénétreront
pas après la rotation.

Pour ne pas se pénétrer, il faut évidemment qu'ils soient tout
entiers, de part et d'autre, du plan d'hémitropie. Or, dans l'hémitropie normale, le plan de symétrie coïncide avec le plan d'hémitropie, il faut donc que les cristaux se réduisent l'un à la
partie située au-dessous, l'autre à la partie située au-dessus du plan
de symétrie (fig. 119). Dans ces conditions, la symétrie par rap-

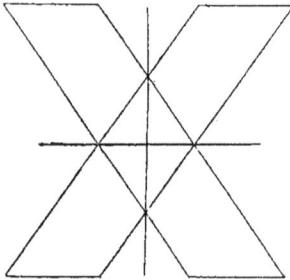 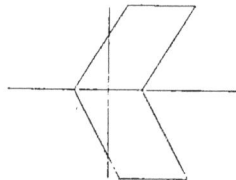 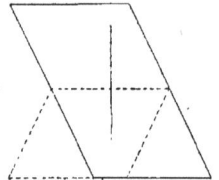

Fig. 118.   Fig. 119.   Fig. 120.

port à l'axe disparaît puisque les deux parties symétriques par
rapport à cet axe étaient du même côté du plan de symétrie. Mais,
la symétrie par rapport au plan susbsiste.

En résumé, dans le cas d'hémitropie normale, la macle peut
s'obtenir en coupant un cristal en deux par le plan d'hémitropie et
en faisant tourner l'une des moitiés de 180° autour de la perpendiculaire à ce plan d'hémitropie (fig. 120).

Dans l'hémitropie parallèle, le plan de symétrie ne coïncide pas
avec le plan d'hémitropie, mais lui est perpendiculaire. Par suite,
les deux cristaux coexistent de part et d'autre du plan de symétrie,
et les macles présentent un axe et un plan de symétrie qui n'exis-
taient pas dans les cristaux pris isolément.

Exemple de macle par hémitropie parallèle. — Comme exemple
de macle par hémitropie parallèle, on citera la macle de Carlsbad
que présente l'orthose. Ce minéral cristallise, dans le système mo-

noclinique et la face g^1 est toujours très développée. C'est cette face g^1 qui est le plan d'hémitropie, l'axe d'hémitropie étant la droite d'intersection de g^1 avec la face p (fig. 121).

Exemple de macle par hémitropie normale. — Dans le système cubique, on rencontre fréquemment la macle dite des spinelles.

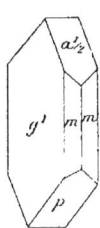
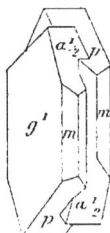
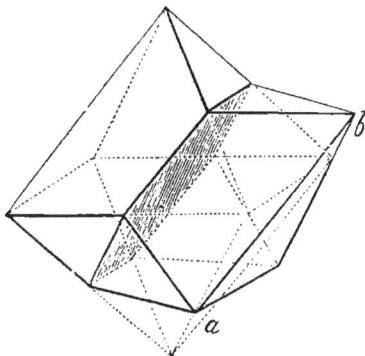

Fig. 121.   Fig. 122

Les deux cristaux sont juxtaposés suivant la face a^1. Cette macle se trouve surtout dans les octaèdres. D'après ce que nous avons vu, pour avoir cette macle il faut couper l'octaèdre par un plan parallèle à la face a^1 et faire tourner l'une des moitiés de 180° autour de la normale (fig 122).

Il suffit, d'ailleurs, de faire subir à l'une des moitiés, une rotation de 60°, car la rotation de 180° peut se décomposer en une rotation de 120°, qui la ramène dans sa position primitive, puisque l'axe de rotation est un axe ternaire, et une rotation de 60° qui l'amène dans la situation définitive.

Dans les cristaux du système rhomboédrique, on trouve également des macles ayant pour plan d'hémitropie la face a^1 ; la rotation étant de 60° autour de l'axe ternaire.

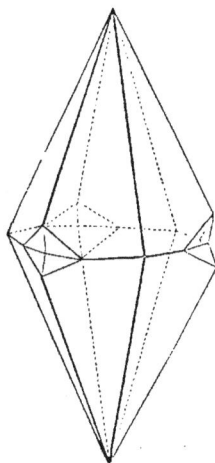

Fig. 123.

Lorsque cette macle affecte le scalénoèdre, il en résulte un isocéloèdre présentant des angles rentrants (fig. 123).

Dans les feldspaths on rencontre fréquemment la macle de l'albite qui a pour plan d'hémitropie le plan g^1. On obtient la position du deuxième cristal en coupant un cristal par un plan parallèle à g^1 et en faisant tourner l'une des moitiés autour de la normale à g^1 ; il en résulte une gouttière d'une part et un faîte de l'autre (fig. 124).

En général, dans les feldspaths, les cristaux sont très minces et

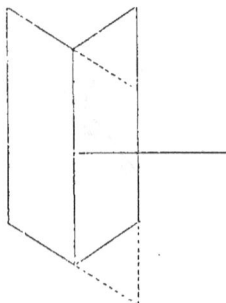 

Fig. 124.   Fig. 125.

la macle se reproduit un grand nombre de fois, c'est-à-dire que, sur le deuxième cristal s'en trouve un troisième orienté comme le premier ; sur le troisième, un quatrième, orienté comme le deuxième, etc. (fig. 125). Ces cristaux si minces portent le nom de *lamelles hémitropes*.

§ 11. — DES MACLES PAR PÉNÉTRATION

Disposition des cristaux. — Pour bien comprendre la disposition des cristaux dans une macle par pénétration, considérons d'abord les espèces cristallines présentant des formes mériédriques. Leurs formes ne possèdent qu'une partie des éléments de symétrie du système réticulaire et les éléments manquants sont dits déficients.

Supposons qu'en même temps qu'une face A il se forme toutes les faces symétriques de A relativement à un élément de symétrie déficient du corps ; ces faces seront les faces déterminantes d'autant de formes simples identiques entre elles et symétriquement placées par rapport à l'élément de symétrie déficient et l'ensemble de ces formes constituera un macle par pénétration.

Donc, dans un macle par pénétration, les molécules des cristaux sont réparties suivant les mailles du même système réticulaire et les cristaux sont orientés de façon à ce que la macle possède un élément de symétrie du système réticulaire faisant défaut dans chacun des cristaux.

On peut faire rentrer les macles par pénétration des cristaux holoédriques dans la loi précédente, en s'appuyant sur la notion des formes limites, reconnues pour la première fois par M. Mallard.

Considérons, par exemple, un système réticulaire quadratique dont nous désignerons l'axe quaternaire par $o\,z$ et les deux axes binaires par $o\,y$ et $o\,x$.

Si les paramètres des axes $o\,x$ et $o\,y$, égaux entre eux, sont peu différents du paramètre de $o\,z$, le système différera peu d'un système cubique ; ce sera un système réticulaire limite.

Les axes $o\,x$ et $o\,y$ différeront peu d'axes quaternaires et, si nous construisons un prisme quadratique sur les paramètres des axes $o\,x$, $o\,y$, $o\,z$, les diagonales du prisme seront sensiblement des axes ternaires ; les droites joignant les milieux de deux arêtes de bases opposées seront sensiblement des axes binaires.

Dans le cas où nous sommes placés, le système réticulaire présente donc des axes approchés, c'est-à-dire des axes limites.

Dans les macles par pénétration des cristaux holoédriques, les éléments de symétrie limites jouent le rôle des éléments déficients dans les cristaux mériédriques.

Nous voyons donc qu'ici encore, le résultat de la formation de la macle est d'augmenter la symétrie de l'édifice cristallin.

Exemple : L'élément déficient est un axe. — La pyrite de fer, cristallisant dans le système cubique, est hémiaxe centrée ; elle a pour éléments de symétrie :

$$3\,A^2,\ 4\,L^3,\ C,\ 3\,\Pi.$$

Le système réticulaire possède donc des axes quaternaires qui se réduisent à des axes binaires dans le cristal. Aussi la pyrite offre-t-elle des macles formées de deux cristaux ayant en commun un axe binaire, et dont l'un peut être considéré comme ayant tourné par rapport à l'autre de 90° autour de cet axe ; de telle sorte que celui-ci reprend, dans la macle, le rang d'axe quaternaire (fig. 126).

Dans la fluorine, on observe fréquemment une macle formée de deux cubes ayant une diagonale commune, et dont l'un a

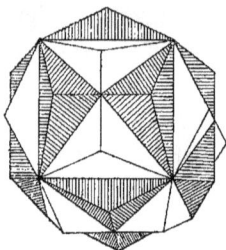

Fig. 126.

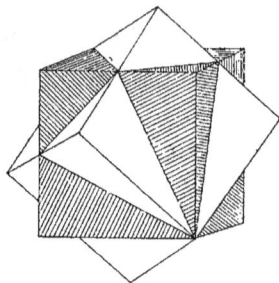

Fig. 127.

tourné de 60° par rapport à l'autre autour de cet axe ternaire, qui est devenu dans la macle un axe sénaire.

Or, M. Mallard, en étudiant les propriétés optiques de la fluorine, a été amené à considérer cette diagonale comme un axe sénaire limite (fig. 127).

La staurotide cristallise, dans le système orthorhombique ; elle

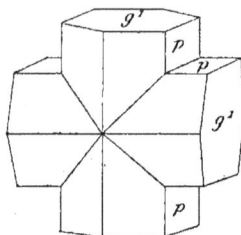

Fig. 128.

possède trois axes binaires, respectivement perpendiculaires à p, g^1, h^1. Or si on prend pour unité le paramètre de l'axe perpendiculaire à h^1, les paramètres des deux autres sont sensiblement égaux à $\sqrt{2}$; l'axe perpendiculaire sur h^1 est donc un axe quaternaire limite. Aussi trouve-t-on des macles formées de deux prismes placés à angle droit et ayant en commun cet axe limite (fig. 128).

Exemple : L'élément déficient est un centre. — Les grenats et la boracite affectent presque toujours la forme de rhombododécaèdre, c'est-à-dire une forme du système cubique. En étudiant, d'une façon approfondie, leurs différentes propriétés, M. Mallard a reconnu que ces rhombododécaèdres se décomposaient en douze pyramides ayant leur sommet au centre et, pour bases, les faces du rhombododécaèdre.

Ces pyramides appartiennent au système orthorhombique et ont pour éléments de symétrie :

$$L^2, P', P''.$$

Elles sont limitées par deux formes simples : l'une est la pyramide indéfinie ; l'autre se réduit à la seule base perpendiculaire sur l'axe L^2.

M. Mallard a en outre constaté que le système réticulaire orthorhombique se confondait sensiblement avec un système réticulaire cubique ayant pour axes binaires les axes binaires du système orthorhombique.

Donc, dans les substances considérées, les éléments de symétrie déficients sont le centre et deux axes binaires ; les éléments de symétrie limites sont les trois axes quaternaires, les quatre axes ternaires et trois axes binaires.

Si, conformément à la règle exposée plus haut, en même temps que la face déterminante de l'une des pyramides indéfinies, se forment les douze faces symétriques par rapport aux éléments déficients et aux éléments limites, ces faces entraîneront la formation de douze pyramides indéfinies, sensiblement accolées les unes aux autres, puisque le système réticulaire est sensiblement cubique.

Si, en second lieu, avec une face perpendiculaire à L^2, se forment les onze faces symétriques, représentant chacune une forme simple, le cristal se présentera avec la forme d'un rhombododécaèdre.

La formation de la macle a donc pour résultat de donner à l'édifice cristallin tous les éléments de symétrie du cube, tandis que chacun des cristaux isolés aurait pour éléments de symétrie :

$$L^2, P', P''.$$

§ 111. — DIMORPHISME

Définition. — Exemples. — Certaines espèces minérales possèdent la propriété de cristalliser, au moins en apparence, dans deux systèmes cristallins ; elles sont dites *dimorphes*.

C'est ainsi que le carbonate de chaux cristallise dans le système orthorhombique et le système rhomboédrique ; le sulfure de fer cristallise dans le système cubique et le système orthorhombique ; le soufre dans le système orthorhombique et le système clinorhombique, etc... Les exemples à citer sont très nombreux et leur nombre en augmente tous les jours.

Les deux formes n'ont pas, d'ailleurs, la même stabilité à la même température. L'une d'elles paraît présenter son maximum de stabilité à la température ordinaire ; l'autre à une température plus élevée.

C'est ainsi que les cristaux de soufre, obtenus à froid, sont orthorhombiques, tandis que ceux obtenus par fusion suivie de refroidissement sont clinorhombiques.

Mais, ces derniers, maintenus à la température ordinaire, perdent peu à peu leur transparence et on peut alors constater qu'ils sont formés par l'enchevêtrement de cristaux orthorhombiques.

Quand on prépare du carbonate de chaux par réaction chimique, on obtient à la température ordinaire des cristaux rhomboédriques ; à partir de 40° environ, on voit apparaître des cristaux orthorhombiques, qui prédominent de plus en plus, quand la température s'élève, et qui se produisent seuls à partir de 90°.

Théorie de M. Mallard. — Les faits que nous venons de relater au sujet des changements qu'entraînent, dans la forme cristalline, les variations de température amènent tout naturellement à penser que les variations de température déterminent une diminution dans le nombre des éléments de symétrie de la molécule. Cependant, M. Mallard a proposé une théorie qui paraît devoir s'imposer, quoique certains points aient encore besoin d'être éclaircis.

On considère les formes cristallines les plus riches en éléments de symétrie comme des macles multiples par pénétration, formées des formes cristallines les moins riches.

Si, en effet, on n'avait pas distingué la structure maclée des cristaux de grenat et de boracite, par exemple, on pourrait les considérer comme dimorphes : comme cristallisant tantôt dans le système cubique, tantôt dans le système orthorhombique.

Une observation qui vient corroborer cette manière de voir

consiste en ce que la forme cristalline la moins élevée en symétrie possède comme éléments limites les éléments de symétrie de la forme la plus riche. Or, nous avons vu que, dans les macles par pénétration, ces éléments limites devenaient des éléments de symétrie réels.

CAAPITRE II

ISOMORPHISME

L'isomorphisme consiste dans la propriété qu'ont certains corps de pouvoir se mélanger en toutes proportions pour cristalliser.

Si on mélange des dissolutions de plusieurs corps isomorphes, on obtient des cristaux parfaits, à tous les points de vue, dans lesquels l'analyse révèle la présence des différents corps en proportions égales à celles où ils se trouvaient dans la dissolution.

Dans ces cristaux, les différents corps sont, non pas à l'état de combinaison, mais à l'état de mélange. Aussi les constantes physiques de ces cristaux, telles que densités, indices de réfractions, etc., sont-elles fonctions des mêmes constantes de chaque corps et fonctions des proportions dans lesquelles ces corps sont mélangés.

Les séries de corps isomorphes sont très nombreuses; on peut citer les suivantes parmi les plus intéressantes; l'une comprend :

$K\,Cl$	KBr	KFl
$Na\,Cl$	$NaBr$	$NaFl$
$Ca\,Cl_2$	AzH^4Br	
$Ru\,Cl$	KI	
$Te\,Cl$	NaI	
$AzH^4\,Cl$	AzH^4I	

qui cristallisent dans le système cubique.

Un autre renferme le :

Spinelle,	$Mg\,O,\ Al^2\,O^3$
Pléonaste,	$Fe\,O,\ Al^2\,O^3$
Gahnite,	$Zn\,O,\ Al^2\,O^3$
Magnoferrite,	$Mg\,O,\ Fe^2\,O^3$

Franklinite, $Zn\ O,\ Fe^2\ O^3$
Magnétite, $Fe\ O,\ Fe^2\ O^3$
Chromite, $Fe\ O,\ Cr^2\ O^3$

Une troisième série est celle des carbonates orthorhombiques dont l'angle des faces du prisme varie entre 116° et 117° 1/2. Ce sont :

Withérite $Ba\ O,\ CO^2$ 118° 30′
Strontianite, $Sr\ O,\ CO^2$ 117° 18′
Cérusite, $Pb\ O,\ CO^2$ 117° 13′
Aragonite, $Ca\ O,\ CO^2$ 116° 16′

On peut citer la série des carbonates rhomboédriques dont l'angle des deux faces du rhomboèdre varie entre 105 et 107 1/2.

Calcite, $Ca\ O,\ CO^2$ 105° 5′
Dolomie, $Mg\ O,\ CO^2 + Ca\ O,\ CO^2$ 106° 15′
Giobertite, $Mg\ O,\ CO^2$ 107° 30′
Dialogite, $Mn\ O,\ CO^2$ 107° 1′
Sidérose, $Fe\ O,\ CO^2$ 107°
Smithsonite $Zn\ O,\ CO^2$ 107° 40′

Enfin, citons la série des grenats cristallisant, au moins en apparence, dans le système cubique :

Grossulaire, $Ca\ O,\ Al^2\ O^3,\ 3\ Si\ O^2$
Pyrope, $Mg\ O,\ Al^2\ O^3,\ 3\ Si\ O^2$
Almandin, $Fe\ O,\ Al^2\ O^3,\ 3\ Si\ O^2$
Spessartite, $Mn\ O,\ Al^2\ O^3,\ 3\ Si\ O^2$
Mélanite, $Ca\ O,\ Fe^2\ O^3,\ 3\ Si\ O^2$
Ouwarowite, $Ca\ O,\ Cr^2\ O^3,\ 3\ Si\ O^2$

Explication de l'isomorphisme. — Dans les séries précédentes, les corps isomorphes ont même constitution chimique et appartiennent au même système cristallin. En outre, les paramètres de leurs systèmes réticulaires diffèrent très peu, puisque les angles des faces ne présentent que de faibles variations.

Dans ces conditions, l'isomorphisme se comprend facilement. Les molécules des corps isomorphes ont, en effet, les mêmes éléments de symétrie, puisqu'ils cristallisent dans le même système; les dimensions de ces molécules doivent, à peu de chose près, être égales, puisque les paramètres des systèmes réticulaires sont sensiblement les mêmes.

Par conséquent, il est tout naturel que ces molécules se substituent les unes aux autres dans la constitution de l'édifice cristallin.

Cette explication ne demande nullement que les corps aient la même constitution chimique ; et, en effet, deux corps peuvent être isomorphes sans avoir la même constitution chimique ; c'est en étudiant ces cas, en apparence exceptionnels, que M. Marignac a été amené à dire que deux composés sont isomorphes quand ils renferment un élément ou un groupe d'éléments communs, l'emportant par leur poids sur les autres éléments.

On a constaté, il est vrai, l'isomorphisme entre des corps n'appartenant pas au même système cristallin ; mais il ne faut pas oublier que l'étude des formes limites, auxquelles nous avons déjà fait appel, montre que deux systèmes réticulaires n'ayant pas les mêmes éléments de symétrie peuvent moins différer entre eux que deux systèmes de même espèce. Et M. Mallard a montré que les systèmes réticulaires des corps isomorphes différaient fort peu l'un de l'autre.

Influence de l'isomorphisme sur la définition de l'espèce. — La propriété de l'isomorphisme peut quelquefois rendre difficile la reconnaissance des espèces minéralogiques.

Dans la nature, on ne rencontre que rarement isolées les espèces isomorphes ; elles sont généralement mélangées. C'est ainsi que les espèces de grenats que nous avons indiquées plus haut ne se retrouvent qu'exceptionnellement, et le mélange des différentes espèces est la règle.

Quand on connaît les espèces isomorphes elles-mêmes, il n'y a alors aucun doute sur la nature des cristaux observés ; ce sont des mélanges isomorphes. Mais il peut parfaitement se faire que nous ne connaissions pas certaines espèces isomorphes qui, par leur mélange, donnent naissance à des cristaux dont la composition est très variable, et dont l'espèce reste, par suite, indéterminée.

Une autre indétermination provient de ce que, si deux corps isomorphes peuvent se mélanger en toutes proportions, il arrive cependant qu'ils offrent une tendance à se mélanger dans des proportions déterminées. C'est ainsi que les carbonates de chaux et de magnésie se mélangent généralement dans les deux proportions suivantes :

$$Ca\,O,\ CO^2 + Mg\,O,\ CO^2 \text{ et } Ca\,O,\ CO^2 + 2\,Mg\,O,\ CO^2.$$

Doit-on considérer ces composés comme de simples mélanges ou comme des espèces? Les minéralogistes s'arrêtent généralement à cette dernière alternative.

DEUXIÈME SECTION

PROPRIÉTÉS OPTIQUES

CHAPITRE 1

THÉORIE DE LA DOUBLE RÉFRACTION

INTRODUCTION

Si l'on regarde un point lumineux à travers un corps cristallisé, on en verra généralement deux images. Autrement dit, un rayon lumineux se dédouble, en traversant un corps cristallisé. C'est dans ce phénomène que consiste la propriété de la double réfraction, constatée dans tous les corps cristallisés transparents, à l'exception de ceux appartenant au système cubique.

Ceux-ci rentrent dans le groupe des corps *isotropes ;* ceux-là, dans le groupe des *anisotropes.*

En outre, chacun des rayons émergeant du corps cristallisé possède des propriétés nouvelles, qui lui font donner le nom de rayon *polarisé rectilignement.*

Pour ne pas laisser de lacune dans l'exposition, il est nécessaire de relater ici une expérience permettant de constater l'existence de ces propriétés, qui sont d'un intérêt capital dans l'explication de la double réfraction.

Si l'on fait tomber un rayon lumineux SI (fig. 129) sur une lame de verre noir P, de façon que l'angle d'incidence soit égal à 54° 5', on obtient un rayon réfléchi II', possédant les mêmes propriétés qu'un rayon sortant d'un corps cristallisé ; pour le constater, on reçoit le rayon II′ sur une seconde lame de verre noir A sous le même angle d'incidence ;

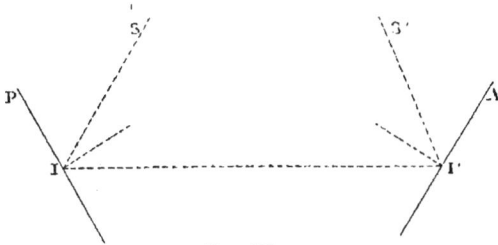

Fig. 129.

le rayon se réfléchit une seconde fois, suivant I′S′.

Si l'on fait tourner le miroir A autour de II′ comme axe, on constate que cette rotation fait varier l'intensité du rayon I′S′. Cette intensité est maximum, lorsque le plan d'incidence sur A coïncide avec le plan d'incidence sur P ; elle prend des valeurs égales, quand le premier plan fait avec le second des angles égaux, de part et d'autre de celui-ci. Enfin, elle est nulle, quand le premier plan est perpendiculaire sur le second.

De cette expérience résulte que la vibration lumineuse ne s'effectue pas suivant la direction II′ ; car la rotation du miroir A se produisant autour de II′, la position du rayon II′ relativement au miroir ne change pas pendant la rotation. et, par conséquent, l'intensité du rayon S′ I′ ne devrait pas varier.

En second lieu, la vibration ne peut non plus s'effectuer dans un plan oblique sur II′, car elle pourrait être décomposée en deux vibrations composantes, dont l'une, dirigée suivant II′, ne serait jamais détruite par le miroir A.

La vibration s'effectue donc dans un plan perpendiculaire à II′ et, de plus, la courbe, décrite par la molécule d'éther, a deux axes de symétrie, dont l'un est la droite perpendiculaire au plan d'incidence sur P.

Il est facile de voir, d'après l'expérience, que cette courbe doit se réduire à l'un de ses axes de symétrie.

Dans le cas contraire, en effet, on pourrait décomposer la vibration en deux vibrations composantes dirigées suivant les axes. Or, si après avoir fait coïncider les deux plans d'incidence, on place le plan d'incidence sur A à 90° du premier, on ne fait qu'intervertir la position des deux composantes, relativement au plan d'incidence sur A; par conséquent, puisqu'il y a de lalumière réfléchie dans la première position, il devrait y en avoir dans la seconde ; l'une des deux composantes est donc forcément nulle.

La vibration est par suite rectiligne ; mais a-t-elle lieu suivant une droite située dans le plan d'incidence sur P, ou suivant une droite perpendiculaire à ce plan ? Il n'était pas possible de répondre jusqu'ici à cette question, et l'on admettait qu'elle s'effectuait perpendiculairement au plan d'incidence.

M. Wiener [1] vient de démontrer par une expérience très simple l'exactitude de cette hypothèse. Faisons tomber sur le miroir P un large faisceau de lumière homogène sous l'incidence de 54°,5 et recevons le faisceau réfléchi sur le miroir A sous une incidence de 45°, les deux plans d'incidence coïncidant. Le faisceau tombant sur A et le faisceau réfléchi auront une partie commune, dans laquelle chaque molécule d'éther prendra un mouvement, résultant de la composition de la vibration incidente et de la vibration réfléchie. Or, si la vibration s'effectuait dans le plan d'incidence, ces deux vibrations seraient perpendiculaires l'une sur l'autre et le mouvement résultant serait, comme nous le verrons plus loin, un mouvement elliptique; dans aucun cas, les deux vibrations ne pourraient s'annuler, ne pourraient interférer. Si, au contraire, la vibration s'effectue perpendiculairement au plan d'incidence, la vibration incidente et la vibration réfléchie sont parallèles et le mouvement résultant est un mouvement rectiligne. En outre, quand il existera entre les deux vibrations une différence de marche égale à une demi-longueur d'onde, elles interféreront : il y aura par conséquent interférence en tous les points d'une série de plans parallèles, perpendiculaires au plan d'incidence et distants d'une longueur d'onde. Si donc on place dans cette partie commune une plaque photographique transparente, elle ne sera pas impressionnée suivant les lignes d'intersection de ces plans et le développement fera apparaître des bandes noires séparées par des lignes blanches. C'est ce qu'a constaté M. Wiener, montrant

---

[1] Otto Wiener. — *Wiedmann's Annalen*, B. XL.

ainsi que la vibration s'effectuait perpendiculairement au plan d'incidence sur le miroir P.

Un rayon tel que II', dont les vibrations s'effectuent suivant des droites perpendiculaires à un même plan, est dit *polarisé rectiligne-ment* et ce plan s'appelle *plan de polarisation.*

Donc, en faisant tomber le rayon SI sous l'incidence 54°,5 sur le miroir P, on l'a polarisé ; aussi, donne-t-on le nom de *polari-seur* à ce miroir P, ainsi qu'à tout autre appareil donnant de la lumière polarisée.

Quant au miroir A, qui a servi à reconnaître que le rayon II' était polarisé, on l'appelle l'*analyseur.*

Ceci posé, au moyen d'un analyseur tel que le miroir A, on peut constater que les rayons émergeant d'un corps cristallisé sont polarisés rectilignement.

La théorie de la double réfraction doit, en partant de l'hypo-thèse faite sur l'existence de l'éther et de la constitution molécu-laire des corps cristallisés, expliquer le dédoublement du rayon, la polarisation et plusieurs autres faits connexes qui seront indi-qués dans la suite.

Plusieurs théories mathématiques ont été proposées pour expli-quer les phénomènes optiques auxquels donne lieu l'action des cristaux sur la lumière. Ces théories, bien entendu, ne donnent que des résultats approchés, puisque, par suite des difficultés du calcul, on y traite comme des infiniment petits mathématiques des quantités qui ne sont que très petites par rapport à d'autres. Et, cependant, ces résultats coïncident en général avec ceux four-nis par l'expérience. Cela tient à ce que celle-ci ne peut également pousser l'approximation au delà d'une certaine limite, et qu'elle néglige des quantités de l'ordre de grandeur de celles laissées de côté par les théories. Aussi, l'expérimentation ne peut-elle guider dans le choix d'une théorie parmi celles proposées, et l'on s'arrête généralement sur celle qui coordonne le plus simplement les faits, sans rien préjuger de son exactitude. Pour ces raisons, la théorie de Fresnel, complétée et modifiée dans son exposition, est-elle le plus souvent adoptée. En général, on traite simultanément la partie mathématique et la partie physique ; cette méthode a évi-demment l'avantage d'abréger l'exposé, mais elle a le grave inconvénient, surtout pour les étudiants, de faire disparaître le côté physique de la question, devant le côté mathématique. Aussi, dans ce cours, on a traité séparément les problèmes mathématiques intervenant dans l'explication des phénomènes optiques, puis, s'appuyant sur des résultats expérimentaux et sur des hypothèses, on a montré comment les relations mathématiques pouvaient servir à représenter les phénomènes physiques et comment des propriétés mathématiques de ces relations on pouvait déduire de nouvelles propriétés physiques.

§ I. — PRÉLIMINAIRES GÉOMÉTRIQUES

On appelle *axes cycliques* d'un ellipsoïde les diamètres perpendiculaires aux sections cycliques.

Théorème. — *Les axes d'une section* E, *faite dans un ellipsoïde par un plan diamétral, sont les bissectrices de l'angle formé par les projections sur le plan des axes cycliques.*

Il est évident que les axes d'une ellipse sont les bissectrices de l'angle formé par deux diamètres égaux quelconques.

Or, les deux sections cycliques coupent le plan de l'ellipse E, suivant deux diamètres D et D', égaux tous deux à l'axe moyen de l'ellipsoïde et formant par suite un angle dont les bissectrices se confondent avec les axes de l'ellipse E. Il est facile de voir que les projections des axes cycliques sont respectivement perpendiculaires sur les diamètres D et D' et que, par suite, leurs angles ont mêmes bissectrices que les angles de ces derniers.

Problème. — *Calculer les longueurs* n_1, n_2 *des axes de la section* E *faite dans un ellipsoïde par un plan dont la position est déterminée par les angles* λ, μ, ν *que fait sa normale avec les axes de l'ellipsoïde.*

Soit :

$$E_1 \equiv v_p{}^2\, x^2 + v_m{}^2\, y^2 + v_g{}^2\, z^2 = 1$$

l'équation de l'ellipsoïde, dans laquelle nous supposerons :

$$v_p < v_m < v_g$$

comme l'indiquent les indices p, m, g, qui sont les initiales des mots petit, moyen, grand.

Si nous désignons par d la longueur du diamètre perpendiculaire au plan de section, en vertu d'un théorème connu, on a la relation :

ou bien :
$$\frac{1}{n_1^2} + \frac{1}{n_2^2} + \frac{1}{d^2} = v_p^2 + v_m^2 + v_g^2$$

$$\frac{1}{n_1^2} + \frac{1}{n_2^2} = v_p^2 + v_m^2 + v_g^2 - (v_p^2 \cos^2\lambda + v_m^2 \cos^2\mu + v_g^2 \cos^2\nu)$$

En outre, l'un des théorèmes d'Apollonius donne l'égalité :

$$n_1 n_2 \sqrt{\frac{\cos^2\lambda}{v_p^2} + \frac{\cos^2\mu}{v_m^2} + \frac{\cos^2\nu}{v_g^2}} = \frac{1}{v_p v_m v_g}$$

Car la quantité :

$$\sqrt{\frac{\cos^2\lambda}{v_p^2} + \frac{\cos^2\mu}{v_m^2} + \frac{\cos^2\nu}{v_g^2}},$$

étant la distance de l'origine au plan tangent parallèle au plan de section, n'est autre que la hauteur du parallélipipède construit sur le système des trois diamètres conjugués, dont font partie les deux axes de l'ellipse.

On a, par suite :

$$\frac{1}{n_1^2 n_2^2} = v_p^2 . v_m^2 . v_g^2 \left(\frac{\cos^2\lambda}{v_p^2} + \frac{\cos^2\mu}{v_m^2} + \frac{\cos^2\nu}{v_g^2} \right)$$

et n_1^2, n_2^2 sont racines de l'équation :

$$\frac{1}{n^4} - \frac{1}{n^2} \left[v_p^2 + v_m^2 + v_g^2 - (v_p^2 \cos^2\lambda + v_m^2 \cos^2\mu + v_g^2 \cos^2\nu) \right]$$
$$+ \left(\frac{\cos^2\lambda}{v_p^2} + \frac{\cos^2\mu}{v_m^2} + \frac{\cos^2\nu}{v_g^2} \right) v_p^2 . v_m^2 . v_g^2 = 0$$

ou :
$$\frac{\cos^2\lambda}{\frac{1}{n^2} - v_p^2} + \frac{\cos^2\mu}{\frac{1}{n^2} - v_m^2} + \frac{\cos^2\nu}{\frac{1}{n^2} - v_g^2} = 0$$

Si, au lieu de définir l'orientation de la section par les angles λ, μ, ν de la normale avec les axes, on la définit par les angles θ et θ' qu'elle fait avec les axes cycliques, cette équation devient :

$$\frac{1}{n^2} = v_g^2 \cos^2\frac{\theta \pm \theta'}{2} + v_p^2 \sin^2\frac{\theta \pm \theta'}{2}$$

Problème. — *Sur la normale à chaque section, on porte à partir du centre des longueurs* n *égales aux axes de la section, trouver l'équation du lieu de l'extrémité de ces longueurs.*

D'après les résultats du premier problème, le lieu est représenté par l'une ou l'autre des équations précédentes, qui peuvent s'écrire en désignant par n_p, n_m, n_g, les longueurs des axes de l'ellipsoïde :

$$N_1 = \frac{n_g^2 \cos^2 \lambda}{n^2 - n_g^2} + \frac{n_m^2 \cos^2 \mu}{n^2 - n_m^2} + \frac{n_p^2 \cos^2 \nu}{n^2 - n_p^2} = 0$$

$$\frac{1}{n^2} = \frac{1}{n_p^2} \cos^2 \frac{\theta \pm \theta'}{2} + \frac{1}{n_g^2} \sin^2 \frac{\theta \pm \theta'}{2}$$

Problème. — *Sur la normale à chaque section, on porte à partir du centre des longueurs* v *égales aux inverses des axes de la section, trouver l'équation du lieu de l'extrémité de ces longueurs :*

Les équations cherchées sont évidemment :

$$V_1 = \frac{\cos^2 \lambda}{v^2 - v_p^2} + \frac{\cos^2 \mu}{v^2 - v_m^2} + \frac{\cos^2 \nu}{v^2 - v_g^2} = 0$$

$$v^2 = v_g^2 \cos^2 \frac{\theta \pm \theta'}{2} + v_p^2 \sin^2 \frac{\theta \pm \theta'}{2}$$

Etude de la surface N₁. — Déterminons d'abord la forme de la surface ; puis, nous en étudierons les propriétés.

Les plans de symétrie de l'ellipsoïde E₁ sont également des plans de symétrie de cette surface ; il est, en outre, facile de voir quelle est la nature des sections principales.

Considérons d'abord la section faite par le plan du grand et du petit axe de l'ellipsoïde E₁, c'est-à-dire par le plan des $z\,x$.

La section normale à une droite située dans ce plan passe par l'axe moyen ; les axes de cette section sont l'axe moyen et le diamètre perpendiculaire situé dans le plan des $z\,x$. Donc, sur chaque droite, on devra porter une longueur égale à l'axe moyen de l'ellipsoïde et une longueur égale au diamètre perpendiculaire.

On obtiendra ainsi un cercle de rayon n_m et une ellipse égale à la section de l'ellipsoïde E₁ par le plan des $z\,x$, mais ayant subi une rotation de 90° (fig. 130).

Le rayon n_m du cercle, étant compris entre les deux axes de l'ellipse, les deux courbes se coupent en quatre points diamétralement opposés et il est clair que les diamètres passant par ces points communs sont les axes cycliques de l'ellipsoïde E_1.

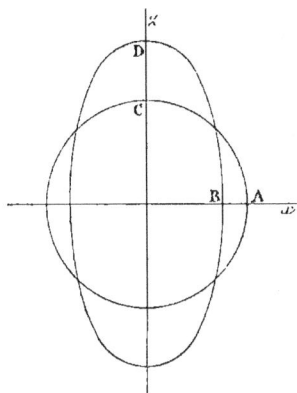

Fig. 130.

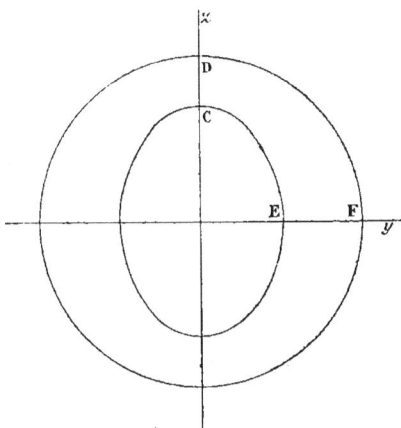

Fig. 131.

Les deux autres sections principales se composent également d'un cercle et d'une ellipse, se déduisant de la section principale de

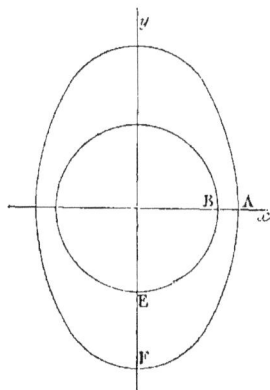

Fig. 132.

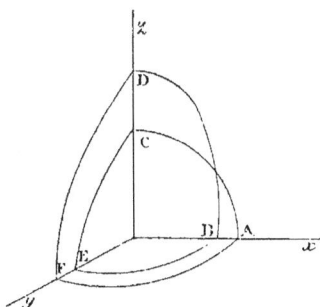

Fig. 133.

l'ellipsoïde E_1 par une rotation de 90°. Mais dans le plan yz, le cercle ayant pour rayon n_g, est extérieur à l'ellipse (fig. 131), tandis que dans le plan des yx, le cercle ayant pour rayon n_p, est intérieur à l'ellipse (fig. 132).

On voit donc que la surface se compose de deux nappes ayant

quatre points communs situés sur les axes cycliques de l'ellipsoïde E_1 (fig. 133).

Il est un cas particulier important : celui où l'ellipsoïde E_1 est de révolution. La surface N_1 se décompose en une sphère et en un ellipsoïde de révolution :

Supposons $n_m = n_p$, c'est-à-dire $v_m = v_g$, l'ellipsoïde E_1 est de révolution autour de son grand axe et l'équation de la surface N_1 devient :

$$(n^2 - n_p{}^2) \left[\frac{\cos^2 \lambda}{n_p{}^2} + \frac{\cos^2 \mu + \cos^2 \nu}{n_g{}^2} - \frac{1}{n^2} \right] = 0$$

qui représente une sphère de rayon n_p et un ellipsoïde de révolution autour de son petit axe n_p. La sphère et l'ellipsoïde sont bitangents aux points d'intersection de l'axe de révolution et a sphère est à l'intérieur de l'ellipsoïde.

La seconde forme d'équation devient :

$$\frac{1}{n^2} = \frac{1}{n_p{}^2}$$

et

$$\frac{1}{n^2} = \frac{1}{n_p{}^2} \cos^2 \theta + \frac{1}{n_g{}^2} \sin^2 \theta$$

θ étant l'angle du rayon vecteur avec l'axe de révolution de l'ellipsoïde E_1.

Si on a $n_m = n_g$, c'est-à-dire si E_1 est de révolution autour de son petit axe, la surface N_1 se décompose en une sphère de rayon n_g et en un ellipsoïde de révolution autour de son grand axe ; ils sont bitangents et la sphère est extérieure à l'ellipsoïde.

Enfin, si $n_g = n_m = n_p$, c'est-à-dire si l'ellipsoïde E_1 devient une sphère, la surface N_1 se réduit également à une sphère.

Il est maintenant nécessaire de s'occuper des propriétés de la surface N_1. Nous nous appuierons sur le théorème de géométrie suivant :

Quand une figure de forme constante se déplace dans l'espace, à un instant donné, les plans normaux aux trajectoires de ses points et les normales aux enveloppes de ses plans se coupent en un même point, qui est le centre instantané de rotation.

A un point M de la surface N_1 correspond un point m de l'ellipsoïde E, tel que $Om = OM$ et tel que m soit un sommet de la section normale à OM. Les points M et m sont dits correspondants.

Théorème. — *Les plans tangents à l'ellipsoïde* E, *et à la surface* N, *en deux points correspondants* M *et* m *sont perpendiculaires et normaux sur le plan diamétral* M O m (fig. 134).

Prenons pour plan de la figure le plan MOm. Le diamètre Om,

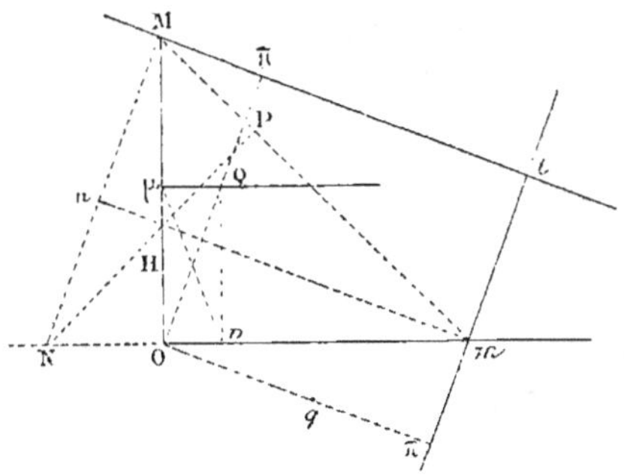

Fig. 134.

étant un axe de la section faite par le plan normal à OM, est perpendiculaire sur la tangente de cette section en m; par suite, le plan tangent en m à l'ellipsoïde est normal au plan MOm, qu'il coupe suivant la droite mt.

D'autre part, l'angle MmO étant de 45°, la figure formée par la droite Om et le plan normal au plan MOm et passant par la droite Mm est une figure constante. Lorsque le point m décrit l'ellipsoïde, le plan enveloppe une certaine surface dont il est facile de déterminer le point de contact, en cherchant le centre instantané de rotation. Celui-ci se trouve sur la normale mn à l'ellipsoïde et sur un plan perpendiculaire à la droite Om passant par O, c'est-à-dire en H. En abaissant la normale HP sur Mm, nous avons le point de contact P.

Si l'on considère maintenant la figure constante formée par le même plan et la droite OM, le centre instantané de rotation se trouve sur la droite HP et sur le plan normal à OM passant par O ; c'est-à-dire qu'il coïncide avec le point N d'intersection de HP et de Om. Or, comme ce centre doit également se trouver sur la normale en M à la surface N, il en résulte que cette normale est comprise dans le plan M Om, et que le plan tangent à la surface N$_1$ en M est perpendiculaire sur le plan diamétral.

Enfin, dans le triangle M m N, NP et MO étant deux hauteurs, la droite mn est la troisième hauteur ; les normales mn et MN sont donc rectangulaires et il en est de même des plans tangents en M et en m.

Problème. — *Par le point* μ *où la droite* OM *du théorème précédent rencontre la surface* V$_1$ *on mène un plan perpendiculaire à la droite* OM, *trouver l'enveloppe de ce plan.*

Pour résoudre ce problème, on peut construire géométriquement le point de contact du plan avec son enveloppe et chercher le lieu de ce point de contact.

Les surfaces V$_1$ et N$_1$ sont inverses l'une de l'autre, relativement au point O, puisque le produit des distances au point O de deux points de ces surfaces est égal à l'unité.

Or, on sait que, quand deux surfaces sont inverses, les normales aux deux surfaces, au point où elles sont rencontrées par un même rayon vecteur, sont dans un même plan ; en outre, ces normales font des angles égaux avec le rayon vecteur de part et d'autre de ce rayon.

Par conséquent, le plan m OM qui contient le rayon vecteur OM et la normale MN à la surface N$_1$ contient également la normale μv à la surface V$_1$ et cette normale fait avec OM un angle Oμv égal à l'angle OMN.

Le point v étant à la fois sur le normale à la surface V$_1$ et dans le plan, passant par O, perpendiculaire à Oμ, en abaissant de ce point v une perpendiculaire μQ sur le plan, on obtient en Q son point de contact.

Il faut donc trouver le lieu du point Q, et nous chercherons, en même temps, le lieu du point Π, où la droite OQ coupe le plan tangent en M à la surface N$_1$.

Pour cela, on démontre que ces deux nouvelles surfaces peuvent se déduire d'un certain ellipsoïde, comme les surfaces N$_1$ et V$_1$ se déduisent de l'ellipsoïde E$_1$

La droite OQ, parallèle à la droite NM, est perpendiculaire

sur le plan tangent en M à la surface N_1, et l'on a la relation :

$$OII.\ OQ = O\mu.\ OM = 1$$

Or, si on abaisse la perpendiculaire $O\pi$ sur le plan tangent à l'ellipsoïde en m, on a $O\pi = OII$ et, en désignant par α, β, γ, les angles de la droite $O\pi$ avec les axes de l'ellipsoïde E_1, on a :

$$O\pi^2 = \frac{\cos^2 \alpha}{v_p^2} + \frac{\cos^2 \beta}{v_m^2} + \frac{\cos^2 \gamma}{v_g^2}$$

Donc, en prenant sur $O\pi$, une longueur $Oq = OQ = \dfrac{1}{O\pi}$, le lieu du point q aura pour équation :

$$\frac{1}{Oq^2} = \frac{\cos^2 \alpha}{v_p^2} + \frac{\cos^2 \beta}{v_m^2} + \frac{\cos^2 \gamma}{v_g^2}$$

ou :

$$E_2 \equiv \frac{x^2}{v_p^2} + \frac{y^2}{v_m^2} + \frac{z^2}{v_g^2} - 1 = 0$$

La normale à la surface lieu de π, c'est-à-dire à la podaire de l'ellipsoïde E_2, étant dans le plan de la figure, il en est de même de la normale en q à cet ellipsoïde.

Donc un plan passant par la droite Oq et perpendiculaire au plan mOM coupe l'ellipsoïde E_2, suivant une ellipse ayant Oq pour axe.

Il en résulte que les surfaces lieux des points Q et II, se construisent au moyen de l'éllipsoïde E_2, comme les surfaces N_1 et V_1 au moyen de l'ellipsoïde E_1.

Leurs équations sont donc, pour le point II :

$$N_2 \equiv \frac{\cos^2 \lambda}{n^2 - n_p^2} + \frac{\cos^2 \mu}{n^2 - n_m^2} + \frac{\cos^2 \nu}{n^2 - n_g^2} = 0$$

ou :

$$n^2 = n_p^2 \cos^2 \frac{\tau \pm \tau'}{2} + n_g^2 \sin^2 \frac{\tau \pm \tau'}{2}$$

et pour la surface lieu du point Q .

$$V_2 \equiv \frac{v_p^2 \cos^2 \lambda}{v^2 - v_p^2} + \frac{v_m^2 \cos^2 \mu}{v^2 - v_m^2} + \frac{v_g^2 \cos^2 \nu}{v^2 - v_g^2} = 0$$

ou :

$$\frac{1}{v^2} = \frac{1}{v_g^2} \cos^2 \frac{\tau \pm \tau'}{2} + \frac{1}{v_p^2} \sin^2 \frac{\tau \pm \tau'}{2}$$

τ et τ' étant les angles de la direction avec les axes cycliques de l'ellipsoïde E_3.

Propriétés des surfaces V_2 et N_1. — La surface V_2 a la même forme que la surface N_1 et les propriétés de cette dernière surface lui sont applicables. En outre, les relations que l'on vient d'établir entre les quatre surfaces V_1, N_1, V_2, N_2, permettent de démontrer de nouvelles propriétés de N_1 et de V_2.

L'analyse précédente montre que la surface N_2 est la podaire de la surface N_1, et que la surface V_1 est la podaire de la surface V_2, relativement au point O. Connaissant le mode de construction des surfaces N_2 et V_1, on en peut conclure certaines propriétés des plans tangents aux surfaces N_1 et V_2.

On a vu que la surface N_1 possédait quatre points singuliers sur les axes cycliques de l'ellipsoïde E_1; de même V_2 possède quatre points singuliers identiques sur les axes cycliques de l'ellipsoïde E_2.

En chacun de ces points, ces surfaces possèdent une infinité de plans tangents, enveloppant un cône du second degré. L'un de ces points de la surface N_1 a, en effet, une infinité de points correspondants sur l'ellipsoïde E_1 : ce sont les points de la section circulaire perpendiculaire à l'axe cyclique, passant par le point considéré. Or, d'après le premier théorème, le plan tangent en un point de N_1 s'obtient en construisant le plan perpendiculaire : 1° sur le plan diamétral passant par le point correspondant ; 2° sur le plan tangent à l'ellipsoïde en ce point correspondant. Comme dans le cas particulier considéré, il y a une infinité de points correspondants, il y a par suite une infinité de plans tangents, qui, étant respectivement perpendiculaires sur les plans tangents à un cylindre du second degré, enveloppent un cône du second degré.

Les deux surfaces N_1 et V_2 possèdent en outre quatre plans tangents singuliers.

Si, par les points où les axes cycliques de E_1 percent la surface V_1, on mène des plans perpendiculaires à ces axes, on obtien des plans tangents à la surface V_2, qui touchent cette surface en une infinité de points situés sur une ellipse.

Le point contact de l'un de ces plans se trouve en effet sur la perpendiculaire abaissée du point O sur le plan tangent, à la surface N_1 au point où cette surface est traversée par l'axe cyclique. Or, cette surface possède en ce point, comme on vient de le voir, une infinité de plans tangents, enveloppant un cône du second degré; par suite, les perpendiculaires abaissées du point O forment un cône du second degré, coupé par le plan tangent considéré suivant une ellipse.

§ II. — PRÉLIMINAIRES PHYSIQUES

Ce paragraphe comprend l'exposé des propositions d'optique physique, intervenant dans la théorie de la double réfraction ; des hypothèses faites pour suppléer aux lacunes existant dans nos connaissances sur la constitution de l'éther, et des conclusions tirées de ces hypothèses.

Théorème. — *La vitesse de translation d'un mouvement vibratoire rectiligne est proportionnelle à la racine carrée de la force élastique produite par un déplacement égal à l'unité.*

L'équation du mouvement vibratoire rectiligne est, en effet :

$$x = a \sin 2\pi \left(\frac{t}{T} + \delta \right)$$

a étant l'amplitude, T la durée d'une oscillation.

On en tire :

$$\frac{dx}{dt} = a \frac{2\pi}{T} \cos 2\pi \left(\frac{t}{T} + \delta \right)$$

$$\frac{d^2x}{dt^2} = - a \left(\frac{2\pi}{T} \right)^2 \sin 2\pi \left(\frac{t}{T} + \delta \right) = - x \left(\frac{2\pi}{T} \right)^2$$

Si m est la masse de la molécule vibrante :

$$m \frac{d^2x}{dt^2} = - mx \left(\frac{2\pi}{T} \right)^2$$

Or $m \frac{d^2x}{dt^2}$ est précisément égal à la force élastique qui sollicite la molécule pour un déplacement égal à x.

Donc, pour un déplacement égal à l'unité, la force élastique a pour expression :

$$f = m \left(\frac{2\pi}{T}\right)^2$$

Or, en désignant par λ la longueur d'onde, par V la vitesse de translation, on a :

$$\lambda = V T$$

et, par suite :

$$f = m . \frac{4\pi^2 V^2}{\lambda^2}$$

ou :

$$V = \frac{2\pi}{\lambda} \sqrt{\frac{f}{m}}$$

λ étant constant dans un milieu, quelle que soit la direction de propagation, V est bien proportionnel à $\sqrt{f}$.

On appelle onde plane, un plan dont les molécules sont animées de mouvements vibratoires identiques, c'est-à-dire tel que ses molécules parcourent synchroniquement des courbes égales et parallèles.

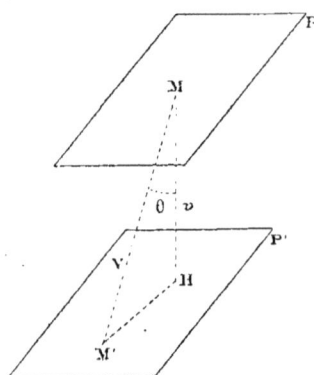

Fig. 135.

Soient P et P′ les positions d'une onde plane (fig. 135) qui se transmet parallèlement à elle-même, à l'origine des temps et au bout de l'unité de temps. Les mouvements vibratoires des molécules du plan P se propagent dans toutes les directions et se transmettent de cette façon à une molécule M′ du plan P′. Or, la théorie des interférences montre que les mouvements vibratoires transmis à la molécule interfèrent deux à deux, à l'exception du mouvement vibratoire issu d'une certaine molécule M. Autrement dit, tout se passe comme si le mouvement vibratoire de la molécule M ne se transmettait que dans une direction, la direction MM′. Il en résulte qu'une onde plane peut être considérée comme obtenue en coupant par un plan un faisceau de rayon parallèle.

Dans les corps isotropes, la direction du rayon est perpendiculaire sur le plan de l'onde ; il n'en est plus de même dans les ani-

sotropes. Si, alors, on abaisse une perpendiculaire MH sur P', la
longueur de cette perpendiculaire mesurera la vitesse v de transmission de l'onde, tandis que la longueur MM' mesurera la vitesse V
du mouvement vibratoire. Et l'on aura :

$$v = V \cos \theta$$

θ étant l'angle du rayon et de la normale au plan de l'onde.

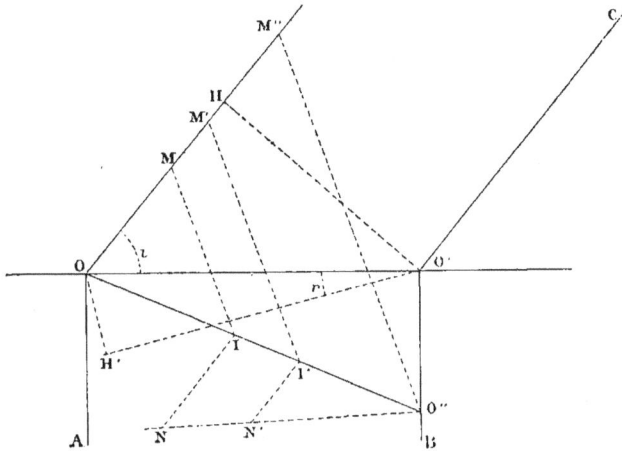

Fig. 136.

Théorème. — *Une onde plane tombant sur un milieu limité par
une face plane donne naissance en se réfractant à une ou plusieurs
ondes planes, satisfaisant à la loi de Descartes* (fig. 136).

Soient :

OO' A la surface d'un milieu ;

MOA l'onde incidente à l'origine des temps ;

C O' B sa position au bout de l'unité de temps;

M OO' C le plan d'incidence, c'est-à-dire le plan perpendiculaire
à la fois à l'onde et à la surface du milieu.

Une vibration tombant sur le milieu donne naissance à une ou
plusieurs vibrations se propageant dans des directions différentes;
mais, une seconde vibration tombant parallèlement à la première
donnera naissance à des vibrations se propageant parallèlement à
celles issues de cette première.

Soient M et M' les positions de deux vibrations à l'origine des
temps; elles se transmettent dans le premier milieu suivant des

droites parallèles MI, M'I' dont les extrémités II' sont évidemment sur une droite passant par le point O ; puis elles se réfractent et se propagent suivant des directions parallèles, de façon à être en N et N', au bout de l'unité de temps. Il est facile de voir que les point N et N' se trouvent sur une droite passant par le point d'intersection O″ des droites OI et O'B.

Si on désigne par V et V' les vitesses du mouvement vibratoire, dans le premier et le second milieu, on a :

$$IN = V' - MI\,\frac{V'}{V}$$

$$I'N' = V' - M'I'\,\frac{V'}{V}$$

$$\frac{IN}{I'N'} = \frac{1 - \dfrac{MI}{V}}{1 - \dfrac{M'I'}{V}}$$

Les triangles semblables MOI, M'OI', M″ OO″ donnent :

$$\frac{IO}{MI} = \frac{I'O}{M'I'} = \frac{OO''}{M''O''} = \frac{OO''}{V}.$$

d'où l'on tire :

$$\frac{IO''}{OO''} = 1 - \frac{MI}{V}$$

$$\frac{I'O''}{OO''} = 1 - \frac{M'I'}{V}$$

et, par suite :

$$\frac{IO''}{I'O''} = \frac{1 - \dfrac{MI}{V}}{1 - \dfrac{M'I'}{V}} = \frac{IN}{I'N'}$$

Donc toutes les vibrations partant de la droite OM arriveront au bout de l'unité de temps sur la droite O″ N ; et il est bien évident que si la droite OM se déplace parallèlement à elle-même dans le plan de l'onde, la droite O″N décrira un plan passant par la droite OB et, par suite, perpendiculaire au plan d'incidence.

Or, les perpendiculaires O'H, OH' mesurent les vitesses des ondes incidentes et réfractées ; on a, par suite :

$$OH' = v' = OO' \sin r \text{ et } v = O'H = OO' \sin i$$

d'où :

$$\frac{\sin r}{v'} = \frac{\sin i}{v}$$

Hypothèses de Fresnel. — Dans un milieu isotrope, une droite quelconque étant un axe de symétrie, une molécule d'éther, écartée de sa position d'équilibre, tend à y revenir sous l'action d'une force dirigée suivant le déplacement.

Dans un milieu anisotrope, au contraire, la répartition de la matière variant avec la direction, la molécule est soumise à une force dont la direction varie avec la grandeur et la direction du déplacement; il semblerait donc que la molécule dût revenir à sa position d'équilibre, en décrivant une courbe gauche et, cependant, l'expérience indique qu'elle suit la direction du déplacement.

Ne connaissant pas suffisamment la constitution de l'éther dans les corps cristallisés, pour résoudre cette difficulté on en est réduit à faire des hypothèses en généralisant les faits constatés dans les corps isotropes.

Dans un corps isotrope, la vibration se fait normalement au rayon; la composante vibratoire parallèle au rayon est nulle, d'où en généralisant :

Première hypothèse. — *La constitution de l'éther dans un corps cristallisé est telle que la composante de la force élastique suivant le rayon se trouve annulée.*

Il en résulte que le rayon, la force élastique et la direction de la vibration se trouvent dans un même plan.

Soient, en effet (fig. 137), OS le rayon, OF la force élastique, OD la direction de la vibration, et OR une direction quelconque, non située dans le plan DOS.

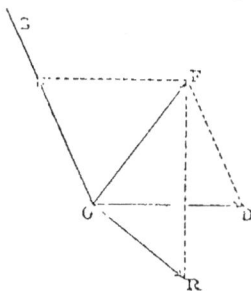
Fig. 137.

Nous pouvons décomposer la force en trois forces suivant OD, OR et OS. Or, la composante suivant OS, étant toujours annulée, il en résulte que la composante des deux autres forces ne pourra être dirigée suivant OD, que si OF est située dans le plan DOS.

Quant à la vitesse de propagation, elle est égale à la racine carrée de la composante efficace, c'est-à-dire à :

$$\sqrt{\frac{F \sin \alpha}{\sin (\alpha + \beta)}}$$

F étant la force élastique, α et β les angles qu'elle forme avec OS et OD (fig. 138).

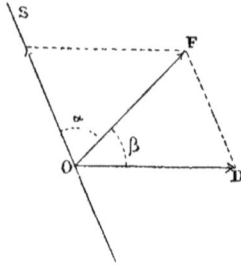

Fig. 138.

A l'étude des rayons lumineux, Fresnel a substitué celle des ondes planes. On sait qu'une onde plane polarisée rectilignement est un plan dont les molécules vibrent à l'unisson suivant des droites parallèles de ce plan. Or, la théorie des interférences montre qu'une telle onde peut s'obtenir en coupant par un plan un faisceau de rayons parallèles, si les rayons d'une part et le plan de l'autre satisfont à certaines conditions.

Et d'abord, d'après la définition même, le plan de section doit être parallèle au déplacement. En second lieu, le plan de section doit être perpendiculaire sur le plan de vibration.

En effet, d'après ce que l'on vient de voir, lorsque les molécules situées sur un rayon SO vibrent seules, le phénomène optique est symétrique par rapport au plan de vibration. Si l'on suppose maintenant que toutes les molécules de l'éther se mettent à vibrer, les actions de ces molécules, sur les molécules du rayon SO, changeront d'intensité et de direction; ce rayon SO cessera en général d'être polarisé rectilignement.

Mais si deux molécules placées symétriquement par rapport au plan de vibration du rayon SO vibrent à l'unisson, la résultante de leurs actions sur les molécules du rayon SO n'aura plus la même intensité que quand les molécules étaient en repos, mais elle sera encore située dans le plan de vibration. Et, par suite, le rayon SO restera polarisé rectilignement. Donc, le plan de l'onde devant contenir les molécules vibrant à l'unisson sera perpendiculaire au plan de vibration.

Ceci posé, si l'on décompose la force élastique en deux composantes, l'une dirigée suivant la normale à l'onde et l'autre suivant le déplacement, la première sera annulée par la réaction de l'éther, comme il est facile de le voir, en s'appuyant sur la première hypothèse de Fresnel.

La composante suivant le déplacement, c'est-à-dire la projection de la force élastique sur le plan de l'onde étant seule efficace, Fresnel fait la seconde hypothèse suivante :

Deuxième hypothèse. — *Une onde plane se transmet avec une vitesse égale à la racine carrée de la projection sur son plan de la force élastique.*

En employant les notations précédentes, cette vitesse est donc égale à :

$$\sqrt{F \cos \beta}.$$

Théorème. — *Le rayon lumineux est perpendiculaire à la force élastique.*

Nous avons vu, en effet, que entre la vitesse de transmission de l'onde plane et la vitesse du mouvement vibratoire, on avait la relation :

$$v = V \cos \theta.$$

θ étant l'angle du rayon et de la normale à l'onde, angle qui ici est égal à $\alpha + \beta - \dfrac{\pi}{2}$, on a donc la relation :

$$\sqrt{F \cos \beta} = \sqrt{\frac{F \sin \alpha}{\sin (\alpha + \beta)}} \; \sin (\alpha + \beta)$$

$$\cos \beta = \sin \alpha \sin (\alpha + \beta)$$

relation satisfaite, quel que soit β, par la valeur $\alpha = \dfrac{\pi}{2}$.

On a par suite :

$$\theta = \beta \text{ et } v = V \cos \beta.$$

Corollaire. — De ce théorème résulte que, si l'on connaît la direction du rayon et la direction de l'onde plane, il est facile d'en déduire la direction de la vibration et la direction de la force élastique.

La première s'obtient en projetant le rayon sur le plan de l'onde et la force élastique, située dans le plan de projection, est perpendiculaire au rayon.

§ III. — DES ONDES PLANES

D'après l'analyse du paragraphe précédent, une direction quelconque d'un plan ne peut pas être la direction de vibration d'une onde plane coïncidant avec le plan, puisque la force élastique déterminée par la vibration doit, avec la direction de vibration, déterminer un plan perpendiculaire à l'onde.

Le premier problème qu'il est nécessaire de résoudre est celui qui consiste à chercher les directions d'un plan qui peuvent être prises pour directions de vibrations d'une onde plane coïncidant avec le plan. On obtient la solution de ce problème, en calculant la force élastique produite par un déplacement égal à l'unité de longueur, en fonction des cosinus directeurs de ce déplacement.

Si l'on admet que l'action exercée par une molécule sur une molécule est fonction de la distance seule des molécules, les projections de cette action sur trois axes de coordonnées rectangulaires seront de la forme :

$$f(r)\frac{x-x'}{r}$$

$$f(r)\frac{y-y'}{r}$$

$$f(r)\frac{z-z'}{r}$$

x', y', z' étant les coordonnées de la molécule M′ qui agit sur la molécule M, dont les coordonnées sont x, y, z ; r étant leur distance.

Si la molécule éprouve un déplacement égal à l'unité, ses coordonnées deviennent $x + dx$, $y + dy$, $z + dz$ et les composantes précédentes éprouvent des variations ayant pour expression :

$$\left[f'(r)\frac{(x-x')^2}{r^2} - f(r)\frac{(x-x')^2}{r^3} + \frac{f(r)}{r} \right]dx + \left[f'(r) - \frac{f(r)}{r} \right]\frac{(x-x')(y-y')}{r^2}\,dy$$

$$+ \left[f'(r) - \frac{f(r)}{r} \right]\frac{(x-x')(z-z')}{r}\,dz$$

. . . .

Si l'on fait la somme des variations des forces émanant de toutes les molécules, on obtient la force élastique produite par le déplacement ; si donc on désigne par X, Y, Z les composantes de cette force, suivant les axes de coordonnées, on a :

$$X = dx\,\Sigma\left[f'(r)\frac{(x-x')^2}{r^2} - f(r)\frac{(x-x')^2}{r^3} + \frac{f(r)}{r} \right]$$

$$+ dy\,\Sigma\left[f'(r) - \frac{f(r)}{r} \right]\frac{(x-x')(y-y')}{r^2}$$

$$+ dz\,\Sigma\left[f'(r) - \frac{f(r)}{r} \right]\frac{(x-x')(z-z')}{r^2}$$

Y = ...

Z = ...

Et, en remarquant que les sommes sont des quantités indépendantes de dx, dy, dz, que l'on peut désigner par A, B, C, on a pour expression de ces composantes :

$$X = A dx + B dy + D dz$$
$$Y = B dx + C dy + E dz$$
$$Z = D dx + E dy + F dz$$

Or, si le déplacement est égal à l'unité, les quantités dx, dy, dz sont précisément égales aux cosinus directeurs $\cos \alpha$, $\cos \beta$, $\cos \gamma$ de ce déplacement.

Les expressions cherchées sont donc :

$$X = A \cos \alpha + B \cos \beta + D \cos \gamma$$
$$Y = B \cos \alpha + C \cos \beta + E \cos \gamma$$
$$Z = D \cos \alpha + E \cos \beta + F \cos \gamma$$

De ce premier résultat on déduit facilement l'expression de la projection f de la force élastique sur le déplacement ; cette projection, en effet, est égale à :

$$X \cos \alpha + Y \cos \beta + Z \cos \gamma ;$$

et par suite :

$$f = A \cos^2 \alpha + C \cos^2 \beta + F \cos^2 \gamma + 2 B \cos \beta \cos \alpha + 2 D \cos \alpha \cos \gamma$$
$$+ 2 E \cos \beta \cos \gamma.$$

Si donc l'on porte sur chaque direction de déplacement une longueur ρ, définie par l'égalité $\rho = \dfrac{1}{\sqrt{f}}$, le lieu des extrémités de ces longueurs aura pour équation :

$$\frac{1}{\rho^2} = A \cos^2 \alpha + C \cos^2 \beta + F \cos^2 \gamma + 2 E \cos \beta \cos \gamma + 2 D \cos \gamma \cos \alpha$$
$$+ 2 B \cos \beta \cos \alpha$$

ou :

$$1 = A x^2 + C y^2 + F z^2 + 2 E yz + 2 D zx + 2 B yx$$

équation d'un ellipsoïde.

Si, au lieu de prendre des axes de coordonnées quelconques, on prend les axes de symétrie de cet ellipsoïde, son équation devient :

$$1 = A x^2 + C y^2 + F z^2$$

les quantités E, D, B sont donc nulles et les expressions des forces élastiques deviennent :

$$X = A \cos \alpha$$
$$Y = C \cos \beta$$
$$Z = F \cos \gamma$$

De cette forme des résultantes de la force élastique résulte le théorème suivant :

Théorème. — *Un déplacement suivant un axe de l'ellipsoïde détermine une force élastique dirigée suivant cet axe.*

Les trois axes de l'ellipsoïde s'appellent les *axes d'élasticité optique.*

Théorème. — *Pour qu'une vibration rectiligne, s'effectuant dans un plan, détermine la production d'une force élastique dont la projection sur le plan coïncide avec le déplacement, il faut que la vibration ait lieu suivant un des axes de l'ellipse d'intersection du plan et de l'ellipsoïde.*

Si on prend ce plan pour plan des *xy*, et les axes de l'ellipse pour axes de coordonnées, la quantité B sera nulle et la force élastique déterminée par une vibration suivant une direction du plan faisant avec l'axe des *x* un angle α, se projettera suivant une droite ayant pour équation :

$$y = x \frac{C}{A} \operatorname{tg} \alpha$$

Pour que cette droite coïncide avec la droite :

$$y = x \operatorname{tg} \alpha$$

il faut que :

$$\frac{C}{A} \operatorname{tg} \alpha = \operatorname{tg} \alpha$$

ce qui ne peut avoir lieu que pour :

$$\alpha = 0$$

ou :

$$\alpha = \frac{\pi}{2}$$

De ce théorème résulte que : *deux ondes planes peuvent se propager parallèlement à un plan ;* que : *les vibrations de ces ondes ont lieu suivant les axes de l'ellipse d'intersection du plan avec l'ellipsoïde.*

Ces ondes planes se transmettent avec des vitesses différentes, égales aux inverses de ces axes. Si donc nous désignons par v_p, v_m, v_g les vitesses de transmission des ondes planes, dont les vibrations ont lieu suivant les axes d'élasticité, nous avons :

$$v_p = \sqrt{A} \quad v_m = \sqrt{C} \quad v_g = \sqrt{F}$$

et, par suite, les équations précédentes deviennent :

$$E_1 \equiv v_p^2 \, x^2 + v_m^2 \, y^2 + v_g^2 \, z^2 = 1$$

et

$$X = v_p^2 \cos \alpha$$
$$Y = v_m^2 \cos \beta$$
$$Z = v_g^2 \cos \gamma$$

Pour étudier la propagation des ondes planes, on porte sur chaque direction, à partir d'un point O, une longueur égale à la vitesse de l'onde qui se transmet en restant perpendiculaire à cette direction. On obtient ainsi une surface dite *surface des vitesses normales*.

La vitesse étant égale à l'inverse de l'axe de l'ellipse d'intersection du plan de l'onde avec l'ellipsoïde E_1, cette surface a pour équation :

$$V_1 \equiv \frac{\cos^2 \lambda}{v^2 - v_p^2} + \frac{\cos^2 \mu}{v^2 - v_m^2} + \frac{\cos^2 \nu}{v^2 - v_g^2} = 0$$

ou :

$$v^2 = v_g^2 \cos^2 \frac{\theta \pm \theta'}{2} + v_p^2 \sin^2 \frac{\theta \pm \theta'}{2}$$

Cette dernière relation est celle qui sert le plus dans les calculs, puisqu'elle donne directement l'inconnue v. Les résultats de l'expérience montrent que l'on peut la remplacer par une relation approchée plus commode. La détermination des quantités v_g et v_p montre en effet que la quantité $\frac{(v_g - v_p)^2}{v_p^2}$ est inférieure aux erreurs d'expériences; il en est de même de la quantité $\frac{(v - v_m)^2}{v_m^2}$, puisque v est toujours plus petit que v_g et v_m plus grand que v_p.

Par suite, on peut poser :

$$v - v_m = d$$
$$v_g - v_m = d_g$$
$$v_p - v_m = - d_p$$

d, d_g et d_p étant des quantités dont les carrés sont négligeables.

Si on remplace v, v_g et v_p par ces quantités, dans les relations précédentes, il vient en négligeant les carrés de d, d_g, d_p :

ou :

$$d = d_g \cos^2 \frac{\theta \pm \theta'}{2} + d_p \sin^2 \frac{\theta \pm \theta'}{2}$$

$$v = v_g \cos^2 \frac{\theta \pm \theta'}{2} + v_p \sin^2 \frac{\theta \pm \theta'}{2}$$

Donc, quand on connaît les quantités v_g et v_p et la direction des axes cycliques, le problème de l'onde se trouve résolu d'une façon très simple ; la relation précédente donne la vitesse de translation de l'onde et les directions de la vibration s'obtiennent en projetant sur le plan de l'onde les axes cycliques et en construisant les bissectrices de ces projections.

On se sert encore d'une surface obtenue, en portant sur chaque direction une longueur égale à l'inverse de la vitesse, c'est-à-dire à l'indice de réfraction par rapport au vide.

Le rayon vecteur est donc égale à l'axe de l'ellipse d'intersection de l'ellipsoïde avec le plan de l'onde, et la surface a pour équation :

ou :

$$N_1 \equiv \frac{n_g^2 \cos^2 \lambda}{n^2 - n_g^2} + \frac{n_m^2 \cos^2 \mu}{n^2 - n_m^2} + \frac{n_p^2 \cos^2 \nu}{n^2 - n_p^2} = 0$$

$$\frac{1}{n^2} = \frac{1}{n_p^2} \cos^2 \frac{\theta \pm \theta'}{2} + \frac{1}{n_g^2} \sin^2 \frac{\theta \pm \theta'}{2}$$

ou :

$$\frac{1}{n} = \frac{1}{n_p} \cos^2 \frac{\theta \pm \theta'}{2} + \frac{1}{n_g} \sin^2 \frac{\theta \pm \theta'}{2}$$

1re Remarque. — Pour avoir la direction de vibration des deux ondes planes parallèle à un plan, il suffit de construire les bissectrices de l'angle formé par les projections sur ce plan des axes cycliques de l'ellipsoïde E_1.

En particulier, si cet ellipsoïde est de révolution, les vibrations auront lieu suivant la projection de l'axe de révolution et suivant la droite perpendiculaire.

2e Remarque. — Soient $O\mu$ (fig. 134) la normale à une onde et Om la direction de vibration ; pour avoir la position de l'onde au bout de l'unité de temps, il faudra mener un plan normal à $O\mu$ pas le point μ où cette droite rencontre la surface V_1 ; et puisque la normale à la surface V_t au point μ se trouve dans le plan μ O m, pour avoir la direction de la vibration, il suffira de projeter cette normale sur le plan de l'onde.

Problème. — *Etant donnée une onde plane incidente, construire les ondes réfractées.*

I. Supposons d'abord que l'onde plane passe d'un milieu isotrope dans un milieu anisotrope. Prenons pour plan de la figure le plan d'incidence et soit MO (fig. 139) la trace de l'onde incidente à

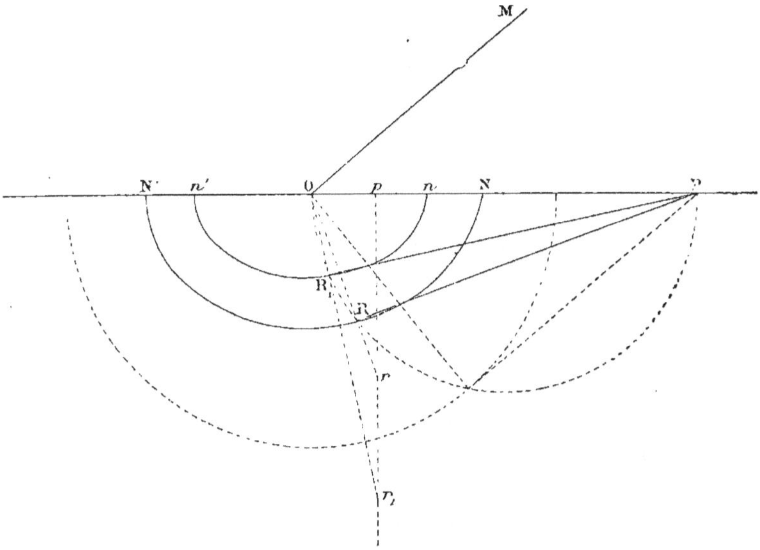

Fig. 139.

l'origine des temps. Nous allons chercher la position des ondes réfractées au bout de l'unité du temps. L'onde incidente et les ondes réfractées se coupant toujours dans la face d'incidence, il faut déterminer la position de l'onde incidente. Il suffit évidemment pour cela de décrire une circonférence du point O comme centre avec un rayon égale à la vitesse dans le milieu isotrope, d'élever une perpendiculaire en O sur l'onde, jusqu'au point de rencontre avec la circonférence, et de construire la tangente à celle-ci au point d'intersection. Cette tangente coupe la surface en un point P, qui est la projection sur le plan d'incidence de la droite d'inter-section des ondes incidentes et réfractées.

D'autre part, les normales abaissées du point O sur les ondes réfractées doivent avoir leur pied sur la surface des vitesses normales. Si donc NN′, n′n′ sont les courbes d'intersection de cette surface avec le plan d'incidence, les points R, R₁ où ces courbes sont coupées par une circonférence décrite sur O P comme diamètre, sont les pieds de ces normales et PR et PR₁ sont les traces des ondes réfractées.

Pour résoudre le problème, on peut également se servir de la surface des indices des ondes.

Prenons sur OP un point p (fig. 139) tel que O p. OP $= 1$; en ce point p, élevons une perpendiculaire sur OP ; cette perpendiculaire coupe les droites OR et OR₁ en des points r, r_1, tels que :

$$Or\ OR = Or_1\ OR_1 = Op.\ OP = 1$$

ils appartiennent donc à la surface des indices des ondes.

Remarque. — Pour avoir la direction de la vibration des ondes réfractées, il suffit de projeter sur leur plan les normales à la surface des vitesses normales aux points R et R₁.

II. Supposons maintenant que l'onde incidente passe d'un milieu anisotrope dans un autre milieu anisotrope.

On prolonge la normale en O à l'onde incidente jusqu'aux points de rencontre I, I′ avec la surface des vitesses normales relatives au premier milieu. Pour avoir la position de l'onde au bout de l'unité de temps, il faut faire un choix entre ces deux points.

Il est nécessaire de faire intervenir la direction de la vibration de l'onde incidente ; cette vibration est forcément parallèle à la projection sur le plan de l'onde, soit de la normale en I, soit de la normale en I′.

Suivant le cas, on mènera une perpendiculaire sur O I en I ou en I′, et l'on obtiendra ainsi le point P.

§ IV. — DES RAYONS LUMINEUX

Si O m est la direction de la vibration d'une molécule d'éther O (fig. 140), O F la force élastique produite par cette vibration, on sait que le mouvement vibratoire se propage suivant une

droite OQ, perpendiculaire sur OF et située dans le plan m OF.
Si, sur ce rayon, on porte une longueur OQ égale à la vitesse de
propagation, le lieu du point Q, lorsque la direction de O m varie,
s'appelle *la surface d'onde.*

Nous allons démontrer que cette surface peut se construire au
moyen de l'ellipsoïde :

$$E_2 \equiv \frac{x^2}{v_p{}^2} + \frac{y^2}{v_m{}^2} + \frac{z^2}{v_g{}^2} = 1$$

comme la surface V_1 au moyen de l'ellipsoïde E_1.

Soit m (fig. 141) le point d'intersection de la droite, suivant

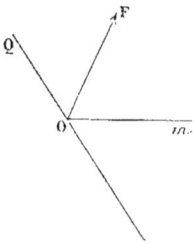

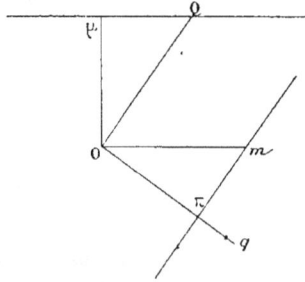

Fig. 140.   Fig. 141.

laquelle se produit la vibration, avec l'ellipsoïde E_1, nous savons
que si α, β, γ sont les angles de O m avec les axes de l'ellipsoïde E_1,
la force élastique a pour projection sur les axes de l'ellipsoïde :

$$X = v_p{}^2 \cos \alpha$$
$$Y = v_m{}^2 \cos \beta$$
$$Z = v_g{}^2 \cos \gamma$$

Elle est donc dirigée suivant la droite $O\pi$, normale au plan tangent en m à l'ellipsoïde E_1.

Si q est le point d'intersection de $O\pi$ avec E_2, comme on a
$OQ \cos \pi O\ m = \frac{1}{Om}$, puisque OQ est la vitesse du rayon et $\frac{1}{Om}$
la vitesse de l'onde, il en résulte que :

$$OQ = \frac{1}{Om \cos \pi.\, Om} = \frac{1}{O\pi} = Oq$$

Comme d'autre part nous avons démontré, dans les *Préliminaires
géométriques,* que le plan passant par $O\pi$ et perpendiculaire au
plan de la figure, coupe E_2 suivant une ellipse ayant Oq pour axe ;

il s'ensuit bien que OQ est perpendiculaire sur un plan coupant E_2 suivant une ellipse dont l'un des axes est précisément égal à Oq.

La surface lieu de Q a donc pour équation :

$$V_2 \equiv \frac{v_p^2 \cos^2 \lambda}{v^2 - v_p^2} + \frac{v_m^2 \cos^2 \mu}{v^2 - v_m^2} + \frac{v_g^2 \cos^2 \nu}{v^2 - v_g^2} = 0$$

ou :

$$\frac{1}{v^2} = \frac{1}{v_g^2} \cos^2 \frac{\tau \pm \tau'}{2} + \frac{1}{v_p^2} \sin^2 \frac{\tau \pm \tau'}{2}$$

$$\frac{1}{v} = \frac{1}{v_g} \cos^2 \frac{\tau \pm \tau'}{2} + \frac{1}{v_p} \sin^2 \frac{\tau \pm \tau'}{2}$$

Si, au lieu de porter sur la direction OQ une longueur égale à la vitesse, on porte une longueur égale à l'inverse de cette vitesse, c'est-à-dire à l'indice de réfraction relativement au vide, on obtient la surface des indices des rayons, qui a pour équation :

$$N_2 \equiv \frac{\cos^2 \lambda}{n^2 - n_p^2} + \frac{\cos^2 \mu}{n^2 - n_m^2} + \frac{\cos^2 \nu}{n^2 - n_g^2} = 0$$

ou :

$$n^v = n_p^2 \cos^2 \frac{\tau \pm \tau'}{2} + n_g^2 \sin^2 \frac{\tau \pm \tau'}{2}$$

$$n = n_p \cos^2 \frac{\tau \pm \tau'}{2} + n_g \sin^2 \frac{\tau \pm \tau'}{2}$$

Dans les *Préliminaires géométriques*, nous avons établi les propriétés des surfaces N_1, N_2 ; V_1, V_2 ; ces propriétés reçoivent des interprétations physiques comprises dans les remarques suivantes :

1re **Remarque.** — La vibration se propageant suivant OQ n'est pas perpendiculaire sur OQ, puisqu'elle est dirigée suivant Om. Mais Om et OQ sont deux diamètres conjugués de l'ellipsoïde E_1. Or, comme les corps anisotropes sont très peu biréfringents, l'ellipsoïde est très voisin d'une sphère et l'angle mOQ très voisin d'un angle droit.

2e **Remarque.** — La surface d'onde V_2 est l'enveloppe, dans leur position au bout de l'unité de temps, des ondes planes passant en son centre à l'origine des temps.

Il en résulte une troisième construction des ondes réfractées auxquelles donne naissance une onde incidente ; il suffit, par la droite P des constructions précédentes, de mener les plans tangents à la surface d'onde.

3ᵉ **Remarque.** — Le rayon est perpendiculaire au plan tangent à la surface des indices des ondes, au point où cette surface rencontre la normale à l'onde plane correspondant au rayon.

4ᵉ **Remarque.** — Suivant la direction OQ se propage un second rayon avec une vitesse égale au second axe de symétrie de l'ellipse d'intersection de l'ellipsoïde E_2 avec un plan perpendiculaire à OQ. Les vibrations de ces deux rayons ne sont pas perpendiculaires, mais les plans de vibration le sont.

Problème. — *Etant donné un rayon incident, construire les rayons réfractés.*

On considère le rayon comme faisant partie d'une onde plane incidente ; on construit les ondes réfractées auxquelles celle-ci donne naissance, et on achève la construction de la façon suivante.

Si on se sert de la surface d'onde, il suffit de joindre le point d'incidence aux points contacts des ondes planes pour avoir les rayons réfractés.

Si on emploie la surface des indices des ondes, aux points de cette surface désignés par r, r_1 dans la construction des ondes, on mènera les plans tangents à la surface et, du point d'incidence, on abaissera sur ces plans des perpendiculaires qui seront les rayons réfractés.

La première de ces constructions permet de se rendre plus facilement compte des différentes particularités de la réfraction.

On voit qu'en général, le rayon réfracté n'est pas dans le plan d'incidence et qu'en outre, la réfraction ne s'effectue pas suivant la loi de Descartes.

Cependant, quand le plan d'incidence est un plan de symétrie de la surface d'onde, les deux rayons réfractés sont dans le plan d'incidence et, en outre, la courbe d'intersection de la surface par le plan d'incidence, se composant d'une ellipse et d'un cercle, le rayon réfracté donné par le cercle suit la loi de Descartes.

D'autre part, dans le cas où deux des quantités v_g, v_m, v_p, sont égales, c'est-à-dire dans les cristaux dits uniaxes, comme nous le verrons plus loin, la surface d'onde se décompose en une sphère

et en un ellipsoïde de révolution ; le rayon réfracté obtenu en
menant un plan tangent à la sphère est dans le plan d'incidence,
et suit la loi de Descartes : c'est le rayon *ordinaire*.

Le rayon réfracté obtenu au moyen de l'ellipsoïde ne se trouve
dans le plan d'incidence que dans les cas où celui-ci coïncide
avec un plan de symétrie. Cette condition est remplie quand le
plan d'incidence se confond avec le plan de l'équateur ou qu'il
passe par l'axe de révolution ; autrement dit, quand il coïncide
avec ce que l'on appelle une *section principale* du cristal ; on
donne à ce second rayon le nom de rayon *extraordinaire*.

Quand les trois quantités v_g, v_m, v_p sont égales, la surface d'onde
se réduit à une sphère et le corps est isotrope.

Problème. — *Construire la direction de vibration d'un rayon
réfracté.*

Après avoir construit un rayon réfracté en suivant la méthode
du problème précédent, il est en général facile de construire la
direction de sa vibration, puisqu'il suffit de projeter le rayon lui-
même sur le plan de l'onde.

Dans le cas d'un cristal uniaxe, cette construction ne s'applique
plus au rayon ordinaire, puisque le rayon est perpendiculaire sur
le plan de l'onde. Mais, remarquons que la vibration est parallèle
au diamètre, intersection du plan de l'onde et du plan d'équateur
de l'ellipsoïde E_1 ; elle est donc perpendiculaire sur le rayon et sur
l'axe de révolution de E_1; autrement dit, elle est perpendiculaire
sur la section principale contenant le rayon ordinaire.

La vibration du rayon extraordinaire s'obtient par la méthode
générale et, comme le plan projetant, c'est-à-dire le plan, passant
par le rayon et perpendiculaire au plan tangent à l'ellipsoïde, surface d'onde, passe forcément par l'axe de révolution de l'ellipsoïde
E_1, il en résulte que la vibration se trouve dans la section principale passant par le rayon extraordinaire.

Problème de la réflexion totale. — Le problème de la réflexion
totale à la surface des corps cristallisés a été traité algébriquement
par M. Liebisch dans la *Neues Jahrbuch*, 1885, t. II. M. Mallard,
au moyen de considérations géométriques, a établi les mêmes

résultats dans le *Bulletin de la Société française de minéralogie*, t. IX, 1886, p. 154.

Le problème consiste à trouver dans un plan d'incidence donné la valeur de l'angle d'incidence, à partir de laquelle la réflexion

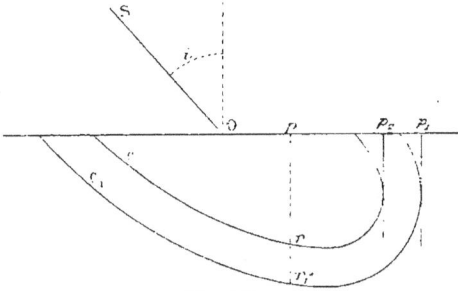

Fig. 142.

totale se produit. La solution s'en obtient facilement au moyen de la surface des indices des ondes.

Prenons pour plan de la figure le plan d'incidence ; il coupe la surface N_1 suivant deux courbes C et C_1 (fig. 142).

Soit SO le rayon incident, pour avoir les rayons réfractés, il faut, comme on l'a vu, prendre sur la trace du plan un point p tel que $Op = n \sin i$, n étant l'indice du premier milieu ; par p élever une perpendiculaire sur Op, puis mener les plans tangents à la surface N_1 aux points r et r_1 où cette perpendiculaire coupe les courbes C et C_1, et, par le point O, abaisser les perpendiculaires sur les plans tangents. Si le rayon Or se trouve dans la face d'incidence, le plan tangent en r devient normal à cette face et, par suite, passe par la droite rp, qui devient elle-même tangente à la courbe C.

Le problème revient donc à mener aux courbes C et C_1 les tangentes normales à Op.

Si p_1 et p_2 sont les pieds de ces tangentes normales, les angles i_1 et i_2, à partir desquels se produit la réflexion totale, sont donnés par les égalités :

$$\sin i_1 = \frac{Op_1}{n} \qquad \sin i_2 = \frac{Op_2}{n}$$

Si on a $i_1 < i_2$, pour une valeur de i plus petite que i_1 il y a deux rayons réfractés ; pour i compris entre i_1 et i_2, il y a un rayon réfracté et un rayon réfléchi; pour $i > i_2$ les deux rayons sont réfléchis.

§ V. — AXES OPTIQUES. — CRISTAUX BIAXES ET CRISTAUX UNIAXES. — CRISTAUX POSITIFS ET CRISTAUX NÉGATIFS

Nous avons vu que la surface d'onde V_2 possédait quatre plans tangents singuliers perpendiculaires aux axes cycliques de l'ellipsoïde E_1 et quatre points singuliers situés sur les axes cycliques de l'ellipsoïde E_2. Hamilton, qui a reconnu mathématiquement l'existence de ces éléments singuliers, en a déduit une interprétation physique des plus remarquables, qui fut confirmée par les expériences de Lloyd.

Axes de réfraction conique interne. — Supposons que pour construire les rayons réfractés issus d'un rayon incident, nous devions mener à la surface d'onde un de ses plans tangents singuliers. Puisque ce plan tangent touche la surface suivant une courbe fermée, en joignant le point d'incidence aux points de contact, nous obtiendrons un cone. Donc, si la théorie de Fresnel est exacte, le rayon incident doit donner naissance à l'intérieur du cristal à un cone creux et, dans le cas où le cristal est limité par deux faces parallèles, en sortant du cristal, ces rayons formeront un cylindre creux.

Pour vérifier expérimentalement ce résultat, Lloyd emploie une lame à faces parallèles, celle-ci étant perpendiculaire aux plans des axes cycliques de l'ellipsoïde E_1 (fig. 143).

Au moyen de deux écrans e, e' percés de petits orifices, et dont l'un est appliqué contre la face supérieure de la lame cristalline, on fait tomber sur celle-ci un rayon lumineux, de façon que le plan d'incidence soit précisément le plan des axes cycliques. En recevant les rayons émergeant sur un écran e'', on constate en général l'existence de deux taches

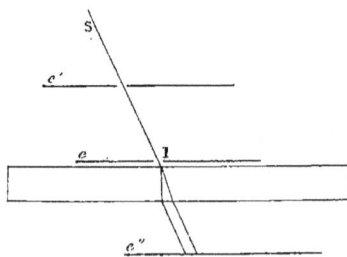

Fig. 143.

lumineuses, mais si on fait glisser l'écran *e* à la surface de la lame, de façon à faire varier l'angle d'incidence, on voit les taches se courber et se réunir, de façon à former une seule courbe fermée lumineuse.

C'est cette propriété intéressante qui fait donner aux axes cycliques de l'ellipsoïde E_1 le nom d'axes de réfraction conique interne.

Calculons l'angle 2 V_1 que font entre eux les axes de réfraction conique interne; il suffit, pour cela, de calculer l'angle V_1 que fait avec l'axe des x l'un des axes cycliques de l'ellipsoïde E_1.

On trouve ainsi que :

$$\mathrm{Tang}\ V_1 = \sqrt{\frac{v_m^2 - v_p^2}{v_g^2 - v_m^2}}$$

Cette formule, avec les approximations déjà employées se simplifie et devient :

$$\mathrm{Tang}\ V_1 = \sqrt{\frac{v_m - v_p}{v_g - v_m}}$$

Axes de réfraction conique externe. — Cherchons la direction sous laquelle un rayon doit tomber sur une lame cristalline, pour se réfracter suivant un axe cyclique de l'ellipsoïde E_2. Il faut pour cela suivre la marche inverse de celle indiquée, puis obtenir le rayon réfracté, étant donné le rayon incident. Au point I où l'axe cyclique perce la surface d'onde, il faut mener les plans tangents à cette surface. Ces plans tangents enveloppent un cône du second degré qui coupe la face d'incidence, suivant une conique. Par les tangentes à cette conique, on mènera les plans tangents à la sphère ayant pour rayon la vitesse de la lumière dans le milieu extérieur et les perpendiculaires à ces plans tangents seront les directions des rayons cherchés. Il y a donc une infinité de rayons satisfaisant à la condition ; ces rayons forment un cône creux et il en est de même des rayons émergeants.

Pour vérifier ce résultat, on fait tomber sur la lame de l'expérience précédente un faisceau rendu conique au moyen d'une lentille. Et, au

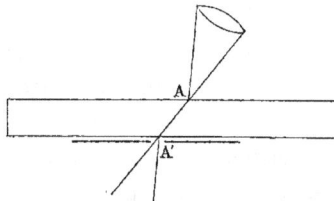

Fig. 144.

moyen d'un écran placé à la face inférieure, on ne laisse sortir qu'un rayon AA' (fig. 144). En faisant glisser cet écran, on change la direction du rayon AA' et, pour une position déterminée, on constate l'émergeance d'un cône lumineux creux.

Les axes cycliques de l'ellipsoïde E_2 se nomment les axes de réfraction conique externe ou *axes optiques*.

Leur angle 2 V est donné par la formule :

$$\text{Tang V} = \sqrt{\frac{n_g{}^2 - n_m{}^2}{n_m{}^2 - n_p{}^2}}$$

ou avec l'approximation indiquée précédemment :

$$\text{Tang V} = \sqrt{\frac{n_g - n_m}{n_m - n_p}}$$

Cristaux uniaxes et cristaux biaxes. — Les résultats précédents supposent que, dans les cristaux considérés, les ellipsoïdes E_1 et E_2 possèdent deux axes cycliques et que, par suite, ces cristaux aient deux axes optiques; autrement dit, qu'ils soient *biaxes*. Quand les ellipsoïdes E_1 et E_2 sont de révolution, les axes optiques se confondent avec l'axe de révolution, et le cristal est dit *uniaxe*. Cet axe unique n'est ni un axe de réfraction conique interne, ni un axe de réfraction conique externe; il jouit simplement de la propriété suivante : un rayon tombant sur le cristal, de façon à se propager suivant cet axe, ne se dédouble, ni ne se polarise.

D'après le nombre et la nature des éléments de symétrie, il est facile de voir si un cristal est uniaxe ou biaxe. Les éléments de symétrie sont en effet relatifs à la constitution moléculaire et se retrouvent par suite dans toutes les propriétés qui découlent de cette constitution. Par conséquent, un plan, un axe de symétrie du cristal sera un plan, un axe de symétrie des ellipsoïdes E_1 et E_2; un axe principal de symétrie du cristal sera un axe de révolution de ces ellipsoïdes.

Par conséquent, tous les cristaux cristallisant dans le système *cubique*, ayant au moins trois axes ternaires, les ellipsoïdes E_1 et E_2 sont des sphères, et il en est de même des surfaces N_1, N_2, V_1, V_2. Ces cristaux sont donc des corps *isotropes*.

Les cristaux appartenant aux systèmes *sénaire*, *quaternaire*, *ternaire*, ayant un axe principal, les ellipsoïdes E_1 et E_2 ont cet axe pour axe de révolution et ces cristaux sont *uniaxes*.

Les cristaux appartenant aux systèmes *terbinaire, binaire* et *asymétrique* sont *biaxes.* Dans le système terbinaire, les trois axes des ellipsoïdes E_1 et E_2 coïncident avec les trois axes de symétrie, et les axes optiques sont dans un plan de symétrie. Dans le système binaire, l'un des axes des ellipsoïdes coïncide avec l'axe de symétrie et les axes optiques sont dans le plan de symétrie ou dans un plan perpendiculaire au plan de symétrie. Dans le système asymétrique, les ellipsoïdes ont une orientation quelconque.

Il ne faut pas oublier que, si les phénomènes optiques doivent présenter une symétrie au moins égale à celle du corps cristallisé qui les produit, ils peuvent, par contre, offrir une symétrie supérieure à celle de la constitution moléculaire. C'est ainsi qu'un corps cristallisant dans le système terbinaire peut être uniaxe au point de vue optique.

Dispersion. — Dans tout ce qui précède, nous avons supposé que la lumière est homogène. Si l'on considère successivement deux lumières de couleurs différentes, les modifications éprouvées par leur passage dans un corps cristallisé seront de même nature, mais ces modifications pourront avoir une valeur différente. Ainsi, par exemple, si le corps cristallisé possède un axe de symétrie, cet axe appartiendra aux ellipsoïdes relatifs aux deux lumières, mais la vitesse de propagation d'une vibration s'effectuant parallèlement à cet axe, variera avec les couleurs. D'une façon générale, si le corps cristallisé ne possède qu'un axe ou n'en possède pas, les axes des ellipsoïdes relatifs aux différentes couleurs pourront ne pas coïncider en direction, et ces axes auront des longueurs différentes. Il en résulte immédiatement que les axes optiques n'ont pas une position constante et qu'un cristal peut être biaxe pour une couleur et uniaxe pour une autre ; c'est dans cette variation de position que consiste la *dispersion des axes optiques.*

Des cristaux positifs et des cristaux négatifs. — Occupons-nous d'abord des cristaux uniaxes. Si l'axe de révolution des ellipsoïdes est l'axe de plus petite élasticité, la surface d'onde se décompose en un ellipsoïde et en une sphère extérieure à l'ellipsoïde.

Il en résulte que le rayon de la sphère est plus grand qu'un rayon vecteur quelconque de l'ellipsoïde. Autrement, la vitesse du rayon ordinaire est plus grande que la vitesse d'un rayon extraordinaire, quel qu'il soit. On dit alors que le cristal est *positif*.

Si l'axe de révolution des ellipsoïdes coïncide avec l'axe de plus grande élasticité, la vitesse du rayon ordinaire sera toujours plus petite que celle du rayon extraordinaire et le cristal est dit *négatif*.

Dans les cristaux biaxes, il n'y a plus de rayons ordinaires et de rayons extraordinaires à proprement parler, mais on peut généraliser la définition de la façon suivante :

Distinguons d'abord une onde plane ordinaire d'une onde plane extraordinaire. Les directions de vibration de deux ondes planes parallèles sont, d'après ce que l'on a vu, les bissectrices des droites d'intersection de leur plan avec les deux sections cycliques de l'ellipsoïde E_1.

La vibration, qui s'effectue suivant la bissectrice située dans l'angle aigu des sections cycliques, s'appelle la *vibration ordinaire;* l'autre porte le nom de *vibration extraordinaire* et les ondes correspondantes portent le même nom. De même, un rayon ordinaire et un rayon extraordinaire correspondent respectivement à une onde ordinaire et à une onde extraordinaire.

Or, des deux axes d'une section plane d'un ellipsoïde, celui situé dans l'angle aigu des axes cycliques étant toujours plus petit ou toujours plus grand que celui situé dans l'angle obtus, il résulte qu'une onde plane ordinaire se propage toujours plus vite ou toujours plus lentement qu'une onde plane extraordinaire. Dans le premier cas, le cristal est *positif ;* dans le second, il est *négatif*.

On voit facilement que cela revient à dire que le cristal est positif, quand l'angle des axes optiques a pour bissectrice aiguë le plus petit axe d'élasticité et négatif quand cette bissectrice coïncide avec le plus grand axe d'élasticité.

D'une façon générale si n' est l'indice de réfraction d'un rayon extraordinaire et n l'indice d'un rayon ordinaire, le cristal sera positif ou négatif, suivant que $n' - n$ sera plus grand ou plus petit que zéro.

CHAPITRE II

SOUS-CHAPITRE I

Des vibrations elliptiques.

§ I. — POLARISATEURS ET ANALYSEURS

Les phénomènes que nous allons étudier exigent, en général, l'emploi de lumière polarisée ; il est donc nécessaire de commencer par indiquer les dispositifs les plus commodes pour obtenir cette lumière.

On se sert généralement d'analyseurs et de polariseurs biréfringents ; un rayon de lumière naturelle, en traversant un cristal, donne naissance à deux rayons polarisés. Il suffira d'arrêter l'un d'eux pour avoir un polariseur des plus commodes. Le corps cristallisé employé est, le plus souvent, la calcite, cristallisant dans le système rhomboédrique, cristal uniaxe par conséquent.

Il présente trois systèmes de plans clivages, donnant des rhomboèdres parfaits. L'indice du rayon ordinaire est de 1,638, l'indice maximum du rayon extraordinaire est de 1,483. Soit AB, A'B' (fig. 145) un plan de symétrie du rhomboèdre que nous prenons pour plan de la figure ; on coupe le rhomboèdre suivant un plan perpendiculaire au plan de symétrie et faisant un angle x avec la face AB, puis, on recolle les morceaux avec du baume de Canada dont l'indice est de 1,549. Un rayon tombant parallèlement à AB' donne naissance à un rayon

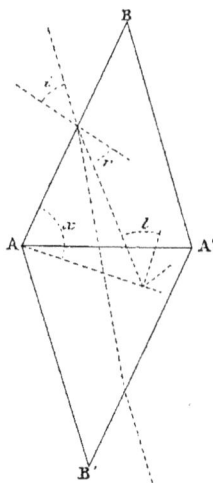

Fig. 145.

ordinaire et à un rayon extraordinaire ; si l'angle x est bien choisi, le premier subira la réflexion totale, en tombant sur la lame de baume de Canada, tandis que le second continuera sa marche. De sorte que, à la sortie, on n'aura plus qu'un rayon polarisé dont le plan de vibration coïncide avec le plan de symétrie.

Il est facile de calculer la valeur inférieure de x.

On a, en effet, en désignant par l l'angle limite du rayon ordinaire tombant sur le baume :

$$\sin i = 1,658 \sin r$$
$$1,658 \sin l = 1,549$$
$$r + l = x$$

Or, dans le spath, l'angle en B étant de 70° 52′, i est égal à 19° 8′ et par suite $x = 80° 33′$.

Pour toute valeur de x supérieure, le rayon ordinaire subira la réflexion totale ; aussi, prend-on généralement $x = 90°$. Ce spath ainsi modifié porte le nom de *prisme de Nicol*. Son inconvénient principal est d'exiger de longs canons de spath. Pour obvier à cet inconvénient, MM. Hartnack et Prazmowski sectionnent le prisme perpendiculairement à l'axe principal et recollent les parties avec de l'huile de lin dont l'indice est de 1,485 ; ils taillent en outre les bases, de façon à les rendre perpendiculaires sur AB′, de telle sorte que l'incidence soit normale et que l'on ait $i = r = 0$.

§ II. — VIBRATIONS ELLIPTIQUES

Considérons un faisceau de rayons parallèles et polarisés rectilignement, tombant normalement sur une lame cristalline à faces parallèles. Un de ces rayons SI (fig. 146) donne naissance à deux rayons IO et IE. Si ces deux rayons avaient la même direction, leur plan de vibration serait perpendiculaire ; or, les corps cristallisés étant très peu biréfringents, nous pouvons supposer que les plans de vibrations des rayons IO et IE sont rectangulaires.

D'autre part, si par le point E on mène une droite EI' parallèle à OI, on obtient un point I' d'incidence d'un rayon S'I' donnant naissance à un rayon I'E, dont le plan de vibration est parallèle au plan de vibration du rayon IO, c'est-à-dire perpendiculaire sur le plan de vibration du rayon IE. Or, les rayons IE et I'E sortant

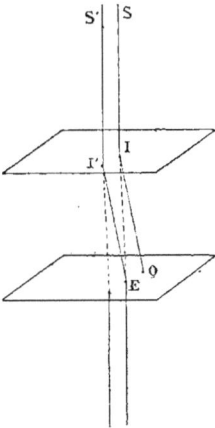

de la lame parallèlement à la direction d'incidence, se trouvent confondus suivant une même direction. Par conséquent, les molécules d'éther situées sur cette direction se trouvent

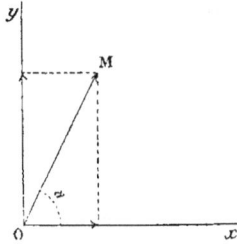

Fig. 146.   Fig. 147.

soumises à deux mouvements vibratoires rectangulaires entre eux, et prennent un mouvement résultant qu'il s'agit d'étudier. Soient Ox et Oy (fig. 147) les traces sur la face d'incidence des plans de vibrations des rayons IO et IE, c'est-à-dire les sections principales de la lame et OM la direction de la vibration incidente faisant un angle α avec Ox. Le mouvement vibratoire qui s'effectue suivant OM peut être considéré comme résultant de deux mouvements vibratoires se produisant l'un suivant Ox, l'autre suivant Oy. Ces mouvements composants seront représentés par les équations :

$$x = a \cos \alpha \sin 2 \pi \frac{t}{T}$$

$$y = a \sin \alpha \sin 2 \pi \frac{t}{T}$$

si l'équation du mouvement suivant OM est :

$$OM = a \sin 2 \pi \frac{t}{T}$$

Mais ces deux mouvements composants traversent la lame avec des vitesses différentes et présentent à leur sortie une différence de marche. Cherchons les équations des mouvements vibratoires au point d'émergence ; soient V,V' les vitesses de transmission dans la lame et v la vitesse dans l'air. L'équation du mouvement vibratoire se propageant suivant IO ou I'E sera :

$$x = a \cos \alpha \sin \frac{2\pi}{T}\left(t - \frac{10}{V}\right)$$

ce qui peut s'écrire :

$$x = a \cos \alpha \sin \frac{2\pi}{T}\left(t - \frac{\frac{10}{V}v}{v}\right)$$

Or, la quantité $\frac{10}{V}v$ est l'espace que parcourrait la vibration dans l'air pendant le temps que la vibration emploie à traverser la lame ; désignons cet espace par d, l'équation devient :

$$x = a \cos \alpha \sin \frac{2\pi}{T}\left(t - \frac{d}{v}\right)$$

$$x = a \cos \alpha \sin 2\pi\left(\frac{t}{T} - \frac{d}{\lambda}\right) \tag{1}$$

λ étant la longueur d'onde dans l'air. De même, à la sortie, le second mouvement vibratoire sera représenté par l'équation :

$$y = a \sin \alpha \sin 2\pi\left(\frac{t}{T} - \frac{d'}{\lambda}\right) \tag{2}$$

Pour obtenir l'équation de la trajectoire que décrit la molécule dans le mouvement résultant, il suffit d'éliminer t entre les équations (1) et (2), élimination qui se fait sans difficulté et qui donne :

$$x^2 \sin^2 \alpha + y^2 \cos^2 \alpha - 2xy \cos \alpha \sin \alpha \cos 2\pi \frac{d'-d}{\lambda}$$
$$= a^2 \cos^2 \alpha \sin^2 \alpha \sin^2 2\pi \frac{d'-d}{\lambda} \tag{3}$$

équation d'une ellipse. Le rayon émergent est dit alors polarisé elliptiquement.

Cette ellipse peut être parcourue par la vibration dans deux sens différents ; aussi distingue-t-on deux sortes de polarisation elliptique. Supposons un observateur placé de façon à voir la vibration se propager vers lui, s'il voit la rotation s'effectuer dans le sens des aiguilles d'une montre, la polarisation est *droite ;* elle est *gauche* dans le cas contraire.

Examinons les cas particuliers qui peuvent se présenter :

I.— Vibration rectiligne.— Pour que le mouvement vibratoire soit rectiligne, il faut et il suffit évidemment que l'équation (3) soit satisfaite pour $x = y = 0$, c'est-à-dire que :

$$\cos^2 \alpha \sin^2 \alpha \sin^2 2 \pi \frac{d' - d}{\lambda} = 0$$

et d'abord la vibration sera rectiligne quand α sera égal soit à 0, soit à $\frac{\pi}{2}$, c'est-à-dire quand la vibration incidente coïncidera avec Ox ou Oy.

Elle sera encore rectiligne pour :

$$2 \pi \frac{d' - d}{\lambda} = K\pi$$

ou :

$$d' - d = K \frac{\lambda}{2}$$

K étant un entier :

Si K est pair, l'équation (3) devient :

$$(x \sin \alpha - y \cos \alpha)^2 = 0$$

c'est-à-dire la vibration émergente est parallèle à la vibration incidente.

Si K est impair, l'équation (3) devient :

$$(x \sin \alpha + y \cos \alpha)^2 = 0$$

la vibration émergente est perpendiculaire sur la vibration incidente.

En résumé, pour que la vibration émergente soit rectiligne, il faut que la différence de marche $d' - d$ soit égale à un nombre entier de demi-longueur d'onde.

Il est facile d'obtenir une valeur approchée de cette différence de marche. Supposons en effet le corps cristallisé assez peu biréfringent pour que l'on puisse considérer les longueurs IO et IE comme égales à l'épaisseur e de la lame, on aura :

$$d' = \frac{IE}{V'} v = \frac{e}{V'} v = n' e$$

$$d = \frac{IO}{V} v = \frac{e}{V} v = n e$$

En désignant par n' et n les deux indices par rapport à l'air : par suite :

$$d' - d = e \, (n' - n),$$

et, pour une direction donnée de la lame, la vibration sera rectiligne quand on aura :

$$e = \frac{K}{n' - n} \cdot \frac{\lambda}{2}$$

II. — Polarisation circulaire. — Pour que l'équation (3) représente un cercle, il faut et il suffit que :

$$\sin^2 \alpha = \cos^2 \alpha$$
$$\cos 2 \pi \frac{d' - d}{\lambda} = 0$$

ou :

$$\alpha = \frac{\pi}{4} \quad \text{et} \quad 2 \pi \frac{d' - d}{\lambda} = (2 K \pm 1) \frac{\pi}{2}$$

La vibration incidente doit faire un angle de 45° avec Ox et Oy, et la différence de marche doit être égale à $(2 K \pm 1) \frac{\lambda}{4}$, c'est-à-dire à un nombre impair de quart de longueur d'onde ; ou approximativement l'épaisseur de la lame doit être égale à :

$$\frac{2 K \pm 1}{n' - n} \frac{\lambda}{4}$$

Une lame cristalline introduisant entre les deux rayons émergents une différence de marche égale à $\frac{\lambda}{4}$, s'appelle une *lame quart d'onde*.

Remarquons que l'équation (3) devient :

$$x^2 + y^2 = \frac{a^2}{2}$$

Elle peut se remplacer par les deux équations :

$$x = \pm \frac{a}{2} \cos 2 \pi \, \frac{t}{T}$$

$$y = \pm \frac{a}{2} \sin 2 \pi \, \frac{t}{T}$$

et cela pour deux axes rectangulaires quelconques.

Or, ces deux dernières équations peuvent s'écrire :

$$x = \pm \frac{a}{2} \sin 2 \pi \left(\frac{t}{T} - \frac{\frac{\lambda}{4}}{\lambda} \right)$$

$$y = \frac{a}{2} \sin 2 \pi \frac{t}{T}$$

donc, une vibration circulaire peut être considérée comme la résultante de deux vibrations rectangulaires de directions quelconques de même intensité et présentant une différence de marche égale à $\frac{\lambda}{4}$.

Il en résulte qu'une vibration circulaire, en traversant une lame quart d'onde, donne une vibration rectiligne.

En effet, à leur entrée dans la lame, les deux vibrations composantes présentent un retard égal à $\frac{\lambda}{4}$; en traversant la lame, elles en acquièrent un second égal à $\frac{\lambda}{4}$, qui tantôt s'ajoutera au premier, tantôt s'en retranchera. Dans le premier cas, le retard total sera égal à $\frac{\lambda}{2}$ et, d'après ce que l'on a vu, la vibration résultante sera une vibration perpendiculaire sur la vibration OM incidente. Dans le second, le retard total sera nul, et la vibration s'effectuera rectilignement et parallèlement à OM.

III. — **Vibrations elliptiques.** — L'ellipse représentée par l'équation (3) ne sera rapportée à ses axes qu'autant que l'on aura :

$$2 \pi \frac{d' - d}{\lambda} = (2 K + 1) \frac{\pi}{2}$$

ou :

$$d' - d = (2 K + 1) \frac{\lambda}{4}$$

ou encore :

$$e = \frac{2 K + 1}{n' - n} \frac{\lambda}{4}$$

En général, ses axes ne coïncideront pas avec les sections principales de la lame, mais si on la rapporte à ses axes, son équation
sera toujours de la forme :

$$\frac{x^2}{a} + \frac{y^2}{b^2} - 1 = 0$$

ce qui montre que la vibration peut être considérée comme résultant de deux vibrations rectilignes représentées par les équations :

$$x = \pm a \cos 2\pi \frac{t}{T} = \pm a \sin 2\pi \left(\frac{t}{T} - \frac{\frac{\lambda}{4}}{\lambda}\right)$$

$$y = b \sin 2\pi \frac{t}{T}$$

c'est-à-dire de deux vibrations rectilignes présentant un retard
de $\frac{\lambda}{4}$. Si donc, on fait tomber la vibration elliptique sur une
lame quart d'onde, dont les sections principales coïncident avec
les axes de l'ellipse de vibration, le rayon à sa sortie sera polarisé
rectilignement.

SOUS-CHAPITRE II

Polarisation chromatique en lumière parallèle.

§ I. — THÉORIE DE LA POLARISATION CHROMATIQUE

Si l'on fait tomber normalement un faisceau de rayons parallèles et polarisés rectilignement sur une
lame cristalline mince à faces parallèles, et que l'on reçoive les rayons émergents sur un analyseur biréfringent,
c'est-à-dire sur une lame cristalline suffisamment épaisse pour séparer complètement les deux faisceaux lumineux
on voit deux images uniformément colorées de la lame cristalline. C'est cette
coloration qu'il s'agit d'expliquer.

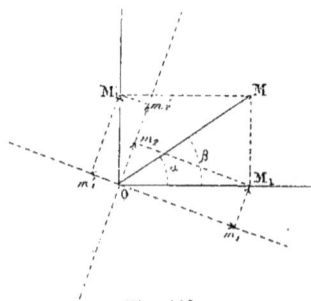

Fig. 148.

I. Considérons d'abord de la lumière homogène. Soit OM (fig. 140)
la direction de la vibration incidente, c'est-à-dire la direction de

la section principale du polariseur, faisant avec la section principale ordinaire de la lame cristalline un angle α et avec l'une des sections principales de l'analyseur un angle β. Si le mouvement vibratoire incident est exprimé par

$$\sin 2\pi \frac{t}{T}$$

et si la longueur OM, égale à l'unité, représente l'amplitude de ce mouvement, en tombant sur la lame cristalline, la vibration se décomposera en deux vibrations, ayant pour amplitude OM_1 et OM_1' et étant exprimées par :

$$\cos \alpha \sin 2\pi \left(\frac{t}{T} - \frac{d}{\lambda} \right)$$

$$\sin \alpha \sin 2\pi \left(\frac{t}{T} - \frac{d'}{\lambda} \right)$$

Or, en tombant sur l'analyseur, ces deux vibrations donnent une vibration dirigée suivant chacune des sections principales.

Suivant l'une de ces sections s'effectuent deux vibrations ayant pour amplitude Om et Om'_1, c'est-à-dire :

$$\cos \alpha \cos (\beta - \alpha) \text{ et } - \sin \alpha \sin (\beta - \alpha)$$

ces deux mouvements vibratoires sont donc exprimés par :

$$\cos \alpha \cos (\beta - \alpha) \sin 2\pi \left(\frac{t}{T} - \frac{d}{\lambda} \right)$$

$$- \sin \alpha \sin (\beta - \alpha) \sin 2\pi \left(\frac{t}{T} - \frac{d'}{\lambda} \right)$$

Calculons l'intensité du mouvement vibratoire résultant de la combinaison de ces deux vibrations. Cette intensité I_1, d'après une formule de la théorie des interférences, est :

$$I_1 = \cos^2 \alpha \cos^2 (\beta - \alpha) + \sin^2 \alpha \sin^2 (\beta - \alpha) - \cos \alpha \cos (\beta - \alpha)$$

$$\sin \alpha \sin (\beta - \alpha) \cos 2\pi \frac{d' - d}{\lambda}$$

$$I_1 = \cos^2 \beta + \sin 2\alpha \sin 2(\beta - \alpha) \sin^2 \pi \frac{d' - d}{\lambda}$$

De même, l'intensité I_2 du rayon vibrant dans la deuxième section principale de l'analyseur sera donnée par la formule :

$$I_2 = \sin^2 \beta - \sin 2\alpha \sin 2 (\beta - \alpha) \sin^2 \pi \frac{d' - d}{\lambda}$$

Remarquons d'abord que $I_1 + I_2 = 1$, c'est-à-dire que la somme des

intensités des deux images est égale à l'intensité du rayon incident, et étudions les variations de I_1, par exemple, quand α et β
varient.

Dans le cas particulier où $\beta = \dfrac{\pi}{2}$, c'est-à-dire quand les sections
principales du polariseur et de l'analyseur sont à angles droits,
I_1 devient :

$$I_1 = \sin^2 2\,\alpha \, \sin^2 \pi \, \frac{d' - d}{\lambda}$$

Si l'on fait varier α, c'est-à-dire si l'on fait tourner la lame
cristalline sans toucher au polariseur et à l'analyseur, dans une
rotation de 360°, I_1 sera nul pour

$$\alpha = 0 \quad \alpha = \frac{\pi}{2} \quad \alpha = \pi$$

Au contraire, I_1 sera maximum pour $\alpha = \dfrac{\pi}{4}$ et $\alpha = \dfrac{3\pi}{4}$. En
outre, quel que soit α, I_1 sera nul pour :

$$\pi \, \frac{d' - d}{\lambda} = \mathrm{K}\pi$$

ou, d'après ce que nous avons vu, quand l'égalité suivante sera
satisfaite :

$$e\,(n' - n) = \mathrm{K}\lambda,$$

égalité qui peut être satisfaite de deux façons différentes.

Supposons $n' - n$ constant, c'est-à-dire que l'orientation de
la lame dans le cristal soit constante, I_1 sera nulle pour :

$$e = \frac{\lambda}{n' - n}$$

$$e = \frac{2\,\lambda}{n' - n}$$

$$e = \frac{3\,\lambda}{n' - n}$$

c'est-à-dire pour une série de valeurs variant en progression arith-
métique.

Si, au contraire, e reste constant, I_1 sera nulle quand l'orientation de la lame sera telle que

$$n' - n = \mathrm{K}\,\frac{\lambda}{e}$$

Or, n et n' sont donnés par les égalités :

$$n' = n_p \cos^2 \frac{\tau + \tau'}{2} + n_g \sin^2 \frac{\tau + \tau'}{2}$$

$$n = n_p \cos^2 \frac{\tau - \tau'}{2} + n_g \sin^2 \frac{\tau - \tau'}{2}$$

d'où l'on tire :

$$n' - n = (n_g - n_p) \sin \tau \sin \tau'$$

Il faut donc que les angles τ et τ' satisfassent à l'égalité

$$\sin \tau \text{ sur } \tau' = \frac{K\lambda}{c\,(n_g - n_p)}$$

Remarquons que cette égalité est satisfaite quand $K = 0$ et que τ ou τ' est nul, c'est-à-dire, quand la lame est perpendiculaire à l'un des axes de réfraction conique externe.

Dans le second cas particulier où $\beta = 0$,

$$I_1 = 1 - \sin^2 2\alpha \sin^2 \pi \frac{d' - d}{\lambda}$$

l'intensité n'est jamais nulle et elle passe par un maximum pour les valeurs qui l'annulaient dans le cas précédent.

II. Considérons maintenant de la lumière blanche ; un rayon de cette lumière peut être considéré comme résultant de la super-position d'une infinité de rayons de différentes couleurs, chacun de ces rayons ayant une intensité déterminée.

Soient A_1, A_2, A_3....... les intensités de ces rayons, si l'intensité du rayon de lumière blanche est prise pour unité, on aura :

$$\Sigma A = 1$$

Un rayon d'intensité A_1 donnera deux rayons ayant pour intensité :

$$I_1 = A_1 \cos^2 \beta + A_1 \sin 2\alpha_1 \sin 2 (\beta - \alpha_1) \sin^2 \pi \frac{d_1' - d_1}{\lambda_1}$$

$$I_2 = A_1 \sin^2 \beta - A_1 \sin 2\alpha_1 \sin 2 (\beta - \alpha_1) \sin^2 \pi \frac{d_1' - d_1}{\lambda_1}$$

Pour obtenir les intensités I'_1, I'_2 des rayons résultants, il suffira de faire la somme de ces intensités partielles. On aura ainsi :

$$I_1' = \cos^2 \beta\, \Sigma A_1 + \Sigma A_1 \sin 2\alpha_1 \sin 2 (\beta - \alpha_1) \sin^2 \pi \frac{d_1' - d_1}{\lambda_1}$$

$$I'_2 = \sin^2 \beta\, \Sigma A_1 - \Sigma A_1 \sin 2\alpha_1 \sin 2 (\beta - \alpha_1) \sin^2 \pi \frac{d_1' - d_1}{\lambda_1}$$

Les deux termes $\cos^2\beta\ \Sigma A_i$ et $\sin^2\beta\ \Sigma A_i$ qui sont respectivement égaux à $\cos^2\beta$ et $\sin^2\beta$ représentent de la lumière blanche; ils sont, en effet, une somme de termes représentant les différentes couleurs dans des quantités proportionnelles à A_1, A_2, etc...

Le terme $\Sigma A_i \sin 2\alpha_i \sin 2(\beta - \alpha_i) \sin^2 \pi \cdot \frac{d'_i - d_i}{\lambda_i}$ représente les différentes couleurs dans des proportions différentes de celles nécessaires pour former de la lumière blanche; il représente de la lumière colorée. Donc, l'un des rayons sera formé de lumière blanche, plus de la lumière d'une certaine couleur et l'autre rayon de lumière blanche moins de la lumière de cette couleur.

Il résulte de là que les deux rayons auront des couleurs complémentaires et que chacun des rayons passera d'une couleur à la couleur complémentaire, lorsque le second terme changera de signe.

Pour pousser plus loin l'analyse du phénomène, remarquons que, dans les cristaux, la dispersion étant toujours très faible, nous pouvons supposer que dans la lame cristalline, les sections principales sont les mêmes pour toutes les couleurs. Les formules précédentes deviennent alors :

$$I'_1 = \cos^2\beta + \sin 2\alpha \sin 2(\beta - \alpha)\ \Sigma A_i \sin^2 \pi\ \frac{d'_i - d}{\lambda_i}$$

$$I'_2 = \sin^2\beta - \sin 2\alpha \sin 2(\beta - \alpha)\ \Sigma A_i \sin^2 \pi\ \frac{d'_i - d_i}{\lambda_i}$$

Etudions les variations de I'_1 quand α varie de 0 à 2π, c'est-à-dire quand l'analyseur et le polariseur restant fixes ont fait tourner la lame cristalline. En supposant $\beta < \frac{\pi}{2}$ pour les valeurs particulières suivantes de α :

$$0,\ \beta,\ \frac{\pi}{2}\ ,\ \beta + \frac{\pi}{2}\ ,\ \pi,\ \beta + \pi,\ \frac{3\pi}{2}\ ,\ \beta + \frac{3\pi}{2}\ ,\ 2\pi.$$

le second terme s'annule et la lumière est blanche. Quand α passe par une de ces valeurs, le second terme change de signe et le rayon d'une couleur passe à la couleur complémentaire.

Donc, quand la section principale faisant l'angle α sera comprise dans l'un des quatre secteurs non hachés (fig. 149), le rayon présentera une certaine couleur, et quand elle sera dans un secteur recouvert de hachures, il aura la couleur complémentaire.

Dans la pratique, le cas le plus fréquent est celui où $\beta = \dfrac{\pi}{2}$, on a alors :

$$I_1 = \sin^2 2\alpha \ \Sigma \ A_1 \sin^2 \pi \ \frac{d'_1 - d_1}{\lambda_1}$$

Le rayon est éteint pour les valeurs 0, $\dfrac{\pi}{2}$, π, $\dfrac{3\pi}{2}$ et 2π de α et il conserve toujours la même couleur.

Etudions maintenant les variations de I'_1 avec β, c'est-à-dire

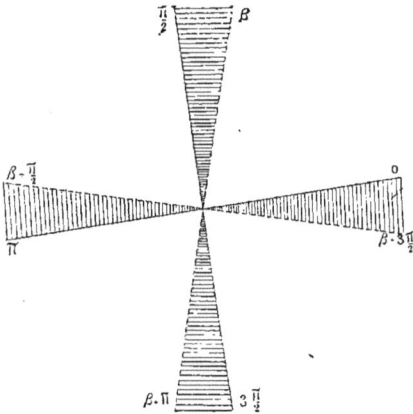

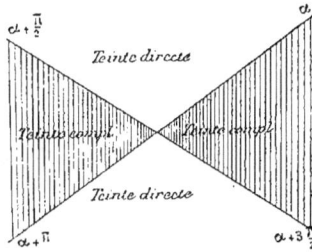

Fig. 149.   Fig. 150.

quand, laissant le polariseur et la lame fixe, on fait tourner l'analyseur.

Le second terme s'annule par les valeurs de β égal à :

$$\alpha, \ \frac{\pi}{2} + \alpha, \ \pi + \alpha, \ \frac{3\pi}{2} + \alpha$$

Pour ces positions, la lumière est blanche et quand β passe par une de ces valeurs, le rayon passe d'une couleur à la couleur complémentaire (fig. 150).

Echelle chromatique de Newton. — D'après ce que l'on vient de voir, une lame ne peut présenter que deux couleurs ou teintes ; l'une d'elles est représentée par le second terme :

$$\Sigma \ A_1 \sin^2 \pi \ \frac{d'_1 - d_1}{\lambda_1}$$

on la désigne sous le nom de *teinte directe ;* l'autre est la teinte *complémentaire* de cette teinte directe.

Il est facile de déterminer la valeur que doit avoir le retard $d'_1 - d_1$ pour obtenir une teinte déterminée.

Si, en effet, on a :

$$d'_n - d_n = K \lambda_n$$

K étant un nombre entier, le terme $A_n \sin 2\pi \dfrac{d'_n - d_n}{\lambda_n}$ sera nul et la teinte de longueur d'onde λ_n fera défaut dans le rayon dont l'intensité est $\Sigma A_1 \sin 2\pi \dfrac{d'_1 - d_1}{\lambda_1}$; par suite, le rayon aura la teinte complémentaire de la teinte λ_n.

Si donc on donne à K la valeur 1, en donnant à λ successivement toutes les valeurs depuis λ_v jusqu'à λ_r, on obtiendra une première série de retards donnant pour la teinte directe les teintes complémentaires des teintes allant du rouge au violet.

En faisant K = 2, on obtient une nouvelle série de retards, redonnant les mêmes teintes dans le même ordre. On a ainsi les teintes du premier ordre, du second ordre, etc.

C'est ainsi qu'a été établie l'échelle chromatique ci-jointe.

Une fois cette échelle établie, elle permet de calculer l'épaisseur que doit posséder une lame d'orientation connue, pour qu'elle présente une teinte déterminée.

La différence des indices principaux $n_g - n_p$ est sensiblement la même pour toutes les couleurs, l'épaisseur e sera donc calculée au moyen de la formule :

$$e = \frac{(n_g - n_p) \sin \tau \sin \tau'}{d' - d}$$

Cas des lames trop minces et des lames trop épaisses. — Lorsque la lame cristalline est trop mince, elle ne se colore plus, et présente une teinte d'un gris plus ou moins foncé.

Dans ce cas, le retard produit par le passage dans cette lame est plus petit que la plus petite longueur d'onde et, par suite, aucune couleur ne manque dans les rayons émergents et la lame prend une teinte grise.

Il est facile de voir qu'au contraire, lorsque l'épaisseur dépasse une certaine valeur, plusieurs couleurs manquent dans les rayons

ÉCHELLE CHROMATIQUE DE NEWTON

Numéro	Retard en millionièmes de millimètre	Différences	TEINTES COMPLÉMENTAIRES	TEINTES DIRECTES
			PREMIER ORDRE	
1	0	»	Blanc.	Noir.
2	40	40	Blanc.	Gris de fer.
3	97	37	Blanc jaunâtre.	Gris de lavande.
4	158	61	Blanc brunâtre.	Gris bleu.
5	218	60	Jaune brun.	Gris plus clair.
6	234	16	Brun.	Blanc avec une légère teinte verte.
7	259	25	Rouge clair.	Blanc presque pur.
8	267	8	Rouge carmin.	Blanc jaunâtre.
9	275	8	Rouge brun presque noir.	Jaune paille.
10	281	6	Violet foncé.	Jaune paille.
11	306	25	Indigo.	Jaune clair.
12	332	26	Bleu.	Jaune brillant.
13	430	98	Bleu verdâtre.	Jaune orangé.
14	505	75	Vert bleuâtre.	Orangé rougeâtre.
15	536	31	Vert pâle.	Rouge chaud.
16	551	15	Vert jaunâtre.	Rouge plus foncé.
			DEUXIÈME ORDRE	
17	565	14	Vert plus claire.	Pourpre.
18	575	10	Jaune verdâtre.	Violet.
19	589	14	Jaune vif.	Indigo.
20	664	75	Orangé.	Bleu.
21	728	64	Orangé brunâtre.	Bleu verdâtre.
22	747	19	Rouge carmin clair.	Vert.
23	826	79	Pourpre.	Vert plus clair.
24	843	17	Pourpre violacé.	Vert jaunâtre.
25	866	23	Violet.	Jaune verdâtre.
26	910	44	Indigo.	Jaune pur.
27	948	38	Bleu foncé.	Orangé.
28	998	50	Bleu verdâtre.	Orangé rouge vif.
29	1101	103	Vert.	Rouge violacé foncé.
			TROISIÈME ORDRE	
30	1128	27	Vert jaunâtre.	Violet bleu clair.
31	1151	23	Jaune impur.	Indigo.
32	1258	107	Couleur chair.	Bleu teinte verdâtre.
33	1334	76	Rouge mordoré.	Vert bleuâtre, vert d'eau.
34	1376	42	Violet.	Vert brillant.
35	1426	50	Bleu violacé grisâtre.	Jaune verdâtre.
36	1495	69	Bleu verdâtre.	Rouge rose.
37	1534	39	Vert bleu.	Rouge carmin.
38	1621	87	Vert clair.	Carmin pourpré.
			QUATRIÈME ORDRE	
39	1652	31	Vert jaunâtre.	Gris violacé.
40	1682	30	Jaune verdâtre.	Gris bleu.
41	1711	29	Gris jaune.	Bleu verdâtre clair.
42	1744	33	Mauve.	Vert bleuâtre.
43	1811	67	Carmin.	Vert bleu clair.
44	1927	116	Gris rouge.	Gris vert clair.
45	2007	80	Gris bleu.	Gris presque blanc.

émergents et que, par suite, la lame doit encore prendre une teinte grise.

Si, en effet, on désigne par λ_v et λ_r les longueurs d'onde du violet et du rouge, on a :

$$\lambda_v = 0,428$$
$$\lambda_r = 0,698$$
$$2\lambda_v = 0,856$$
$$2\lambda_r = 1,396$$
$$3\lambda_v = 1,284$$
$$3\lambda_r = 2,094$$

Si l'épaisseur est telle que le retard soit égal à $3\lambda_r = 2,094$, le rouge manquera, mais 2,094 est égal à quatre fois 0,523, c'est-à-dire à quatre fois la longueur d'onde du vert, cette dernière couleur manquera aussi ; deux teintes complémentaires manquant à la fois, la lumière restera blanche.

Cas de deux lames cristallines. — Examinons le cas suivant :

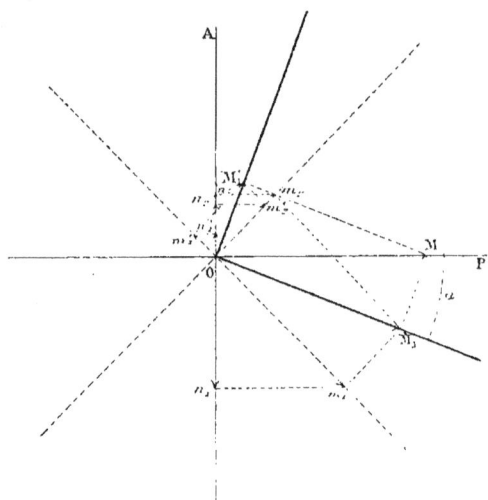

Fig. 151.

l'analyseur ne laisse passer qu'un rayon dont le plan de vibration OA est perpendiculaire sur le plan de vibration OP du polariseur; entre les nicols, sont placées deux lames cristallines ; la section principale ordinaire de la première fait un angle α avec OP ; les sections principales de la seconde font des angles de 45° avec OA et OP (fig. 151)

Le rayon lumineux, en tombant sur la première lame donne naissance à deux vibrations ayant pour amplitude :

$$OM_1 = \cos \alpha$$
$$OM_1' = \sin \alpha$$

et qui, après avoir traversé la lame, sont exprimées par :

$$\cos \alpha \sin 2\pi \left(\frac{t}{T} - \frac{d}{\lambda} \right)$$

$$\sin \alpha \sin 2\pi \left(\frac{t}{T} - \frac{d'}{\lambda} \right)$$

En tombant sur la seconde lame, ces vibrations donnent naissance à des vibrations dirigées suivant chacune de ses sections principales. Les vibrations dirigées suivant l'une de ces sections ont pour amplitude :

$$Om_1 = \cos \alpha \cos \left(\frac{\pi}{4} - \alpha \right)$$

$$Om_1' = -\sin \alpha \sin \left(\frac{\pi}{4} - \alpha \right)$$

et, après avoir traversé la lame, ces vibrations sont exprimées par :

$$\cos \alpha \cos \left(\frac{\pi}{4} - \alpha \right) \sin 2\pi \left(\frac{t}{T} - \frac{d + \delta}{\lambda} \right)$$

$$\sin \alpha \sin \left(\frac{\pi}{4} - \alpha \right) \sin 2\pi \left(\frac{t}{T} - \frac{d' + \delta}{\lambda} \right)$$

De même, après avoir traversé la lame, les vibrations dirigées suivant l'autre section principale auront pour expression :

$$\cos \alpha \sin \left(\frac{\pi}{4} - \alpha \right) \sin 2\pi \left(\frac{t}{T} - \frac{d + \delta'}{\lambda} \right)$$

$$\sin \alpha \cos \left(\frac{\pi}{4} - \alpha \right) \sin 2\pi \left(\frac{t}{T} - \frac{d' + \delta'}{\lambda} \right)$$

En tombant sur l'analyseur, elles donnent naissance à des vibrations dirigées suivant OA et ayant pour expression :

$$- \frac{\cos \alpha}{\sqrt{2}} \cos \left(\frac{\pi}{4} - \alpha \right) \sin 2 \pi \left(\frac{t}{T} - \frac{d + \delta}{\lambda} \right)$$

$$\frac{\sin \alpha}{\sqrt{2}} \sin \left(\frac{\pi}{4} - \alpha \right) \sin 2 \pi \left(\frac{t}{T} - \frac{d' + \delta}{\lambda} \right)$$

$$\frac{\cos \alpha}{\sqrt{2}} \sin \left(\frac{\pi}{4} - \alpha \right) \sin 2 \pi \left(\frac{t}{T} - \frac{d + \delta'}{\lambda} \right)$$

$$\frac{\sin \alpha}{\sqrt{2}} \cos \left(\frac{\pi}{4} - \alpha \right) \sin 2 \pi \left(\frac{t}{T} - \frac{d' + \delta'}{\lambda} \right)$$

L'intensité de la vibration, résultant de ces quatre vibrations, est :

$$I = \cos^2 2 \alpha \sin^2 \pi \frac{\delta' - \delta}{\lambda}$$

$$+ \sin 2 \alpha \cos^2 \left(\frac{\pi}{4} - \alpha \right) \sin^2 \pi \frac{d' - d + \delta' - \delta}{\lambda}$$

$$- \sin 2 \alpha \sin^2 \left(\frac{\pi}{4} - \alpha \right) \sin^2 \pi \frac{d' - d - \delta' + \delta}{\lambda}$$

et, dans le cas particulier où la seconde lame est une lame quart d'onde, c'est-à-dire, $\delta' - \delta = \frac{\lambda}{4}$, cette valeur devient :

$$I = \frac{1}{2} + \frac{1}{2} \sin 2 \alpha \sin 2 \pi \frac{d' - d}{\lambda}$$

§ II. — APPAREILS D'OBSERVATION

Au point de vue des manipulations auxquelles ils se prêtent, les minéraux se trouvent dans la nature à deux états différents. Tantôt ils ont des dimensions suffisantes pour qu'on puisse appliquer à la détermination de leurs éléments les méthodes générales de la physique ; pour qu'on puisse les tailler dans une orientation connue, sur une épaisseur déterminée, etc. Tantôt, au contraire, ils sont microscopiques et ils nécessitent alors des méthodes spéciales.

C'est ce qui arrive, en particulier, pour les minéraux constituant les roches éruptives. Pour étudier ces roches, on les taille en lames à faces parallèles assez minces pour être complètement transparentes, c'est-à-dire sous un épaisseur variant de 1 à 2 centièmes de millimètre.

On ne dispose plus alors de l'orientation des sections, mais on remédie jusqu'à un certain point à cet inconvénient, en profitant de ce que, dans une même préparation, on a un si grand nombre de sections, que l'on peut les considérer comme étant faites dans toutes les directions. Quoi qu'il en soit, ces cristaux n'étant visibles qu'au microscope, les différents dispositifs devront s'adapter sur un de ces appareils.

Le plus souvent, nous aurons donc à indiquer deux méthodes : l'une pour les cristaux de dimensions ordinaires, l'autre pour les minéraux microscopiques.

Nous commencerons par décrire trois instruments d'un emploi fréquent.

Appareil de Norremberg. — Cet appareil, quoique d'un dispositif ingénieux, est à peu près abandonné ; il permet de constater les phénomènes de polarisation chromatique en lumière parallèle, mais il se prête mal à des mesures précises. Il se compose d'une glace sans tain G (fig. 152) sur laquelle on fait tomber un rayon sous l'incidence de la polarisation complète. L'inclinaison du miroir est telle, que ce rayon se réfléchit suivant la verticale, et vient tomber sur le miroir M. Il se réfléchit sur lui-même, traverse

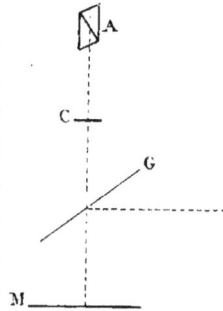
Fig. 152.

la glace G et tombe sur la lame cristalline C que l'on étudie ; cette lame est placée sur un support, pouvant tourner autour de l'axe vertical de l'appareil. Le rayon, après avoir traversé la lame, tombe sur un nicol A, pouvant également tourner autour de l'axe.

Microscope de M. Nachet. — Que l'on ait affaire à de grands ou à de petits minéraux, il est préférable de faire usage du microscope. Le dispositif le plus commode, sans contredit, est celui que M. Nachet met à la disposition des minéralogistes. L'analyseur se trouve entre l'objectif et l'oculaire d'un microscope comprenant les parties essentielles d'un microscope ordinaire. Cette disposition est préférable à celle qui consiste à recouvrir l'oculaire d'un capu-

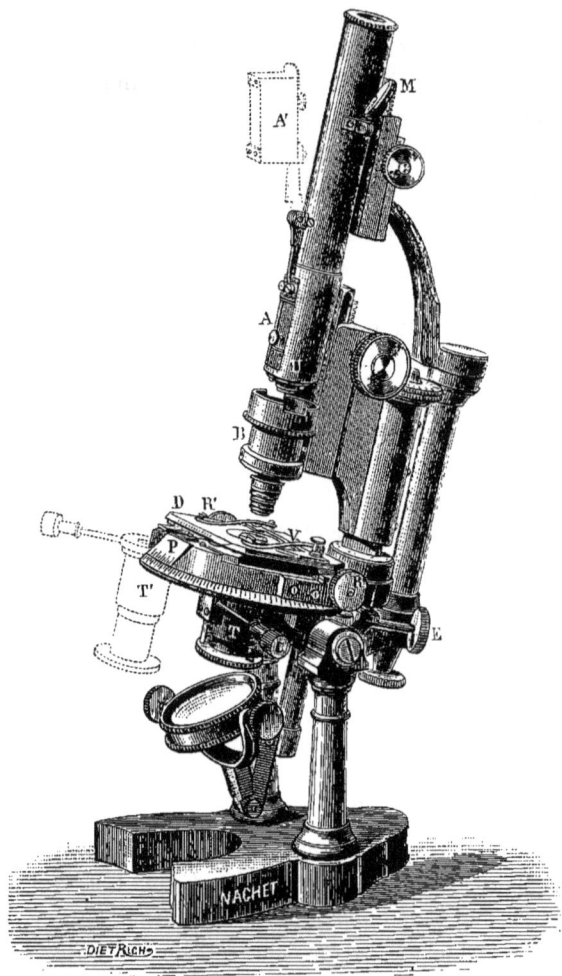

Fig. 153.

chon contenant l'analyseur, car elle diminue beaucoup moins le champ de l'appareil. Mais, comme il est indispensable de pouvoir enlever et replacer cet analyseur, M. Nachet a pratiqué une fente dans le tube de son microscope, de façon à pouvoir relever le

nicol, qui est relié à l'appareil par une charnière (fig. 153). Ce
nicol a donc une orientation fixe ; au contraire, le polariseur
placé au-dessous de la platine peut tourner dans une bague et
devenir ainsi soit perpendiculaire, soit parallèle à l'analyseur.
Une crémaillère permet de rapprocher ou d'éloigner le polariseur
de l'objet.

La platine circulaire peut tourner autour de son centre ; elle
est munie sur son bord d'une division en degrés passant devant
un vernier fixe. Sur la platine, se trouve un charriot auquel des
vis permettent de donner deux mouvements rectangulaires ; grâce
à cette disposition, on peut amener sans difficulté tous les points
de la préparation dans le champ du microscope.

Le tube du microscope est sectionné en deux parties : l'une fixe
portant l'oculaire et l'analyseur, l'autre portant l'objectif ; celle-ci
est reliée par un montant à la platine et est entraînée avec elle
dans son mouvement de rotation. Ce dispositif a le grand avantage de rendre le centrage de l'appareil beaucoup plus facile.

L'axe optique du microscope doit, en effet, passer par le centre
de rotation de la platine. On reconnaît facilement que cette condition est remplie, à ce qu'un point de la préparation, amené en
coïncidence avec la croisée des fils du réticule, y reste lorsqu'on
fait tourner la platine. Supposons que, pendant la rotation, il se
produise un léger déplacement, ce déplacement sera grossi par le
microscope et, avec un grossissement un peu fort, l'objet
sortira du champ ; mais si l'objectif se déplace avec l'objet, le
déplacement n'aura plus lieu que par rapport à l'oculaire et le
grossissement de celui-ci interviendra seul.

Le microscope de M. Nachet présente encore quelques particularités, dont nous parlerons lorsque l'occasion s'en présentera.

La plupart des observations demandent à ce que le polariseur
soit rigoureusement perpendiculaire ou parallèle à l'analyseur.
Comme il est difficile de trouver avec quelque précision la position du polariseur pour laquelle l'extinction est complète ou pour
laquelle l'éclairement est maximum, il est nécessaire d'employer
un artifice. Le moyen le plus simple consiste à placer sur la platine le bilame de quartz qui sera décrit plus loin. Le polariseur
sera à angle droit sur l'analyseur quand les deux lames présente-

ront toutes deux la teinte sensible. Il sera perpendiculaire, quand les deux lames présenteront la même teinte jaune vif.

§ III. — DÉTERMINATION DES SECTIONS PRINCIPALES D'UNE LAME

On a fréquemment besoin de déterminer l'angle que les sections principales d'une lame à faces parallèles font avec une direction connue.

Pour y parvenir, on place le polariseur à angle droit sur l'analyseur, puis on amène la ligne de repère en coïncidence à un des fils du réticule, fils qui sont parallèles aux sections principales de l'analyseur et du polariseur. On fait tourner la lame jusqu'à l'extinction complète et il suffit de lire l'angle dont on a fait tourner la platine.

La difficulté est de saisir l'instant où l'extinction est complète ; pour en faciliter la détermination, on opère de la façon suivante : on place au-dessus de la lame un bilame de quartz ; lorsque la lame cristalline a ses sections principales parallèles à celles des nicols, tout se passe comme si elle n'était pas intercalée et les deux lames du bilame ont la même teinte ; leurs teintes sont au contraire différentes lorsque les sections de la lame ne sont pas parallèles à celles des nicols.

Fig. 154.

Il ne serait évidemment pas commode de placer simplement le bilame sur la préparation ; il manquerait de stabilité, et on ne pourrait incliner le microscope. Le dispositif le plus commode est le suivant : A l'extrémité inférieure du tube portant l'analyseur, se trouve une double rainure dans laquelle on peut engager une coulisse métallique (fig. 154). Celle-ci présente une ouverture dans laquelle est enchâssé le bilame, qui peut être ainsi enlevé et replacé sans gêner aucune des autres manipulations. Le microscope étant rarement centré d'une façon parfaite, il est important de faire deux observations diamétralement opposées pour éviter les erreurs d'excentricité.

Application. — MM. Fouqué et Michel Lévy ont montré comment la mesure des angles d'extinction pouvait être utile à la détermination de certains minéraux des roches. Les feldspaths, par exemple, constituent une famille, dont les espèces, ayant de nombreux caractères communs, sont difficiles à distinguer. Or, les sections de ces minéraux dans les lames minces de roches, appartiennent fréquemment à des zones connues. Si l'on mesure l'angle de la direction d'extinction avec l'axe de zone, dans un grand nombre de sections se présentant dans une même préparation, on constate généralement que cet angle présente un maximum. Ce maximum étant caractéristique de l'espèce pourra servir à déterminer cette espèce, en supposant que la préparation ne renferme pas plusieurs feldspaths.

Citons les cas où on peut reconnaître la zone à laquelle appartiennent les sections.

En premier lieu, certains cristaux sont maclés par hémitropie normale. Il est évident que, dans toute section parallèle à l'axe d'hémitropie, les extinctions auront lieu symétriquement de part et d'autre de la ligne de macle. Les sections appartenant à la zone ayant pour axe l'axe d'hémitropie seront donc faciles à reconnaître.

En second lieu, certaines espèces minérales se présentent en cristaux très allongés, d'autres en cristaux très aplatis. Par suite, les sections très allongées relativement à leur largeur, appartiendront dans le premier cas à la zone ayant pour axe la direction d'allongement et, dans le second cas, à la zone ayant pour axe la normale au plan d'aplatissement.

L'emploi de cette méthode doit naturellement être précédée du calcul des angles d'extinction dans les faces des différentes zones que l'on peut rencontrer, et ce calcul doit être répété pour les différentes espèces qu'il s'agit de distinguer.

Nous ne ferons qu'indiquer la marche suivie par M. Michel Lévy, renvoyant, pour plus de détails, à son dernier ouvrage [1], auquel nous empruntons les notations. Décrivons une sphère ayant pour rayon l'unité et prenons pour plan du tableau le plan normal à l'axe de zone qui se projette en Z (fig. 155). Soient A et B

---

[1] Michel Lévy et Lacroix. *Minéraux des roches.* Baudry, et Cie, éditeur.

les traces des axes optiques, désignons par μ et ν les arcs AZ
ZB et par 2γ l'angle AZB. Soient ZP
la trace du plan bissecteur du dièdre
BZA et QZ la trace d'un plan de la zone
dont la normale est ZN. Comme on le
sait, le plan bissecteur du dièdre BNA
coupera le plan QR, suivant la section
principale extraordinaire, si l'arc AB
est égal à l'angle aigu des axes optiques.
Si l'on désigne par y l'angle de cette
section avec l'axe de zone, par x l'angle
du plan QR, avec le plan bissecteur
ZP, il existe entre x et y, la relation
suivante établie par M. Michel Lévy :

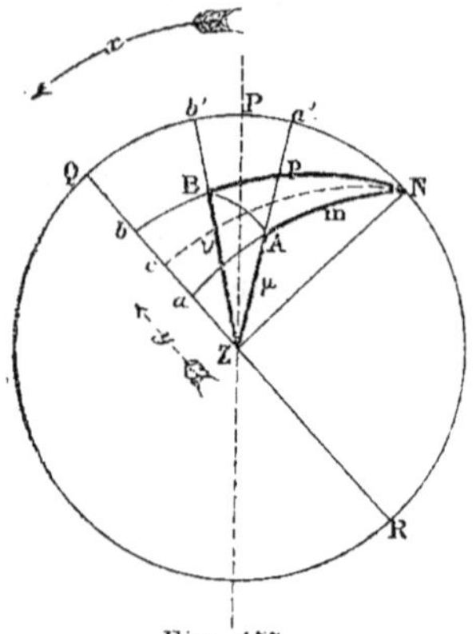

Fig. 155.

$$\operatorname{cotg} 2y = \frac{1 - \operatorname{tg} \mu \, \operatorname{tg} \nu \cos(x+\gamma)\cos(x-\gamma)}{\operatorname{tg} \mu \cos(x+\gamma) + \operatorname{tg} \nu \cos(x-\gamma)}$$
$$= \frac{A + B \sin^2 x}{C \cos x - D \sin x}$$

Si l'on connaît A,B,C,D, c'est-à-dire μ,ν et l'angle 2V des axes
optiques, cette relation donnera la valeur de y correspondant à la
valeur de x. Pour relier ces résultats, on construit la courbe dont
les points ont pour abscisses les x et pour ordonnées les y ; elle
permet de déterminer au moins approximativement le maximum
de y et l'orientation de la lame pour laquelle il a lieu. Nous don-
nerons certaines de ces courbes dans la description des caractères
des espèces.

§ IV. — DÉTERMINATION DU SIGNE D'UNE LAME

Il est facile de voir que la section principale faisant avec l'axe
de zone l'angle y défini plus haut est parallèle à la vibration
extraordinaire de la lame. Or, nous avons vu que, si le cristal est
positif, cette vibration extraordinaire se propage plus lentement
que la vibration ordinaire et que, s'il est négatif, elle se propage
plus vite. Dans le premier cas, la lame est dite positive ; dans le
second, négative.

D'autre part, il peut se faire que, dans une zone, la vibration

s'effectuant suivant la section principale faisant un angle plus petit
que 45° avec l'axe de zone se propage toujours plus vite ou toujours
moins vite que la vibration s'effectuant suivant la section principale faisant un angle plus grand que 45°; dans le premier cas, la
zone est dite positive, dans le second négative.

On comprend, par cela même, qu'il peut être utile de déterminer le signe d'une lame. Le moyen le plus commode consiste dans
l'emploi, soit d'une lame à teinte sensible, soit d'une lame de mica
quart d'onde.

Ces deux lames comprises entre deux lamelles de verre ont la
forme d'un rectangle allongé. La direc-
tion de la vibration se propageant le
plus lentement, marquée par une flèche
sur la lame de verre, fait un angle de

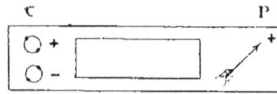

Fig. 156.

45° avec la longueur du rectangle (fig. 156). Si le minéral placé
entre les nicols à angle droit présente le phénomène de la
polarisation chromatique, on emploie le mica quart d'onde.
On tourne la platine, de façon à ce que les sections principales
de la lame fassent des angles de 45° avec celles des nicols,
puis on place le mica quart d'onde au-dessus de la lame, de
façon à ce que leurs sections principales soient parallèles ; ce
qui se fait sans difficulté, par suite de la forme donnée au mica.
Si les sections principales suivant lesquelles les vibrations se propagent le plus rapidement dans la lame et dans le mica sont parallèles, le retard produit entre les deux rayons par le passage à travers le mica s'ajoutera au retard produit par la lame. Par suite, la
teinte de celle-ci se modifiera et passera à une teinte plus élevée
dans l'échelle de Newton. Autrement dit, la vibration se propageant le plus lentement sera parallèle à la flèche marquée sur le
mica. Si la vibration se propageant le plus vite dans la lame est,
au contraire, parallèle à la flèche, les retards se retrancheront et
la teinte passera à une teinte d'un ordre inférieur dans l'échelle
de Newton. Il est d'ailleurs facile de se placer successivement dans
ces deux cas, il suffit de retourner la lame de mica de façon à ce
que sa face supérieure devienne la face inférieure, et inversement.

Quand la lame ne présente plus le phénomène de la polarisation
chromatique, parce qu'elle est trop mince, on emploie la lame à

teinte sensible. Cette lame introduit entre les deux rayons un retard égal à 575 millionièmes de millimètre et, par suite, prend une teinte d'un violet bleuâtre clair entre les nicols à l'extinction. On observera les mêmes phénomènes que dans le cas précédent, mais ce sera la teinte de la lame à teinte sensible qui se modifiera

§ V. — MESURE DE LA BIRÉFRINGENCE

On appelle biréfringence d'une lame à face parallèle la diffé-rence $n' — n$ des indices des deux rayons qui la traversent norma-lement. Il est trois biréfringences qu'il importe de connaître, ce sont les biréfringences :

$$n_g — n_p$$
$$n_m — n_p$$
$$n_g — n_m$$

Outre, en effet, qu'elles sont par elles-mêmes caractéristiques de l'espèce minérale, elles peuvent servir à calculer les angles des axes optiques, par l'une des relations :

$$\operatorname{tg}^2 V = \frac{n_g — n_m}{n_m — n_p}$$

$$\sin^2 V = \frac{n_g — n_m}{n_g — n_p}$$

$$\cos^2 V = \frac{n_m — n_p}{n_g — n_p}$$

Quand un minéral se trouve en grande quantité dans une roche, il est facile de déterminer la biréfringence maxima $n_g — n_p$. Une lame mince de cette roche présentera un grand nombre de sections du minéral, sections faites dans toutes les orientations. Par suite, la section offrant la teinte la plus élevée dans l'échelle de Newton sera sensiblement parallèle au plan des axes optiques et aura pour biréfringence $n_g — n_p$. La mesure de la biréfringence d'une autre lame peut avoir son importance. On a, en effet, la relation :

$$n' — n = (n_g — n_p) \sin \tau \sin \tau'$$

Si on connaît l'orientation de la lame, c'est-à-dire les angles τ et τ', après avoir mesuré $n' — n$, on pourra calculer $n_g — n_p$. Si on connaît $n_g — n_p$ de la mesure de $n' — n$, on déduit :

$$\sin \tau \sin \tau' = \frac{n' — n}{n_g — n_p}$$

et on a ainsi une relation entre τ et τ' qui, jointe à une autre, permettra de calculer τ et τ', c'est-à-dire de déterminer l'orientation de la lame.

La normale à la lame est une génératrice du cône ayant pour équation :

$$\sin \tau \sin \tau' = \frac{n' - n}{n_g - n_p}$$

Nous avons étudié les variations de ce cône ou plutôt de la courbe d'intersection de ce cône avec une sphère de rayon 1, quand $n' - n$ varie de 0 à $n_g - n_p$ [1], et nous avons montré que cette courbe avait une longueur maxima quand $n' - n$ était égal à $n - n_p$; il en résulte que, dans une roche taillée en lame mince, ce sont les sections ayant $n_m - n_p$ pour biréfringence qui doivent se trouver le plus fréquemment.

Ceci posé, d étant le retard produit par la lame entre les deux rayons, e son épaisseur, on a :

$$d = e\,(n' - n)$$

ou :

$$n' - n = \frac{d}{e}$$

donc la mesure de $n' - n$ se ramène à la mesure de d et de e, que l'on fait successivement. Nous nous occuperons d'abord de la mesure du retard.

Comparateur de M. Michel Lévy. — M. Michel Lévy a imaginé un appareil, s'adaptant sur le microscope de M. Nachet et permettant de mesurer très rapidement le retard d ; nous lui laissons la parole pour la description de son appareil [2] :

« Cet appareil se compose des lentilles d'un oculaire n° 1 entre lesquelles s'intercale, à la place du réticule, un prisme à réflexion totale P, muni d'un très petit cylindre de verre, collé au baume de Canada sur la face inclinée du prisme et destiné à laisser passer un faisceau de lumière venant de la platine du microscope (fig. 157 et 158).

[1] Wallerant.— B. S. M., t. XI, 1888.
[2] Michel Lévy. *Minéraux des roches*.

« La surface réfléchissante reçoit et envoie à l'œil la lumière venant d'un petit tube horizontal, soudé latéralement à celui de l'oculaire. Le tube latéral contient une lentille à long foyer et son

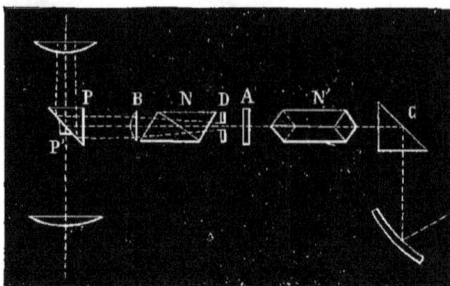

Fig. 157.

diaphragme B, un nicol N et une petite platine tournante D qui entraîne dans sa rotation une lame de quartz parallèle à l'axe et taillée en biseau A.

« Une vis de rappel permet de faire passer lentement le quartz

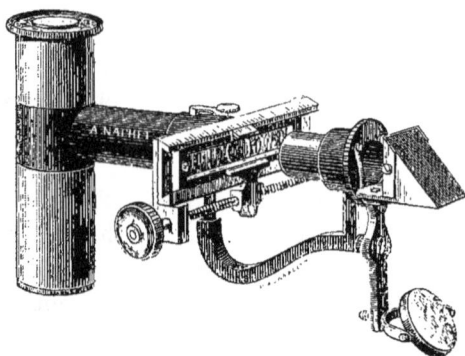

Fig. 158.

témoin devant un diaphragme à trou très fin. L'appareil se termine par un second nicol N' mobile dans une bague et par un miroir susceptible de prendre toutes les orientations ; il envoie la lumière dans un prisme à réflexion totale C, de telle sorte que le miroir puisse être orienté parallèlement à celui du microscope. A la partie postérieure du nicol N' se trouvent deux ressorts entre lesquels on peut glisser des verres colorés.

« Nous continuerons à négliger la dispersion dans les cas où elle

n'influence pas les angles d'extinction ; et nous allons procéder à
la graduation du quartz témoin. Le moyen le plus simple consiste
à déterminer avec le vernier A le chiffre de la graduation auquel
correspondent les teintes sensibles n° 1 et n° 2 de ce comparateur.
Soient t et t' ces deux lectures ; t correspond à un retard de
$0^{mm},000575$ et t' à un retard de $0^{mm},001128$. On en déduit qu'une
division de la graduation correspond à $\delta = \dfrac{1128 - 575}{t' - t}$ en millionièmes de millimètre ; et dès lors, on a tous les éléments nécessaires pour savoir à quel retard correspond un degré quelconque
de cette graduation. En effet, le bord du biseau, supposé prolongé
jusqu'à $e = 0$, correspond à la division :

$$T = t - \frac{575}{\delta} = t - \frac{575\,(t' - t)}{1128 - 575} = \frac{1128t - 575t'}{1128 - 575}$$

et la division t'' correspond en millionièmes de millimètre à un
retard :

$$d = (t'' - T)\,\delta$$

On peut obtenir une graduation un peu plus précise en recourant
à la lumière monochromatique de longueur d'onde connue et déterminant à quel degré de la graduation correspondent les intensités nulles, pour cette lumière, de la lame de quartz. Le calcul
du point de départ, correspondant au point où l'épaisseur du biseau devient nulle, étant effectué, nous prendrons ce point pour
zéro absolu de la graduation.

« Cette opération terminée, une fois pour toutes, on introduit
sur la platine du microscope une seconde lame auxiliaire de quartz
en biseau, et l'on égalise pour une teinte déterminée, le jaune du
second ordre par exemple, les intensités lumineuses des deux
lames, en mettant celle de la platine du microscope à 45° de ses
extinctions et, d'autre part, en tournant convenablement la platine
mobile du comparateur. On enlève ensuite le quartz auxiliaire de
la platine du microscope et on le remplace par la plaque mince à
étudier.

« Si le minéral ne polarise pas dans les teintes grises, on égalise
au moyen du mouvement à vis A les teintes du quartz comparateur et du minéral disposé à 45° de ses extinctions. Lorsque les

teintes s'identifient, l'intensité lumineuse doit également devenir la même; et la sensibilité de l'œil permet de juger avec une grande précision des limites entre lesquelles cette identification est le mieux réalisée. Le produit du chiffre de la graduation par la constante δ déterminée plus haut donne la valeur du retard cherché.

« Si le minéral polarise dans les teintes grises de premier ou de quatrième ordre, on le ramène aux couleurs plus franches en lui superposant une lame parallèle ou croisée de quartz, dont on a étudié le retard. On sait que le retard s'ajoute à celui du minéral étudié, ou qu'il s'en retranche. Cette méthode s'applique avantageusement aux microlithes faiblement biréfringents ; on en augmente la sensibilité en donnant au quartz auxiliaire l'épaisseur convenant à une teinte sensible. »

Méthode de Fizeau et Foucault. —Nous avons vu que, quand un rayon polarisé rectilignement, de longueur d'onde λ, tombe sur une lame cristalline, il en sort polarisé rectilignement, son plan de vibration restant le même, si le retard introduit par la lame est égal à $p\,\lambda$, p étant un nombre entier.

Si le retard est égal à $\dfrac{2\,p+1}{2}\,\lambda$ le rayon sort encore polarisé rectilignement, mais le plan de vibration tourne de 90°.

Plaçons la lame cristalline entre deux nicols à angle droit et faisons arriver sur le polariseur un rayon de lumière blanche. Toutes les radiations auxquelles la lame fait subir un retard égal à $p\,\lambda$, λ étant leur longueur d'onde respective, seront arrêtées par l'analyseur. Si donc on reçoit le rayon émergent dans un spectroscope, on constatera dans le spectre l'existence de bandes noires. Soient λ_1 et λ_6 les longueurs d'onde de deux radiations éteintes entre les franges desquelles on compte quatre franges ; le retard aura pour expression $p\,\lambda_1$ et $(p+5)\,\lambda_6$ et par suite :

$$p\,\lambda_1 = (p+5)\,\lambda_6$$

d'où

$$p = \frac{5\,\lambda_6}{\lambda_1 - \lambda_6}$$

On prendra pour p le nombre entier se rapprochant le plus du quotient $\dfrac{5\,\lambda_6}{\lambda_1 - \lambda_6}$ et le retard sera égal à $p\,\lambda_1$.

Si les nicols sont parallèles et que l'on compte quatre franges entre les franges correspondant aux longueurs d'onde λ_1' et λ_6', le retard sera égal :

$$(2\,p + 1)\,\frac{\lambda_1'}{2} = (2\,p + 11)\,\frac{\lambda_6'}{2}$$

p étant égal à :

$$p = \frac{1}{2}\,\frac{11\,\lambda_6' - \lambda_1'}{\lambda_1' - \lambda_6'}$$

Si le spectre possède une graduation en longueur d'onde, une simple lecture suffira pour déterminer le retard.

Cette méthode, très précise quand il s'agit de minéraux d'assez grande taille pour donner des lames d'une épaisseur notable, l'est beaucoup moins quand elle s'applique aux cristaux microscopiques.

Dans ce cas, on ne peut plus déterminer le retard directement, car il est fréquemment inférieur à la plus petite des longueurs d'onde et par suite ne produit pas de frange. Donnât-il, d'ailleurs, naissance à des franges, celles-ci seraient peu nombreuses, larges et la détermination de la longueur d'onde correspondante serait incertaine. On place alors dans le microscope une lame cristalline accessoire et, au moyen d'un spectroscope oculaire, on détermine l'ordre p des franges fournies par cette lame ; puis, on introduit sous l'objectif la lame à étudier, de façon à ce que ses sections principales soient parallèles à celles de la lame accessoire. On voit la frange d'ordre p, qui correspondait à une longueur d'onde λ_1 se déplacer de façon à correspondre à une longueur d'onde λ_2 ; le retard cherché est évidemment égal à $\pm\,p\,(\lambda_1 - \lambda_2)$.

Emploi de l'échelle chromatique de Newton. — Quand la lame cristalline est suffisamment mince, on peut obtenir rapidement une valeur assez approchée du retard, en se servant de l'échelle chromatique de Newton. Si la lame se colore entre les nicols, l'observation de ses teintes entre les nicols à angle droit et les nicols parallèles fournit deux valeurs du retard.

On peut augmenter la précision, en interposant une lame de retard connu, une lame à teinte sensible par exemple, disposée dans une coulisse semblable à celle qui porte le bilame de quartz. Les sections principales de cette lame sont à 45° de celles des nicols.

et parallèles à celle de la lame. On observe les teintes entre les nicols à angle droit et les nicols parallèles, puis on fait tourner la platine de 90° ; les retards qui s'ajoutaient par exemple dans la première position se retranchent maintenant ; on fait deux nouvelles observations et l'on a ainsi quatre valeurs du retard qui, si elles ne diffèrent que peu les unes des autres, donnent comme moyenne une valeur suffisamment approchée.

Il peut se faire que les teintes observées correspondent à une partie de l'échelle où une grande variation dans le retard peut seule entraîner une variation de teinte.

Dans ce cas, la détermination du retard d'après la teinte manque de précision, mais il suffit de changer la lame accessoire ; au lieu d'une lame à teinte sensible, on se servira par exemple d'une lame quart d'onde.

Il est une précaution à prendre dans cette méthode pour ne pas confondre les teintes des différents ordres. Pour distinguer ces teintes, on se sert d'un quartz parallèle en biseau, c'est-à-dire d'une lame de quartz ayant une face parallèle à l'axe et dont l'autre face forme un biseau très aigu avec la première. Observé seul, ce quartz montre successivement, à mesure que son épaisseur augmente, les teintes du premier, du second ordre et une partie de celles du troisième ordre. Pour faire plus facilement coïncider les sections principales de ce quartz avec celles de la lame à examiner, on lui donne la forme d'un rectangle dont les côtes font un angle de 45° avec la direction de l'axe, qui est indiquée sur la lame par une flèche. Supposons que la lame à examiner présente le rouge du second ordre, si on introduit le quartz par son extrémité mince, de façon à ce que les retards se retranchent, on verra la teinte de la lame descendre dans l'échelle de Newton en passant par l'orangé, le jaune, le vert, le bleu, et on retombera sur le rouge de premier ordre. Puis, on repassera par le jaune, puis par le gris et finalement la lame deviendra obscure lorsque son retard sera exactement compensé par le retard du quartz.

Si alors on retire la préparation, le quart doit présenter le rouge de second ordre.

Mesure de l'épaisseur. — La méthode la plus précise, mais la

plus longue, est la suivante. On sait que pour obtenir une lame
à faces parallèles, on commence par dresser une face, puis on colle
la préparation par cette face sur une lame de verre et on dresse
la seconde face.

En même temps que la lame, on colle à chacun de ses angles une
lame de quartz parallèle à l'axe. Celles-ci s'usent en même temps
que la préparation et ont par suite la même épaisseur. Pour
mesurer cette épaisseur, on détermine le retard produit par les
lames de quartz, et on divise ce retard par la biréfringence
$n_g - n_v = \frac{1}{109.9}$ du quartz.

Quand on veut mesurer l'épaisseur d'une lame, collée dans le
baume de Canada, comme cela a lieu pour les roches, on peut se
servir de la vis micrométrique du microscope, comme l'a indiqué
M. Michel Lévy [1].

Dans le microscope de M. Nachet, le pas de la vis a un 1/4 de
millimètre et la tête de cette vis est divisée en 100 parties égales.
Elle tourne devant un vernier permettant d'évaluer le $\frac{1}{10}$ d'une
division.

On peut donc évaluer un abaissement ou un relèvement du
microscope égal à $\frac{1}{4000}$ de millimètre.

On met au point une poussière placée à la face inférieure d'un
cristal de quartz par exemple, puis on relève le microscope, pour
mettre au point une poussière de la face supérieure. On a ainsi
l'épaisseur apparente de la lame vue à travers le quartz plongé
dans le baume. Pour obtenir l'épaisseur réelle, il faut, comme il
est facile de le voir, multiplier l'épaisseur apparente par le rapport 1,18 de l'indice de réfraction du quartz à celui du baume.
Si on mesure l'épaisseur à travers un feldspath, le facteur devient
1,14. On constate d'ailleurs, en mettant au point, que même
avec le plus fort grossissement, la mise au point ne peut se faire
qu'avec une approximation égale au quart d'une division de la
tête de vis, c'est-à-dire que l'approximation dans la mesure de
l'épaisseur est de $\frac{1}{1600}$ de millimètre.

[1] Michel Lévy. — B. S. M., VI, 1883.

Polarisation chromatique en lumière convergente.

§ I. — THÉORIE DE LA POLARISATION CHROMATIQUE

Surface d'égal retard. — Dans un corps cristallisé, suivant une direction OM, peuvent se propager deux rayons dont les plans de vibration sont rectangulaires. Les deux vibrations se propagent avec des vitesses différentes, de telle sorte que, partant simultanément du point O, quand elles arriveront en M, elles présenteront un certain retard ; si, sur chaque direction autour du point O, on prend un point M tel que les deux vibrations y présentent un retard donné k, on obtient la surface d'égal retard ou surface de Bertin.

L'équation en coordonnées polaires de cette surface s'obtient sans difficulté. Si on désigne par ρ la longueur O M, par n', n les indices de réfraction des deux rayons, le retard est égal à $\rho\,(n' - n)$. On doit donc avoir :

$$\rho\,(n' - n) = k$$

et comme $n' - n = (n_g - n_p) \sin \tau \sin \tau'$
l'équation cherchée est :

$$\rho \sin \tau \sin \tau' = \frac{k}{n_g - n_p} = m$$

τ et τ' étant les angles de OM avec les axes optiques.

On obtient [de la façon suivante l'équation en coordonnées rectangulaires, les axes étant les axes d'élasticité optique.
On a :

$$\rho^2\,(n'^2 + n^2 - 2\,n\,n') = k^2$$
$$\left[\rho^2\,(n'^2 + n^2) - k^2\right]^2 = 4\,\rho^4\,n^2\,n'^2$$

Or, l'équation de la surface :

$$N_2 \equiv \frac{\cos^2 \lambda}{n^2 - n_p{}^2} + \frac{\cos^2 \mu}{n^2 - n'^2{}_m} + \frac{\cos^2 \nu}{n^2 - n_g{}^2} = 0$$

peut s'écrire :

$$n^4 - n^2 \left[(n_g^2 + n_m^2 + n_p^2)(\cos^2 \lambda + \cos^2 \mu + \cos^2 \nu) - (n_p^2 \cos^2 \lambda \right.$$
$$\left. + n_m^2 \gamma \cos^2 \mu + n_g^2 \cos^2 \nu) \right] + n_g^2 n_m^2 \cos^2 \lambda + n_p^2 n_g^2 \cos \mu^2 + n_p^2 n_m^2 \cos^2 \nu = 0$$

d'où l'on tire :

$$n'^2 + n^2 = (n_g^2 + n_m^2 + n_p^2)(\cos^2 \lambda + \cos^2 \mu + \cos^2 \nu) - (n_p^2 \cos^2 \lambda$$
$$+ n_m^2 \cos^2 \mu + n_g^2 \cos^2 \nu)$$
$$n^2 n'^2 = n_g^2 n_m^2 \cos^2 \lambda + n_p^2 n_g^2 \cos^2 \mu + n_p^2 n_m^2 \cos^2 \nu$$

Par suite, l'équation cherchée peut s'écrire :

$$\left[(n_g^2 + n_m^2 + n_p^2)(x^2 + y^2 + z^2) - (n_p^2 x^2 + n_m^2 y^2 + n'^2 z^2) - k^2 \right]^2$$
$$= 4(n_g^2 n_m^2 x^2 + n_p^2 n_g^2 y^2 + n_p^2 n_m^2 z^2)(x^2 + y^2 + z^2)$$

La discussion de l'une ou l'autre de ces équations permet de voir que cette surface a la forme de deux tubes parallèles aux axes optiques et se raccordant dans le voisinage du centre (fig. 159).

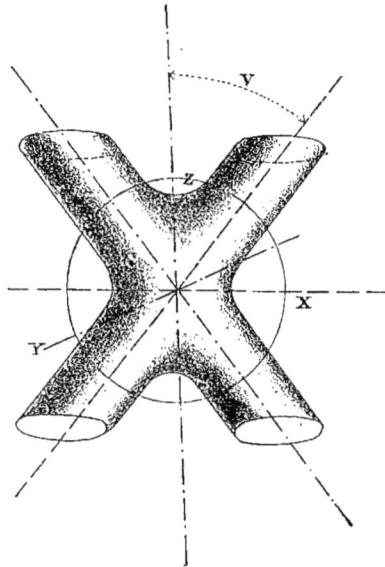

Un simple coup d'œil permet de se rendre compte de la forme des sections planes de cette surface. Si le plan de section est parallèle soit au plan de yz, soit au plan yx, les sections ont l'une des formes ci-jointes, suivant leur distance au centre (fig. 160).

Si le plan de section est parallèle au plan des axes optiques, la courbe aura une forme analogue à celle de

Fig. 159.

deux hyperboles conjuguées ayant ces axes pour asymptotes.

Un plan parallèle à l'un des axes coupera la surface suivant une courbe fermée dont la forme variera entre celle d'une ellipse allongée à celle d'un cercle.

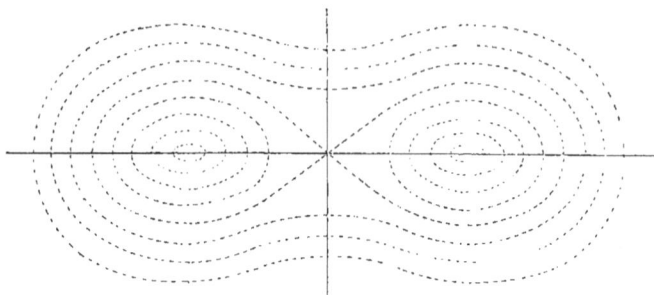

Fig. 160.

Si le cristal est uniaxe, les équations précédentes deviennent :

$$\rho \sin^2 \tau = m$$

$$[n_g^2(x^2+y^2)+n_p^2 z^2 + n_p^2(x^2+y^2+z^2) - k^2]^2 = 4 n_p^2(x^2+y^2+z^2)[n_g^2(n^2+y^2)+n_p^2 z^2]$$

Elles représentent une surface de révolution autour de l'axe optique unique.

La section méridienne, dans le voisinage du centre, tourne sa convexité vers le centre et a l'apparence d'une hyperbole ; à une certaine distance du centre, elle tourne au contraire sa concavité vers l'axe de révolution et a une forme parabolique (fig. 161).

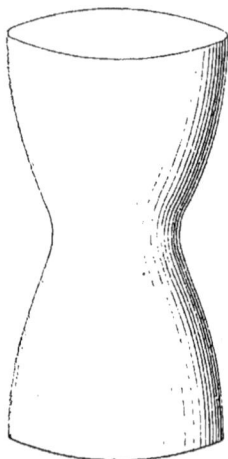

Fig. 161.

Expression de l'intensité des rayons traversant obliquement une lame cristalline. — Considérons un faisceau conique de rayons lumineux tombant sur une lame cristalline à faces parallèles, de telle sorte que le sommet du cône soit sur la face d'entrée.

Ces rayons sont polarisés rectilignement et nous les supposerons suffisamment peu inclinés sur la normale pour pouvoir admettre que leur vibration s'effectue parallèlement à une droite de la face d'entrée. Chacun de ces rayons donne en se réfractant deux rayons se propageant sensiblement suivant la même droite et, dans l'hypothèse précédente, nous pouvons admettre que leurs vibrations ont lieu suivant les droites d'intersection de leur plan de vibration avec la face d'entrée.

Si ces rayons tombent ensuite sur un analyseur, on pourra calculer l'intensité du rayon entrant dans cet analyseur comme on l'a fait pour la lumière parallèle.

Pour la lumière homogène, cette intensité sera donnée par la formule :

$$I_1 = \cos^2 \beta + \sin 2 \alpha \sin 2 (\beta - \alpha) \sin^2 \pi \, \frac{d' - d}{\lambda}$$

et pour la lumière blanche :

$$I_1' = \cos^2 \beta + \sin 2 \alpha \sin 2 (\beta - \alpha) \, \Sigma \, A_1 \sin^2 \pi \, \frac{d_1' - d_1}{\lambda_1}$$

Or, deux rayons qui sortent de la lame en deux points différents, l'ayant traversée suivant des directions différentes et sous des épaisseurs différentes, auront en général des intensités différentes ; car, dans les expressions précédentes, les quantités α et $d'-d$ n'auront pas la même valeur. Donc, l'intensité et la teinte d'un rayon émergent varieront avec le point d'émergence.

Quand la lumière incidente est blanche, tous les points pour lesquels $d'_n - d_n = p\lambda_n$, p étant un nombre entier, auront la teinte de longueur d'onde λ_n ou la teinte complémentaire suivant que $\sin 2 \alpha \sin 2 (\beta - \alpha)$ sera négatif ou positif. C'est pourquoi les courbes, lieux des points tels que la condition $d'_n - d_n = p\lambda_n$ soit remplie, s'appellent *courbes isochromatiques*.

En second lieu, les points tels que :

$$\sin 2 \alpha \sin 2 (\beta - \alpha) = 0$$

ont une teinte blanche dont l'intensité est mesurée par $\cos^2 \beta$, quelle que soit la valeur de l'expression. $\Sigma A_1 \sin^2 \pi \, \frac{d_1' - d_1}{\lambda_1}$; aussi, donne-t-on aux courbes ayant pour équation :

$$\sin 2 \alpha \sin 2 (\beta - \alpha) = 0$$

le nom de *lignes neutres*.

D'après ce que l'on vient de voir, les lignes neutres divisent les lignes isochromatiques en segments présentant alternativement la teinte directe et la teinte complémentaire.

Dans le cas particulier où les sections principales de l'analyseur et du polariseur sont à angle droit, c'est-à-dire où $\beta = \frac{\pi}{2}$

$$I_1' = \sin^2 \alpha \; \Sigma \, A_1 \, \sin {}^2\pi \; \frac{d'_1 - d_1}{\lambda_1}$$

Par suite, les lignes neutres sont des lignes noires et les lignes isochromatiques ont la même teinte en tous leurs points.

Ce dernier résultat s'obtient encore en rendant parallèles les sections de l'analyseur et du polariseur, mais alors les lignes neutres sont des lignes blanches d'intensité maxima.

Dans le cas de la lumière incidente homogène, les lignes isochromatiques et les lignes neutres existent encore avec une signification physique un peu différente.

Les courbes ayant pour équation :

$$d' - d = p \, \lambda$$

sont les courbes d'intimité constante égale à $\cos{}^2\beta$.

Cette valeur, quand on passe d'une courbe à la voisine, est un maxima ou un minima suivant le signe de $\sin \alpha \; 2 \sin 2 \, (\beta - \alpha)$.

Quant aux lignes neutres qui ont toujours pour équation :

$$\sin 2 \, \alpha \sin 2 \; (\beta - \alpha) = 0$$

ce sont également des lignes d'intensité constante divisant la ligne isochromatique en segments d'intensité maxima et minima.

Dans le cas où $\beta = \frac{\pi}{2}$, les lignes neutres et les lignes isochromatiques sont noires.

Lignes neutres. — Nous allons chercher les équations des lignes neutres en nous tenant au degré d'approximation indiquée plus haut.

Ces lignes sont les lieux des points pour lesquels on a :

$$\alpha = 0$$
$$\alpha = \frac{\pi}{2}$$
$$\alpha =$$
$$\alpha = \beta + \frac{\pi}{2}$$

c'est-à-dire pour lesquels la section principale de la lame est parallèle ou perpendiculaire, soit à la section de l'analyseur, soit à la section principale du polarisateur.

Plaçons-nous d'abord dans le cas des cristaux biaxes et soient IH (fig. 162) la normale à la lame, IF et IF′ les axes optiques et M un point tel que la vibration du rayon IM soit parallèle à la section principale du polariseur et fasse par suite un angle ω donné avec la droite FF′. Nous pouvons admettre que la vibration s'effectue suivant la bis-

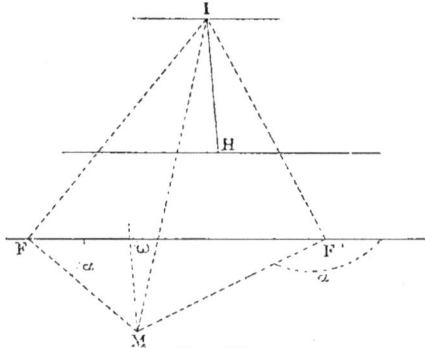
Fig. 162.

sectrice de l'angle FMF′ et alors nous avons en désignant par α et α' les angles que font les directions FM et F′M avec la direction FF′ :

$$\alpha + \alpha' = 2\,\omega$$

$$\operatorname{tg} 2\,\omega = \frac{\operatorname{tg} \alpha + \operatorname{tg} \alpha'}{1 - \operatorname{tg} \alpha \operatorname{tg} \alpha'}$$

En prenant pour axe des x la droite FF′, pour axe des y la perpendiculaire en son point milieu, distant d'une longueur a de F et F′, cette relation peut s'écrire :

$$\operatorname{tg} 2\,\omega = \frac{\dfrac{y}{x-a} + \dfrac{y}{x+a}}{1 - \dfrac{y^2}{x^2 - a^2}}$$

$$\operatorname{tg} 2\,\omega = \frac{2\,x\,y}{x^2 - y^2 - a^2}$$

équation d'une hyperbole équilatère rapportée à son centre, passant par les foyers FF′ et ayant pour asymptote la droite parallèle à la section principale du polariseur.

Lorsque cette dernière est parallèle ou normale à la droite FF′, cette équation se réduit à $xy = 0$ et l'hyperbole a deux droites rectangulaires.

La condition $\alpha = \dfrac{\pi}{2}$ donnerait évidemment le même résultat. Quant aux lignes neutres définies par les conditions :

$$\alpha = \beta$$
$$\alpha = \beta + \frac{\pi}{2}$$

elles seront représentées par l'équation :

$$\operatorname{tg} 2\,\omega_1 = \frac{2\,x\,y}{x^2 - y^2 - a^2}$$

hyperbole équilatère ayant pour asymptote la droite parallèle à la section principale de l'analyseur.

Dans le cas où $\beta = 0$ ou $\beta = \dfrac{\pi}{2}$, ces deux hyperboles se confondent en une seule hyperbole ayant pour asymptote les sections principales des nicols et dont l'axe transverse est à 45° de ces sections.

Les lignes neutres des cristaux uniaxes se déduisent facilement des résultats précédents ; il suffit d'y supposer $a = 0$. On voit ainsi que chacune des hyperboles se réduit à une croix noire, dont le centre coïncide avec le point où l'axe unique perce la face de sortie. Ces deux croix se confondent quand $\beta = 0$ ou $\beta = \dfrac{\pi}{2}$.

Courbes isochromatiques. — Ces courbes, comme nous l'avons vu, sont définies par la relation :

$$d'_n - d_u = p\,\lambda_n$$

Or, si on désigne par ρ la longueur du rayon à l'intérieur de la lame, par τ et τ' les angles de ce rayon avec les axes optiques,

$$d'_n - d_n = \rho\,(n_g - n_p)\sin\tau\sin\tau'$$

on doit donc avoir :

$$\rho\sin\tau\sin\tau' = \frac{p\,\lambda_n}{n_g - n_p}$$

Par suite, les courbes isochromatiques seront les courbes d'intersection de la face de sortie avec les surfaces d'égale retard ayant leur centre au point d'incidence et ayant pour équation :

$$\rho\sin\tau\sin\tau' = \frac{p\,\lambda_n}{n_g - n_p}$$

dans laquelle on donne à p toutes les valeurs entières positives.

En particulier, si la lame est taillée perpendiculairement à une bissectrice, les lignes neutres et les lignes isochromatiques auront la forme suivante (fig. 163).

Si la lame est taillée parallèlement à un axe optique, les lignes

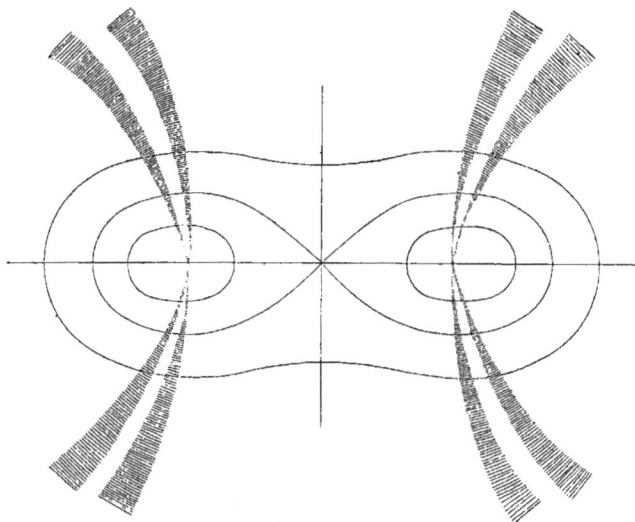

Fig. 163.

isochromatiques auront une forme elliptique et les lignes neutres se réduiront aux deux branches d'hyperbole passant par le point d'intersection de l'axe (fig. 164).

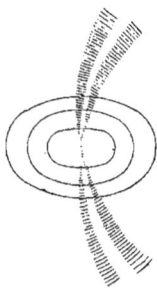

Fig. 164.

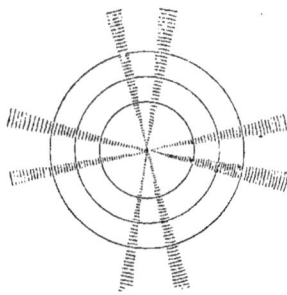

Fig. 165.

Dans les cristaux uniaxes, les courbes isochromatiques, à moins que la lame soit parallèle à l'axe, auront une forme elliptique et, quand la lame sera perpendiculaire à l'axe optique, elles deviendront des cercles concentriques (fig. 165).

Dispersion. — En nous occupant des phénomènes produits par la lumière blanche, nous avons supposé que les axes optiques étaient les mêmes pour toutes les couleurs. Il peut se faire que la position de ces axes varie beaucoup avec la teinte et les phénomènes peuvent alors se compliquer assez pour que l'observation des courbes isochromatiques ne soit plus possible en lumière blanche et qu'il faille recourir à la lumière homogène.

Examinons les modifications produites par une *faible* dispersion des axes.

Dans le système orthorhombique, les axes de toutes les couleurs seront situés dans le même plan et auront même bissectrice aiguë ; de sorte que, dans une lame taillée perpendiculairement à cette bissectrice, les courbes présenteront deux axes de symétrie. L'observation directe d'une pareille lame permet de reconnaître

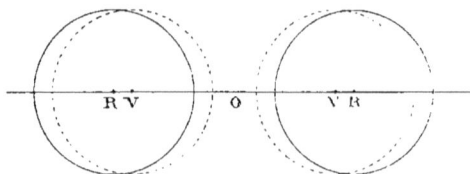

Fig. 166.

si l'angle des axes rouges est plus grand ou plus petit que l'angle des axes violets, ce que l'on exprime en disant que $\rho \gtrless \nu$.

Supposons $\nu < \rho$, et soient V,V (fig. 166) les pôles des axes violets et R,R les pôles des axes rouges. En supposant le polariseur et l'analyseur à angle droit, le premier cercle noir dans le violet, c'est-à-dire le premier cercle rouge aura son centre plus près du centre O que le premier cercle noir dans le rouge, c'est-à-dire que le premier cercle violet ; par suite, la première frange résultant de la superposition de ces cercles colorés, sera violette à l'extérieur et rouge du côté du centre O.

L'inverse aurait lieu si $\rho < \nu$.

Dans le système clinorhombique, trois cas peuvent se présenter :

1° L'axe de symétrie est la bissectice aiguë de tous les axes optiques. Dans ce cas, les axes des différentes teintes pourront se trouver dans différents plans passant par cet axe de symétrie et, dans une lame taillée perpendiculairement à cet axe, les courbes présenteront un centre commun de symétrie.

C'est le cas de la dispersion *croisée* (fig. 167).

2° L'axe de symétrie coïncide avec la bissectrice obtuse de toutes

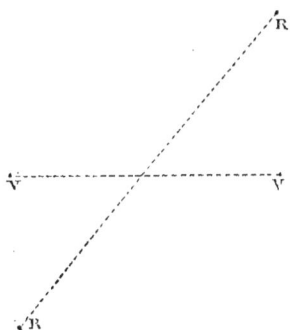

Fig. 167.

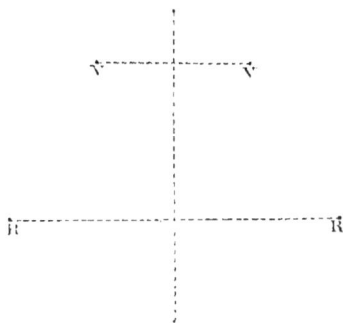

Fig. 168.

les paires d'axes. Celles-ci auront leur bissectrice aiguë dans le plan de symétrie et une section perpendiculaire à ce plan montrera les pôles des axes symétriquement placés par rapport à la ligne d'intersection du plan de symétrie.

La dispersion sera *horizontale* (fig. 168).

3° Si l'axe de symétrie coïncide avec l'axe d'élasticité moyenne,

Fig. 169.

les axes seront tous situés dans le plan de symétrie, et une lame taillée perpendiculairement à ce plan montrera tous les pôles sur une même droite. La dispersion est dite *inclinée* (fig. 169).

Dans ces deux cas, les courbes sont symétriques par rapport à une même droite.

Dans le système triclinique, la position des axes pouvant être quelconque, rien ne permet de faire prévoir les modifications que la dispersion des axes peut introduire dans les phénomènes de polarisation chromatique.

§ II. — APPAREILS D'OBSERVATION

Pince à tourmalines. — Cet instrument très simple mais peu commode se compose de deux lames de tourmaline enchâssées dans des anneaux. Ceux-ci sont fixés aux deux extrémités d'un ressort en forme de pince qui les rapproche (fig. 170); ils peuvent tourner sur eux-mêmes. La tourmaline est une substance uniaxe et les lames employées sont taillées parallèlement à l'axe. De telles lames ont la propriété, sous une épaisseur suffisante, d'absorber complètement le rayon ordinaire et de ne laisser passer que le rayon extraordinaire ; elles agissent donc comme un nicol. Si, après avoir placé les tourmalines à l'extinction et avoir introduit entre elles la lame cristalline, on regarde à travers le tout en dirigeant l'appareil vers le ciel, on voit les courbes isochromatiques et les lignes neutres. Ces courbes affectent des formes différentes suivant l'inclinaison de l'appareil sur l'œil.

Il est facile de se rendre compte de la production du phénomène. Un faisceau de rayons parallèles, en tombant sur la première tourmaline, se polarisent, puis traversent la lame dans la même direction ;

Fig. 170.

par suite, les deux rayons auxquels chacun d'eux donne naissance prennent le même retard, de sorte que tous les rayons émergeant de la seconde tourmaline et provenant du même faisceau incident auront la même couleur.

Si donc ils viennent à converger en un point de la rétine, le point du ciel situé sur leur direction se teintera de cette couleur. Celle-ci variera avec la direction des rayons, c'est-à-dire avec la position du point dans le ciel.

Les lignes isochromatiques se détachent donc sur le fond du ciel et ne sont visibles que pour les personnes dont l'œil peut s'accommoder pour l'infini.

Microscope à lumière convergente. — Ce microscope se compose d'un miroir M permettant de faire tomber la lumière sur une pile de glace P (fig. 171) qui la polarise et la renvoie verticalement dans l'appareil. Elle tombe alors sur un système de lentille, l'*éclaireur*, qui la concentre sur une petite surface. L'appareil est disposé de façon que cette petite surface coïncide avec la face inférieure de la lame à examiner. Au-dessus de celle-ci, se trouve un système de lentilles, le *collecteur*, destiné à recevoir les rayons qui sortent en divergeant de la lame. Enfin, au-dessus, se trouve un oculaire renfermant un nicol.

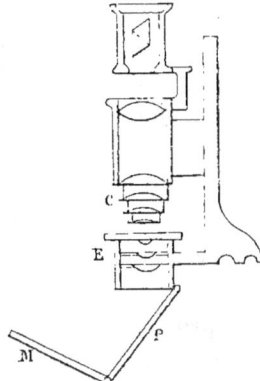

Fig. 171.

La petite surface éclairée envoie des rayons qui traversent la lame dans toutes les directions ; considérons un faisceau de rayons parallèles : ils prennent un même retard, puis viennent converger en un point du plan focal principal du collecteur. Si donc l'oculaire est tiré de façon à ce que ce plan focal soit au point, le point de convergence sera vu coloré et la teinte dépendra de la direction des rayons traversant la lame, c'est-à-dire de la position du point de convergence dans le plan focal.

La lame cristalline étant placée sur une platine mobile, en faisant tourner celle-ci, on peut constater les lois de la polarisation en lumière convergente ; on peut suivre en particulier les déformations des lignes neutres pendant la rotation.

Procédés de Von Lasaulx et de M. E. Bertrand. — Von Lasaulx a imaginé un procédé permettant d'observer les phénomènes de la polarisation chromatique en lumière convergente dans les cristaux microscopiques et, en particulier, dans les cristaux des roches taillées en lames minces.

Dans le microscope de M. Nachet, par exemple, on remplace la lentille qui se trouve habituellement au-dessus du polarisateur par une lentille fortement convergente. Puis, on met au point le cristal avec un fort grossissement et on enlève l'oculaire. La lentille du polariseur fait office d'éclaireur et l'objectif de collecteur ;

il se forme donc dans le plan focal de cet objectif une image, en général très nette, que l'on observe directement avec l'œil.

M. E. Bertrand a proposé d'observer cette image au moyen d'un microscope. Il y a imaginé un dispositif, adopté de la façon suivante au microscope de M. Nachet. A l'extrémité inférieure de la partie supérieure du tube, on introduit une coulisse semblable à celle décrite à propos du bilame de quartz, mais portant une lentille convergente. Cette lentille faisant fonction d'objectif, la partie supérieure du microscope constitue à elle seule un microscope permettant d'observer l'image donnée par l'objectif ordinaire.

Ce procédé ne s'applique qu'aux minéraux occupant tout le champ du microscope. Dans ce cas, il peut être employé pour effectuer certaines mesures, mais il est d'un usage beaucoup moins courant que le procédé de Von Lasaulx.

Les cristaux très biréfringents dans les lames minces présentent seuls des courbes isochromatiques ; en général, on ne peut observer que les lignes neutres.

Celles-ci peuvent d'ailleurs fournir des résultats importants déduits des remarques suivantes.

Remarques. — Dans les cristaux uniaxes, les lignes neutres ont la forme d'une croix noire ; mais, en général, le centre de la croix sort du champ du microscope et par conséquent on ne voit qu'une branche de la croix, qui se déplace en restant parallèle à la section principale de l'un des nicols, quand on fait tourner la préparation (fig. 172).

Quand une de ces branches coïncide avec l'un des fils du réticule, elle est parallèle à la projection de l'axe du cristal sur le plan de la lame, c'est-à-dire à la vibration extraordinaire.

Dans les cristaux biaxes, on ne voit en général qu'une partie de l'hyperpole noire qui constitue ici la ligne neutre. Tantôt, la trace de l'une des bissectrices des axes optiques est située dans le champ de l'appareil. On le reconnaît en voyant les branches de l'hyperbole venir se souder en un point coïncidant avec cette trace pour former une croix noire.

Tantôt, c'est la trace d'un axe optique qui se trouve dans le champ et l'on voit une branche d'hyperbole tourner autour de ce point.

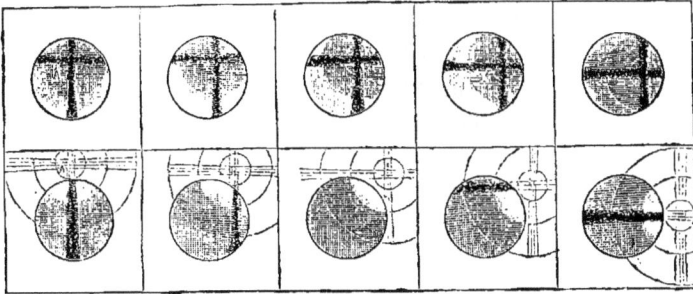

Cristaux à un axe.

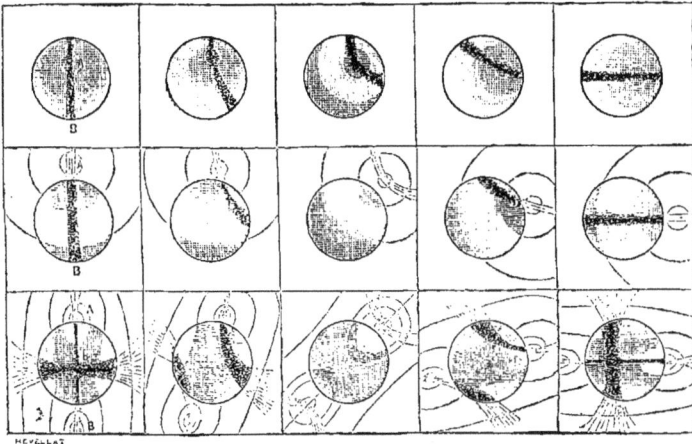

Fig. 172. — Cristaux à deux axes.

Enfin, quand on ne se trouve dans aucun des cas précédents, on voit des branches d'hyperbole traverser le champ quand on fait tourner la préparation (fig. 172).

§ III. — DÉTERMINATION DU SIGNE D'UN CRISTAL

Cristaux uniaxes. — Nous venons de voir que, dans la majorité des cas, on peut déterminer la direction de la vibration extraordinaire. Il suffira donc de constater si cette vibration extraordinaire va plus vite ou moins vite que la vibration ordinaire pour savoir si le cristal est négatif ou positif. Pour effectuer cette constatation, on remplace la lumière convergente par la lumière parallèle et on opère comme nous l'avons indiqué précédemment.

Cette méthode n'est plus applicable quand la lame est parallèle ou perpendiculaire à l'axe optique. Dans ce dernier cas, la détermination se fait de la façon suivante. La lame étant examinée en lumière convergente, on introduit au-dessus de la préparation un mica quart d'onde, de façon à ce que ses sections principales soient à 45° de celles des nicols.

L'introduction de ce mica modifie l'image de la façon suivante : la croix noire est remplacée par une croix grise. Les cercles sombres se brisent au contact des branches de cette croix, de façon à alterner dans deux quadrants adjacents. Il en résulte que les deux quarts de cercle sombres, placés le plus près du centre, sont situés dans deux quadrants opposés par le sommet.

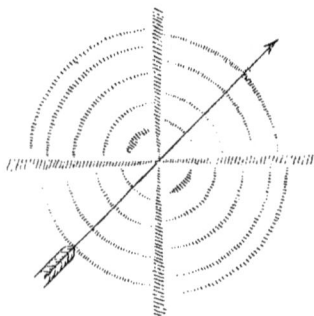

Fig. 173.

Or, deux cas peuvent se présenter : tantôt, la ligne joignant ces deux premiers quarts est perpendiculaire sur la direction de la vibration de plus petite vitesse du mica, direction indiquée par une flèche, et le cristal est positif (+) (fig. 173); tantôt, la ligne joignant les deux premiers quarts est parallèle à cette flèche (—) et le cristal est négatif.

On peut facilement se rendre compte de ces modifications en se servant de la formule établie précédemment et donnant dans le cas actuel l'intensité :

$$I = \frac{1}{2} + \frac{1}{2} \sin 2\alpha \, \sin 2\pi \frac{d' - d}{\lambda}$$

Dans cette formule α est l'angle que fait avec la section principale du polariseur OP, la vibration ordinaire qui éprouve dans la lame un retard d. Cette formule, établie pour la lumière normale, peut encore, comme nous l'avons vu, s'appliquer à la lumière oblique.

Les points pour lesquels $\sin 2\alpha = 0$, c'est-à-dire pour lesquels $\alpha = \frac{\pi}{2}$, se présentent avec une intensité lumineuse égale à $1/2$. La croix noire sera donc remplacée par une croix grise. Dans les quadrants 2 et 4 où $\sin 2\alpha > 0$, le minimum d'intensité se produira aux points pour lesquels :

$$\sin 2\pi \frac{d'-d}{\lambda} = -1.$$

Or, si le cristal est positif, c'est-à-dire si $d'-d = e\,(n'-n) < 0$, cette condition sera remplie pour :

$$d'-d = (4n-1)\frac{\lambda}{4}$$

c'est-à-dire aux points d'intersection de la face de sortie, et des surfaces d'égal retard définies par :

$$d'-d = 3\frac{\lambda}{4}$$

$$d'-d = 7\frac{\lambda}{4}$$

$$\cdots\cdots$$
$$\cdots\cdots$$

et, si le cristal est négatif, c'est-à-dire si $d'-d > 0$, la condition sera remplie en même temps que :

$$d'-d = \frac{\lambda}{4}$$

$$d'-d = 5\frac{\lambda}{4}$$

$$\cdots\cdots$$

Dans les quadrants 1 et 3, $\sin 2\alpha$ est négatif, c'est l'inverse qui a lieu.

Nous voyons donc que les lignes sombres alternent d'un quadrant à l'autre et que, si le cristal est positif, les lignes sombres les plus près du centre se trouvent dans les quadrants contenant la vibration extraordinaire du mica et forme, par suite, un croix avec la vibration ordinaire. C'est le contraire qui a lieu quand le cristal est négatif.

Cristaux biaxes. — Il est, dans ce cas, beaucoup moins facile de déterminer le signe du cristal. Il faut avoir une lame taillée à peu près perpendiculairement au plan des axes optiques, de façon à que la trace de l'une des bissectrices soit dans le champ, et savoir si cette bissectrice est la bissectrice aiguë ou la bissectrice obtuse. On peut alors reconnaître les deux vibrations, en examinant la lame en lumière convergente ; si la bissectrice aiguë a sa trace dans le champ, la vibration ordinaire coïncide avec la ligne des pôles ; elle lui est perpendiculaire dans le cas de la bissectrice obtuse. Il suffit alors de déterminer en lumière parallèle quelle est la vibration qui se propage le plus vite.

Si, en employant le procédé de Von Lasaulx, on aperçoit simultanément les deux sommets de l'hyperbole noire, la lame est taillée perpendiculairement à la bissectrice aiguë; car, à moins de se servir d'objectifs spéciaux, les pôles des deux axes ne sont visibles en même temps que si l'angle de ces axes est plus petit que 90°. On peut donc dans ce cas déterminer le signe du minéral.

Dans le cas où la lame est sensiblement perpendiculaire à la bissectrice aiguë, on peut se servir des lignes isochromatiques pour déterminer le signe. Remarquons en effet que si on vient à diminuer le retard des rayons issus de la lame, les courbes devront s'éloigner des axes optiques, c'est-à-dire se dilater, de façon à compenser la diminution ; elles devront au contraire se contracter, si on augmente le retard. Après avoir placé les sections principales à 45° de celles des nicols, on introduit le quartz parallèle en biseau, de façon que la flèche soit parallèle à la ligne des pôles. Si le cristal est positif, la vibration dirigée suivant la ligne des pôles se propage plus vite que l'autre ; mais, en pénétrant dans le quartz, elle se propage moins vite, par conséquent le retard diminue et les courbes se dilatent. En enfonçant le quartz progressivement, le retard diminuant de plus en plus, on voit ainsi les courbes se dilater peu à peu. Quand le cristal est négatif, elles se contractent.

L'inverse aurait lieu évidemment, si on introduisait le quartz, de façon que la flèche fût perpendiculaire à la ligne des pôles.

§ III. — MESURE DE L'ANGLE DES AXES OPTIQUES

Considérons une lame taillée perpendiculairement à la bissectrice aiguë et soient OF et OF' (fig. 174) les directions des axes optiques ; les rayons se propageant suivant OF et OF' se réfracteront en sortant et prendront les directions FG et F'G' faisant entre elles un angle 2E. Entre l'angle E et le demi-angle vrai V des axes, on a la relation :

$$n \sin E = n_m \sin V$$

n_m étant l'indice moyen du cristal et n l'indice du milieu extérieur. Connaissant ces deux indices, il suffira de mesurer E pour avoir V.

Dans certains cas, on pourra déterminer V sans connaître n_m et n. Il suffit de mesurer l'angle apparent E_1 des axes dans une lame taillée perpendiculairement à la bissectrice obtuse ; on a la seconde relation :

Fig. 174.

$$n \sin E_1 = n_m \cos V$$

et par suite :

$$\text{tg } V = \frac{\sin E}{\sin E_1}$$

Quand l'angle V est très grand, il peut se faire que les rayons qui se propagent suivant les axes subissent la réflexion totale. Pour que ce phénomène n'ait pas lieu, il faut que :

$$\sin V \frac{n_m}{n} < 1$$

ou :

$$\sin V < \frac{n}{n_m}$$

Comme l'indique M. Mallard, si l'observation se fait dans l'air et si $n_m = 1,6$, il faut que $V < 38°$.

Aussi, quand l'angle V dépasse cette valeur, au lieu de faire l'observation dans l'air, on la fait dans l'huile d'œillette où l'on plonge le minéral.

L'indice de réfraction du jaune dans cette huile étant de 1,468 en supposant $n_m = 1,6$, il faut que V soit plus petit que 66° ; ce

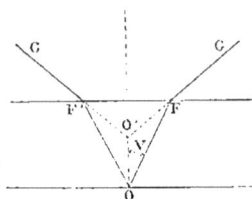

qui a toujours lieu si on ne fait l'observation que dans une lame
taillée perpendiculairement à la bissectrice aiguë.

Emploi du microscope à lumière convergente. — Le microscope
que nous avons décrit est disposé de façon à pouvoir tourner autour
de l'extrémité de son support et à devenir horizontal. On remplace
alors la pile de glace, faisant fonction de polariseur, par un nicol,
et on fixe sur l'axe de l'appareil entre l'éclaireur et le collecteur
une petite potence. Celle-ci porte un limbe horizontal gradué et
percé en son centre d'un axe tournant à frottement doux.

A cet axe est fixée une alidade se terminant par un vernier qui
tourne devant la graduation du limbe. Enfin, cet axe se termine
à son extrémité par une petite pince destinée à porter la préparation.

La lame cristalline doit être à une certaine distance de l'éclaireur, puisqu'elle doit tourner ; mais, comme le sommet incident
du aisceau doit tomber sur sa face antérieure, on enlève la dernière
lentille de l'éclaireur pour augmenter sa distance focale.

La lame cristalline est placée dans la pince, de façon à ce que
la ligne des pôles des axes optiques soit horizontale, c'est-à-dire
perpendiculaire à l'axe de rotation. Mais, comme il est nécessaire,
pour la commodité de la mesure, que cette ligne des pôles soit
l'axe transverse de l'hyperbole, ligne neutre, c'est-à-dire soit à 45°
des sections principales des nicols, on commence par placer ces
sections principales à 45° de l'horizontale.

Ces dispositions une fois prises, en faisant tourner l'axe vertical, on amène successivement le fils du réticule, qui est perpendiculaire à la ligne des pôles, à être tangent à chacune des branches
de l'hyperbole. L'angle dont l'axe a tourné est l'angle apparent
2E des axes optiques.

Dispositif de M. E. Bertrand. — Après avoir imaginé le dispositif
permettant d'observer les courbes isochromatiques dans les cristaux
de petites dimensions, au moyen du microscope, M. E. Bertrand
a fait construire une petite cuve goniométrique à fond de verre
que l'on place sur la platine du microscope et permettant de mesurer
l'angle des axes optiques. M. Nachet a modifié cette cuve et l'a

rendue d'un emploi beaucoup plus commode. Ainsi modifiée, cette cuve, qui est cylindrique, porte sur son bord supérieur, une couronne mobile C (fig. 175). Cette couronne présente une graduation à l'extérieur, et s'engrène à l'intérieur avec une roue R fixée contre la paroi verticale. Une petite tige A, se terminant par une pince, s'enfonce au centre de la roue perpendiculairement à la paroi verticale. En faisant tourner la couronne, on fait par cela même tourner cette petite tige sur elle-même et l'angle, dont elle a tourné, est donné par la graduation de la couronne.

La lame cristalline est fixée à l'extrémité de A de façon à ce que la ligne des pôles soit perpen-diculaire à cette tige ; puis, on fait tourner la platine, pour amener cette ligne des pôles à être à 45° des sections principales des nicols, et la mesure se fait comme dans l'appareil précédent. Quand l'angle

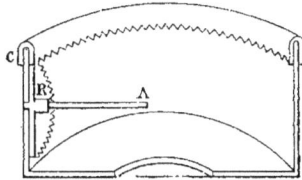

Fig. 175.

à mesurer dépasse une certaine valeur, on remplit la cuve d'huile d'œillette.

Mesure approximative de l'angle des axes optiques des minéraux des roches en lames minces. — A propos de l'étude de la biréfringence, nous avons montré que, quand une roche renferme un minéral en grande abondance, ce sont les sections ayant pour biréfringence $n_m - n_p$ qui doivent se présenter le plus souvent. Par conséquent, en mesurant la biréfringence d'un grand nombre de sections, on obtiendra la biréfringence $n_m - n_p$ en prenant la valeur qui se présente le plus souvent dans les mesures. Si, en outre, on a déterminé la biréfringence maxima $n_g - n_p$, comme nous l'avons indiqué, on pourra calculer l'angle V par la formule :

$$\cos^2 V = \frac{n_m - n_p}{n_g - n_p}$$

CHAPITRE III

DE LA POLARISATION ROTATOIRE

§ I. — DE LA POLARISATION ROTATOIRE DANS LES CORPS NON CRISTALLISÉS

Pour la clarté de l'exposition, il est bon de faire précéder l'étude des propriétés des cristaux, de la description des phénomènes que nous offrent certains solides, liquides ou gaz. Ces corps, en effet, ne possèdent pas la propriété de la double réfraction, qui peut cacher ou, tout au moins, rendre moins facilement observables les propriétés que nous nous proposons d'étudier.

Si un rayon de lumière homogène, après avoir traversé un nicol, tombe sur un second nicol à angle droit sur le premier, il est complètement éteint et, en général, cette extinction subsiste si on interpose entre les deux nicols un corps transparent isotrope. Biot a constaté le premier que certains liquides, interposés sur une épaisseur suffisante, rétablissaient le passage de la lumière. Pour éteindre complètement le rayon, il faut alors tourner l'analyseur d'un certain angle et si, à partir de cette position d'extinction, on fait tourner l'analyseur dans un sens ou dans l'autre, le passage de la lumière est rétabli et l'intensité du rayon émergent va en augmentant jusqu'à une valeur maximum qui se produit quand l'analyseur est à angle droit sur la position d'extinction.

De là, évidemment, il résulte que le rayon sortant du liquide est polarisé rectilignement, et que son plan de polarisation coïncide avec la section principale de l'analyseur quand celui-ci se trouve dans la position d'extinction, il ne coïncide donc plus avec le plan de polarisation du rayon sortant du polariseur. Autrement dit, le liquide a fait tourner le plan de polarisation d'un certain angle, qui n'est autre que l'angle dont on a dû faire tourner l'analyseur, pour rétablir l'extinction. C'est dans cette rotation que consiste le phénomène de la polarisation rotatoire.

Lois de la polarisation rotatoire. — En étudiant ce phénomène de près, Biot a constaté qu'il était soumis aux lois suivantes :

1° En interposant successivement entre les nicols une colonne d'essence de térébenthine et une colonne d'eau sucrée, Biot constata dans l'action de ces deux corps une différence notable. Se plaçant devant son appareil, de façon à voir venir vers lui la radiation lumineuse, il constata qu'avec l'essence, le plan de polarisation avait tourné dans le sens inverse des aiguilles d'une montre, tandis que, avec l'eau sucrée, la rotation s'était produite dans le sens des aiguilles d'une montre.

Il fut ainsi amené à répartir les corps, possédant la polarisation rotatoire, en deux groupes : l'un comprenant les corps *dextrogyres* comme l'eau sucrée, et l'autre les corps *lévogyres* comme l'essence de térébenthine.

2° L'angle de rotation du plan de polarisation va en croissant du rouge au violet et varie, *à peu près*, en raison inverse du carré de la longueur d'onde.

3° L'angle de rotation est proportionnel à l'épaisseur du corps traversé.

4° La rotation produite par un corps en dissolution est proportionnelle à la quantité du corps dissous, c'est-à-dire à la densité du corps considéré comme occupant le volume total.

5° La rotation produite par le mélange de deux corps actifs, n'agissant pas l'un sur l'autre, est égale à la somme algébrique des rotations que chacun d'eux produirait s'il était seul.

Définition du pouvoir rotatoire. — **Calcul de la rotation produite par un mélange.** — On appelle pouvoir rotatoire l'angle de rotation produit par le passage à travers une colonne dont la longueur est égale à l'unité, le décimètre en général ; cet angle étant pris avec le signe plus, si le corps est dextrogyre, avec le signe moins s'il est lévogyre, on le désigne par ρ. Si le rayon traverse, non pas un liquide pur, mais un liquide en dissolution dans un liquide n'agissant pas, la rotation α sera donnée par l'égalité :

$$\alpha = \rho . l . d .$$

l étant la longueur traversée, et d la densité de la substance active, considérée comme occupant le volume total, c'est-à-dire la quantité $\frac{p}{V}$, p étant le poids du corps dissous et V le volume de la dissolution.

Si on mélange deux liquides actifs, produisant chacun une rotation

$$\alpha = \rho\, l\, \frac{p}{V}$$

$$\alpha' = \rho'\, l\, \frac{p'}{V}$$

la rotation totale sera égale à :

$$\alpha + \alpha' = \frac{l}{V}\, (p\,\rho + \rho'p')$$

§ II. — DE LA POLARISATION ROTATOIRE DANS LES CRISTAUX

Il nous a semblé préférable de commencer par l'étude de la polarisation rotatoire dans les corps ne faisant pas subir d'autre modification à la lumière. Cependant, le phénomène de la rotation fut constaté pour la première fois en 1811 par Arago dans un corps cristallisé, le quartz. Depuis, on a constaté l'existence de cette propriété dans plusieurs corps cristallisés, dont nous empruntons la liste à M. Wyrouboff [1].

SUBSTANCES

HEXAGONALES OU RHOMBOÉDRIQUES	QUADRATIQUES	CUBIQUES
Quartz.	Sulfate de strychnine	Chlorate de soude.
Cinabre.	Diacétyl - phénol - phta-	Bromate de soude.
Maticocamphre.	léine.	Acétate uranosodique.
Hyposulfate de potasse.	Carbonate de guanidine.	Sulfo - antimoniate de
Hyposulfate de rubi-	Sulfate d'éthylène dia-	soude.
dium.	mine.	Alun d'amylamine.
Métapériodate de soude.		
Benzile.		
Hyposulfate de plomb.		
Hyposulfate de stron-		
tium.		
Hyposulfate de calcium.		

[1] Wyrouboff. *Ann. Ch. et Phys.*, t. VIII, 6ᵉ série.

Comme on le voit, les cristaux sont tous soit cubiques, soit uniaxes. On constate la polarisation rotatoire chez les premiers, au moyen d'une lame taillée dans une direction quelconque ; chez les seconds, au moyen d'une lame taillée perpendiculairement à l'axe.

La rotation y est soumise aux lois 1, 2 et 3 du paragraphe précédent.

Tous ces cristaux, en effet, se présentent sous deux variétés, l'une lévogyre, l'autre dextrogyre et même, souvent, un même cristal comprend des plages lévogyres et des plages dextrogyres.

Dans l'améthyste, ces plages alternent régulièrement, de façon à faire disparaître le phénomène.

Comme le fait remarquer très justement M. Mallard, puisque ces cristaux font tourner tantôt à droite, tantôt à gauche, le plan de polarisation, ils doivent présenter dans leur structure une disymétrie permettant de leur distinguer une droite et une gauche. Cette disymétrie *peut* se refléter dans leurs formes cristallines et, en effet, la plupart présentent l'hémiédrie plagièdre, les formes gauches faisant tourner à gauche et les formes droites à droite le plan de polarisation.

Action d'une lame de quartz sur la lumière blanche parallèle. —
Un faisceau de rayons blancs parallèles et polarisés rectilignement traverse une lame de quartz perpendiculaire à l'axe, puis est reçu sur un analyseur biréfringent ; on obtient ainsi deux faisceaux, dont on demande de calculer l'intensité et la teinte.

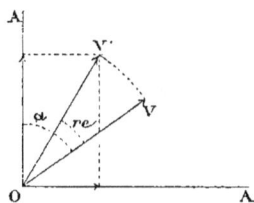

Fig. 176.

Soit α (fig. 176) l'angle que fait la vibration incidente avec l'une des sections principales de l'analyseur. En traversant le quartz, la vibration rouge, par exemple, tournera d'un angle égal à re, e étant l'épaisseur de la lame, r l'angle dont elle tournerait si e était égale à l'unité. En tombant alors sur l'analyseur, elle donnera naissance à deux vibrations ayant respectivement pour amplitude :

$$\cos (\alpha - re)$$
$$\sin (\alpha - re)$$

Si donc R est la proportion de lumière rouge existant dans le rayon incident, les intensités des deux rayons rouges émergents seront :

$$R \cos^2 (\alpha - re)$$
$$R \sin^2 (\alpha - re)$$

En faisant la somme des qualités analogues relatives aux rayons des différentes couleurs, on aura les intensités des rayons émergents :

$$I_1 = \Sigma R \cos^2 (\alpha - re)$$
$$I_2 = \Sigma R \sin^2 (\alpha - re)$$

Ces deux rayons sont colorés puisqu'ils ne renferment pas les différentes couleurs dans les mêmes proportions que la lumière blanche, mais les deux teintes sont complémentaires, puisque

$$I_1 + I_2 = \Sigma R$$

On peut se rendre compte de la teinte des rayons, en remarquant que si $\alpha = k\,e$, la lumière k fait défaut dans le rayon d'intensité I_2 et présente un maximum dans le rayon I_1 ; donc celui-ci aura la teinte k, et l'autre la teinte complémentaire. En faisant tourner l'analyseur, on éteint successivement les différentes couleurs et les deux rayons prendront successivement toutes les teintes du spectre. Il est à remarquer que si la lame est suffisamment épaisse, plusieurs couleurs s'éteindront simultanément; car alors, pour les couleurs k_1, k_2, k_3 par exemple, les relations suivantes pourront être satisfaites :

$$k_1 e = \alpha$$
$$k_2 e = \alpha + 180$$
$$k_3 e = \alpha + 360.$$

Méthode de Fizeau et Foucault. — Sur les faits précédents, Fizeau et Foucault ont basé une méthode permettant de mesurer exactement la rotation des teintes correspondant aux raies de Fraunofer. L'analyseur étant un nicol, on reçoit le rayon émergent sur une fente, puis sur un prisme, de façon à obtenir un spectre. Celui-ci présente une ou plusieurs bandes noires correspondant aux teintes éteintes. Il suffit de mesurer l'angle dont doit tourner l'analyseur pour que l'une d'elles vienne coïncider avec une raie du spectre.

Teinte sensible. — **Bilame de quartz.** — L'expérience précédente nous permet également l'explication d'un dispositif fréquemment employé dans l'étude de la lumière polarisée.

Soient, en effet, OR, OV, OJ (fig. 177), les directions de vibrations des rayons rouges, des violets et des jaunes moyens après leur passage à travers le quartz.

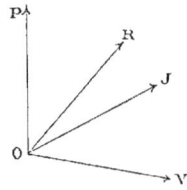

Fig. 177.

Lorsque la section principale de l'analyseur sera perpendiculaire sur OR, le rayon rouge étant éteint, le rayon émergent sera bleu ; lorsqu'elle sera perpendiculaire sur OV, ce rayon sera rouge et lorsqu'elle sera à 90° de OJ, qui est la vibration la plus intense, le rayon aura son intensité minima et sa teinte sera un mélange de rouge et de violet. On donne à cette teinte le nom de *teinte gris de lin* ou *teinte sensible*. Si, en effet, on déplace légèrement la section de l'analyseur, dans un sens la teinte sensible passe au rouge, si on la déplace dans l'autre sens, elle passe au bleu, de telle sorte que la position de l'analyseur donnant la teinte sensible est déterminée avec une grande précision.

Le bilame se compose de deux lames de quartz, l'un dextrogyre, l'autre lévogyre, ayant une épaisseur telle que la vibration du jaune moyen subisse une rotation de 90° (fig. 178). Après leur pas-

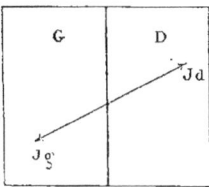

Fig. 178.

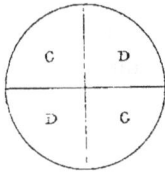

Fig. 179.

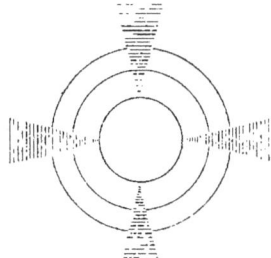

Fig. 180.

sage dans chacune des lames, les vibrations jaunes seront dans le prolongement l'une de l'autre. Si donc on les reçoit sur un analyseur dont la section principale contient la vibration incidente, les deux lames auront la même teinte sensible et, pour un léger déplacement de l'analyseur, l'une deviendra bleu et l'autre rouge.

M. Bertrand a remplacé ces deux lames par quatre lames placées
de façon que les deux lames en croix soient de même signe
(fig. 179).

Action du quartz sur la lumière blanche convergente. — Nous
nous contenterons de décrire les résultats de l'observation, sans
en donner une théorie qui dépasserait les limites du cours.

Si on observe en lumière convergente une lame de quartz perpendiculaire à l'axe, les nicols étant à 90°, on voit les anneaux
colorés que donnent les cristaux uniaxes, mais la croix noire ne
va pas jusqu'au centre (fig. 180).

Si, au-dessus du quartz, on place un mica quart d'onde, les
courbes colorées se déforment, de façon à prendre la forme de
spirales.

Si l'on place l'un au-dessus de l'autre deux quartz de même
épaisseur, mais de sens différent, on obtient deux séries de spirales.

§ III. — THÉORIE DE LA POLARISATION ROTATOIRE

Un simple fait nous amène immédiatement à distinguer la
polarisation rotatoire produite par les corps cristallisés de la polarisation rotatoire produite par les liquides et les gaz. Les substances qui font tourner le plan de polarisation quand elles sont à
l'état cristallin, perdent ce pouvoir quand elles sont amorphes ou
en dissolution. On est forcé d'en conclure que le phénomène est
dû à la structure cristalline et non à l'action des molécules sur la
lumière. Au contraire, dans les liquides et les gaz, les molécules
n'ayant pas de position fixe, la structure ne saurait intervenir
dans l'explication du phénomène qui est dû aux actions molécu-
laires.

Nous nous occuperons d'abord des corps cristallisés.

Expérience de Fresnel. — Fresnel a démontré expérimentalement que l'action immédiate du quartz est de décomposer la
vibration incidente en deux vibrations circulaires de sens contraire
se propageant avec des vitesses différentes.

Il se servait d'un prisme formé de trois segments de quartz, taillés en biseau, l'un droit compris entre deux gauches, comme l'indique la figure.

Si la face AB (fig. 181) est perpendiculaire à l'axe, un rayon S*a* tombant normalement devra se décomposer en deux vibrations

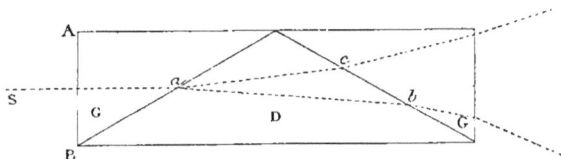

Fig. 181.

ayant des vitesses différentes. En pénétrant dans le prisme D, celle qui allait le plus vite ira le moins vite, et, par suite, se réfractera suivant *ab* en se rapprochant de la normale ; l'autre, au contraire, devra s'écarter de la normale. Il y aura ainsi séparation

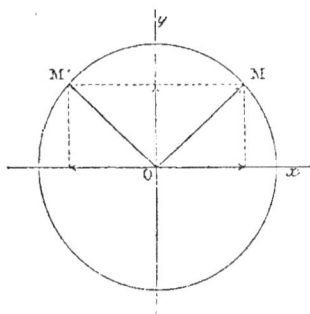

Fig. 182.

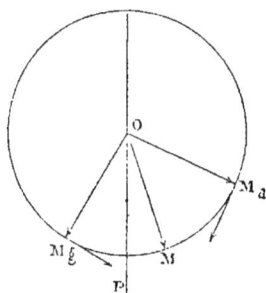

Fig. 183.

des deux vibrations, dont l'angle augmentera encore par le passage dans le second prisme G et le passage dans l'air.

Par ce dispositif, on sépare suffisamment les deux vibrations pour constater qu'elles sont circulaires et de sens contraire.

Or, il est facile de voir que deux vibrations circulaires de même période, de même amplitude et de sens contraire ont pour résultante une vibration rectiligne.

Soient en effet M et M' (fig. 182) les positions qu'occuperait la molécule, au même instant, dans chacun des mouvements circulaires. Si on décompose ces vibrations suivant les directions des bissectrices de l'angle M O M', les composantes dirigées suivant

Ox seront égales et de sens contraire et se détruiront, les composantes suivant Oy seront au contraire égales et de même sens et par suite s'ajouteront ; la vibration résultante sera donc une vibration rectiligne ayant lieu suivant la bissectrice aiguë de l'angle M O M'.

Considérons la face de sortie de la lame de quartz ; soumise à chacune des vibrations circulaires, la molécule occuperait au même instant la position M$_d$ et M$_g$ (fig. 183), mais en réalité elle se trouve sur la droite O M bissectrice de l'angle M$_d$ O M$_g$. Pour avoir l'angle de rotation du plan de vibration, il faut donc calculer l'angle de O M avec la droite O P, parallèle à la vibration incidente.

Calculons les angles P O M$_d$, P O M$_g$. Si V$_d$ est la vitesse de translation de la vibration circulaire droite, e l'épaisseur de la lame, la vibration aura employé à traverser cette lame un temps égal à $\frac{c}{V_d}$ et puisque la molécule emploie un temps T à parcourir la circonférence 2π, on aura :

$$\widehat{POM_d} = \frac{2\pi}{T}\frac{c}{V_d}$$

de même

$$\widehat{POM_g} = -\frac{2\pi}{T}\frac{c}{V_g}$$

et par suite

$$\widehat{POM} = \pi\, e\left(\frac{1}{TV_d} - \frac{1}{TV_g}\right) = \pi\, c\, \frac{\lambda_g - \lambda_d}{\lambda_g\,\lambda_d}$$

Nous voyons donc que si V$_g$ est plus grand que V$_d$, la rotation sera lévogyre, et inversement ; en outre, l'angle de rotation est inversement proportionnel au produit $\lambda_g\,\lambda_d$.

Théorie de M. Mallard[1]. — Une théorie complète de la polarisation rotatoire doit donc rechercher la structure nécessaire aux corps cristallisés pour décomposer une vibration incidente en deux vibrations circulaires.

M. Reusch avait montré qu'en empilant des lames de mica suffisamment minces dans un ordre régulier, de telle sorte que les sections principales d'une lame fassent des angles de 60° avec celles de la lame précédente, ces angles étant toujours compté

---

[1] Mallard. *Annales des Mines*, 1881.

dans le même sens, on obtenait un assemblage offrant toutes les propriétés du quartz. Le sens de la rotation du plan de la polarisation variait avec le sens de l'empilement des lames. Cette expérience devait évidemment amener les minéralogistes à penser que les cristaux doués du pouvoir rotatoire résultaient de l'empilement de lames biaxes. Certaines observations montrèrent que ce n'était pas là une simple conception théorique et que certains cristaux étaient bien le résultat de l'empilement de lames différemment orientées.

Le prussiate jaune de potasse présente en effet en lumière convergente des phénomènes très variables; il est tantôt uniaxe, tantôt biaxe et l'orientation des axes varie dans chaque individu. Or, si on le clive en lames suffisamment minces, on constate que ces lames sont biaxes et que la position de ces axes y est constante.

Les cristaux de prussiate sont donc formés par la superposition de ces lames orientées d'une façon différente dans chaque cristal.

Partant de ces faits d'observation, M. Mallard a considéré une série de lamelles biaxes, empilées de façon que leurs sections principales fassent entre elles et avec le polariseur des angles quelconques et il a calculé les formules représentant l'action d'un tel ensemble sur un rayon polarisé. Il a montré en particulier que, quand les sections principales faisaient entre elles un angle de 60°, l'effet de la pile était identique à celui d'une lame de quartz.

Nous voyons donc que l'observation et la théorie nous amènent à considérer le quartz comme résultant de la superposition de lamelles biaxes. Or, comme l'angle de rotation, dû au pouvoir rotatoire, est constant dans une espèce minéralogique, il faut admettre que ces lamelles ont une épaisseur constante et que, fort probablement, ces lamelles sont formées par les molécules situées dans un même plan réticulaire. Autrement dit, dans un plan perpendiculaire à l'axe, toutes les molécules ont même orientation, mais chaque plan réticulaire a subi une rotation de 60 degrés autour de l'axe, relativement aux plans réticulaires limitrophes.

Une découverte récente de MM. Michel Lévy et Munier Chalmas [1] est venue pleinement confirmer les idées de M. Mallard. Ces

---

[1] Michel Lévy et Munier Chalmas. C. R.

auteurs ont découvert une variété de silice cristallisée la *quartzine*, qui se présente à l'état de lamelles fibreuses allongées et aplaties. Ces lamelles sont biaxes, le plus petit axe d'élasticité est parallèle à l'allongement des fibres, le plus grand à l'aplatissement. Ces fibres forment des groupements ternaires composés de trois

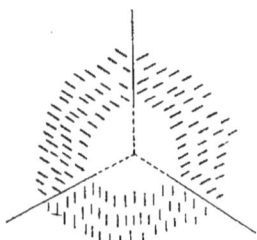

Fig. 184.

secteurs de 120° (fig. 183). Chacun de ces secteurs résulte de la juxtaposition de fibres parallèles entre elles, dont l'allongement est parallèle à l'axe du groupement, et l'aplatissement parallèle à la bissectrice de l'angle de 120°. Dans une section perpendiculaire à l'axe du groupement on observe deux axes optiques dans les parties périphériques des secteurs, et un seul axe dans la partie centrale où il y a fusion des trois secteurs.

Comme le fait remarquer M. Wynouboff[1], la grande objection que l'on peut faire à cette conclusion consiste à admettre un empilement aussi régulier.

Or, des observations nombreuses ont montré à M. Wynouboff que le phénomène de la polarisation rotatoire, considérée jusqu'ici comme un fait normal et habituel, était en réalité un fait exceptionnel et que fréquemment le quartz, en particulier, présentait les phénomènes optiques propres aux biaxes.

Des substances amorphes. — Nous avons déjà dit que la polarisation rotatoire observée dans ces corps était forcément due aux actions des molécules sur la lumière. Ces molécules doivent présenter une disymétrie, puisqu'elles font tourner le plan de polarisation dans un sens et non dans l'autre.

Il est possible que cette disymétrie réside dans l'arrangement des atomes dans la molécule. Quoi qu'il en soit, la disymétrie de la molécule est accusée par ce fait que, lorsque les corps cristallisent, ils présentent une hémiédrie plagièdre. M. Pasteur a montré en outre qu'il existait une relation entre le sens de l'hé-

[1] Wynouboff. *Annales de chimie et de physique*, t. VIII, 6ᵉ série.

miédrie et le sens de la rotation : les formes gauches faisant tourner à gauche et les formes droites faisant tourner à droite le plan de polarisation.

§ IV. — PROCÉDÉS D'OBSERVATION

Les phénomènes de la polarisation rotatoire s'observent dans les cristaux, au moyen des microscopes déjà décrits et nous avons vu comment la méthode de Fizeau et de Foucault permettait de mesurer l'angle de rotation.

Lorsqu'il s'agit de liquide ou de dissolution, on se sert d'appareils spéciaux nommés saccharimètres, ayant été imaginés pour mesurer la teneur en sucre d'un liquide. L'angle de rotation du plan de polarisation étant proportionnel à la densité de la substance active en dissolution, on comprend facilement que la mesure de cet angle permette de calculer la teneur.

Les principaux saccharimètres sont ceux de Soleil et de Laurent.

Saccharimètre de Soleil. — Cet appareil est formé des pièces suivantes disposées à la suite les unes des autres (fig. 185).

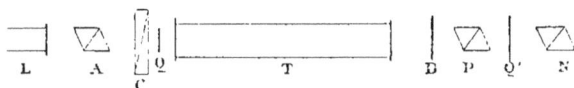

Fig. 185.

Un nicol servant de polariseur P ; puis, un bilame de quartz donnant la teinte sensible entre deux nicols parallèles B, un tube de cuivre T, fermé à ses extrémités par des lames de verre, dans lequel on place le liquide à étudier ; un quartz Q perpendiculaire à l'axe ;

Fig. 186.

un compensateur C formé d'une lame de quartz de sens contraire à la lame Q, de telle sorte que quand les deux lames ont même épaisseur, leurs actions se neutralisent. Mais la lame C, au lieu d'être formée d'une seule pièce, résulte de la juxtaposition, suivant leur hypoténuse, de deux prismes aigus (fig. 186). Quand on fait glisser les prismes l'un sur l'autre, l'ensemble constitue toujours une lame à faces parallèles, mais l'épaisseur de cette lame varie; on fait glisser les prismes au moyen d'une vis portant une graduation qui permet d'évaluer la variation d'épaisseur de la lame; ensuite, se trouve un analyseur A, puis une lunette L de Galilée, que l'on met au point pour voir le bilame B.

La lame C, compensant exactement la lame Q, on remplit d'eau le tube T, on met la lunette au point pour voir le bilame B et on tourne le polariseur de façon à ce que les deux lames du bilame présentent la teinte sensible. On remplace alors l'eau par le liquide à étudier; si ce liquide est actif, son action s'ajoute à celle du quartz Q ou s'en retranche. Dans les deux cas, les deux lames du bilame se présentent avec des teintes différentes. Pour rétablir l'égalité de teinte, il faudra compenser l'action du liquide en augmentant ou en diminuant l'épaisseur de la lame C et la graduation donnera la variation d'épaisseur nécessaire pour obtenir ce résultat. On connaîtra ainsi le sens de la rotation produite par le liquide et l'épaisseur du quartz nécessaire à la compensation; on en déduira facilement la valeur de cette rotation.

Quand le liquide sur lequel on opère est coloré, sa teinte modifiant la couleur des rayons qui le traversent, on ne peut plus obtenir la teinte sensible. Pour remédier à cet inconvénient, au lieu d'opérer avec de la lumière blanche, on opère avec de la lumière ayant la teinte complémentaire de celle du liquide. Pour obtenir cette lumière, on place devant l'appareil un nicol N' et un quartz Q'; en faisant tourner N' on obtient la teinte nécessaire.

Saccharimètre de Laurent. — Cet appareil est d'une construction beaucoup plus simple que le précédent. Il se compose d'un polariseur, du tube renfermant le liquide, d'une lame spéciale que nous allons décrire, de l'analyseur et de la lunette de Galilée. La lame en question est formée moitié d'une lame de verre V (fig. 187), moitié d'une lame de quartz Q, la ligne de réunion étant parallèle à l'axe du quartz. L'épaisseur de celui-ci est telle qu'il introduit une différence de marche égale à $\frac{3\lambda}{2}$.

Si la vibration tombe suivant CP à 45° de CA, elle traversera la lame de verre sans modification, mais à sa sortie de la lame de quartz, elle aura subi une rotation de 90° et sera dirigée suivant

CP' à 45° de CA. Par suite, les deux moitiés de la lame ne présenteront la même intensité que lorsque la section principale de l'analyseur sera dirigée suivant CA, bissectrice des deux vibrations.

Si on introduit le liquide, la vibration ayant subi une rotation traversera la lame de verre suivant CP$_1$, par exemple, et la lame de quartz suivant CP'$_1$ perpendiculaire à CP$_1$; les deux lames auront des intensités lumineuses différentes; pour rétablir l'égalité, il faudra faire tourner l'analyseur de l'angle PCP$_1$ de façon à ce que sa section principale soit dirigée

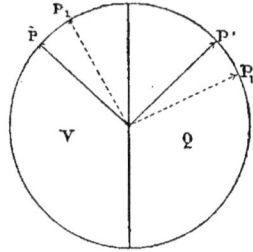

Fig. 187.

suivant la bissectrice de l'angle P$_1$CP'$_1$. L'angle dont on fait tourner l'analyseur est donc bien égal à l'angle de rotation du plan de polarisation.

CHAPITRE IV

POLYCHROISME

MODIFICATIONS PRODUITES SUR LES PHÉNOMÈNES OPTIQUES
PAR LA CHALEUR ET LES ACTIONS MÉCANIQUES

Ce chapitre comprend la description de phénomènes du plus
haut intérêt, mais dont les théories dépassent les limites de ce
cours. Certains n'ont encore été que peu étudiés; d'autres exigent,
pour être compris, des connaissances trop étendues; c'est ainsi
que, pour expliquer les modifications qu'apportent dans les phénomènes optiques les actions mécaniques, il faut faire intervenir
la théorie de l'élasticité dans les cristaux, théorie que nous ne
pouvons exposer ici.

Nous nous contenterons donc d'un simple exposé des faits,
sans chercher à en donner d'explication.

§ I. — POLYCHROISME

Quand on regarde par transparence un corps isotrope coloré, sa
couleur ne change pas avec la direction suivie dans ce corps par
la lumière. Au contraire, la teinte des corps anisotropes varie en
général avec la direction suivie par la lumière, et par suite avec la
direction de vibration.

C'est ainsi qu'une lame à faces parallèles de glaucophane offrira
par transparence, suivant son orientation, une teinte violette, une
teinte bleu d'azur, et une teinte jaune pâle.

Or, si un corps présente par transparence une teinte verte, par
exemple, c'est qu'il absorbe tous les rayons, à l'exception des
rayons verts; de même, si un corps anisotrope présente des teintes

différentes suivant plusieurs directions, cela provient de ce que
l'absorption d'un rayon d'une couleur déterminée varie avec la.
direction de propagation.

Dans les corps isotropes, la loi d'absorption d'un rayon de
lumière homogène, est représentée par la formule :

$$1 = 1_0 \; e^{-\alpha r}$$

I_0 et I étant les intensités à l'entrée et à la sortie, e étant le nombre e,.
r l'épaisseur du corps et α un coefficient dépendant de la nature du.
corps et de la nature de la lumière.

Dans les corps anisotropes, la formule conserve la même forme,.
mais, d'après Babinet, on a :

$$\alpha = \frac{k}{V}$$

k dépendant de la nature du corps et de la longueur d'onde de
la lumière et V la vitesse de propagation. L'absorption est donc
d'autant plus faible que la vitesse est elle-même plus grande.

Cette loi n'est qu'approchée, mais elle suffit pour permettre de
prévoir les variations dans l'absorption. C'est ainsi que les deux.
rayons réfractés, auxquels donne naissance un rayon incident,.
doivent avoir des teintes différentes, puisqu'ils se propagent avec
des vitesses différentes.

On en trouve un exemple des plus nets dans la tourmaline :
taillée parallèlement à l'axe, sous une épaisseur suffisante, elle
absorbe complètement le rayon ordinaire et laisse passer le rayon.
extraordinaire.

Procédés d'observation. — Pour observer le polychroïsme dans.
une lame à faces parallèles, on sépare les deux rayons qui la
traversent normalement pour en comparer les teintes.

La lame cristalline étant placée sur la platine du microscope
polarisant, on enlève l'analyseur, puis on amène successivement
ses deux sections principales à être parallèles à la section principale du polariseur. Dans chacune de ses positions, un seul rayon
traverse la lame, et l'on en peut déterminer la teinte propre.

On constate ainsi, conformément à la loi de Babinet, que les.

plus grandes différences de teinte se produisent pour les rayons, dont les vibrations s'effectuent suivant les axes d'élasticité optique. Aussi donne-t-on généralement les teintes de ces rayons, pour caractériser le polychroïsme d'un minéral.

Le procédé que nous venons d'indiquer est d'un usage courant dans l'étude des roches en lames minces ; il fournit un des caractères les importants pour le diagnostic de leurs minéraux.

§ II. — INFLUENCE DES ACTIONS MÉCANIQUES

Lorsqu'on soumet un corps cristallisé à des actions mécaniques, si l'intensité de celles-ci ne dépasse pas une certaine limite, grâce à son élasticité, il cède sans se briser. Mais, les positions des molécules se trouvant changées, la symétrie du corps se trouve par cela même modifiée ; en général, la symétrie diminue.

Les phénomènes optiques, étant en relation immédiate avec la symétrie du corps, doivent donc présenter des modifications sous l'influence de ces actions. On peut facilement se rendre compte de la nature de ces modifications. Considérons un prisme droit à base rectangulaire taillée dans le corps cristallisé, et produisons sur les bases une traction ou une pression uniforme.

Si le corps appartient au système cubique, la sphère d'élasticité optique cessera d'être une sphère. Mais, la déformation étant symétrique par rapport à l'axe du prisme, cet axe sera un axe de révolution de la surface d'élasticité, qui sera un ellipsoïde de révolution.

Le cristal deviendra donc un uniaxe, dont l'axe optique coïncide avec l'axe de prisme.

Si le cristal est un uniaxe, ayant son axe optique parallèle à celui du prisme, il reste uniaxe.

Dans le cas d'une pression, le retard produit par ce prisme entre les rayons qui traversent ses faces parallèles augmente si le cristal est négatif et diminue si le cristal est positif. L'inverse a lieu dans le cas d'une traction.

Si la pression ne s'exerce plus parallèlement à l'axe optique, le cristal cesse d'être uniaxe et devient biaxe. Dans le cas où deux des faces latérales sont perpendiculaires à l'axe, on voit, en lumière convergente, les anneaux se transformer en lemniscates et la croix noire se disloquer pour former une hyperbole, dont l'axe transverse est perpendiculaire à la pression si le cristal est négatif et parallèle à la pression si le cristal est positif.

Enfin, si le cristal est biaxe, il reste biaxe, mais avec des changements dans la grandeur de ses constantes optiques. Suivant les cas, par exemple, on verra l'angle des axes optiques diminuer ou augmenter.

§ III. — INFLUENCE DE LA CHALEUR

Une augmentation de température ayant pour effet immédiat de produire des dilatations, c'est-à-dire des changements dans la position relative des molécules, il est facile de prévoir que cette élévation de température sera accompagnée de modifications dans les phénomènes optiques.

Les observations faites sur ce sujet sont peu nombreuses et les résultats n'ont pu jusqu'ici être reliés, de façon à ce que l'on puisse en dégager des lois. Nous devrons donc nous contenter de prendre quelques exemples pour montrer le sens de ces modifications.

Dans les cristaux, où la position des axes d'élasticité est déterminée par la présence d'axes de symétrie, les axes d'élasticité conservent leur position quand on élève la température, mais il peut ne pas en être de même dans les cristaux appartenant au système monoclinique et au système triclinique.

Un effet constant de la température est d'augmenter ou de diminuer sensiblement la valeur des quantités n_g, n_m, n_p, sans qu'il existe d'ailleurs de relation entre ces variations. Il s'en suit que les rapports de grandeur existant entre ces indices peuvent changer et l'axe moyen peut devenir le plus petit ou le plus grand axe.

De là, des conséquences très importantes : le plan des axes optiques peut changer, même dans le cas où la position des axes d'élasticité ne varie pas ; l'angle des axes optiques peut augmenter ou diminuer ; il peut même devenir nul, comme l'a constaté M. Mallard sur le sulfate de soude. Bien plus, un cristal biaxe peut devenir un corps cubique et anisotrope ; c'est le cas de la boracite, dont les propriétés optiques ont été étudiées avec tant de compétence par M. Mallard [1].

Relatons les résultats des expériences de MM. des Cloizeaux et Duflet sur le gypse.

Le gypse est un minéral monoclinique, dont les axes optiques sont dans le plan g^1. Ces axes font entre eux un angle de 57° environ ; la dispersion, assez marquée, est inclinée et une lame perpendiculaire à la bissectrice aiguë montre des phénomènes légèrement différents autour des pôles de deux axes : autour d'un pôle les anneaux sont plus grands qu'autour de l'autre.

Si on chauffe, on voit les axes se rapprocher, mais l'axe aux larges anneaux se déplace deux fois plus vite que l'autre, de telle sorte que la bissectrice aiguë se rapproche du pôle aux petits anneaux d'un angle de 5°, entre la température de 20° et de 90°.

Vers cette température, les axes se confondent et le cristal devient uniaxe, mais ce phénomène se produit successivement pour les différentes couleurs : en premier lieu pour le rouge et en dernier lieu pour le violet.

Si on continue à chauffer, les axes se séparent de nouveau, mais dans un plan perpendiculaire à g^1.

M. des Cloizeaux a répété les mêmes observations pour l'orthose et a constaté ce fait important : que la déformation devenait permanente si la température avait été suffisamment élevée.

L'orthose est monoclinique et la position des axes optiques est très variable. Dans l'orthose dit adulaire, le plan des axes est perpendiculaire sur g^1 et leur angle varie de 70° à 43°. Par la calcination on fait diminuer cet angle de quelques degrés d'une façon permanente.

Dans une autre variété, dite orthose vitreux, les axes rouges sont dans un plan perpendiculaire à g^1 et les axes bleus dans le plan g^1 ; le cristal est donc uniaxe pour une radiation intermédiaire.

---

[1] Mallard. *De l'action de la chaleur sur les corps cristallisés*, BSM T. 5-1882.

En augmentant la température, M. des Cloizeaux a observé les variations suivantes pour l'angle 2 E des rayons rouges, observés dans l'air :

A : 18°, 7   2E = 16° dans le plan g^1
      42°, 5   2E = 0   —
      100°   2E = 30° dans un plan perpendiculaire à g^1
      200°   2E = 46°   —
      300°   2E = 59°   —
      343°   2E = 64°   —

TROISIÈME SECTION

CHAPITRE PREMIER

DE LA DURETÉ

Jusqu'ici, on n'est pas parvenu à définir la dureté et, si on en parle, c'est que, malgré cette incertitude, elle permet dans certains cas de distinguer les espèces minérales.

On définit simplement ce qu'on entend par un corps plus dur qu'un autre en s'appuyant sur les résultats expérimentaux suivants :

Si un corps A, taillé en pointe, traîné sur un corps B avec une pression suffisante, raye B, l'inverse n'a pas lieu, et on dit que A est plus dur que B.

On verra que la dureté varie avec la face du cristal et que si A raye B suivant une de ses faces, l'inverse peut avoir lieu suivant une autre.

En deuxième lieu, si A raye B, il raye tous les corps rayés par B.

Aussi a-t-on pu établir des échelles dans lesquelles un corps est rayé par tous ceux qui le suivent et raye ceux qui le précèdent. L'échelle la plus employée est celle de *Mohs;* elle comprend :

1 Talc	5 Apatite	9 Corindon
2 Gypse	6 Orthose	10 Diamant
3 Calcite	7 Quartz	
4 Fluorine	8 Topaze	

Dans la description des minéraux, on compare leur dureté
à celle des différents termes de cette échelle; si un corps
raye la fluorine et est rayé par l'apatite, on dit que sa dureté
est 4,5.

Pour étudier la dureté des corps on emploie le scléromètre. Il
se compose d'un petit chariot (fig. 188) qui se déplace sous la
traction d'un poids qui lui est relié par un fil passant sur une
poulie. Le chariot porte la lame cristalline sur laquelle s'appuie
une pointe d'acier fixée à l'extrémité du bras d'un fléau dont l'autre

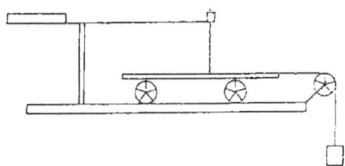 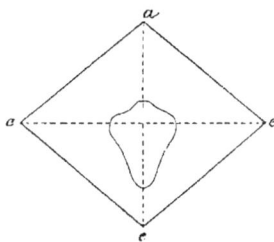

Fig. 188.   Fig. 189.

extrémité porte un contre-poids. Après avoir appliqué la pointe
contre la lame, on met le chariot en mouvement en ajoutant
des poids sur une plate-forme placée au-dessus de la pointe
jusqu'à ce que la lame soit rayée. La dureté est mesurée par ce
poids.

On a cherché comment variait la dureté avec la direction sur
une face, et pour relier les différents résultats on a porté sur
chaque direction à partir d'un point une longueur proportionnelle
au poids nécessaire à la formation d'une raie. On a ainsi constaté
que, quand les corps ne présentaient pas de clivage, les courbes
de dureté étaient des cercles, quelle que soit la face considérée.
Si le corps présente un seul clivage, la courbe est encore un
cercle sur une lame parallèle au clivage. Dans tous les autres cas,
la courbe est très complexe et présente les mêmes éléments de
symétrie que la face considérée. Construisons la courbe de dureté
d'une lame de calcite parallèle à p (fig. 189); cette face a un sommet a du rhomboèdre et deux sommets coïncidant avec les sommets e du rhomboèdre. Elle n'a qu'un axe de symétrie passant

par le sommet *a*. Le rayon vecteur de la courbe dirigé suivant *ae* est trois fois plus grand que celui de la courbe dirigé suivant *ea*; suivant *ae*, la dureté est donc trois fois plus grande que suivant *ea*.

CHAPITRE II

PROPRIÉTÉS THERMIQUES DES CRISTAUX

§ I. — IDENTITÉ AU POINT DE VUE PHYSIQUE DES RADIATIONS CALORIQUES
ET DES RADIATIONS LUMINEUSES.

Lorsque l'on fait traverser un prisme par un rayon solaire, de
façon à séparer les radiations de différentes longueurs d'onde, on
constate que les radiations rouges, outre leurs propriétés lumineuses, possèdent d'autres propriétés remarquables. Elle déterminent dans les corps sur lesquels elles tombent des modifications
importantes; elles produisent, soit une dilatation, soit une contraction de ce corps. Ces radiations rouges jouissent donc de propriétés nouvelles qui leur font donner le nom de radiations
caloriques en même temps que celui de radiations lumineuses.

Bien plus, au-dessus du rouge dans le spectre, on constate
l'existence de radiations qui n'impressionnent plus la rétine, qui
ne sont plus lumineuses, mais qui font subir aux corps les modifications dont nous venons de parler, qui sont simplement caloriques. Au point de vue naturel, il est difficile d'établir une
distinction entre les radiations rouges et les radiations simplement
caloriques; car des radiations peuvent être lumineuses pour
certaines personnes et ne pas l'être pour d'autres. Au point de
vue physique, les radiations lumineuses et les radiations caloriques sont dues à la même cause : la vibration des molécules de
l'éther.

Elles ne diffèrent que par leur longueur d'onde et une radiation
est calorique quand sa longueur d'onde dépasse une certaine
valeur, qu'elle impressionne ou n'impressionne pas la rétine. Cette
valeur limite ne peut évidemment être déterminée avec précision,

puisqu'il y a passage insensible des radiations caloriques à celles qui sont simplement lumineuses : si on étudie les effets des différentes radiations en descendant dans le spectre, il arrive un moment où les modifications des corps, qui nous ont servi à caractériser les radiations caloriques, sont trop faibles pour être appréciables.

L'expérience nous montre que les radiations caloriques peuvent interférer comme les radiations lumineuses ; comme ces dernières, on peut les polariser. Tout ce que nous avons dit sur les propriétés optiques des cristaux peut être répété mot pour mot au sujet des radiations caloriques, puisque les radiations ne diffèrent que par leur longueur d'onde.

Comme en optique, on définit l'intensité d'une radiation calorique, la somme des forces vives du mouvement vibratoire d'une molécule pendant la durée d'une vibration.

En outre, pour étudier les modifications que les radiations caloriques font éprouver aux corps, on a dû définir certaines quantités, telles que la température, la chaleur spécifique, qui n'interviennent pas dans l'étude des propriétés lumineuses. Il nous semble inutile de rappeler ici ces définitions.

§ II. — PROPAGATION DE LA CHALEUR

Relativement à leur manière de propager la lumière, les corps se répartissent en trois groupes. Dans les uns, dits transparents, la lumière se propage en ligne droite. Dans les autres, dits translucides, une vibration se propage dans tous les sens. Enfin, dans les corps opaques, la vibration est complètement absorbée.

Mais, il n'y a pas de corps complètement opaque ; il suffit de réduire le corps en plaques suffisamment minces pour qu'il laisse passer la lumière.

Il en est de même pour la chaleur, et les corps peuvent être :

Transparents pour la chaleur ;

Translucides pour la chaleur ;

Opaques pour la chaleur.

Le problème de la propagation de la chaleur est tout différent, suivant que l'on s'occupe des corps transparents d'une part ou opaques de l'autre.

Propagation dans les cristaux transparents. — Dans les cristaux transparents la chaleur se propage en ligne droite. Supposons qu'en un point o se trouve une source de chaleur constante, envoyant des radiations caloriques dans toutes les directions.

Si le corps est isotrope, c'est-à-dire s'il appartient au système cubique, la chaleur se propagera dans toutes les directions avec la même vitesse et l'intensité calorique en un point situé à une distance z du point o aura pour expression :

$$I = I_o \, e^{-\alpha z}$$

α étant une constante.

Les surfaces isothermes, c'est-à-dire les surfaces dont tous les points sont à le même température, seront des sphères ayant le point o pour centre.

Si le corps est anisotrope, suivant chaque direction se propagent deux vibrations avec des vitesses différentes et l'intensité en un point distant de z du point o sera

$$I = I_o \left(e^{-\frac{k}{v} z} + e^{-\frac{k}{v'} z} \right)$$

v et v' étant les vitesses de propagation suivant la direction considérée.

Propagation dans les corps translucides et opaques pour la chaleur. — Dans les corps transparents, une vibration se propage dans toutes les directions, mais la théorie des interférences montre que les vibrations atteignant une molécule, interfèrent deux à deux, à l'exception d'une vibration venant d'une direction déterminée dans un corps donné; aussi, dans ces corps transparents, tout se passe-t-il comme si la vibration se propageait suivant une direction rectiligne. Dans les corps translucides ou opaques, les vibrations n'interfèrent plus; probablement par suite des modifications que les molécules matérielles font subir à ces vibrations, et celles-ci se propagent effectivement dans toutes les directions.

L'action des molécules matérielles est nettement indiquée par ce fait qu'un corps, ne recevant que des radiations caloriques, peut émettre des radiations lumineuses. Un des effets du corps a donc été de diminuer les longueurs d'onde des radiations qui le traversaient.

Une radiation, pénétrant dans un corps translucide ou opaque, va donc se décomposer en une infinité de rayons qui suivront des chemins très différents et mettront par suite des temps très variables pour arriver en un point du corps; et l'intensité de la vibration de la molécule d'éther, située en ce point, au lieu de prendre d'un seul coup sa valeur définitive, ne l'atteindra que progressivement; c'est ce que l'on exprime en disant que la chaleur ne se propage que peu à peu dans les corps translucides ou opaques pour la chaleur.

Si nous considérons un corps soumis à une source constante de chaleur, ses points vont s'échauffer peu à peu, jusqu'à acquérir une température qui restera constante. Lamé a cherché quelle était, dans ces conditions, la nature des surfaces isothermes et il a trouvé que ces surfaces étaient des ellipsoïdes homothétiques entre eux dont l'orientation ne dépend que de la structure moléculaire du corps. Ces ellipsoïdes ont donc pour éléments de symétrie les éléments de symétrie du cristal et on peut répéter à leur sujet ce que nous avons dit sur les modifications des ellipsoïdes optiques, dans les différents systèmes cristallins. Leurs axes portent le nom d'axes thermiques.

Méthode de Sénarmont. — Appareil de M. Jannettaz. — Pour vérifier ces résultats, Sénarmont a imaginé et mis en pratique la méthode suivante : on recouvre une face plane d'une couche uniforme de cire et on chauffe, avec une source constante, un point de cette face. La cire fond tout autour du point chauffé, mais à des distances variables suivant la direction. Il se forme un bourrelet séparant la cire fondue de celle qui ne l'est pas et dessinant la ligne isotherme correspondant à la température de fusion de la cire.

Au moyen d'un appareil grossissant spécial, on constate que cette ligne est une ellipse et on en mesure les axes.

Pour appliquer cette méthode, M. Jannettaz a imaginé un appareil dont il donne la description suivante [1] :

« Dans l'appareil que M. Laurent vient de construire, la source échauffante reste, comme dans mes appareils précédents, un courant électrique qui vient échauffer un point de plus grande résistance (fig. 190).

Ici, par exemple, le courant arrive dans le pilier *b* par un fil *a*

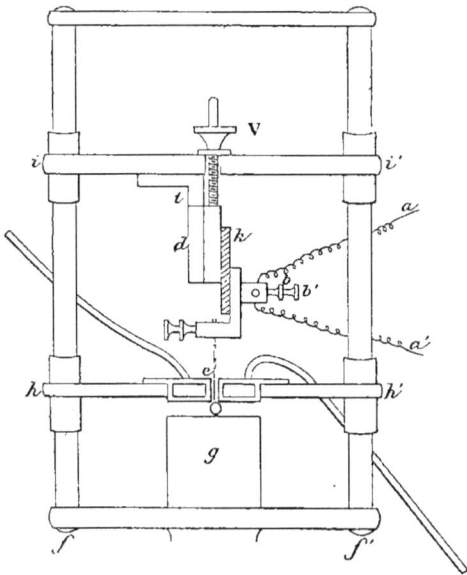

Fig. 190.

qui vient d'une pile Bunsen à 3 ou 4 éléments carrés; il doit retourner à la pile par le pilier *b'* et le fil *a'*; mais, pour aller de *b* en *b'*, il traverse un fil de platine fin, qui offre une beaucoup plus grande résistance que les piliers. Ce fil se rattache par une de ses extrémités au pilier *b*, par l'autre au pilier *b'*. Il se replie sur lui-même, et au point d'inflexion, il est soudé à une très petite sphère de platine *c*.

C'est la petite sphère *c* qu'on pose sur la plaque enduite d'une matière grasse, fusible à une basse température (cire, graisse colorée ou non). Le fil traverse de part en part un écran, qui a la

[1] Jannettaz. BSM. Tome 8.

forme d'une boîte en cuivre rouge *e*, percée d'un trou cylindrique. Dans le réservoir *e* circule lentement un courant d'eau froide. Cette eau est amenée par le tube *t* d'un flacon situé dans le voisinage et s'écoule par le tube *t'*.

J'avais d'abord placé le fil de platine, le réservoir et le cristal sur des supports différents. Je les ai réunis plus tard sur un même pied dans un appareil que M. Bourbouze a bien voulu construire pour moi. Mais je rencontrais toujours une grande difficulté pour l'application de la petite boule *c*, lorsque je voulais échauffer un point déterminé d'une plaque, tout en maintenant autour du fil de platine mon écran d'eau.

M. Laurent et moi, nous avons étudié les moyens de faire disparaître cette difficulté; mais nous nous sommes arrêtés à la disposition suivante : le corps est placé sur la plate-forme *ff'*, ou sur un socle *g* s'il n'est pas trop épais. A l'aide de la traverse *hh'*, qui glisse elle-même au moyen de deux manchons sur les colonnes *fh*, *f'h'*, on descend l'écran presque au contact du cristal; on enlève alors cet écran avec ses tubes *t*, *t'*, qui sont en caoutchouc.

Au moyen de la traverse *ii'*, qui glisse aussi sur les colonnes *fi*, *f'i'* à l'aide de manchons, l'on abaisse le fil de platine, jusqu'à ce que la boule *c* touche la plaque, et cela au point qu'on veut chauffer, puisqu'on peut déplacer à la main, soit la plaque elle-même, soit le socle *g* qui porte cette plaque.

Le fil et les piliers auxquels on le fixe par deux petites vis métalliques se relient à la traverse *ii'* par un petit chariot vertical *d*, mobile le long d'une glissière *t* fixée à la traverse *ii'*. Une vis, que l'on élève ou abaisse, au moyen d'un écrou mobile V, entraîne le chariot dans son mouvement vertical. Sur le chariot est montée une pièce en caoutchouc durci *k*, laquelle isole les piliers du reste de l'appareil.

Une fois le contact établi, on relève chariot, piliers, fil, puis on remet l'écran à sa place; on redescend enfin le chariot et tous ses appendices jusqu'à ce que la boule *c* touche la plaque, puis on établit la circulation d'eau froide dans le réservoir *e*; enfin, on ferme le courant. La boule de platine s'échauffe, la graisse fond; l'équilibre de température obtenu, on ouvre le courant, on ferme le robinet qui amène l'eau froide; quelques instants après on relève le chariot, puis l'écran d'eau, on enlève enfin la plaque sur laquelle se dessine après refroidissement le bourrelet elliptique, qui fait connaître la variation de la propagation de la chaleur dans les différentes directions. On peut opérer sur des plaques de 2 à 3 millimètres de côté. »

M. Jannettaz est arrivé ainsi à cette conclusion. En général, la conductibilité est maxima parallèlement aux plans de clivage.

§ III. — DILATATION

Définitions du coefficient de dilatation linéaire. — Conservation des éléments de symétrie. — Quand on chauffe un corps, il se dilate ou se contracte, par suite ses dimensions linéaires augmentent ou diminuent de longueur.

Soit l la longueur de l'une d'elles, à la température t, si cette température augmente de dt la dimension considérée prendra une longueur $l + dl$, la quantité $\dfrac{1}{l}\,\dfrac{dl}{dt}$ s'appelle le coefficient de dilatation linéaire à la température t.

Ce coefficient varie avec la température, mais si lentement que l'on peut le considérer comme constant entre deux valeurs assez rapprochées de la température. Si celle-ci varie beaucoup, on ne peut plus négliger les variations du coefficient qui peut s'annuler et changer de signe. C'est ainsi qu'à la température de :

— 42 degrés pour le diamant,
— 4 degrés pour l'oxyde de cuivre,

le coefficient s'annule; il devient négatif pour les températures inférieures. Autrement dit, une augmentation de température détermine une dilatation si la température initiale est supérieure à ces températures critiques, et une contraction si elle est inférieure.

Dans les corps isotropes, le coefficient de dilatation est le même dans toutes les directions, mais dans les corps anisotropes, il varie avec la direction de la dimension considérée. Il en résulte que l'angle de deux faces d'un cristal appartenant à un autre système que le système cubique, variera en même temps que la température. Mais, si l'on remarque que deux dimensions homologues se dilatent de même, on en conclut facilement que la nature et le nombre des éléments de symétrie ne varient pas.

Résultats de l'étude analytique de la dilatation. — Si l'on soumet le phénomène de la dilatation aux méthodes analytiques, on arrive aux conclusions suivantes. Soient λ_g, λ_m, λ_p, les coefficients de dilatation suivant les trois axes thermiques, le coefficient de dilatation λ suivant une direction ayant pour cosinus directeurs m, n, p est donné par la relation :

$$\lambda = m^2 \lambda_g + n^2 \lambda_m + p^2 \lambda_p$$

Pour étudier les variations de λ, portons sur la direction m, n, p, une longueur r, définie par l'égalité :

$$r^2 = \pm \frac{1}{\lambda}$$

Les surfaces, lieux de ces extrémités, ont pour équation :

$$\lambda_g\, x^2 + \lambda_m\, y^2 + \lambda_p\, z^2 = \pm 1$$

Ce sont des surfaces du second degré qui se réduisent à une sphère dans les corps isotropes, et deviennent des surfaces de révolution dans les cristaux uniaxes.

Si les quantités λ_g, λ_m, λ_p ont le même signe, ces équations représentent un ellipsoïde ; le coefficient, suivant une direction quelconque, a le même signe que les coefficients principaux, c'est-à-dire que le corps se dilate ou se contracte suivant toutes les directions.

Si les coefficients principaux ont des signes différents, ces équations représentent deux hyperboloïdes conjugués. Le corps se dilate suivant les diamètres réels de l'un, et se contracte suivant les diamètres réels de l'autre. La dilatation est nulle suivant les directions asymptotiques de ces hyperboloïdes.

Méthode de Fizeau. — Pour mesurer les dilatations linéaires des cristaux, Fizeau a imaginé une méthode qu'il a décrite dans les *Annales de physique et de chimie*.

Une lame à faces parallèles L (fig. 191), taillée perpendiculairement à la direction dont on veut mesurer la dilatation

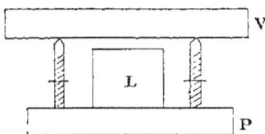

Fig. 191.

est placée sur un plateau de platine P ; dans celui-ci peuvent s'enfoncer trois vis en platine supportant une lame de verre V. On tourne les vis de façon à ce que les deux lames soient très voisines l'une de l'autre. Comme les faces ne sont jamais rigoureusement planes, il se produit des anneaux colorés. On place le tout dans un bain d'huile dont on fait varier la température. Le platine et la lame cristalline se dilatant, l'espace compris entre les deux lames augmente ou diminue ; on peut déduire la valeur de cette variation du déplacement des anneaux colorés ; connaissant le coefficient de dilatation du platine, il est par suite facile de calculer celui de la lame cristalline.

En appliquant cette méthode à la calcite, Fizeau a établi la formule suivante ; λ étant le coefficient de dilatation suivant une direction faisant un angle α avec l'axe ternaire, on a :

$$\lambda = 0,0000267 \cos^2 \alpha - 0,0000053 \sin^2 \alpha$$

Ainsi se trouvaient confirmées les expériences de Mitscherlich, montrant que la calcite se dilatait suivant l'axe et se contractait suivant les directions perpendiculaires.

La formule de Fizeau indique que la dilatation λ est nulle pour la direction faisant avec l'axe un α déterminé par l'égalité :

$$\operatorname{tg}^2 \alpha = \frac{267}{53}$$

qui donne :

$$\alpha = 65° 59'.$$

CHAPITRE III

Une étude complète de ces propriétés comprendrait l'induction magnétique et l'induction électrique, la conductibilité électrique, et s'occuperait de la production d'électricité dans les cristaux. Un trop petit nombre d'expériences ont été faites sur les premiers points, pour que nous en relations les résultats encore mal dégagés, nous parlerons simplement des cristaux en tant que source d'électricité. Celle-ci peut être produite, soit par des compressions et des tractions, et on lui donne le nom de *Piezo-électricité*, soit par l'action de la chaleur et elle s'appelle alors *Pyro-électricité*. Mais, ces phénomènes sont liés à l'existence de certaines droites, de certains axes qu'il nous faut définir.

Droites hémimorphes ; axes d'hémimorphisme. — Quand les deux directions, que l'on peut distinguer sur une droite, ne sont pas cristallographiquement identiques, c'est-à-dire quand les éléments de symétrie ne permettent pas de les amener en coïncidence, cette droite est dite hémimorphe. Un axe de symétrie est dit axe d'hémimorphisme, quand il coïncide avec une droite hémimorphe.

Dans un cristal centré il n'existe évidemment aucune droite hémimorphe.

Dans un cristal non centré une droite sera hémimorphe, si elle n'est ni perpendiculaire à un axe d'ordre pair, ni perpendiculaire à un plan de symétrie.

Ainsi, dans un cristal du système cubique ayant pour élément de symétrie $3A^2$, $4L^3$, toute droite non située dans un des plans, que déterminent deux à deux les axes $3A^2$, sont des droites hémimorphes et les axes $4L^3$ sont des axes d'hémimorphisme.

Dans un cristal ayant pour élément de symétrie Λ^3, $3L^2$, toutes les droites sont hémimorphes à l'exception de celles situées dans les plans perpendiculaires aux axes $3L^2$. Ceux-ci sont des axes d'hémimorphisme, tandis que l'axe ternaire n'est pas un axe d'hémimorphisme.

Dans un cristal ayant un seul axe sénaire Λ^6, toutes les droites sont des droites hémimorphes.

Remarquons que si deux droites hémimorphes sont symétriques l'une de l'autre, leurs directions sont identiques deux à deux.

Piezo-électricité. — En réunissant les résultats des expériences faites par plusieurs physiciens et, en particulier, par MM. Curie, on peut exposer le phénomène avec un caractère suffisant de généralité, de la façon suivante. Si, dans un cristal non centré, on taille un prisme droit à bases rectangles, de telle sorte que ses faces n'aient aucune relation de position avec les éléments de symétrie et si on exerce des pressions uniformes sur deux faces opposées, deux faces parallèles quelconque se chargent d'électricité contraire.

Si on remplace la pression par une traction, les faces, qui étaient chargées d'électricité positive, se chargent d'électricité négative et inversement.

La quantité q d'électricité dégagée sur une face est proportionnelle : 1° à la pression par une unité de surface, c'est-à-dire à $\dfrac{P}{S}$, P étant la pression totale et S la surface de la face pressée ; 2° à la surface S' de la face qui la dégage ; elle est donc :

$$q = \mathrm{K}\, S' \frac{P}{S}$$

K étant un coefficient qui varie avec la direction de la pression et l'orientation de la face électrisée.

En particulier, sur les faces comprimées, où $S = S'$, la quantité d'électricité dégagée est :

$$q = \mathrm{KP}$$

Pour analyser le phénomène, MM. Curie ont donné à certaines faces du prisme, des orientations particulières : ils les ont taillées, soit parallèlement, soit perpendiculairement aux axes de symétrie. Des faits observés, on peut déduire ce qui suit :

La pression ou la traction dégage aux deux extrémités d'une droite hémimorphe, des quantités égales d'électricité contraire.

Les deux extrémités identiques de deux droites hémimorphes symétriques se chargent d'électricité de même nom, et si ces deux droites sont encore symétriques après l'action mécanique, les quantités d'électricité sont égales.

Il en résulte que tantôt les électricités dégagées aux extrémités de deux droites hémimorphes symétriques s'ajoutent, tantôt elles se neutralisent.

Considérons par exemple un prisme taillé dans le quartz, qui a pour élément de symétrie Λ^3, $3L^2$, de façon que deux faces soient perpendiculaires à Δ^3, deux perpendiculaires à un axe binaire et deux parallèles au même axe binaire.

Si la pression s'exerce sur les faces perpendiculaire à Λ^3, il n'y a pas d'électricité dégagée ; si elle s'exerce sur l'un ou l'autre des autres couples de faces, l'électricité se dégage toujours et exclusivement sur les faces perpendiculaires aux axes binaires.

Ces faits se déduisent, sans aucune difficulté, des deux principes que nous venons de poser.

Pyro-électricité. — Si on chauffe un prisme de tourmaline dont les éléments de symétrie sont Λ^3, $3P$, pendant toute la durée de l'échauffement, on constate un dégagement d'électricité de noms contraires sur les deux bases perpendiculaires à Λ^3. Pendant le refroidissement, il y a encore dégagement, mais la face chargée d'électricité négative se charge d'électricité positive et inversement.

Le dégagement cesse quand il y a équilibre de température dans toute la masse du cristal.

Les considérations exposées plus haut à propos de la piezo-électricité sont encore applicables dans ce cas, si l'on a soin de remarquer que l'échauffement ou le refroidissement étant identiques suivant toutes les directions, les éléments de symétrie subsistent durant l'action extérieure.

Il s'ensuit que, si le cristal possède plusieurs axes de symétrie, le dégagement d'électricité devra être nul, car les quantités d'électricité produites aux extrémités des droites hémimorphes symétriques se neutralisent.

La pyro-électricité ne s'observera donc que dans les cristaux ne possédant qu'un axe d'hémimorphisme.

LIVRE III

MINÉRALOGIE SPÉCIFIQUE

DESCRIPTION DES ESPÈCES

Ce livre est divisé en deux sections. Dans la première, on trouvera l'exposé des moyens employés pour reconnaître les espèces et l'analyse des principes sur lesquels reposent les classifications.

Dans la seconde, seront décrites les espèces minérales principales. Cet ouvrage, étant un cours et non un traité, ne peut contenir la description de toutes les espèces; on ne saurait demander à un élève de connaître les espèces que l'on ne rencontre qu'accidentellement ou qui même sont encore mal définies.

Nous avons d'ailleurs en partie comblé cette lacune en augmentant beaucoup le nombre des espèces indiquées dans les tableaux de la classification et en joignant à l'énumération la formule donnant leur composition.

Dans l'indication des caractères, nous avons distingué ceux demandant une description, de ceux exprimés par un nombre. Les premiers doivent être retenus, les seconds servent surtout aux déterminations. C'est ainsi qu'à propos des axes optiques, on a à s'occuper d'une part de leur orientation et de l'autre de la valeur des angles de ces axes. Nous avons séparé ces deux sortes de caractères et réuni les seconds dans un tableau général.

Enfin, à propos de chaque espèce, nous avons divisé la description en six alinéas. Le premier comprend :

Les caractères cristallographiques C.C.;

Le second, les caractères optiques C.O.;

Le troisième, les caractères physiques divers, C.Ph.;

Le quatrième, les caractères chimiques, C.Ch.;

Le cinquième indique le gisement, G.;

Le sixième les caractères pétrographiques, C. P.

PREMIÈRE SECTION

DÉTERMINATION DES ESPÈCES. — CLASSIFICATION

CHAPITRE PREMIER

DÉTERMINATION DES ESPÈCES MACROSCOPIQUES

§ I. — DES INSTRUMENTS ET DES RÉACTIFS

L'espèce étant définie par sa composition chimique, une analyse quantitative seule peut régulièrement servir à la reconnaître ; mais les différentes espèces contenant, en général, des éléments différents, il suffit, le plus souvent, d'une analyse qualitative et de la constatation de certaines propriétés physiques telles que densité, dureté, couleur, etc., pour reconnaître une espèce. Toutes les méthodes de la chimie sont évidemment applicables, nous n'avons pas à les décrire ; mais les minéralogistes emploient fréquemment certains procédés des plus commodes et des plus rapides, quand l'habileté de l'expérimentateur vient suppléer à ce qu'ils peuvent avoir de défectueux. Presque toujours on se sert du chalumeau dont le rôle est facile à comprendre.

Au point de vue auquel nous nous plaçons, une flamme présente deux parties essentielles. L'une extérieure, où la combustion est complète, incolore et chaude. Elle est oxydante, puisqu'elle se trouve au contact de l'oxygène de l'air. L'autre intérieure est lumineuse, par suite de la présence de particules charbonneuses, dont la combustion est incomplète. Cette seconde partie est réductrice.

On se sert du chalumeau pour accentuer les propriétés de l'une ou de l'autre des parties de la flamme.

Chalumeau. — Le chalumeau le plus simple est formé d'un tube métallique de vingt centimètres portant à une extrémité une embouchure en os permettant d'y insuffler de l'air avec les lèvres.

L'autre extrémité porte un petit réservoir cylindrique d'un diamètre plus grand que celui du tube et dans lequel s'enchâsse un petit tube de quatre à cinq centimètres, à angle droit sur le grand tube. Le petit tube se termine par une pointe en platine percée d'une ouverture de $0^{mm},4$.

Quand on souffle dans l'appareil, la salive s'arrête dans le réservoir cylindrique et l'air, à peu près sec, sort sous forme d'un mince filet, par l'ouverture de la pointe de platine. La difficulté est de souffler de façon à obtenir un jet continu. Il faut, pour cela, s'habituer à chasser l'air de la bouche par la contraction des joues seules ; ce qui permet de respirer par le nez.

Ce type de chalumeau est de beaucoup le plus employé ; il est très maniable et très commode pour voyager.

Dans le laboratoire, on peut lui substituer l'un des nombreux dispositifs imaginés pour éviter l'insufflation avec la bouche. Le chalumeau à soufflerie qui paraît être le plus commode, est celui de M. Mead, de New-York. Il se compose d'un flacon de verre d'un quart de litre, fermé par un bouchon en caoutchouc, présentant deux ouvertures. Par l'une d'elles passe un tube de verre auquel on fixe le bec du chalumeau. Un second tube de verre passe par la seconde ; ce tube est fermé, à son extrémité interne, mais il est percé latéralement et, au-dessus de l'ouverture, est fixée une bonde de taffetas gommé faisant fonction de soupape ; l'air peut passer du tube dans le flacon, mais ne peut suivre la route inverse. L'extrémité extérieure du tube porte un tube de caoutchouc se terminant par un ampoule de caoutchouc.

Au moyen de celle-ci, qui porte une soupape convenablement disposée, on emmagasine de l'air dans le flacon et cet air sort sous une pression sensiblement constante par le bec de chalumeau.

Pour obtenir, au moyen du chalumeau, une flamme oxydante, on introduit sa pointe au milieu de la flamme, près de l'extrémité de la mèche. La flamme se courbe, s'étire et, comme la combustion est complète, devient bleue. C'est près de son extrémité que se trouve le point le plus chaud (fig. 192).

Si l'on veut obtenir une flamme réductrice, il ne faut faire pénétrer que très peu la pointe du chalumeau dans la flamme et

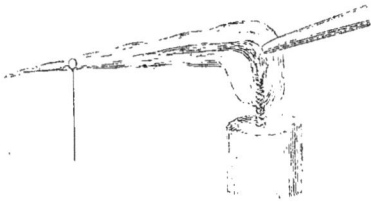

Fig. 192.   Fig. 193.

la placer un peu au-dessus de la mèche. La flamme se courbe et s'étire, mais présente encore une région jaune pâle où se produisent les phénomènes de réduction (fig. 193). Une flamme réductrice ne s'obtient qu'après de nombreux essais. Pour s'exercer, on peut s'appuyer sur le fait suivant. Comme on le verra, une perle de borax contenant du bioxyde de manganèse, se colore en violet améthyste ; tandis qu'elle reste incolore si le manganèse est à l'état de protoxyde. Après avoir déterminé la coloration de la perle au moyen de la flamme oxydante, on pourra s'exercer à la rendre incolore au moyen de la flamme réductrice.

Des supports. — Comme support, on emploie le tube fermé, tube de verre mince, fermé à une extrémité, de cinq millimètres de diamètre et de sept millimètres de longueur. Ce tube permet de chauffer l'essai, sans qu'il y ait oxydation. Si on veut déterminer l'oxydation, on chauffe l'essai dans le tube ouvert, tube de douze centimètres, coudé à une extrémité. La petite branche placée horizontalement contient l'essai ; la grande branche inclinée détermine un courant d'air. On se sert également du charbon de bois en morceaux parallélipipédiques de huit centimètres de long. Pour faire un premier essai rapide, on peut se servir simplement d'un

morceau de bois que l'on carbonise avec le chalumeau. Enfin, on
emploie des supports de platine et, en particulier, un fil de platine, tourné en boucle à une extrémité, et enchâssé par l'autre
dans un manche de verre ou de bois.

Réactifs généraux. — Le borax ou borate de soude hydraté
jouit de la propriété de dissoudre les oxydes métalliques et
de former avec eux des verres dont la couleur varie avec la nature
de l'oxyde. Il ne doit contenir ni acide sulfurique ni acide chlorydrique.

Le sel de phosphore ou phosphate double de soude et d'ammoniaque hydraté, jouit de la même propriété que le borax. Il ne doit
pas contenir d'acide chlorydrique.

L'azotate hydraté de cobalt, chauffé en présence de certains corps
au feu oxydant, perd son acide azotique, et l'oxyde de cobalt forme
des combinaisons colorées avec les corps.

Réactifs réducteurs. — Le carbonate de soude, mélangé à l'essai,
que l'on chauffe sur le charbon, détermine un contact intime entre
l'essai et le charbon qui agit comme réducteur. A ce titre, le carbonate peut être considéré comme réducteur.

Le cyanure de potassium, seul, ou mélangé au carbonate de
soude, est le réducteur le plus énergique, par suite de sa tendance
à se transformer en cyanate de potasse.

L'oxalate de potasse joue le même rôle, par suite du dégagement
d'oxyde de carbone auquel il donne naissance quand on le chauffe.
L'étain, par son oxydation facile, sert généralement à désoxyder
les oxydes en dissolution, soit dans le borax, soit dans le sel de
phosphore.

On emploie un grand nombre d'autres réactifs, mais dans des cas
spéciaux, à propos desquels nous en parlerons.

§ II. — EXAMEN DES SUBSTANCE SANS RÉACTIF

On peut, sans réactif, faire des essais :

a, dans le tube fermé,
b, dans le tube ouvert ;
c, sur le charbon ;

Et enfin examiner la coloration que la substance donne à la flamme ; mais comme, dans ce dernier cas, on est souvent obligé de faire intervenir des réactifs pour produire la coloration, l'étude de ces caractères sera reportée au paragraphe des essais avec réactifs.

a. — Essais dans le tube fermé.

La substance étant placée dans un tube fermé en quantité suffisante pour que l'oxydation soit négligeable, on la chauffe progressivement d'abord, avec une lampe à alcool, puis avec le chalumeau. Cette élévation de température produit des effets variables avec la nature du corps. Les principaux effets sont les changements de couleur, les dégagements de gaz, et les dégagements de vapeur se condensant dans les parties froides du tube. Les résultats sont consignés dans les tableaux suivants :

1° *Changement de couleur.*

a, Permanent ;

Hydrates de sesquioxyde de fer ;
     —   des oxydes de manganèse ;
     —   de l'oxyde de plomb ;
     —   de l'oxyde de bismuth ;
Sels hydratés de fer ;
     —   de cuivre ;

b, Temporaire;

COULEUR A FROID	COULEUR A CHAUD	SUBSTANCES
Blanc ou presque blanc.	Jaune.	Oxyde d'étain. — de zinc. Acide titanique.
Rouge. Jaune.	Jaune orangé. Brun. Noir. Rouge-brun.	Oxyde de bismuth. — de mercure. Sesquioxyde de fer. Oxyde de plomb.

2° *Dégagement de vapeur ou gaz.*

a. Gaz inodores et in-colores.	Eau.	Substances hydratées.
	Oxygène.	Peroxydes. Oxyde de manganèse. — de mercure. — d'argent. — de plomb. Azotates. Arséniates. Acide arsénique.
	Acide carbonique : Hydrogènes carbonés :	Certains carbonates. Houilles; bitumes.
b. Gaz colorés ou odo-rants.	Acides sulfureux : Vapeurs rutilantes : Vapeurs empyreumatiques : Acide arsénieux :	Certains sulfates. Quelques azotates. Houilles ; bitumes. Arsénites ; arséniates.

Le dégagement étant très faible, il est souvent difficile de constater la nature du gaz ou de la vapeur; ce qui rend cet essai improductif. Le dégagement d'oxygène se constate facilement en plaçant sur la substance un petit morceau de charbon de bois; en présence de l'oxygène en excès, celui-ci brûle rapidement et avec une vive incandescence.

3° *Dégagement de vapeur donnant un dépôt sur les parties froides du tube.*

COULEUR DU DÉPÔT	NATURE DU DÉPÔT	NATURE DE L'ESSAI
Incolore.	Eau.	Substances hydratées.
Jaune à froid.	Soufre.	Sulfures contenant en excès du soufre. Pyrite Marcassite. Chalcopyrite.
Rouge ou orangé.	Sulfure d'arsenic. Sélénium. Sulfure de mercure.	Réalgar. Orpiment. Mispikel. Proustite Sélénium métallique. Cinabre.
Noir ou gris.	Sulfure d'antimoine. Arsenic.	Stibine. Ullmannite Chalcostibite. Pyrargyrite. Miargyrite. Cuivre gris. Arséniure à excès d'arsenic : Mispikel Smaltine. Chloanthite. Cuivre arsenical.
Blanc.	Acide arsénieux. Oxyde d'antimoine.	Arséniates. Arsénites. Oxyde d'antimoine.

b. — Essais dans le tube ouvert

Cet essai a pour but de déterminer les éléments qui, par oxydation, peuvent former des composés volatils. La substance étant placée dans la petite branche du tube, on la chauffe progressivement; cet échauffement détermine un courant d'air, que l'on peut activer en chauffant également la grande branche du tube. Certaines substances, en s'oxydant, forment soit des gaz qui se dégagent, soit des vapeurs qui se condensent sur les parties froides du tube ; d'où, deux observations à faire. Il est inutile de répéter ce que nous avons dit sur certains gaz qui se dégagent ici comme dans le tube fermé.

1° *Dégagement des gaz ou vapeur.*

Acide sulfureux.	Soufre. Sulfures. Sulfates métalliques.
Acide sélénieux.	Sélénium. Séléniures.
Acide arsénieux.	Arsenic. Arséniures. Arséniates.
Oxde d'antimoine.	Antimoine. Antimoniures

Ce dernier oxyde se dégage à l'état d'épaisses fumées blanches sans odeur ; l'acide arsénieux se reconnaît à l'odeur d'ail qui l'accompagne ; l'acide sélénieux, à l'odeur du raifort et l'acide sulfureux à son odeur caractéristique.

2° *Dégagement de vapeur donnant un dépôt.*

NATURE DU DÉPÔT	NATURE DE L'ESSAI
Acide tellureux.	Tellure. Tellurures.
Acide arsénieux.	Arsenic. Acide arsénieux. Mispikel. Cuivre arsenical. Smaltine. Cobaltine. Nikéline. Chloanthite. Réalgar. Orpiment. Ténnantite. Proustite.

NATURE DU DÉPÔT	NATURE DE L'ESSAI
Oxyde d'antimoine.	Antimoine. Stibine. Ullmannite. Polybasite. Pyrargyrite.
Oxyde de bismuth.	Combinaisons du bismuth.
Sulfate de plomb.	Combinaisons du plomb et du soufre.
Mercure.	Cinabre.

c. — Essais sur le charbon

Si la substance ne décrépite pas, on en place un fragment dans une petite cavité plate du charbon ; si elle décrépite, on la réduit en poudre, on l'humecte d'eau et au moyen d'une spatule, on l'introduit dans la cavité. Tenant le charbon à peu près horizontal, on soumet la substance successivement à la flamme oxydante et à la flamme réductrice, en faisant les observations suivantes. Au moment où on arrête le souffle, on flaire pour reconnaître s'il y a dégagement des acides du soufre, de l'arsenic ou du sélénium.

On remarque s'il se forme un enduit, une auréole sur le charbon, la couleur à chaud et à froid de cette auréole, si elle est volatile, si elle colore la flamme ; enfin, on constate s'il se forme un globule métallique. Nous reviendrons, à propos de l'emploi des réactifs sur la coloration de la flamme et la formation des globules ; nous n'avons donc à nous occuper que des auréoles.

Auréole d'un *jaune clair* à chaud et à froid. — Minerais de plomb.	Galène. Minium. Cérusite. Anglésite. Crocoïse. Pyromorphite. Mimétèse.

Auréole *jaune foncé* à chaud et à froid. — Minerais de bismuth.
| Bismuthine.
| Eulytine.

Auréole *jaune* à chaud, et *blanche* à froid.
| Blende.
| Cuivre gris.
| Gahnite.
| Franklinite.
| Smithsonite.
| Calamine.
| Cassitérite.

Auréole *rouge* ou *brune*.　Minerais du cadmium et du sélénium.

Auréole *blanche*.
Antimoniures.
Arseniures.
| Stibine.
| Ullmannite.
| Polybasite.
| Miargyrite.
| Pyrargyrite.
| Cuivre gris.
| Sénarmonite.
| Nikéline.
| Mispiskel
| Smaltine.
| Pharmacolithe.
| Mimétèse.

§ III. — EXAMEN DES SUBSTANCES AU MOYEN DES RÉACTIFS

Les essais indiqués dans le paragraphe précédent ont eu principalement pour résultat de faire connaître les éléments électro-négatifs ; nous allons maintenant nous occuper surtout des éléments électro-positifs.

Mais, avant de soumettre les substances à l'action des réactifs, il est quelquefois nécessaire de les faire passer à l'état d'oxydes. Pour obtenir ce résultat, on les réduit en poudre que l'on soumet sur le charbon à l'action de la flamme réductrice, puis de la flamme oxydante.

Pour que l'oxydation soit complète, il est nécessaire de reprendre la substance, de la rebroyer et de la soumettre à nouveau à la flamme.

Cette manipulation préliminaire terminée, on soumet la substance à l'action :

    a, de la flamme directe,

    b, des réactifs réducteurs,

    c, du borax,

    d, du sel de phosphore,

    e, de l'oxyde de cobalt.

a. — Coloration de la flamme

Un certain nombre de corps donnent à la flamme une coloration caractéristique, mais il faut pour cela qu'ils entrent dans une combinaison volatile. La difficulté est de remplir cette condition, car il n'y a pas de règle guidant dans l'emploi des réactifs.

Les sels de chaux, de strontiane et de baryte doivent être imprégnés d'acide chlorhydrique.

L'acide borique, les borates et les phosphates doivent être broyés et imprégnés d'acide sulfurique.

Les silicates sont mélangés à du bisulfate de potasse ou à du chlorure de calcium.

La méthode suppose, en outre, que la substance ne contienne pas plusieurs corps capables de colorer la flamme. Or presque tous les corps contiennent de la soude dont la coloration cache toutes les autres. Pour obvier à cet inconvénient, on interpose entre l'œil et la flamme un verre bleu de cobalt qui absorbe les rayons jaunes de la soude.

La substance est portée au moyen d'une pince en platine ou d'un fil de platine dans la flamme oxydante, ou mieux dans la flamme d'un bec Bunsen.

Coloration jaune. — Composés de la soude.

Sel gemme, Cryolithe, Natron, Gay-Lussite, Zéolithes sodiques, Albite, Haüyne, Néphéline.

Rouge carmin très intense. — Composés de la lithine.

Micas lithiques.

Rouge moins intense — Sels de strontiane.
Strontianite. Célestine.

Rouge jaunâtre. — Composés de la chaux.
Fluorine. Calcite. Aragonite. Anhydrite. Gypse. Phosphorite. Apatite. Wollastonite. Anorthite. Labrador. Grossulaire.

Violet pâle. — Composés de la potasse.
Sylvine. Nitre. Orthose. Pinite.

Bleu livide pâle. — Arséniates dont la base ne colore pas la flamme. — Composés de l'antimoine.
Pharmacolithe. Minétèse.

Bleu d'azur. — Composés du sélénium et du plomb.

Bleu bordé de pourpre.
Chlorure de cuivre.

Bleu verdâtre.
Tellure. — Bromure de cuivre.

Vert émeraude. — Iodure de cuivre. Sels de cuivre.
Cuprite. Malachite. Azurite. Libéthénite. Dioptase.

Vert jaunâtre un peu livide. — Composés du phosphore.
Phosphorite. Apatite. Turquoise. Vivianite.

Vert jaunâtre. — Borates.
Borax. Axinite. Tourmalines.

Vert jaunâtre livide. — Sels de baryte.
Withérite. Barytine.

Certaines de ces réactions sont assez sensibles pour permettre de reconnaître des traces de la substance. On constate la présence de quantités minimes de phosphore, en prenant les précautions suivantes : on déshydrate le minéral par calcination, et on l'imbibe d'acide sulfurique. Introduit dans la flamme, au moyen du fil de platine, il lui donne la coloration caractéristique du phosphore.

De même, le chlore, le brome, l'iode, se reconnaissent à la coloration que donnent le chlorure, le bromure et l'iodure de cuivre.

On porte dans la flamme une perle de sel de phosphore, obtenue comme on le verra plus loin, après l'avoir saturée d'oxyde de cuivre et y avoir introduit la substance à essayer.

b. — **Examen du minéral en présence des réactifs réducteurs.**

Cet essai se fait généralement sur le charbon. La substance, finement broyée, est mélangée de carbonate de soude, de cyanure de potassium ou d'oxalate de potasse, puis humectée d'eau. Placée sur le charbon, on la chauffe doucement pour chasser l'eau, puis plus fortement avec la flamme réductrice. On met ainsi les métaux en liberté. Certains donnent des globules faciles à étudier ; les autres restent à l'état de poudre mélangée au réducteur. Pour les reconnaître, on détache, avec un canif, la partie du charbon imprégnée du réducteur ; on le broie sous une petite quantité d'eau au fond de laquelle on trouve les particules métalliques.

Ces métaux se distinguent surtout au moyen des essais en présence du borax et du sel de phosphore. Mais, on peut déjà présumer de leur nature, en s'appuyant sur ce que le cuivre est *rouge ;* le fer, le nikel et le cobalt sont *magnétiques ;* l'argent, le cuivre, le plomb, l'étain *malléables ;* le bismuth, l'antimoine et le zinc *cassants.*

Le carbonate de soude est encore employé pour reconnaître des traces de soufre. La substance est mélangée à deux parties de carbonate de soude et une partie de borax, puis, traitée à la flamme réductrice. On obtient ainsi une perle renfermant du sulfure de sodium, si la substance renferme du soufre. Cette perle broyée est placée sur une plaque d'argent, recouverte d'eau, ou sur du papier à filtre imbibé d'acétate de plomb ; le sulfure de sodium, décomposé par l'eau, donne de l'acide sulfhydrique, qui détermine des taches noires ou brunes.

c. — **Examen dans le borax.**

Cet examen ne peut porter que sur des substances oxydées. Aussi, doit-on, pour les minerais sulfurés, arseniés, etc., commencer par les griller sur le charbon, comme nous l'avons indiqué.

On prépare ensuite une perle de borax. Le fil de platine étant replié, de façon à former une boucle, on le chauffe au rouge, et on le trempe dans le borax pulvérisé, qui reste adhérent. Ce borax, chauffé progressivement, perd son eau de cristallisation et donne une perle absolument limpide et incolore. On introduit une très petite quantité de la substance, par simple contact de la perle encore molle, et on la porte dans la flamme d'oxydation jusqu'à complète dissolution. On observe la teinte de la perle à chaud et à froid.

On soumet ensuite la perle à la flamme de réduction et l'on observe à nouveau les teintes. Pour faciliter l'action de la flamme réductrice, on peut introduire dans la perle un petit morceau d'étain métallique.

Quand la perle est incolore, on peut obtenir un renseignement sur la nature du corps, en *flambant* la perle, c'est-à-dire en la portant dans la flamme, et en la retirant rapidement un certain nombre de fois ou, ce qui revient au même, en produisant dans la flamme un jet intermittent. Dans ces conditions, il arrive que la perle devient d'un blanc laiteux lorsqu'elle renferme certains corps.

FLAMME OXYDANTE

1 Perle *incolore* à chaud et à froid.

a. — Même fortement saturée.

Silice, alumine, bioxyde d'étain.

Baryte, strontiane, chaux, magnésie, glucine, zircone, acide tellureux.

b. — Seulement lorsqu'elle est faiblement saturée.

Acide titanique, tungstique, molybdique ;

Oxydes de zinc, de cadmium, de plomb, de bismuth, d'antimoine.

2 Perle *jaune* à chaud.

À froid			
	Incolore	Opaque au flamber	Acide tungstique, titanique, molybdique ; oxydes de zinc, de cadmium.
		Limpide au flamber	Oxydes de plomb, de bismuth, d'antimoine.
	Vert jaunâtre, faiblement saturée : Sesquioxyde de chrome.		

3 Perle variant du *rouge* au *brun* à chaud.

À froid
Jaune	Sesquioxyde de fer
Vert jaunâtre	— chrome
Rouge jaunâtre	— fer et manganèse.

4 Perle *violet améthyste* à chaud.

À froid
Du *brun rougeâtre* au *brun.*	Protoxyde de nickel.
Rouge tirant sur le violet.	Sesquioxyde de manganèse.
Rouge tirant sur le brunâtre.	Protoxyde de nickel et cobalt.
Violet.	Protoxyde de cobalt et manganèse.

5 Perle *bleue* à chaud et à froid : Protoxyde de cobalt.

6 Perle *verte* à chaud.

À froid
Bleue.	Oxyde de cuivre.
Vert clair, *bleue* ou *jaune,* suivant les proportions.	Mélanges d'oxydes de fer, de cuivre de cobalt et de nickel.

FLAMME RÉDUCTRICE

1 Perle *incolore* à chaud et à froid.

a. — Limpide au flamber.

Silice, alumine, sesquioxyde de manganèse, bioxyde d'étain.

b. — Opaque au flamber.

Baryte, strontiane, chaux, magnésie, glucine et zircone.

c. — Grise après un souffle court.

Oxydes d'argent, de zinc, de cadmium, de plomb, de bismuth. d'antimoine, de nickel, acide tellureux.

2 Perle *incolore* à chaud et *rouge opaque* à froid.

Oxyde de cuivre.

3 Perle variant du *jaune* au *brun* à chaud.

À froid
Blanc d'émail au flamber.	Acide titanique.
Brunâtre.	Acide tungstique.

4 Perle *bleue* à chaud et à froid.

Protoxyde de cobalt.

5 Perle *verte* à chaud.

À froid { *Jaunâtre* ou *vert bouteille*   Sesquioxyde de fer.
{ Du *vert clair* au *vert émeraude*   —   de chrome.

d. — Examen en présence du sel de phosphore.

On opère en présence du sel de phosphore comme en présence du borax. Mais, la perle s'obtient plus difficilement, car le sel de phosphore se liquéfie complètement, et coule si l'on chauffe trop rapidement. Pour obvier à cet inconvénient, on peut d'ailleurs, le faire fondre dans un creuset de platine, de façon à lui enlever la majeure partie de son eau de cristallisation.

Le sel de phosphore ne dissout pas la silice; aussi, quand on introduit un silicate dans la perle, les bases se dissolvant on obtient un *squelette de silice* facilement reconnaissable.

FLAMME OXYDANTE

1 Perle *incolore* à chaud et à froid.

a. — Même fortement saturée.

Alumine, bioxyde d'étain.

Baryte, strontiane, chaux, magnésie, glucine, acide tellureux.

b. — Seulement quand elle est faiblement saturée.

Acide titanique, tungstique. Oxydes de zinc, de cadmium de plomb, de bismuth, d'antimoine.

2 Perle *jaune* à chaud, *incolore* à froid.

a. — Quand elle est fortement saturée.

Acide titanique, tungstique; oxydes de zinc, de cadmium, de plomb, de bismuth, d'antimoine.

b. — Quand elle est faiblement saturée.
Sesquioxyde de fer.

3 Perle *rouge* ou *rougeâtre* à chaud.

À froid { Jaune   { Sesquioxyde de fer fortement saturé.
{   { Protoxyde de nickel.
{ Vert *émeraude*   Sesquioxyde de chrome.

4 Perle *violette* à chaud, *violet rougeâtre clair* à froid.
    Sesquioxyde de manganèse.

5 Perle *bleue* à chaud et à froid.
    Protoxyde de cobalt.

6 Perle *verte* à chaud.

A froid		
Bleue.		Oxyde de cuivre.
Bleue, vert clair, jaune. Suivant les proportions.		Oxyde de fer avec cobalt, ou cuivre, ou nickel.

FLAMME RÉDUCTRICE

1 Perle *incolore* à chaud et à froid.

a. — Limpide au flamber.
    Alumine, bioxyde d'étain, sesquioxyde de manganèse, protoxyde de nickel.

b. — Opaque au flamber.
    Baryte, strontiane, chaux, magnésie, glucine, zircone.

c. — Grise par un souffle court.
    Oxydes de zinc, de cadmium, de plomb, de bismuth, d'antimoine ; acide tellureux.

2 Perle *incolore* à chaud, *rouge opaque* à froid.
    Oxyde de cuivre

3 Perle variant du *jaune* au *rouge* à chaud,

A froid	
Rougeâtre	Sesquioxyde de fer.
Rouge sang	Acide titanique et fer.
	— tungstique et fer.
Violette	Acide titanique.
Verte	Sesquioxyde de chrome.

4 Perle *bleue* à chaud et à froid.
    Protoxyde de cobalt.

5 Perle *verte* à chaud.

A froid	
Rouge opaque	Oxyde de cuivre.
Vert émeraude	Sesquioxyde de chrome.

c. — Examen en présence de l'oxyde de cobalt.

Cet examen ne peut fournir de renseignement que sur les substances qui sont blanches ou presque blanches après calcination.

Si la substance est poreuse, on l'imbibe d'azotate de potasse en dissolution et on la porte dans la flamme au moyen de la pince de platine. Si elle est compacte, on la pulvérise et, après l'avoir mouillée, on la dessèche sur le charbon et on opère sur la croûte ainsi obtenue. On chauffe graduellement mais fortement dans la flamme oxydante, en négligeant les colorations qui peuvent se traduire au début de la calcination ; on examine la couleur de l'essai complètement refroidi à la lumière du jour.

Les corps donnant une coloration dans ces conditions, sont assez nombreux, mais quatre seulement donnent des colorations caractéristiques.

Couleur chair. — Magnésie.

     «   *bleue*. — Alumine.

     «   *vert jaunâtre*. — Oxyde de zinc.

     «   *vert bleuâtre*. — Oxyde d'étain.

La coloration due à la magnésie se développe surtout à une haute température ; on devra donc chauffer jusqu'à la fusion. Au contraire, pour reconnaître l'alumine, on devra cesser de chauffer avant la fusion, car la coloration bleue pourrait être due à la présence de certains silicates.

CHAPITRE II

DÉTERMINATION DES ESPÈCES MICROSCOPIQUES

§ I. — PROCÉDÉS DE SÉPARATION

Les méthodes habituelles et, en particulier, les méthodes exposées dans le chapitre précédent ne peuvent plus être appliquées quand il s'agit des espèces microscopiques, des minéraux par exemple entrant dans la composition des roches. La première difficulté consiste à séparer les éléments, que l'on veut étudier, de ceux qui les environnent ; on a imaginé plusieurs procédés qui se complètent les uns les autres, plutôt qu'ils ne se remplacent.

Si les minéraux microscopiques à déterminer sont assez nombreux dans une roche, on peut employer, suivant leur nature, soit le triage mécanique, soit les procédés de l'électro-aimant ou de l'acide fluorhydrique dus à M. Fouqué, soit le procédé des liqueurs de forte densité.

On broie la roche dans un mortier d'agate ou dans un mortier d'Abich et on la passe dans deux tamis destinés à enlever, l'un les morceaux trop gros, l'autre la poussière impalpable. Le concassage sépare assez bien les différents minéraux qui n'ont que peu d'adhérence entre eux. C'est sur la poudre ainsi obtenue que l'on opère.

Triage mécanique. — Dans le triage mécanique, on étale la poudre sur un verre dépoli, placé sur un papier blanc si l'on veut enlever des éléments colorés, sur un papier noir si l'on veut séparer des éléments blancs.

Examinant la poudre à la loupe, on touche chaque fragments que l'on désire enlever avec une allumette dont l'extrémité, taillée en pointe, est imbibée d'eau. Le fragment adhère, mais on le sépare facilement, en plongeant l'allumette dans l'eau. La poudre ainsi obtenue devra être examinée au microscope, pour s'assurer de sa pureté. Ce procédé a le grand inconvénient d'exiger beaucoup de temps, pour obtenir une notable quantité de substance. On peut abréger beaucoup la durée de l'opération, en employant l'un des procédés suivants.

Procédé de l'électro-aimant. — M. Fouqué s'est appuyé sur la propriété des minéraux ferro-magnésiens d'être attirés par un aimant, pour les séparer des minéraux alcalino-terreux[1]. Un électro-aimant est suspendu, au moyen d'une corde, au-dessus d'une table, de façon à en être distant de quelques millimètres ; sur la table est placée la poudre au-dessous de l'électro-aimant. Quand le courant passe, les éléments ferro-magnésiens sont attirés et viennent adhérer à l'armature inférieure. On pousse alors l'électro-aimant au-dessus d'une feuille de papier et, au moyen d'un commutateur, on interrompt le courant ; la poudre se détache. On recommence jusqu'à ce que toute la poudre ait été soumise à l'action de l'électro-aimant.

Naturellement tous les minéraux ne sont pas attirés avec la même force, de sorte qu'en augmentant l'intensité du courant on peut, jusqu'à un certain point, les séparer les uns des autres. Un faible courant permettra de séparer le fer oxydulé ; le courant fourni par deux ou trois éléments Bunsen donnera la hornblende, l'augite et l'olivine, riches en fer. Mais il faudra huit éléments Bunsen pour obtenir les minéraux pauvres en fer.

Procédé de l'acide fluorhydrique. — Le second procédé consiste à attaquer la poudre par l'acide fluorhydrique plus ou moins concentré ; suivant la concentration et la durée de l'attaque, certains minéraux sont dissous, à l'exclusion des autres. Ainsi, parmi les éléments d'une roche, l'acide attaque d'abord la matière amorphe, puis successivement les feldspaths, le quartz, l'olivine, le fer oxydulé, l'amphibole, et le pyroxène. Si l'on veut séparer les éléments ferro-magnésiens, il suffira donc d'arrêter l'attaque par une addition d'eau après la dissolution du quartz.

---

[1] Fouqué. *Santorin et ses éruptions.*
Fouqué et Michel Lévy. *Minéralogie micrographique.*

M. Fouqué[1] recommande d'opérer de la façon suivante :
60 grammes d'acide fluorhydrique concentré et fumant étant placés
dans une capsule de platine de 150 grammes de capacité, on y
verse 30 grammes de poudre, aussi vite qu'il est possible de le
faire, sans déterminer le débordement du liquide. Quand l'ébulli-
tion a cessé, on fait couler un filet d'eau qui, en débordant, entraîne la majeure partie de la substance gélatineuse provenant de
l'attaque. On examine alors au microscope où en est l'attaque et,
en ajoutant de l'acide, on la recommence s'il est nécessaire.
Une dernière difficulté consiste à enlever toute la substance gélatineuse ; on y parvient, en desséchant les minéraux restants, de
façon à transformer cette substance en matière pulvérulente et en
l'enlevant ensuite au moyen d'un filet d'eau.

Procédé des liquides de grande densité. — Si on met un mélange de deux minéraux en suspension dans un liquide de densité
intermédiaire à celle des minéraux, le plus lourd ira au fond et
le plus léger viendra à la surface ; en décantant, on pourra donc
les séparer. Comme les solides ont généralement une densité plus
élevée que celle des liquides, il était assez difficile de se procu-
rer un liquide de densité suffisante pour permettre de séparer les
principaux minéraux des roches ; le problème a été résolu par la
découverte du borotungstate de cadmium due à Klein. Ce corps,
en dissolution, possède, à son maximum de concentration, une
densité égale à 3, 6 ; en étendant d'eau cette dissolution, on obtient donc des liquides dont la densité varie entre 1 et 3, 6.

M. Thoulet, qui a préconisé cette méthode, a imaginé un appareil qui la rend d'un usage très facile.

Cet appareil se compose d'un tube gradué en centimètres cubes
de $0^m, 02$ de diamètre et de $0^m, 2$ de longueur, se continuant à sa
partie inférieure par un tube d'écoulement (fig. 194).

Celui-ci porte deux robinets, dont l'un à sa partie supérieure ;
immédiatement au-dessous de ce robinet, part un tube de petit
diamètre, qui s'élève le long du tube principal et se continue par
un tuyau de caoutchouc permettant d'insuffler de l'air dans l'ap-

[1] Fouqué. *Santorin et ses éruptions.*

pareil. Les deux robinets étant fermés, on introduit le liquide
et la poudre dans le grand tube. Pour mettre la poudre en parfaite suspension, on souffle dans le tuyau de caoutchouc et on ouvre progressivement le robinet supérieur ; l'air s'échappe en bouillonnant à travers le
liquide et brasse le mélange ; on ferme le robinet
avant la fin de l'insufflation et on abandonne le tout
jusqu'à la séparation complète des deux minéraux.

Lorsqu'on ouvre les robinets, le liquide entraîne le
minéral qui s'est déposé, tandis que l'autre minéral
reste dans l'appareil.

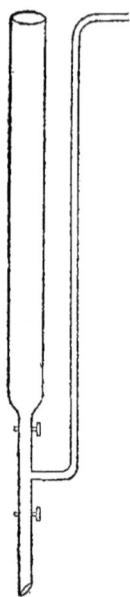

Isolement d'un minéral unique. — Quand le minéral
à étudier ne se trouve qu'en petite quantité dans une
roche, les méthodes précédentes ne peuvent, en général, être appliquées. Il faut isoler un minéral que
l'examen microscopique d'une roche taillée en lame
mince a fait rencontrer.

On peut opérer de la façon suivante : après avoir
enlevé la lamelle de verre et dissous le baume de

Fig. 194.

Canada qui recouvre la préparation, on observe celle-ci à un faible
grossissement et, avec une aiguille courbe, on fait éclater successivement tous les minéraux, en commençant par le pourtour de la
préparation. On enlève ainsi de proche en proche tous les minéraux
étrangers, pour ne laisser que le minéral à étudier.

Pour isoler un minéral, on peut encore se servir d'une lamelle
percée d'un orifice, que l'on prépare ainsi qu'il suit : la lamelle
étant recouverte d'une couche de cire, on creuse dans l'enduit
une ouverture de un millimètre de diamètre allant jusqu'au verre.
On remplit ce trou d'acide fluorhydrique, que l'on renouvelle jusqu'au moment où le verre est percé. On obtient ainsi un enton-
noir, creusé dans le verre, et se terminant par une petite ouverture que l'on peut agrandir à l'aide d'une aiguille.

La préparation étant recouverte de baume de Canada, on amène
le minéral à isoler dans le champ du microscope et on place la
lamelle de verre de façon à ce que le petit orifice soit au-dessus
de la section étudiée. Il suffit de chauffer légèrement pour que le

baume, en fondant, détermine l'adhérence de la lamelle. Avec de la benzine ou de l'alcool, on dissout le baume qui s'est introduit dans l'orifice, et on met à nu la section.

Si on veut attaquer le minéral par l'acide fluorhydrique, on remplacera la lamelle de verre par une lamelle de platine.

§ II. — MÉTHODES GÉNÉRALES D'ANALYSE [1]

Principe de la méthode. — Le minéral étant attaqué par un dissolvant, on place sur le porte-objet une gouttelette de la solution ; cette goutte doit avoir un demi-centimètre environ de diamètre et être peu bombée. On ajoute un réactif, capable de former avec le corps que l'on recherche, un composé non pas insoluble, mais peu soluble. Par suite de l'évaporation, ce composé se dépose en cristallisant; si le réactif a été bien choisi, on obtient ainsi des cristaux dont l'observation au microscope permet d'en déterminer la nature.

Il est nécessaire d'observer la cristallisation dès son début, car les premiers cristaux formés sont les plus nets et, fréquemment, à la fin de la cristallisation, il se produit des arborisations méconnaissables.

MM. Boricky et Behrens ont imaginé, chacun de leur côté, des procédés d'analyse qui ont, sur les autres, la grande supériorité d'être à peu près généraux. Nous commencerons par les résumer, puis, nous indiquerons les procédés particuliers permettant de reconnaître la présence des principaux corps.

PROCÉDÉ DE M. BORICKY [2]. — On dissout le minéral dans l'acide hydrofluosilicique, capable de former avec ces bases des hydrofluosilicates à formes cristallines caractéristiques. L'acide hydrofluosilicique du commerce étant impur, MM. Fouqué et Michel Lévy rec mmanoent de le faire digérer pendant plusieurs jours,

---

[1] Voir, pour plus de détails : Klement et Renard. *Réactions microchimiques.* Haussofer. — *Mikroskopische reactionen.*
Les figures de ce chapitre sont empruntées à l'ouvrage de MM. Klement et Renard.

[2] Boricky. *Elemente einer neuen chemisch. — mikroskopischen Mineral — und Gesteinsuntersuchung.*

à une douce chaleur, dans une capsule de platine, avec du quartz finement concassé, mais non porphyrisé.

Une lame de verre étant recouverte d'une couche uniforme de baume de Canada, on y place l'essai, gros comme une tête d'épingle, et l'on le fixe en chauffant légèrement le baume. On le recouvre d'une goutte bien bombée d'acide hydrofluosilicique et on laisse la lame sous cloche, à côté d'un vase contenant de l'eau, pour saturer l'air. Quand l'attaque est terminée, on porte la lame sous une cloche à air sec à 15°, pour déterminer l'évaporation de l'excès d'acide, et on recouvre ensuite d'une couche de baume en dissolution dans l'essence de girofle et d'une lamelle.

A un grossissement de 2 à 400 diamètres, on reconnaît les dif-

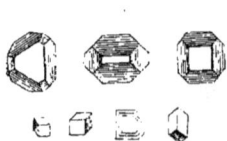

Fig. 195.

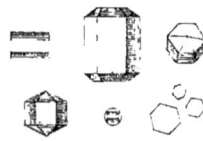

Fig. 195 bis.

férents fluosilicates aux caractères suivants :

Le fluosilicate de potasse est cubique (fig. 195) ;

Le fluosilicate de soude hexagonal (fig. 195 bis) ;

Le fluosilicate de chaux cristallise en fuseaux étroits et allongés (fig. 196) ;

Fig. 196.

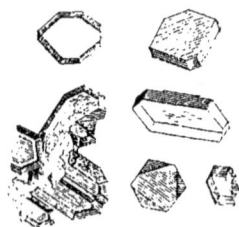

Fig. 197.

Le fluosilicate de magnésie, de fer et de manganèse en rhomboèdres (fig. 197).

Pour distinguer ces trois fluosilicates, on fait agir soit le chlore gazeux, soit le sulfhydrate d'ammoniaque.

Le sel de magnésie ne subit aucune modification.

Le sel de fer devient citron avec le chlore et noir avec le sul-fhydrate.

Le sel de manganèse brun rougeâtre, avec le chlore, et gris rougeâtre avec le sulfure.

PROCÉDÉ DE M. BEHRENS [1]. — Dans ce procédé, on attaque le minéral par l'acide fluorhydrique et on transforme les fluorures en sulfates ou en chlorures.

On opère sur un demi-milligramme de matière que l'on attaque

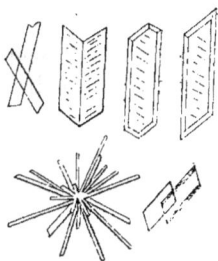

Fig. 198.

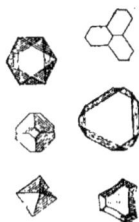

Fig. 199.

par deux à trois centigrammes d'acide fluorhydrique pur ; et on évapore jusqu'à siccité. Puis, on reprend par l'acide sulfurique, ou l'acide chlorhydrique, suivant que l'on veut obtenir des sulfates ou des chlorures. On évapore jusqu'à siccité, et, avec l'acide chlorhydrique, on recommence plusieurs fois. Le dépôt, ainsi obtenu, doit toujours contenir un petit excès du dissolvant qui facilitera la cristallisation. On reprend par l'eau chaude, et on évapore de façon à avoir un gramme de liquide, c'est-à-dire deux gouttes par milligramme de substance dissoute.

Recherche du calcium. — Si la dissolution est sulfurique, il suffit pour reconnaître la présence du calcium, d'en porter une goutte sur le porte-objet et de l'abandonner à l'évaporation. On voit bientôt se former des cristaux de gypse. Ces cristaux sont incolores, maclés ou non maclés, souvent aplatis suivant g^1 (fig. 198).

[1] Behrens, *Mikrochemische Methoden zur Mineralanalyse.*

Ils peuvent être en aiguilles, groupées en rosette.

Cette réaction permet de déceler 0^{mg},0005 de chaux.

Recherche du potassium. — A la goutte placée dans le champ du microscope, on ajoute une gouttelette de chlorure de platine.

L'évaporation détermine, sur les bords de la goutte, la formation de cristaux de chloro-platinate de potassium. Ces cristaux sont jaune intense, très réfringents, généralement octaédriques, avec deux faces parallèles plus développées (fig. 199).

On décèle ainsi 0^{mg},0006 de potasse.

Recherche du sodium. — On ajoute une gouttelette d'acétate d'urane en dissolution concentrée. Il se forme des tétraèdres très nets, visibles à un faible grossissement.

Fig. 200.

Les tétraèdres directs et inverses se combinent fréquemment pour former un octaèdre (fig. 200).

On peut encore employer le sulfate de cerium. A côté de la goutte d'essai, on place une goutte de sulfate et on les réunit par un tube de verre capillaire. On voit se former des agrégats de cristaux bruns que l'on ne distingue qu'à un grossissement de 600 diamètres. Dans les dissolutions des sels de potasse, il se produit un dépôt grisâtre à gros grains, ayant l'aspect de grains d'amidon.

Recherche du lithium. — On reconnaîtra ce métal, en le précipitant à l'état de carbonate, après s'être débarrassé des autres métaux donnant des carbonates insolubles, le calcium par exemple.

On traite par un carbonate alcalin et on obtient avec la lithine des rectangles, des losanges aigus, ou des hexagones très allongés, suivant deux de leurs côtés.

Recherche du baryum. — On chauffe à 100° une goutte de la liqueur à laquelle on a ajouté du ferrocyanure de potassium en dissolution étendue. Par refroidissement, il se forme sur les bords de la gouttelette des rhomboèdres jaune pâle de ferrocyanure de baryum et de potassium.

On peut encore traiter à chaud, par le tartrate de potassium droit. On obtient à froid des granules circulaires de tartrate de baryum, montrant une croix noire entre les nicols croisés.

Un troisième réactif est le stibiotartrate de potassium que l'on mélange à chaud à la solution neutralisée de baryum. Par refroidissement, il se forme des cristaux tabulaires à contours nets, rhombiques ou hexagonaux, dont l'angle obtus est de 128°. Ces cristaux sont très minces, et souvent superposés (fig. 201).

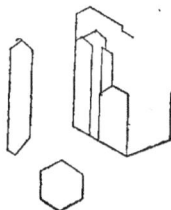

Fig. 201.

Recherche du strontium. — Avec le stibiotartrate de potassium, on obtient les mêmes cristaux qu'avec le baryum. Après avoir constaté par cette réaction la présence soit du baryum, soit du strontium, on emploie le ferrocyanure de potassium, qui donne un précipité granuleux ne se produisant qu'après forte évaporation.

Recherche du magnésium. — Le magnésium se reconnaît au moyen du sel de phosphore ; une goutte d'eau étant placée à côté de la goutte d'essai, on y dépose un cristal de sel de phosphore et on réunit les deux gouttes par un fil de verre. On voit se déposer des cristaux orthorhombiques, à formes mériédriques de phosphates ammoniaco-magnésien (fig. 202).

Fig. 202.

Le fer et le manganèse donnant les mêmes cristaux, il est nécessaire, pour éviter la précipitation de ces métaux, de traiter la goutte d'essai par l'ammoniaque.

Recherche de l'aluminium. — La solution étant neutralisée par l'acétate de sodium, on trempe dans la goutte un fil de platine plongé dans le chlorure de cœsium. Il se forme immédiatement des octaèdres et des cubo-octaèdres souvent aplatis parallèlement à deux faces de l'octaèdre (fig. 203).

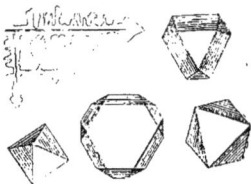

Fig. 203.

Tels sont les principaux résultats que peut fournir la méthode de M. Behrens.

§ III. — Procédés spéciaux

Recherche du soufre. — Le composé sulfuré est transformé en sulfate par une fusion en présence d'un nitrate alcalin. Un sulfate insoluble est fondu avec la soude. La solution est additionnée de chlorure d'aluminium et on traite la goutte d'essai par le chlorure de cœsium. On obtient les cristaux d'alun de cœsium déjà décrits.

Recherche du phosphore. — Par la méthode précédente, on transforme le composé en phosphate, et l'acide phosphorique se reconnaît en additionnant la solution de chlorhydrate d'ammoniaque, et en ajoutant à une goutte d'essai un grain de sulfate de magnésie hydratée : on obtient les cristaux de phosphate ammoniaco-magnésien. On peut se servir du molybdate d'ammoniaque comme réactif du phosphore. Quand on traite une solution d'acide phosphorique acidulée d'acide nitrique, par ce réactif, il se forme des cristaux de phospho-molybdate d'ammoniaque. Ces cristaux sont des cubes, des octaèdres, des rhombododécaèdres, jaunes ; ils ont leurs faces arrondies et passent aux sphérolites.

La silice soluble donnant la même réaction que le phosphore, on devra commencer par s'en débarrasser par dessiccation et filtration.

Nous avons vu comment on pouvait encore reconnaître la présence du phosphore par la coloration de la flamme.

Recherche du chloré. — Si le composé n'est pas soluble, on le

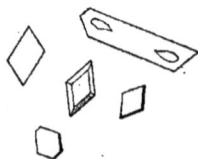

Fig. 204.   Fig. 205.

fond avec du carbonate de soude. Traité par l'acide azotique et par l'azotate de plomb, la dissolution donne des cristaux de chlorure de plomb. Ce sont des tables rhombiques, des prismes aplatis à contours nets, à biréfringence élevée (fig. 204).

En présence de l'acide sulfurique, il faut employer le sulfate de thallium, qui donne des cristallites trifoliés ou cruciformes de chlorure de thallium (fig. 205).

Recherche du fluor. — La matière étant mélangée de silice, est fondue avec du carbonate de soude. Puis, traitée par l'acide acétique et desséchée à siccité dans un creuset de platine à couvercle concave. On ajoute de l'acide sulfurique et on chauffe. Il se produit, dans ces conditions, de l'acide hydrofluosilicique, dont on constate le dégagement en suspendant au fond du couvercle une goutte d'acide sulfurique très dilué, destinée à le dissoudre. La goutte est portée sur une lame de verre recouverte de baume de Canada, et additionnée de chlorure de sodium, donnant naissance à des cristaux d'hydrofluosilicate de sodium déjà décrits.

Recherche du silicium et de la silice. — Un certain nombre de silicates sont directement attaquables par les acides et donnent de la silice gélatineuse. Celle-ci, étant transparente, peut échapper à l'observation, si elle se trouve en très petite quantité ; pour la mettre en évidence, on s'appuie sur ce qu'elle fixe certaines substances colorantes, telles que la fuchsine.

Si l'on veut constater la présence du silicium dans une substance inattaquable par les acides, on opère comme dans la recherche du fluor, mais au lieu d'ajouter de la silice, on ajoute de l'acide fluorhydrique.

Comme réactif de l'acide hydrofluosilicique, on emploie le chlorure de potassium. L'hydrofluosilicate de sodium peut, en effet, se confondre avec l'hydrofluoborate de sodium, tandis que l'hydrofluoborate de potassium donne des cristaux dont les profils sont des losanges.

On peut encore opérer de la façon suivante : un grain du silicate est placé sur une lame de verre, protégée par du baume ; on le recouvre d'une goutte d'acide fluorhydrique, auquel on ajoute un grain de chlorure de sodium. Après évaporation complète de l'acide, on constate la présence des cristaux d'hydrofluosilicate de sodium.

Recherche du fer. — La réaction la plus sensible est celle du ferrocyanure de potassium dans une dissolution azotique du fer.

Recherche du manganèse. — Le composé, réduit en poudre fine, est mélangé de deux à trois parties de soude, puis chauffé au chalumeau sur un fil de platine; il se produit du manganate de soude qui donne à l'essai, une couleur verte à chaud et vert bleuâtre à froid.

Recherche du chrome. — La réaction la plus sensible est celle que l'on obtient avec le borax.

Recherche du titane. — En l'absence du silicium, on fond l'essai dans un grain de fluorure de sodium; on lessive à l'eau froide, on ajoute une goutte d'acide fluorhydrique et on évapore à siccité. On reprend par l'eau chaude et une gouttelette donne des cristaux de fluotitanate de sodium semblables à ceux du fluosilicate.

CHAPITRE III

DES CLASSIFICATIONS

On n'est pas parvenu jusqu'ici à établir de classification naturelle des minéraux ; on a reconnu, il est vrai, l'existence de certains groupes naturels, dont tous les éléments présentent un ensemble de caractères communs, tels que le groupe des feldspaths, celui des pyroxènes, celui des amphiboles ; mais ces groupes, ainsi que de nombreuses espèces isolées, sont restés sans lien. Les classifications proposées sont cependant très nombreuses ; la première en date est celle de Werner, qui divisait les minéraux en quatre classes :

1° Terres et pierres ;

2° Sels ;

3° Combustibles ;

4° Métaux.

Quoiqu'il soit difficile de définir d'une façon précise ce que l'on entend par une pierre, cette division n'en est pas moins naturelle puisque, dans la pratique, en ne s'appuyant que sur le sens vulgaire des mots, il est facile de reconnaître un minéral pierreux d'un minéral métallique.

Le grand défaut de la classification de Werner, consiste en ce qu'il n'a pas donné de définition précise de l'espèce.

Il définissait les espèces, tantôt au moyen de caractères chimiques, tantôt au moyen de caractères physiques, et il a été amené à créer ainsi des espèces qui ont disparu depuis.

Une autre classification est celle de Mohs, qui s'appuyait exclusivement sur les caractères physiques et laissait absolument de côté les caractères chimiques.

Il définissait l'espèce au moyen de la densité, de la dureté et de la forme cristalline, que Werner avait complètement négligée Il divisait les minéraux en trois groupes, d'après la densité, l'odeur, la saveur. Cette classification est complètement abandonnée.

Berzélius, après ses nombreuses découvertes en chimie, les appliqua à la classification des minéraux.

Il définit l'espèce en minéralogie comme on la définit en chimie; il répartit les minéraux en deux groupes : les combustibles et les non combustibles. Il divisa, à son tour, les non combustibles en 18 familles caractérisées chacune par un corps électro-négatif; les familles ainsi établies sont loin d'être équivalentes : celle caractérisée par l'oxygène, renferme la majeure partie des minéraux.

Beudant, Brongniard et Dufrenoy ont donné des classifications analogues à la précédente, en s'appuyant exclusivement sur les caractères chimiques.

Delafosse a donné successivement deux classifications. Dans la première, il divisait les minéraux en quatre groupes; dans la seconde, laissant de côté les gaz, il les répartit en trois :

PREMIÈRE CLASSIFICATION

1° Gaz ;

2° Minéraux combustibles ;

3° Métaux ;

4° Pierres.

DEUXIÈME CLASSIFICATION

1° Combustibles non métalliques ;

2° Combustibles métalliques ;

3° Les non combustibles.

Le mot combustible était pris dans le sens chimique.

Il divisait chacun de ces groupes en familles, d'après l'élément électro-négatif; chaque famille était divisée en tribus, d'après le système cristallin, et enfin en sous-tribus, d'après le type de la constitution chimique.

Depuis, on a proposé de nombreuses classifications, dans lesquelles on renonce à diviser les minéraux en grandes classes ; on les répartit en familles, d'après la constitution chimique, telles que les familles des carbonates, des silicates, des borates, etc.

Le premier essai de classification naturelle est dû à M. de Lapparent, qui divise les minéraux en quatre groupes, d'après le mode de formation et les conditions de formation.

Pour établir sa classification, il s'appuie sur les considérations suivantes.

Les études géologiques amènent à supposer que, primitivement, la terre était complètement à l'état liquide ; par suite du refroidissement, la partie superficielle de la masse liquide s'est solidifiée, et de cette solidification sont résultées les roches qu'on appelle : *roches cristallophylliennes*.

Puis, le refroidissement continuant, la masse centrale s'est contractée et, l'écorce terrestre manquant d'appui, s'est affaissée en certains points qui sont les centres des grands bassins.

Etant donnée la rigidité de l'écorce terrestre, cet affaissement n'a pu se produire sans entraîner la formation de fentes sur tout le pourtour des bassins ; par ces fentes, la masse liquide centrale s'est épanchée, et en se solidifiant, a donné naissance à des roches dites : *roches éruptives*.

Si l'on examine les roches cristallophylliennes et les roches éruptives, soit à l'œil nu, soit au microscope, on constate qu'elles sont formées essentiellement de cristaux qui sont surtout des silicates ; ces cristaux rentrent dans le premier groupe dit : *groupe des éléments des roches éruptives*.

En second lieu, avant la solidification de la partie superficielle de la terre, un certain nombre de corps volatils se trouvaient répandus dans l'atmosphère, grâce à la température élevée ; une fois l'écorce terrestre formée, l'atmosphère se trouvant soustraite au rayonnement de la partie centrale, les substances se sont condensées dans les océans ; puis, par suite d'évaporation, de précipitations chimiques, les substances se sont déposées et ont donné naissance à de nouveaux minéraux.

De même, les eaux qui circulent à l'intérieur du sol dissolvent certaines substances, qui, après avoir pris part à certaines réactions chimiques, se déposent à nouveau. Il en résulte un second groupe dit : *groupe des éléments des gîtes minéraux.*

En troisième lieu, les fentes existant dans l'écorce terrestre n'ont pas seulement livré passage à la substance liquide centrale ; elles ont permis à des émanations gazeuses de se produire. Ces émanations, après avoir pris part à des réactions chimiques très complexes, ont donné naissance, sur les parois des fentes, à toute une catégorie de minéraux qui sont principalement des minéraux métalliques et qui constituent le troisième groupe : *groupe des minerais métalliques.*

En quatrième lieu, un certain nombre de substances organiques étant enfouies dans le sol, ont subi des modifications spéciales et ont produit les minéraux du quatrième groupe : *groupe des combustibles d'origine organique.*

Le quatrième et le premier groupe se distinguent très nettement des deux autres ; à vrai dire, certains minéraux qu'on trouve dans les roches se sont produits également dans la nature, soit d'après le second, soit d'après le troisième mode ; mais, il y a toujours une prépondérance très marquée en faveur de l'un des modes de formation. C'est-à-dire qu'un minéral qui se forme normalement, soit d'après le second, soit d'après le troisième mode, ne se trouvera qu'accessoirement dans les roches éruptives.

Il n'en est pas de même du second et du troisième groupe : certains minéraux, en effet, se forment soit d'après le second, soit d'après le troisième mode, sans qu'on puisse établir de prépondérance en faveur de l'un d'eux. En outre, bien souvent, lors des émanations, les éléments extérieurs tels que l'eau, l'oxygène. etc... ont dû intervenir dans les réactions chimiques donnant naissance aux minéraux.

Enfin, les eaux souterraines ont dû agir sur les minéraux du groupe des minerais métalliques, comme elles agissent sur toutes les autres substances contenues dans le sol ; et, certains minéraux, que l'on trouve avec les minerais métalliques, doivent s'être formés d'après le second mode de formation.

Par toutes ces raisons, nous diviserons les minéraux en trois classes :

1re classe : ÉLÉMENTS DES ROCHES ÉRUPTIVES ;

2e classe : ÉLÉMENTS DES GÎTES MINÉRAUX ET MINÉRAIS MÉTALLIQUES ;

3e classe : COMBUSTIBLES D'ORIGINE ORGANIQUE.

Nous nous trouvons ainsi absolument dans les mêmes conditions que les chimistes qui sont amenés à faire un chapitre spécial des composés du carbone que l'on trouve ordinairement dans les êtres organisés, puisque nous formons un chapitre spécial comprenant l'étude des composés du silicium ; mais, de même qu'en chimie, certains composés tel que le cyanogène, trouvent plus facilement leur place dans la chimie inorganique, de même, certains silicates devront être placés dans la seconde classe.

DEUXIÈME SECTION

DESCRIPTION DES ESPÈCES

CHAPITRE PREMIER

PREMIÈRE CLASSE. — ÉLÉMENTS DES GITES MINÉRAUX ET MINERAIS MÉTALLIQUES

Nous diviserons cette classe en familles, d'après la composition chimique ; nous distinguerons les corps simples, puis nous diviserons les composés binaires d'après l'élément électro-négatif, et les sels d'après leur acide.

On a proposé des classifications reposant sur la considération de l'élément électro-positif ; quoique cette division soit plus commode pour la description, elle a le tort de disloquer certains groupes naturels, tels que celui des carbonates. Il est à remarquer, en effet, que quand deux corps sont isomorphes, ils diffèrent en général par l'élément électro-positif ; par conséquent pour rapprocher les corps isomorphes il faut les grouper d'après l'élément électro-négatif. Bien plus, comme certains corps électronégatifs peuvent se substituer les uns aux autres, pour former des composés isomorphes, nous n'avons pas créé autant de familles qu'il y a de corps électro-négatifs ; nous avons réuni, au contraire, dans une même famille, les composés différant par des éléments équivalents au point de vue chimique. Ces familles sont divisées en genres d'après le type de la constitution chimique, et ces genres en groupes d'après le système cristallin.

Delafosse, comme nous l'avons vu, avait proposé le système inverse ; mais, M. Mallard a montré que, même au point de vue cristallographique, deux corps appartenant à des systèmes différents pouvaient être beaucoup plus voisins que deux corps, appartenant au même système, mais dont les paramètres présentent des différences notables. La classification doit donc être ordonnée, de façon à pouvoir, dans certains cas, rapprocher des corps appartenant à deux systèmes différents.

La division des familles en genres, d'après la constitution chimique, ne peut être appliquée dans toute sa généralité. Outre les types simples, que l'on retrouve dans d'assez nombreuses espèces il existe des types complexes, et chacun de ceux-ci ne s'observe le plus souvent que dans une espèce minérale ; aussi, vouloir créer autant de genres qu'il y a de types, reviendrait, en ce qui concerne les types complexes, à créer autant de genres qu'il y a d'espèces. Ce serait, évidemment, vouloir pousser trop loin la rigueur des principes de la classification, aussi avons-nous préféré, dans chaque famille, réunir les types complexes dans un seul genre.

CLASSIFICATION DES PRINCIPALES ESPÈCES DES MINÉRAUX DES GITES ET DES MINERAIS MÉTALLIQUES [1]

FAMILLE DES MÉTALLOÏDES

Groupe des monocliniques.

Selenium

Groupe des orthorhombiques.

Soufre.   Tellure.

Groupe des rhomboédriques.

Arsenic.   **Bismuth.**
Antimoine.

FAMILLE DES MÉTAUX

Groupe des cubiques.

Fer.   **Argent.**
Plomb.   **Or.**
Cuivre.   **Platine.**
Mercure.

[1] Nota : Les noms des espèces décrites sont imprimés en caractères gras.

FAMILLE DES SULFURES. ARSENIURES. ANTIMONIURES. TELLURURES

Genre R^2R'

Groupe des cubiques.

Argyrose Ag^2S

Groupe des orthorhombiques.

Dyscrase. Ag^2Sb Chalcosine. Cu^2S

Genre RR'

Groupe des cubiques.

Galène. PbS Alabandine. MnS
Blende. ZnS Chloanthite NiS

Groupe des hexagonaux.

Nickeline $NiAs$

Groupe des rhomboédriques.

Millerite. NiS Cinabre. HgS
Covelline. CuS

Groupe des orthorhombiques.

Krennerite $Au^3Ag^3Te^6$

Groupe des monocliniques.

Réalgar As^2S^2

Genre $R^2R'^3$

Groupe des orthorhombiques.

Orpiment. As^2S^3 Bismuthine. Bi^2S^3
Stibine. Sb^2S^3

Genre RR'^2

Groupe des cubiques.

Smaltine. $CoAs^2$ Ullmannite. $NiSbS$
Cobaltine. $CoAsS$ Chalcopyrite. $CuFeS^2$
Disomose. $NiAsS$ Pyrite.. FeS^2

Groupe des orthorhombiques.

Marcassite. FeS^2 Lollingite $FeAs^2$
Mispikel. $FeAsS$

Groupe des monocliniques.

Sylvanite $(Au, Ag)Te^2$

Iodargyrite AgI.

Fluorine $CaFl^2$

Genre des types complexes.

Carnallite $KCl + MgCl^2 + 6H^2O$ Cryolite $6NaFl + Al^2Fl^6$

FAMILLE DES OXYDES

Genre RO^2

G roupe des cubiques.

Cuprite Cu^2O

Genre R^3O^4

Groupe des cubiques.

Spinelle MgO, Al^2O^3

Pléonaste $(Mg, Fe,) O,(Al, Fe)^2O^3$

Gahnite ZnO, Al^2O^3

Picotite $(Fe, Mg)O, (Cr, Al)^2O^3$.

Chromite $(Fe,Mg,Cr)O,(Cr,Al,Fe)^2O^3$

Magnétite FeO, Fe^2O^3

Groupe des orthorhombiques.

Gœthite H^2O, Fe^2O^3

Acerdèse H^2O, Mn^2O^3

Cymophane GlO, Al^2O^3

Diaspore $H^2O, Al^2 O^3$

Groupe des quadratiques.

Hausmannite MnO, Mn^2O^3.

Genre R^2O^3

Groupe des rhomboédriques.

Fer oligiste Fe^2O^3

Fer titané $(Fe, Ti)^2O^3$

Corindon Al^2O^3

Groupe des quadratiques.

Braunite Mn^2O^3

Genre RO^2

Groupe des quadratiques.

Polianite MnO^2

Cassitérite SnO^2

Rutile TiO^2

MINÉRALOGIE

Groupe des orthorhombiques.

Brookite TiO^2

1° Sulfates anhydres.

Groupe des orthorhombiques.

Glassérite K^2O, SO^3 **Celestine** SrO, SO^3
Thénardite Na^2O, SO^3 **Anhydrite** CaO, SO^3
Glaubérite $Na^2O, CaO, 2SO^3$ **Anglésite** $PbO. SO^3$
Barytine BaO, SO^3

2° Sulfates hydratés.

Groupe des orthorhombiques.

Epsomite $MgO, SO^3 + 7H^2O$ Goslarite $ZnO, SO^3 + 7H^2O$

Groupe des monocliniques.

Mirabilite $Na^2O, SO^3 + 10 H^2O$ **Gypse.** $CaO, SO^3 + 2H^2O$

Groupe des tricliniques.

Cyanose $CuO, SO^3 + 5H^2O$

1er Genre.

Apatite $Ca^3 Ph^3O^{12}(Cl, Fl)$ Mimétèse $Pb^3As^3 O^{12}Cl$
Pyromorphite $Pb^5 Ph^3 O^{12} Cl$

2e Genre.

Adamine $H^2Zn^4As^2O^{10}$ Olivénite $H^2Cu^4As^2O^{10}$
Libethénite $H^2Cu^4 Ph^2O^{10}$

3e Genre.

Brushite $H^{10}Ca^2Ph^2 O^{12}$ Scorodite $H^{10}Fe^2As^2 O^{12}$
Pharmacolite $H^{10}Ca^2As^2 O^{12}$

4e Genre.

Vivianite $H^{16}Fe^3Ph^2O^{16}$ Erythrine $H^{16}Co^3As^2 O^{16}$

5ᵉ *Genre.*

Turquoise $H^{10}Al^4Ph^2O^{16}$

FAMILLE DES VANADATES. MOLYBDATES. CHROMATES

Schœlite CaO, WoO^3
Melinose PbO,MoO^3

Crocoïse PbO, CrO^3

FAMILLE DES CARBONATES

1° *Anhydres.*

Groupe des orthorhombiques.

Cérusite PbO, CO^2
Withérite BaO, CO^2

Stronianite SrO, CO^3
Aragonite CaO, CO^2

Groupe des rhomboédriques.

Calcite CaO, CO^2
Dolomie CaO, $CO^2 + MgO$, CO^2
Giobertite MgO, CO^2

Dialogite MnO, CO^2
Sidérose FeO, CO^2
Smithsonite ZnO, CO^2

2° *Hydratés.*

Groupe des orthorhombiques.

Thermonatrite Na^2O, $CO^2 + H^2O$

Groupe des monocliniques.

Natron Na^2O, CO^2, $+ 10\ H^2O$
Gay-Lussite Na^2O, $CaO,2CO^2 + H^2O$

Malachite $2CuO,CO^2 + H^2O$
Azurite $2CuO,CO^2 + CuO, CO^2 + H^2O$

FAMILLE DES BORATES

Borax Na^2O, $2BoO^3 + 10H^2O$

Boracite $6MgO$, $8BoO^3 + MgCl^2$

FAMILLE DES SILICATES

Rhodomite MnO, SiO^2
Willemite $2ZnO$, SiO^2
Calamine $2ZnO$, $SiO^2 + H^2O$

Eulytine $2Bi^2O^3,3SiO^2$
Dioptase CuO, $SiO^2 + H^2O$

FAMILLE DES MÉTALLOIDES

GROUPE DES ORTHORHOMBIQUES

SOUFRE

C.C. — Le soufre cristallise dans le système othorhombique, et l'angle des deux faces *mm* du prisme est de 101° 46'. Les formes les plus fréquentes sont les octaèdres $b^{1/2}$, b et les bases p des prismes (fig. 206). Souvent, dans l'octaèdre $b^{1/2}$, trois des faces

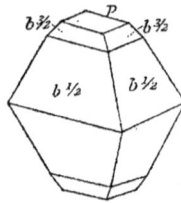

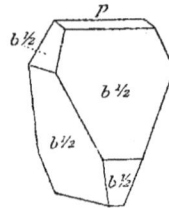

Fig. 206.   Fig. 207.

sont plus développées que les autres, et le cristal prend l'aspect d'un tétraèdre (fig. 207). Les cristaux sont quelquefois maclés par hémitropie normale, la face *m* étant le plan d'hémitropie. Il existe un clivage peu marqué, parallèle aux faces *m*.

C. O. — Le soufre possède une double réfraction énergique, que l'on peut constater directement sur les cristaux transparents, présentant deux faces parallèles. Il est positif. Les axes optiques sont dans le plan g^1, et la bissectrice aiguë est perpendiculaire sur les faces p. $n_g = 2.24$; $n_m = 2,04$; $n_p = 1,93$.

C. Ph. — Le soufre se présente généralement dans la nature en masses concrétionnées, stalactiformes, ou en poudre. Il est généralement d'un jaune caractéristique, dit jaune soufre, mais sa couleur peut passer au brun, par suite de la présence de corps étrangers. Il est le plus souvent translucide et quelquefois transparent. Il conduit mal l'électricité, et s'électrise négativement par le frottement. Il brûle avec une flamme bleue en donnant un dégagement caractéristique d'acide sulfureux.

G. — Le soufre que l'on rencontre dans la nature a deux origines différentes. Il peut provenir d'émanations internes. Dans certains volcans, appelés solfatares, il se produit des émanations d'hydrogène sulfuré qui, au contact de l'air chaud et humide, se décompose en donnant un dépôt de soufre. C'est ce qui a lieu, par exemple, à la solfatare de Pouzzoles, où l'on exploite le soufre qui se renouvelle sans cesse. Dans d'autres cas, le soufre provient de la décomposition du gypse sous l'action des matières organiques. Celui-ci est d'ailleurs formé par suite de l'évaporation des eaux des mers, qui en contiennent une notable proportion en dissolution. Il se présente, alors, en grandes masses lenticulaires, interstrastifiées au milieu des marnes et du sel gemme qui accompagne souvent le gypse.

GROUPE DES RHOMBOÉDRIQUES

ARSENIC. — ANTIMOINE. — BISMUTH

Ces trois corps forment un groupe naturel se rapprochant des métalloïdes par leurs propriétés chimiques, et des métaux par leurs propriétés physiques. L'arsenic se place généralement parmi les métalloïdes, et le bismuth parmi les métaux.

Ils cristallisent dans le système rhomboédrique et l'angle des faces *pp* du rhomboèdre est :

$$
\begin{array}{llll}
\text{Pour As.} & . \ . \ . \ . & 85^\circ 4' \\
- \quad \text{Sb.} & . \ . \ . \ . & 87^\circ 35' \\
- \quad \text{Bi.} & . \ . \ . \ . & 87^\circ 40
\end{array}
$$

Ces rhomboèdres sont donc à peu près des cubes, ce qui constitue un caractère de plus, rapprochant ces corps des métaux, qui cristallisent dans le système cubique. Ils présentent tous les trois un clivage parallèle à la face a^1 ; les cristaux sont d'ailleurs très rares.

ARSENIC

C. Ph. — L'arsenic se présente généralement en masses amorphes ou en larges écailles à surface mamelonnée, souvent emboîtées les unes dans les autres ; c'est ce qu'on appelle l'*arsenic testacé*. L'arsenic est d'un blanc d'étain dans les cassures fraîches, mais il ternit à l'air.

C. Ch. — Sous l'action de la flamme du chalumeau, il brûle avec une flamme bleue, en donnant une fumée blanche d'acide arsénieux, et répandant une odeur d'ail caractéristique. Chauffé dans le tube fermé, il se sublime et donne un anneau noir métallique. Chauffé dans le tube ouvert, il donne un anneau blanc et critallin d'acide arsénieux sur les parties froides du tube. Chauffé sur le charbon, l'essai s'entoure d'une auréole blanche que l'on déplace, facilement à la surface du charbon en la chauffant.

G. — L'arsenic se trouve dans les mines d'argent, de cuivre, de nickel, de cobalt.

ANTIMOINE

C. Ph. — L'antimoine se trouve généralement en masses lamellaires, quelquefois en écailles, lorsqu'il renferme de l'arsenic. Il est d'un blanc d'argent avec une teinte de gris.

C. Ch. — Au chalumeau, il donne des vapeurs épaisses, blanches, d'oxyde d'antimoine. Il en est de même dans le tube ouvert et sur le charbon, où leur formation est accompagnée d'une auréole blanche, plus fixe que celle de l'arsenic. Il se dissout dans l'acide azotique, en donnant un précipité blanc d'acide antimonique.

G. — Il se trouve avec les minerais d'arsenic.

BISMUTH

C. Ph. — Le bismuth se trouve un masses lamellaires ou granuleuses, ou en ramifications dendritiques, simulant des feuilles de fougère. Il est blanc d'argent, avec des reflets rougeâtres.

C. Ch. — Il fond à la flamme d'une bougie, et, au chalumeau, il donne une fumée jaune. Sur le charbon, il produit une auréole jaune. Il se dissout dans l'acide azotique, et, par adjonction d'eau, donne un précipité de sous-nitrate de bismuth.

Si on le fait fondre, puis refroidir lentement, il donne de ma-

gnifiques cristallisations à reflets irisés, formées d'un grand nombre
de rhomboèdres, accolés les uns aux autres.

FAMILLE DES MÉTAUX

Les métaux présentent un ensemble de propriétés physiques
et chimiques qui servent à les caractériser, et qui sont décrites en
chimie. Ils cristallisent tous dans le système cubique. Les métaux
à l'état natif sont d'ailleurs très rares dans la nature ; soit
qu'ils soient réellement rares comme l'or et le platine, soit qu'ils
se combinent trop facilement pour pouvoir subsister à cet état.

FER

C. C. — Les formes les plus fréquentes sont les formes p, a^1. $a^{1/2}$.

C. Ch. — Il se reconnaît immédiatement, au moyen du ferrocyanure de potassium.

G. — On n'a, d'ailleurs, trouvé de fer réellement natif qu'en

Fig. 208.

un seul point : à Ovifak au Groënland, ou Nordenskiold a constaté
sa présence dans un basalte.

Le fer que l'on trouve à la surface du sol est du fer météorique,
qui contient jusqu'à 20 p. 100 de nickel, de cobalt, de silicium,
de phosphore. Ce phosphure de fer est moins attaquable que le

fer lui-même par l'acide chlorhydrique. Aussi, cette attaque donne-t-elle lieu à des arabesques (fig. 208).

PLOMB

Le plomb est si rare à l'état natif que, pendant longtemps, on a douté de son existence. On l'a trouvé, cependant, en Suède et au Mexique.

CUIVRE

C. C. — La forme la plus fréquente est l'octaèdre a^1. On trouve quelquefois le cube p et le rhombododécaèdre b^1. Les cristaux sont souvent maclés par hémitropie normale à a^1, et les octaèdres sont fréquemment groupés en chapelet.

C. Ph. — Habituellement, on trouve le cuivre en dendrites, en plaques ou en filaments. Il est rouge, très malléable, tenace, et dégage par le frottement une odeur caractéristique.

C. Ch. — Il se dissout dans l'acide azotique, en donnant des vapeurs rutilantes, et la dissolution verte devient bleue, par adjonction d'ammoniaque. Il colore une perle de borax en vert à chaud, et en bleu clair à froid.

G. — On le trouve dans les mines de ses minerais.

MERCURE

C. Ph. — Liquide à la température ordinaire, il se solidifie à — 40°, en donnant quelquefois des octaèdres et des rhombododécaèdres. D'un blanc d'argent très brillant, il glisse sur la plupart des corps sans les mouiller.

C. — On le trouve, en gouttelettes, dans le cinabre.

ARGENT

C. C. — Les formes habituelles sont les formes p, a^1, b^1, avec macles par hémitropie normale à a^1.

C. Ph. — Les cristaux d'ailleurs sont rares, et on le trouve le plus souvent en ramifications dendritiques, ou en filaments réunis en faisceaux. Il est d'un blanc d'argent très brillant,

inaltérable au contact de l'oxygène, mais noircissant en présence
de la moindre quantité d'acide sulfhydrique.

G. — A Konsberg, en Norwège, on a trouvé des cubes d'argent
ayant deux centimètres de côté; mais, le plus souvent, l'argent
s'y trouve en boules, dont quelques-unes peuvent atteindre un
poids de 100 kilogrammes. C'est surtout au Mexique, au Pérou,
au Chili, sur le versant des Cordillères, que l'on trouve l'argent
dans les filons de quartz, dont l'épaisseur varie de quelques cen -
timètres à deux mètres.

OR

C. C. — L'or se trouve en cubes, en octaèdres, en rhombododécaèdres dont les faces sont courbes et qui sont quelquefois maclés
par hémitropie normale à a^1.

C. Ph. — Généralement il est en grains ou en lamelles dissémi-
nées dans une gangue de quartz, ou en pépites que l'on trouve
dans les sables d'alluvion. Dans ce cas, il a été arraché par les
eaux aux filons qui le renfermaient, et sa grande densité l'a séparé de sa gangue. Il est d'un jaune très brillant, inaltérable, très
ductile, malléable, généralement mélangé d'argent.

· *G.* — On ne le trouve qu'à l'état natif. Il est recueilli principalement en Californie, au Chili, au Mexique, dans l'Afrique du
Sud et en Australie.

La plus grande pépite d'or trouvée pesait 40 kilogrammes.

PLATINE

C. C. — Les formes observées sont le cube et l'octaèdre.

C. Ph. — Il est généralement en pépites ou en paillettes d'un
gris de fer ou d'acier. Il est rarement pur et contient jusqu'à
20 p. 100 des métaux dits : métaux du platine. Il est malléable,
ductile, tenace.

G. — On ne le trouve qu'à l'état natif, en Colombie, au Brésil,
dans l'Oural, précisément dans les alluvions renfermant l'or.

FAMILLE DES SULFURES, ARSÉNIURES, ANTIMONIURES, TELLURURES

La plupart des composés de cette famille ont pour formule :

$$R'' R'^n,$$

Dans laquelle

$$R = Fe, Co, Ni, Cu, Ag$$
$$R' = S, As, Sb, Te$$

Un certain nombre cependant ont des formules beaucoup plus complexes : nous les avons réunis dans un même genre.

GENRE $R^2 R'$

GROUPE DES CUBIQUES

ARGYROSE
Ag^2S

C. C. — Les formes habituelles sont le cube, l'octaèdre et le rhombododécaèdre. Assez fréquemment, on trouve la macle de la fluorine, c'est-à-dire que deux cubes se pénètrent de façon à avoir une diagonale commune et à ce que l'un d'eux ait tourné de 60° par rapport à l'autre.

C. Ph. — On le trouve en masses amorphes à cassure conchoïdale. Il est d'un gris de plomb, noircissant par altération. Il présente un éclat vif sur les cassures fraîches ; il est très malléable et se laisse couper au couteau.

C. Ch. — Il fond à la flamme d'une bougie. Sur le charbon, il fond en donnant un globule d'argent avec dégagement d'acide sulfureux. Il se dissout dans l'acide azotique, où l'argent est précipité par l'acide chlorhydrique.

G. — Il est souvent mélangé au plomb, cuivre, fer, et se trouve à Freyberg, à Ioachimsthal, à Sainte-Marie-aux-Mines, au Pérou, au Mexique.

GROUPE DES ORTHORHOMBIQUES

CHALCOSINE
Cu^2S

C. C. — L'angle du prisme *mm* est égal à 119° 35', c'est-à-dire, très voisin de 120° ; aussi, les cristaux, par suite de la coexistence des formes *m*, *g*¹ et *p*, ont-ils l'apparence de prismes hexagonaux. Ils sont généralement aplatis perpendiculairement à *p* (fig. 209). Souvent, trois prismes se maclent suivant la face *m*, de façon à former un prisme hexagonal ou un groupement étoilé à six branches. La chalcosine possède un clivage parallèle aux faces *m*.

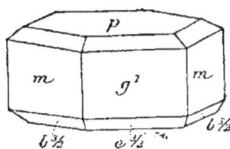

Fig. 209.

C. Ph. — Le plus souvent on la trouve en masses compactes. Elle est d'un gris de fer nuancé de bleuâtre ; elle se laisse couper au couteau, lorsqu'elle est pure.

C. Gh. — Elle est fusible à la flamme d'une bougie. Sur le charbon, avec adjonction de soude, elle donne un globule de cuivre. Elle colore la flamme en bleuâtre ; est soluble en vert dans l'acide azotique. Elle est souvent argentifère.

C. — On la trouve à Freyberg ou dans le Cornouailles.

GENRE R R'
GROUPE DES CUBIQUES

GALÈNE
PbS

C. C. — Les formes cristallines les plus fréquentes sont *p*, *a*¹, *a*^{1/2} que l'on observe, soit isolées, soit sur le même cristal ; les cristaux sont souvent maclés, suivant la face *a*¹, et, assez fréquemment, ils sont aplatis perpendiculairement à cette face. Ils présentent trois systèmes de plans de clivage facile, parallèles aux trois systèmes de faces du cube.

C. Ph. — Grâce à ces clivages faciles, la galène forme fréquemment des masses lamelleuses, quelquefois des masses grenues à grains fins. Elle est d'un gris de plomb, mais l'éclat du sulfure est beaucoup plus vif que celui du métal.

C. Ch. — Quand on la chauffe dans le tube ouvert, elle donne un dégagement d'acide sulfureux ; sur le charbon, elle donne le même dégagement, fond en bouillonnant, et donne un globule malléable, avec formation d'auréole jaune. Elle renferme fréquemment de l'argent, de l'antimoine et du fer.

G. — Elle se trouve généralement associée avec la blende et la pyrite en filons, dans les roches cristallophylliennes.

BLENDE

ZnS

C C. — La molécule de la blende est hémiaxe dichosymétrique ; on observe fréquemment la forme p, la forme b', et le tétraèdre droit ainsi que le tétraèdre gauche ; assez souvent, ces tétraèdres se trouvent sur le même cristal, qui affecte alors la forme d'un octaèdre, mais les faces des deux tétraèdres présentent des caractères physiques différents ; les faces de l'un sont polies et brillantes, celles de l'autre sont ternes et rudes (fig. 210). Les cristaux peuvent être maclés suivant a' ; ils offrent douze plans de clivage, parallèles aux douze faces du rhombododécaèdre.

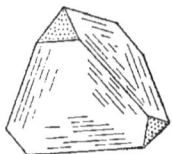

Fig. 210.

C. Ph. — On la trouve en masses lamelleuses ou concrétionnées présentant un éclat vif, quelquefois gras. La couleur est fort variable : tantôt elle est jaune ou verdâtre, et elle peut être alors transparente ; tantôt elle est brune, noire ou rougeâtre ; sa rayure est terne et n'a rien de métallique ; ce qui permet de la distinguer de la galène.

C. Ch. — Sur le charbon, elle décrépite sans fondre, en donnant une auréole fixe, jaune à chaud et blanche à froid. Mélangée avec de la soude, elle colore la flamme en vert foncé.

G. — Ses gisements sont ceux de la galène.

GROUPE DES HEXAGONAUX

NICKELINE
NiAs

C. Ph. — Les cristaux sont généralement imparfaits, et la nickeline se présente le plus souvent en masses amorphes d'un rouge cuivreux avec éclat métallique.

C. Ch. — Chauffée dans le tube ouvert, elle donne un anneau d'acide arsénieux. Sur le charbon, elle produit des vapeurs arsenicales, fond et donne un globule métallique ; elle se dissout dans l'acide azotique, en lui donnant une teinte verte, et en produisant un dépôt blanc d'acide arsénieux. Elle renferme généralement de l'arsenic et du soufre.

G. — On la trouve en Saxe et dans le Cornouailles.

GROUPE DES RHOMBOÉDRIQUES

CINABRE
HgS

C. C. — La molécule est holoaxe hémisymétrique ; l'angle $p\,p$ des deux faces du rhomboèdre est 71° 48′ ; les cristaux sont maclés suivant la face a^1 ; ils sont rares, petits et peu nets ; ils présentent six plans de clivage, parallèles aux faces du prisme hexagonal e^2.

C. O. — Le cinabre est très biréfringent ; il est positif et possède un pouvoir rotatoire quinze fois plus grand que celui du quartz. $n_p = 2,854$, $n_g = 3,201$.

C. Ph. — Il est généralement en masses grenues, d'un rouge cochenille, avec un vif éclat métallique ; sa poussière possède une coloration rouge écarlate ; il est translucide quand il est pur.

C. Ch. — Dans le tube fermé il se sublime complètement, en donnant un anneau noir de sulfure de mercure ; dans le tube ouvert il se sublime en partie, et donne un dégagement d'acide sulfureux et des gouttelettes de mercure.

G. — Il forme des filons ; en Espagne, il existe un filon de quinze mètres d'épaisseur, mais c'est surtout en Chine et au Japon qu'on le rencontre.

RÉALGAR

AsS ou As²S²

C. C. — L'angle *m m* est de 74° 26'; les cristaux sont prismatiques courts, chargés de facettes, et présentent deux clivages parallèles à g^1 et à p.

C. O. — La double réfraction est négative ; les axes optiques sont dans le plan g^1 où la bissectrice aiguë fait un angle de 77° avec la droite p g^1.

C. Ph. — Le réalgar est rouge aurore avec poussière orangée. Il est transparent dans les cristaux purs.

C. Ch. — Dans le tube fermé, il fond et se volatilise pour donner de petits cristaux rouges ; dans le tube ouvert, il donne un dégagement d'acide sulfureux avec odeur d'ail.

G. — On le trouve dans les filons de plomb, d'argent, de cobalt, à Ioachimsthal, à Sainte-Marie-aux-Mines, etc. ; mais il se forme encore aujourd'hui dans les volcans et dans les solfatares (Pouzzoles, Naples).

GENRE R^2 R'^3

ORPIMENT

As²S³

C. C. — L'angle *m m* égale 100° 40'; les cristaux sont rares et peu nets, mais présentent un clivage très net, parallèle à h^1 leur permettant de se diviser en lamelles.

C. Ph. — Généralement, on le trouve en masses lamellaires et les lamelles sont flexibles ; il est semi-transparent, jaune citron ou jaune orangé.

C. Ch. — Il présente les mêmes réactions que le réalgar ; mais dans le tube fermé, il donne un sublimé jaune, au lieu d'un rouge.

STIBINE

Sb^2S^3

C. C. — L'angle *mm* égale 90° 54'. Elle est en longs cristaux présentant les formes g^1, *m*, $b^{1/2}$ (fig. 211); clivage facile, parallèlement à g^1, et donnant naissance à des faces courbes.

C. Ph. — On la trouve très fréquemment en masses bacillaires, formées par la juxtaposition de longs cristaux (fig. 212). Elle offre un éclat métallique assez vif, gris plomb ou gris d'acier, quelquefois irisé; elle tache le papier.

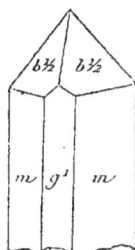

Fig. 211.

C. Ch. — Elle fond à la flamme d'une bougie, et donne dans le tube ouvert, un sublimé d'acide antimonieux. Sur le charbon elle fond en donnant des fumées blanches, et une odeur d'acide sulfureux avec production d'une auréole blanche. Elle est attaquée par l'acide chlorhydrique, en donnant un dégagement d'acide sulfhydrique.

G. — Elle constitue à elle seule des filons dans les roches

Fig. 212.

cristallophylliennes dans l'Isère, le Plateau Central et la Vendée, etc...

GENRE R R'²

GROUPE DES CUBIQUES ET DES QUADRATIQUES

SMALTINE

CoAs² ou (Co,Fe)As².

C. C. — On constate l'existence des formes p et a^1, dont les faces sont fréquemment convexes.

C. Ph. — Le plus souvent, la smaltine est en masses cristallines à surface soit mamelonnée, soit réticulée. Eclat métallique faible, gris d'étain ou d'acier, noircissant à l'air.

C. Ch. — Dans le tube ouvert, elle donne un anneau d'acide arsénieux; sur le charbon, elle produit une auréole blanche, de la fumée et donne un globule cassant magnétique; elle colore une perle de borax en bleu intense (bleu de cobalt). Elle est soluble dans l'acide azotique, qu'elle colore en rouge lilas, et donne un précipité d'acide arsénieux.

G. — Se trouve dans les filons de sulfure d'argent, de pyrite de cuivre, à Ioachimsthal, à Sainte-Marie-aux-Mines, etc...

COBALTINE

CoAsS

C. C. — La molécule est hémiaxe centrée : on observe les formes p, a^1 et $\frac{1}{2}b^2$ (fig. 213). Elle possède un clivage parallèle aux faces du cube, et celles-ci sont striées parallèlement aux arêtes.

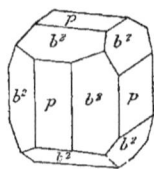
Fig. 213.

C. Ph. — On la trouve en masses compactes ou grenues, à éclat métallique, d'un blanc d'argent à reflets rougeâtres.

C. Ch. — Elle présente les mêmes réactions que la smaltine avec les réactions du soufre.

G. — Elle se trouve en filons dans les roches cristallophylliennes.

CHALCOPYRITE

Cu Fe S²

C. C. — Cristallise dans le système quadratique avec une molécule hémiaxe dichosymétrique non principale. Elle est presque cubique, car le rapport des axes binaires à l'axe quaternaire est 0,982 ; rapport qui serait égal à 1 si la molécule était cubique. On observe fréquemment le sphénoèdre $\frac{1}{2} b^{\frac{1}{2}}$; les deux sphénoèdres se trouvent sur le même cristal, et les faces de l'un sont beaucoup plus développées que celles de l'autre. Les cristaux peuvent être maclés par hémitropie normale, soit à $b^{1/2}$ soit à a^1.

C. Ph. — Se trouve généralement en masses amorphes ou concrétionnées à surface mamelonnée, compactes. Eclat métallique très vif, jaune d'or, souvent irisée : elle a des tons beaucoup plus chauds que la pyrite.

C. Ch. — Elle donne les réactions du soufre, et sur le charbon, elle fournit un globule métallique ; elle se dissout dans l'acide azotique et, si l'on traite la dissolution par l'ammoniaque, il se produit un précipité de rouille, et la dissolution se colore en bleu.

G. — Elle se trouve en filons dans les roches cristallophylliennes avec la pyrite.

PYRITE
Fe S²

C. C. — La molécule est hémiaxe centrée ; les formes les plus fréquentes sont : le cube, l'octaèdre et le dodécaèdre pentagonal $\frac{1}{2} b^2$ (fig. 214). Les faces p du cube sont striées, de telle sorte que les stries sont parallèles aux arêtes du cube, et que les stries des deux faces adjacentes soient perpendiculaires les unes sur les autres. Les formes observées sont très nombreuses : on connaît, par exemple, 25 dodécaèdres pentagonaux ; les cristaux sont fréquemment très beaux et leurs faces présentent un poli assez parfait pour servir de miroir.

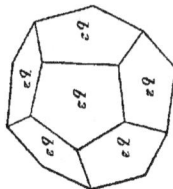

Fig. 214.

C. Ch. — On la trouve également en masses concrétionnées, à surface cylindrique ou circulaire mamelonnée, et dont l'intérieur offre une structure fibreuse. Eclat métallique très vif, couleur jaune bronze ou jaune laiton, assez fréquemment brune par suite d'oxydation.

C. Ph. — Elle fait feu au briquet, en répandant une odeur sulfureuse, contient généralement de l'arsenic, de l'or, de l'argent et du cuivre ; donne les réactions du soufre, et, sur le charbon, brûle avec une flamme bleue, en produisant un globule magnétique.

G. — La pyrite est très disséminée dans la nature, elle forme rarement des masses un peu importantes ; on la rencontre, tantôt dans les filons, tantôt dans les terrains stratifiés.

GROUPE DES ORTHORHOMBIQUES

MARCASSITE
Fe S².

C. C. — L'angle des deux faces *mm* du prisme est égal à 106° 5'. On observe le plus fréquemment le prisme *m* et les dômes *e¹* et *e³*. Dans certains cas, cinq cristaux s'unissent, suivant leurs faces, pour former une étoile pentagonale (fig. 215). La marcassite possède un clivage facile, parallèlement aux faces du prisme *m*.

C. Ph — Le plus souvent, on la trouve en boules à surface hé-

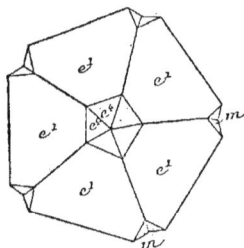

Fig. 215.

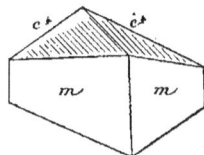

Fig. 216.

rissée, à structure rayonnée, dont la surface est brune par suite de l'oxydation. La véritable couleur de la marcassite est le jaune verdâtre ; elle est beaucoup plus facilement altérable que la pyrite, et se transforme au contact de l'air humide en sulfate de protoxyde de fer.

C. Ch. — Elle offre les mêmes réactions que la pyrite.

MISPICKEL
Fe As S

C. C. — L'angle *mm* est de 111° 10'. Les formes les plus fréquentes sont le prisme *m* et le dôme *e*⁴. Les faces *e*⁴ sont généralement striées parallèlement à leurs lignes d'intersection (fig. 216); il présente un clivage facile parallèlement à *m*.

C. Ph. — On le trouve surtout en masses amorphes ou bacillaires, c'est-à-dire en cristaux allongés, accolés parallèlement les uns aux autres. Ce minéral est d'un blanc d'argent et présente un vif éclat métallique.

C. Ch. — Il fait feu au briquet, en donnant une odeur d'ail. Dans le tube fermé, il donne un sublimé rouge de sulfure d'arsenic. Dans le tube ouvert, il dégage de l'acide sulfureux et laisse déposer un anneau d'acide arsénieux. Il donne, sur le charbon, un globule métallique magnétique ; se dissout dans l'acide chlorhydrique concentré, en donnant un précipité de soufre.

G. — Il se trouve disséminé dans les roches granitiques et dans les filons d'étain et d'argent.

GENRE DES TYPES COMPLEXES

GROUPE DES CUBIQUES

CUIVRES GRIS

Les cuivres gris sont des sulfo-arséniures et des sulfo-antimoniures de cuivre, de composition très variable.

Ces différences de composition proviennent, fort probablement, de ce que les minéraux de ce groupe résultent du mélange d'espèces isomorphes encore mal connues.

C. C. — Tous les cuivres gris possèdent les mêmes caractères cristallographiques.

Leur molécule est hémiaxe dichosymétrique ; le tétraèdre est la forme dominante. Les deux tétraèdres peuvent coexister sur le même cristal, mais l'hémiédrie se reconnaît toujours aux différences physiques de leurs faces : les unes sont bien développées et brillantes, les autres plus petites et rugueuses.

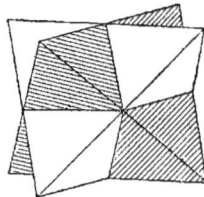

Fig. 217.

On rencontre une macle par pénétration entre deux tétraèdres, orientés de façon que les axes quaternaires, manquant dans chacun d'eux, se retrouvent dans leur assemblage (fig. 217).

On distingue deux espèces principales : la Panabase ou cuivre gris antimonial et la Tennantite ou cuivre gris arsenical.

PANABASE

$$(Ag, Cu)^8 (Zn, Fe)^1 Sb^2 S^7$$

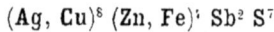

Comme l'indique cette formule, outre le cuivre, la panabase peut renfermer de l'argent, du zinc et du fer ; l'arsenic peut également se substituer en partie à l'antimoine et on donne le nom de panabase, qui désigne plutôt un groupe qu'une espèce, à tous les cuivres gris dans lesquels l'antimoine prédomine sur l'arsenic.

C. C. — Clivage a^1 imparfait.

C. Ph. — Se trouve à l'état massif ; gris d'acier ; éclat métallique plus ou moins vif ; poussière noire.

C. Ch. — Dans le tube fermé, elle donne un sublimé rouge de sulfure d'antimoine ; sur le charbon, elle se boursoufle, fond, donne la fumée et l'auréole de l'antimoine. Elle produit surtout les réactions du cuivre.

G. — Elle se trouve avec la chalcopyrite dans les Basses-Pyrénées. à Sainte-Marie-aux-Mines, à Freiberg, etc.

TENNANTITE

$$Cu^8 Fe^1 As^2 S^7$$

La tennantite comprend les variétés de cuivre gris où l'arsenic prédomine.

C. C. — Clivage b^1 imparfait.

C. Ph. — Se trouve en masses amorphes ; d'un gris variable, tantôt plus foncé, tantôt plus clair que celui de la panabase. Sa poussière passe du noirâtre au rouge cerise foncé.

C. Ch. — Elle donne surtout les réactions de l'arsenic.

G. — Se trouve en Cornouailles, en Norwège, Toscane, etc.

ARGENTS NOIRS

POLYBASITE

$(Sb, As)^2 S^3 + 8 (Ag, Cu)^2 S$

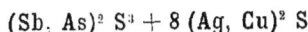

C. C. — L'angle *mm* est de 120° ; aussi, les cristaux ont-ils fréquemment l'apparence hexagonale ; ils sont minces, tabulaires. Clivage parallèle aux bases *p* peu marqué. Les bases présentent trois systèmes de stries se coupant sous des angles de 60°.

C. O. — Double réfraction négative ; axes optiques dans h^1, la bissectrice aiguë étant normale à *p*.

L'angle 2 E des axes optiques, vus dans l'air, est compris entre 62° et 88°.

C. Ph. — En petites masses compactes. — Noir de fer ; rouge en lames minces.

C. Ch. — Elle renferme 64 à 72 p. 100 d'argent. Elle donne, dans le tube ouvert, les réactions du soufre et de l'antimoine. Sur le charbon, en présence d'un réducteur, on obtient un bouton d'argent cuprifère.

G. — Se trouve en petites quantités avec l'argyrose et les minéraux suivants, dans les filons argentifères, à Schemnitz en Hongrie, à Freiberg, Ioachimsthal, au Mexique, etc.

STÉPHANITE ou PSATUROSE

$Ag^3 Sb S^4$

C. C. — L'angle *mm* est de 115° 39′ et les cristaux ont également l'apparence hexagonale.

Macles multiples, avec la face *m* pour plan d'assemblage.

C. Ph. — Se trouve également à l'état amorphe. Gris fer, tirant sur le noir, éclat métallique.

C. Ch. — Elle renferme 68 p. 100 d'argent. Elle fond sur le charbon, en donnant un dégagement d'acide sulfureux et de vapeurs antimoniales ; avec un réducteur, on obtient un globule d'argent. Elle est attaquée par l'acide azotique chaud, et donne un précipité blanc d'oxyde d'antimoine.

G. — Très recherchée comme minerai d'argent, on la trouve avec la polybasite.

GROUPE DES RHOMBOÉDRIQUES

ARGENTS ROUGES

ARGYRYTHROSE ou PYRARGYRITE

$Ag^3 Sb S^3$.

C. C. — Sa molécule est hémiaxe dichosymétrique. L'angle *pp* est de 108° 42′. Les formes dominantes sont le scalénoèdre et surtout le prisme hexagonal d^1 ; le prisme e^2, assez rare, est réduit à trois faces.

Fréquemment, les cristaux sont maclés par hémitropie normale à b^1, chaque cristal se réduisant à une lamelle hémitrope.

Clivages assez faciles, parallèlement aux faces *p*.

C. O. — Double réfraction très énergique, négative ; $n_g = 3,084$, $n_p = 2,881$.

C. Ph. — Se trouve aussi en masses à cassures compactes ; à surface mamelonnée. Gris de plomb à reflet rougeâtre, visible surtout dans les cassures et dans la poussière.

Éclat sub-métallique. Translucide en lames très minces.

C. Ch. — Elle contient 60 p. 100 d'argent. Fond facilement avec dégagement d'acide sulfureux et de vapeur d'antimoine. Donne, avec la soude, un globule d'argent. Dans le tube, se sublime et forme un anneau rouge brun de sulfure d'antimoine. Elle est attaquée par l'acide azotique, avec précipitation d'oxyde blanc d'antimoine.

G. — Se trouve avec la polybasite.

PROUSTITE

$Ag^6 As^2 S^6$

C. C. — L'angle *pp* = 107° 48′. Ce minéral isomorphe, avec l'argyrythrose, en présente les formes. Clivages faciles, parallèles à *p*.

C. O. — Biréfringence négative, $n_g = 2,979$, $n_p = 2,7114$.

C. Ph. — En concrétions et en masses amorphes. Rouge gro-
seille vif ; poussière rouge vermillon ; transparente.

C. Ch. — Contient 65 p. 100 d'argent. Dans le tube fermé, donne
un sublimé brun de sulfure d'arsenic ; abandonne difficilement son
argent en présence du réducteur ; produit un précipité blanc d'acide
arsénieux dans l'attaque par l'acide azotique.

G. — Se trouve avec l'argyrythrose, mais toujours en faible
quantité.

FAMILLE DES CHLORURES ET FLUORURES

GROUPE DES CUBIQUES

SEL GEMME
Na Cl

C. C. — Quand il est cristallisé, il présente presque toujours les
faces du tube. L'octaèdre ne s'obtient que par cristallisation arti-
ficielle. Les faces *p* sont fréquemment creusées de façon à former des trémies. Il existe un clivage très facile, parallèle à *p*.

C. Ph. — Le plus souvent, il se présente en masses lamelleuses
grenues ou fibreuses. Incolore et limpide quand il est pur, mais le
plus souvent gris ou rouge, par suite de la présence de l'oxyde de
fer. On observe encore les teintes vertes, bleues, violettes. Il est
soluble, possède une saveur salée.

C. Ch. — Il donne la réaction de la soude et du chlore.

G. — On le trouve dans le sol, en masses lenticulaires interstra-
tifiées, accompagnant le gypse, au milieu d'argile, principalement
dans les terrains permiens, triasiques et éocènes. En Lorraine, à
Dieuze, il existe treize couches de sel superposées, dont l'ensemble offre l'épaisseur de 58 mètres. La plus épaisse a 13 mètres
d'épaisseur.

KÉRARGYRE
Ag Cl

C. C. — Les cristaux sont généralement cubiques, quelquefois
octaédriques. Ils sont d'ailleurs petits et très rares.

C. Ph. — Généralement, on trouve le chlorure d'argent en

masses amorphes, d'un gris perle, devenant violacé à la lumière. Il se laisse entamer par l'ongle et couper au couteau.

C. Ch. — Il fond à la flamme d'une bougie, et donne un globule d'argent sur le charbon. Il est soluble dans l'ammoniaque ; donne la réaction du chlore avec l'oxyde de cuivre.

G. — On le trouve au Pérou, au Mexique, à Sainte-Marie-aux-Mines.

FLUORINE

Ca Fl^2

C. C. — Les formes les plus fréquentes sont p, a^1, b^1, b^3. Fréquemment, les cristaux sont maclés par pénétration, de telle sorte que deux cubes ont une diagonale commune, et que l'un d'eux ait tourné de 60°, par rapport à l'autre, autour de cette diagonale (fig. 218).

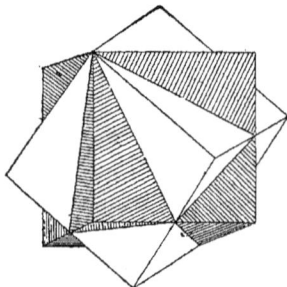

Fig. 218.

C. Ph. — On trouve encore la fluorine en masses lamellaires, en masses concrétionnées avec des zones de différentes teintes ; elle est transparente, incolore, violette, verte, jaune.

C. Ch. — Au chalumeau, elle devient d'un blanc laiteux et donne une perle opaque. Avec l'acide sulfurique, elle donne un dégagement d'acide fluorhydrique.

G. — On la trouve dans les filons métallifères.

GENRE DES TYPES COMPLEXES

CRYOLITE

6Na Fl + 2Al^2 Fl^6

C. C. — Elle cristallise dans le système triclinique. L'angle des faces *m* et *t* est de 94° 57' ; elle offre trois clivages parallèles aux faces *m*, *t* et *p*, celui-ci étant moins facile.

C. O. — Au point de vue optique, la cryolite est un cristal positif, dont le plan des axes optiques est parallèle à l'arête *b*.

C. Ph. — On la trouve en masses d'un blanc de neige, géné-

ralement allongée parallèlement à l'intersection des plans de clivage *m* et *t*. L'éclat est vitreux ; elle est semi-transparente, surtout quand on la plonge dans l'eau.

C. Ch. — Elle fond à la flamme d'une bougie ; elle donne, avec
l'acide sulfurique, de l'acide fluorhydrique.

G. — On la trouve au Groënland, enveines de un à deux mètres
d'épaisseur au milieu du gneiss.

FAMILLE DES OXYDES

GENRE $R^2 O$.

GROUPE DES CUBIQUES

CUPRITE
$Cu^2 O$

C. C. — Les formes les plus fréquentes sont p^1, a^1 b^1 ; a^1 dominant. Elle présente huit clivages parallèles aux faces de l'octaèdre a^1.

C. Ch. — Se trouve en masses capillaires, réticulaires, ou lamellaires ; les cristaux sont quelquefois translucides. Sa couleur
propre est le rouge, mais le plus souvent elle est cachée par la
teinte verte du carbonate de cuivre qui se forme à la surface.

C. Ch. — Elle est fusible au chalumeau, en donnant une perle
noire. Soluble dans l'acide azotique avec effervescence ; elle donne
la réaction du cuivre avec la perle de borax.

G. — On la trouve dans le Cornouailles, à Chessy près de Lyon,
où elle est surtout en octaèdres à faces creuses recouvertes d'une
couche de carbonate de cuivre.

GENRE $R^3 O^4$

GROUPE DES CUBIQUES

SPINELLE
MgO, Al^2O^3

C. C. — Les spinelles se trouvent en octaèdres généralement
maclés par hémitropie normale à a^1 (fig. 219).

C. *Ph.* — Par suite du mélange avec des substances isomorphes, sa composition varie. La magnésie peut être remplacée par la chaux ou l'oxyde ferreux; l'alumine par l'oxyde ferrique. Sa couleur varie avec sa composition.

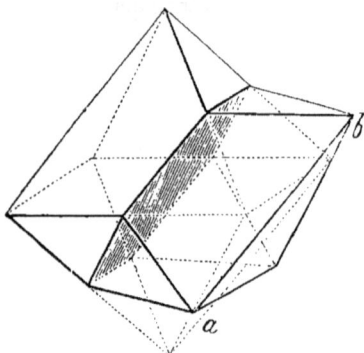

Fig. 219.

Quand il est rouge foncé, on l'appelle *rubis spinelle ;* quand il est rose, *rubis balais ;* vert, bleu, *ceylonite;* noir, *picotite* ou *pléonaste.*

C. *P.* — Le pléonaste se trouve dans les roches, soit à l'état de granule, soit à l'état de petits cristaux de la plus grande régularité. Il est vert, mais il est peut-être opaque; il est dépourvu d'éclat métallique, inattaquable aux acides, et n'est pas attirable par l'aimant, caractères permettant de le distinguer du fer oxydulé.

La picotite se présente dans le même état que le pléonaste ; elle est d'un brun jaunâtre, quelquefois si foncé qu'elle devient opaque.

CHROMITE

$(Mg, Fe, Cr) O, (Cr, Al, Fe)^2 O^3$

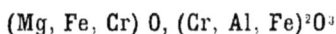

C. *Ph.* — Se trouve en octaèdres maclés comme ceux des spinelles.

Le plus souvent en grains d'un noir de fer, un peu brunâtre ; taillée en lames minces, elle est brune, jaunâtre, quelquefois opaque ; par réflexion, elle présente une teinte rosée ou violacée. Elle a un éclat semi-métallique, qui disparaît sur les faces artificielles.

C. *Ch.* — Elle est inattaquable aux acides.

G. — On la trouve surtout dans les roches dites serpentines.

FER OXYDULÉ ou MAGNÉTITE

$Fe^3 O^4$

C. *C.* — En octaèdres ou en rhombododécaèdres, les premiers étant maclés.

C. Ph. — On le trouve également en masses compactes. Il est d'un noir de fer. En lames minces, il est opaque et présente un reflet bleu noirâtre avec éclat métalli- que (fig. 220). Il est magnétique, quelquefois ma- gnétipolaire ; dans ce dernier cas, s'il est cristallisé, il n'existe aucune relation de position entre les pôles et les éléments du cristal.

Fig. 220.

C. Ch. — Il est soluble dans l'acide chlorhydrique, et présente les réactions du fer.

G. — Il se trouve en grande abondance dans les roches érup- tives et cristallophylliennes. Ils forment des masses pouvant attein- dre les dimensions d'une montagne.

GROUPE DES ORTHORHOMBIQUES

ACERDÈSE

$H^2O. Mn^2O^3$.

C. C. — L'angle *mm* est de 99° 40′.

Les formes habituelles sont : *m*, *p*, $a^1 g^3$, h^3, $b^{1.2}$.

Clivages faciles parallèlement à g^1 et à *m*.

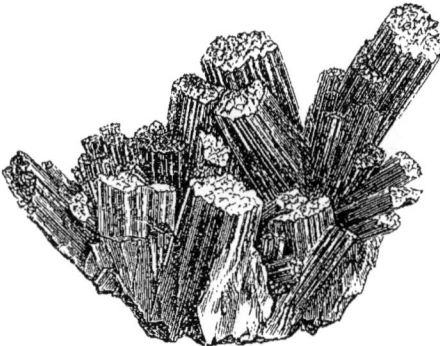

Fig. 221.

Les cristaux sont prismatiques, souvent cannelés suivant leur longueur (fig. 221).

C. Ph. — On la trouve encore en masses fibreuses, radiées, concrétionnées ou en masses terreuses. Elle forme souvent des dendrites à la surface des roches.

D'un gris foncé, sa poussière est brune ; elle présente un éclat plus ou moins métallique.

C. Ch. — Elle donne de l'eau lorsqu'on la chauffe dans le tube fermé ; colore en violet une perle de borax ; se dissout dans l'acide chlorhydrique avec dégagement de chlore.

G. — Elle est très répandue dans les gîtes de manganèse, où elle est mélangée à la pyrolusite.

GENRE $R^2 O^3$

GROUPE DES RHOMBOÉDRIQUES

FER OLIGISTE

$Fe^2 O^3$

C. C. — L'angle des deux faces du rhomboèdre est de 86° 10'. Les formes les plus fréquentes sont les formes *p*, et les bases a^1 ;

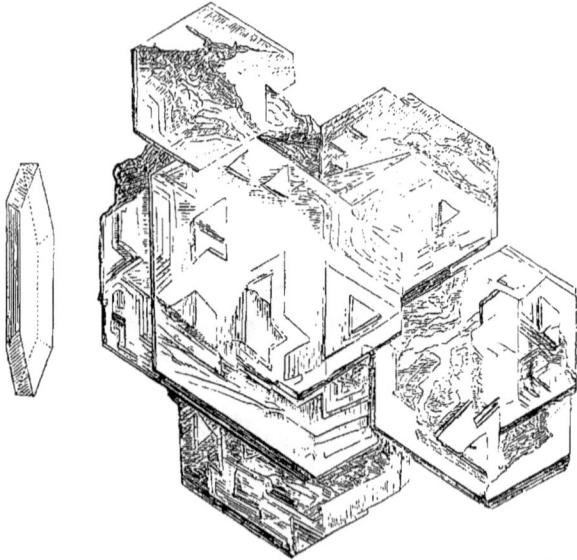

Fig. 222.

les cristaux sont fréquemment aplatis perpendiculairement à a^1, et offrent alors l'aspect de lamelles hexagonales (fig. 222). Ils peuvent être maclés suivant a^1 et suivant *p* ; les cristaux sont d'un gris foncé, assez fréquemment irisés, avec un vif éclat métallique.

C. Ph. — En lames minces, le fer oligiste est transparent, d'un rouge vif, quelquefois jaunâtre ; il présente le même reflet que le fer oxydulé. Il est encore, en masses concrétionnées, à surface mamelonnée, à structure finement fibreuse, grise ou rouge ; il s'appelle alors *hématite rouge*.

Il peut être en masses terreuses, mélangé à l'argile, et constituant l'*ocre rouge*. Dans tous les cas, la poussière est rouge.

C. Ch. — Il est plus facilement attaquable par l'acide chlorhydrique que la magnétite, et présente comme celle-ci les réactions du fer.

G. — On le trouve en filons, et dans les roches cristallisées.

Au fer oligiste, on peut rattacher comme variété la *limonite*, qui a pour formule : $2 Fe^2O^3, 3H^2O$.

C'est une substance amorphe, d'un brun pur ou d'un brun jaunâtre. Sa poussière est jaune rouille.

On en trouve en masses radiées, à surface noire et mamelonnée. On l'appelle alors *hématite brune*.

On la rencontre encore en grains formés de couches concentriques qui, par leur agglomération, forment des bancs au milieu des couches sédimentaires. C'est la *limonite oolithique*, qui est exploitée comme minerai de fer.

On la trouve aussi en masses terreuses, ordinairement très argileuses, d'un brun jaunâtre pouvant passer au jaune clair ; on lui donne, dans ce cas, le nom d'*ocre jaune*.

Elle donne de l'eau dans un tube fermé, se dissout dans les acides ; réactions du fer avec une perle de borax et le sel de phosphore.

FER TITANÉ
$(Ti, Fe)^2 O^3$

C. C. — Sa molécule est hémiaxe centrée ; l'angle du rhomboèdre varie de 85°, 40 à 86°, 10, suivant la proportion de titane et de fer. Les cristaux sont généralement aplatis perpendiculairement à a^1 et ont l'aspect de lamelles hexagonales.

C. Ph. — Il est d'un noir de fer, opaque en lames minces, à reflets brunâtres, sub-métalliques ; dans les roches il se présente avec les sections du fer oligiste, et fréquemment en trémies s'emboîtant les unes dans les autres ; il est, dans ces roches, entouré d'un enduit gris ou jaunâtre, poussiéreux, provenant de sa décomposition (leucoxène) (fig. 223).

C. Ch. — Il est infusible, et attaqué à la longue par l'acide

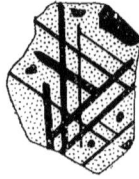

Fig. 223. — Fer titané entoure de leucoxène (d'après M. Hussak).

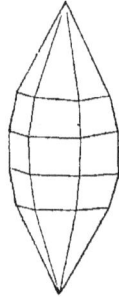

Fig. 224.

chlorhydrique, et la dissolution chauffée avec de l'étain donne une teinte violette, caractéristique du titane, qui devient rose par adjonction d'eau.

G. — Il se trouve dans les roches cristallisées.

CORINDON
Al^2 O^3

C. C. — L'angle du rhomboèdre est de 86° 4. On observe géné-

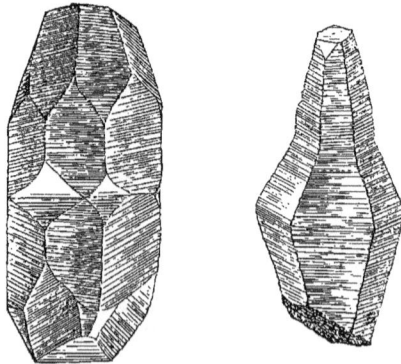

Fig. 225.

ralement les faces du prisme hexagonal, auxquelles s'ajoutent les faces de plusieurs rhomboèdres (fig. 224). Aussi, le cristal prend-il l'aspect d'un fuseau (fig. 225).

C. O. — Il est négatif, et présente des anomalies optiques qui le rapprochent d'un cristal biaxe. Les sections parallèles à a^1 présentent des lamelles hémitropes qui s'éteignent parallèlement aux côtés du prisme d^1. Polychroïque quand il est coloré; le rayon ordinaire est *bleu*, l'extraordinaire, *vert de mer*. Sa coloration est variable; bleu, on l'appelle *saphir*; rose, *rubis*; jaune *topaze orientale*; vert, *émeraude orientale*; violet, *améthyste orientale* : $n_g = 1,769$, $n_p = 1,760$. Par suite de sa dureté, il offre un relief très marqué dans les lames minces.

G. — Se trouve dans les roches cristallophylliennes, dans le granite, les dolomies et les sables diamantifères.

GENRE RO^2

GROUPE DES QUADRATIQUES

POLIANITE
Mn O^2

La polianite est très rare; le bioxyde de manganèse provient généralement de l'acerdèse, qui a perdu une partie de son eau, et qui a gagné de l'oxygène, tout en conservant sa forme orthorhombique; on lui donne alors le nom de *pyrolusite*.

La pyrolusite est en cristaux courts, cannelés verticalement, par suite de la présence de trois clivages m, g^1, h^1.

C. Ph. — On la trouve en masses concrétionnées mamelonnées, en masses fibreuses et radiées, en masses terreuses. Elle est d'un noir de fer, quelquefois bleuâtre; éclat métallique; sa poussière est noire.

C. Ch. — Elle donne de l'oxygène quand on la chauffe; du chlore, quand elle est traitée par l'acide chlorhydrique. Elle colore une perle de borax en violet améthyste.

G. — Elle remplit des poches et des canaux sinueux dans les terrains sédimentaires.

CASSITÉRITE

Sn O²

C. C. — Les formes les plus fréquentes sont les formes m, h^1, b^1; a^1, le prisme h^1 étant plus développé que le prisme m (fig. 226). Fréquemment, les cristaux sont maclés, suivant b^1, de façon à

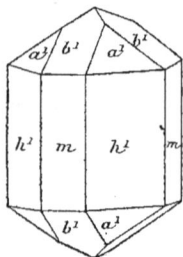

Fig. 226.

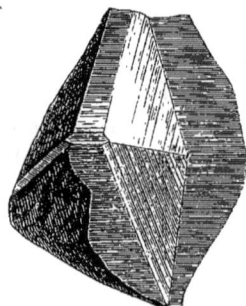

Fig. 227.

produire un angle rentrant, qu'on appelle bec de l'étain (fig. 227). Clivages difficiles, parallèlement aux faces du prisme. Dans les roches, les formes sont raccourcies, et le clivage nettement visible.

C. O. — La cassitérite est un cristal positif à biréfringence énergique : $n_g = 2,079$; $n_p = 1,9793$.

C. Ph. — On la trouve en masses amorphes quelquefois concrétionnées ; éclat diamantin, couleur variant du jaune clair au brun noir.

G. — En filons, dans les roches cristallophylliennes, dans les pegmatites, à la Villeder et à Pipriac (Bretagne).

RUTILE

Ti O²

C. C. — Les formes fréquentes sont également les formes m, h^1, b^1 avec macles suivant b^1, de façon à former des assemblages coudés (fig. 228) ; cristaux généralement allongés suivant mm ; formant quelquefois de longues aiguilles dans le quartz. Clivages h^1 et m faciles.

C. O. — Double réfraction positive ; $n_g = 2,982$; $n_p = 2,567$;
relief très marqué, Polychroïsme sensible : jaune et jaune brun.

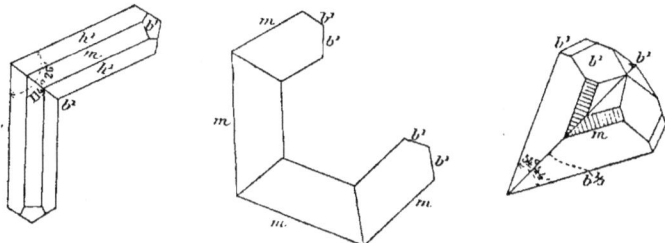

Fig. 228.

Biréfringence trop forte pour déterminer la polarisation chromatique, même en lames minces.

C. Ph. — Eclat adamatin ; brun, rouge, jaune, noir.

C. Ch. — Mélangé avec un alcali, il fond et devient soluble dans
l'acide chlorhydrique, où il donne la réaction du titane avec l'étain.

G. — On le trouve dans les roches cristallophylliennes.

FAMILLE DES SULFATES

1° SULFATES ANHYDRES

GROUPE DES ORTHORHOMBIQUES

BARYTINE

BaO, SO³

C. C. — L'angle *mm* est de 101° 40'. On observe les formes

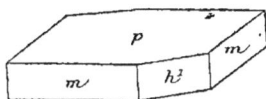

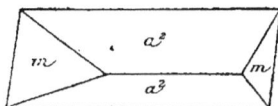

.Fig. 229.   Fig. 230.

p, *m*, *a²*, *e¹* (fig. 229, 230, 231). Les cristaux sont souvent aplatis suivant p. La barytine présente deux clivages faciles, parallèles à p et à m, et un clivage moins facile parallèlement à g^1.

Assez fréquemment, les cristaux sont maclés suivant h^1, et la macle se répétant un grand nombre de fois, donne naissance à ce que l'on appelle la *barytine crétée*.

C. O. — La double réfraction est positive. Les axes optiques sont dans g^1 et la bissectrice aiguë est perpendiculaire à h^1. 2 V = 35°; $n_g = 1,647$; $n_m = 1,637$; $n_p = 1,636$.

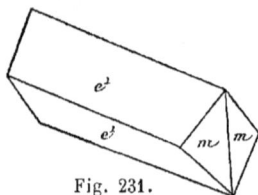

Fig. 231.

C. Ph. — On la trouve en masses lamellaires, rarement en masses grenues ou compactes. Elle est blanche, blonde ou grisâtre. Son poids spécifique est élevé, et égal à 4, 5.

C. Ch. — Elle donne au chalumeau un émail blanc.

Humectée d'acide chlorhydrique, elle ne donne aucune coloration à la flamme.

G. — On la trouve dans les filons métallifères, et dans les terrains sédimentaires en masses lamellaires.

CÉLESTINE

SrO SO^3

C. C. — L'angle mm est de 104° 10'. On observe surtout les formes m, p, e^1, a^2.

Les cristaux sont presque toujours allongés parallèlement à la droite d'intersection des faces p et e^1 (fig. 232).

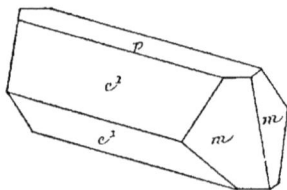

Fig. 232.

La célestine possède des clivages faciles, parallèlement à p et à m.

C. O. — Elle a les mêmes propriétés optiques que la barytine; sa biréfringence est un peu plus faible. Polychroïque.

C. Ph. — On la trouve en masses lamelleuses, en veines formées de fibres parallèles, en nodules compactes.

Elle peut être incolore, blanche, grise, rosée, dans certains cas bleuâtre, ce qui lui a valu son nom de célestine.

C. Ch. — Elle donne, au chalumeau, un émail blanc.

Humectée d'acide chlorhydrique, elle colore la flamme en rouge carmin.

G. — On la trouve associée au gypse, et au soufre d'origine sédimentaire.

ANHYDRITE

CaO, SO³

C. C. — L'angle *m m.* est de 96° 36'. Les formes habituelles sont *m*, *p*, *h¹*, *g¹*, *e¹*. Les cristaux sont généralement aplatis. Elle possède trois clivages parallèles aux plans *p*, *h¹*, *g¹*. Ces trois clivages étant perpendiculaires entre eux, donnent à l'anhydrite une apparence cubique.

C. O. — Sa biréfringence est positive. Les axes optiques sont dans le plan *p*, la bissectrice aiguë étant perpendiculaire à *h¹*. $2 V = 42°,8 ; n_g - n_p = 0,043 ; n_m = 1,576$.

C. Ph. — Généralement, on la trouve en masses fibreuses, ou compactes, en masses granuleuses ou saccharoïdes.

Elle est blanche, avec teinte de violet, gris ou rouge.

C. Ch. — Elle ne s'exfolie pas au feu ; fond difficilement en donnant un émail blanc.

G. — On la trouve associée au sel gemme et au gypse.

2° SULFATES HYDRATÉS

GROUPE DES MONOCLINIQUES

GYPSE

CaO, SO³ + 2H²O.

C. C. — L'angle *m m.* est de 111° 30'. On observe les formes *m*. *g¹* et *x*, *x* étant égal à (*b¹* *b¹ᐟ³* *h¹*). Certaines faces sont très courbes (fig 233).

Les cristaux sont souvent maclés par hémitropie normale à *a¹ᐟ²*. Ils constituent alors ce qu'on appelle le gypse en fer de lance. (fig. 234).

Le gypse présente trois clivages parallèles à g^1, h^1, p, le clivage g^1 étant le plus facile.

C. O. — Sa biréfringence est positive. Les axes optiques sont

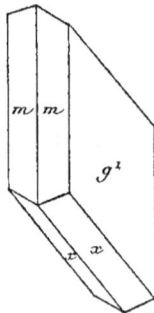

Fig. 233.

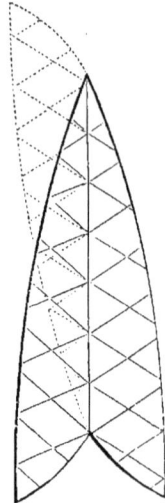

Fig. 234.

situés dans le plan g^1, leur bissectrice aiguë faisant un angle de 52° 32′ avec l'intersection des plans h^1 et g^1; 2 V = 57°5′; $n_g = 1,529$; $n_m = 1,532$; $n_p = 1,520$.

C. Ph. — On le retrouve en masses grenues ou compactes, en veines à fibres parallèles. Il est incolore, blanc, blond gris ou rouge. Il se raye à l'ongle.

C. Ch. — Il donne de l'eau dans un tube fermé. Il blanchit et s'exfolie sous l'action du feu.

G. — On le trouve en amas lenticulaires au milieu des marnes ; il provient de l'évaporation des eaux des mers.

FAMILLE DES PHOSPHATES, ARSÉNIATES

APATITE

$Ca^5 (Cl,Fl)(PhO^4)^3$

C. C. — L'apatite cristallise dans le système hexagonal ; sa molécule est hémiaxe principale centrée.

On observe surtout les formes m, p, a^1, b^1. Elle a deux clivages assez difficiles, parallèles à p et à m.

Dans les roches, elle est toujours en prismes hexagonaux trapus, et donne des sections hexagonales ou rectangulaires. Ces sections n'offrent pas de clivage proprement dit, mais des cassures espacées parallèles aux bases (fig. 235).

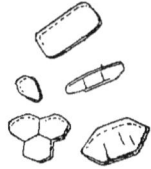
Fig. 235.

C. O. — Double réfraction négative : $n_g = 1,649$; $n_p = 1,645$. Elle présente des anomalies qui tendent à la faire considérer comme un cristal biaxe. Sa biréfringence est faible ; aussi, en lame mince, prend-elle des teintes blanchâtres ou d'un blanc bleuâtre. Elle est nettement en relief.

C. Ph. — On la trouve en masses compactes, à structure radiée, concrétionnée ; on l'appelle alors *phosphorite*.

Sa couleur est très variable ; elle peut être incolore, blanche, vert clair, vert bleuâtre ; violet bleuâtre ; en lame mince, elle est toujours incolore.

C. Ch. — Soluble dans l'acide, elle donne avec le molybdate d'ammoniaque, la réaction du phosphore.

On peut employer cette réaction pour reconnaître l'apatite, dans les lames minces. Le couvre-objet étant enlevé, et la préparation décapée, on la recouvre d'une goutte d'acide azotique, et on laisse l'attaque se faire à une douce chaleur. En ajoutant un cristal de molybdate, on obtient en présence du phosphore, un précipité d'octaèdres et de rhombo-dodécaèdres jaune clair.

Avec le cuivre et le sel de phosphore, elle donne la réaction du chlore. On chasse le fluor avec l'acide sulfurique.

G. — On la trouve dans les gisements d'étain, dans presque toutes les roches cristallisées où, cependant, elle n'est jamais abondante.

FAMILLE DES CARBONATES

1º CARBONATES ANHYDRES

GROUPE DES ORTHORHOMBIQUES

Ces carbonates sont:

La withérite	$BaO\ CO^2$ dont l'angle *mm* est de	118° 30′		
La strontianite	SrO, CO^2	—	—	116° 18′
La cérusite,	PbO, CO_2	—	—	117° 13′
L'aragonite	CaO, CO^2	—	—	116° 16′

Ils sont isomorphes et présentent tout un ensemble de propriétés communes; ils ont une biréfringence négative énergique; leur couleur est généralement blanchâtre; ils font effervescence dans les acides, et précipitent par l'acide sulfurique.

WITHÉRITE
BaO, CO²

C. C. — Les cristaux sont ordinairement maclés, de façon à prendre l'aspect d'une double pyramide hexagonale.

Elle a un clivage parallèle à g^1.

C. O. — Les axes optiques sont dans g^1, leur bissectrice aiguë étant normale à p, $2\ E = 26°, 30′$;

C. Ph. — On la trouve en masses cristallines et concrétionnées, offrant l'apparence de structure finement fibreuse. Elle est incolore ou blanche, avec des teintes de gris ou de jaune.

C. Ch. — Elle fond sans se décomposer. Elle colore la flamme en vert jaunâtre.

G. — On la trouve dans les filons métallifères.

STRONTIANITE
SrO, CO³

C, C. — Ses cristaux sont généralement petits et maclés, avec un clivage parallèle à *m*.

C. O. — Les axes optiques sont dans h^1, et leur bissectrice aiguë est normale à p ; 2 E $= 12°$ 8′.

C. Ph. — On la trouve en masses cristallines, ayant une tendance plus marquée que la withérite à prendre une structure fibreuse. Elle est incolore ou blanche, avec des teintes de rosé ou de verdâtre.

C. Ch. — Elle colore la flamme en rouge carmin.

G. — On la trouve dans les filons métallifères.

CÉRUSITE

PbO, CO²

C. C. — Ses cristaux sont généralement maclés et aplatis suivant g^1, ils ont un clivage parallèle à m.

C. O. — Les axes optiques sont dans g^1, et leur bissectrice aiguë est perpendiculaire à p ; 2 V $= 8°$ 6′ ; $n_g = 2,077$; $n_m = 2,076$; $n_p = 1,803$.

C. Ph. — On la trouve en masses amorphes, en stalactites, en masses aciculaires, dont les aiguilles sont si peu adhérentes que le moindre choc les détache. Elle est incolore ou blanche, avec une teinte jaunâtre ou grise.

C. Ch. — Elle est fusible, et donne un globule de plomb sur le charbon. Elle précipite par l'acide chlorhydrique.

G. — On la trouve dans les filons de minerais de plomb.

ARAGONITE

CaO, CO²

C. C. — Ses cristaux sont souvent maclés trois par trois, et réunis suivant leur face m, de façon à laisser entre eux un vide de 11° 30′ souvent rempli par la matière de l'un d'eux. L'ensemble prend l'aspect d'un prisme hexagonal (fig. 236). Ils ont un clivage parallèle à g^1.

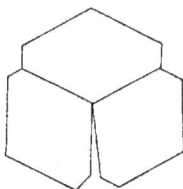
Fig. 236.

C. O. — Les axes optiques sont dans h^1 ; leur bissectrice étant perpendiculaire à p, 2 V $= 17°$ 50′. $n_g = 1,685$; $n_m = 1,681$; $n_p = 1,530$;

C. Ph. On la trouve en masses fibreuses et radiées, en masses concrétionnées. Elle est incolore et limpide, ou blanche avec des teintes de jaune, de verdâtre, de gris.

C. Ch. — Chauffée à une température élevée, mais insuffisante cependant pour déterminer sa décomposition, elle décrépite en donnant des rhomboèdres de calcite.

G. — On la trouve dans les dépôts métallifères, dans les géodes de roches volcaniques, dans les argiles accompagnant le gypse, mais toujours en masses de peu d'importance.

GROUPE DES RHOMBOÉDRIQUES

Ces carbonates sont :

La calcite,	CaO, CO_2 dont l'angle $p\,p$ est :	105° 5'
La dolomie,	$CaO, CO_2 + MgO, CO_2$	—	106° 15'
La giobertite,	MgO, CO_2	—	— 107° 30'
La dialogite,	MnO, CO_2	—	— 107° 1'
La sidérose,	FeO, CO_2	—	— 107°
La smithsonite	ZnO, CO_2	—	— 107° 40'

Ils sont isomorphes, ont des clivages parfaits parallèles à *p*, et possèdent une biréfringence négative énergique. Leur éclat est vitreux. Ils font effervescence dans les acides.

CALCITE
CaO, CO$_2$

C. C. — Les formes simples de la calcite sont très nombreuses, on en compte plus de 170 (fig. 237 et 238); cependant le rhomboèdre *p* est très rare, et on ne l'obtient guère que par précipitation chimique. On se procure encore ce rhomboèdre en profitant des clivages faciles parallèles à ses faces.

Les macles sont fréquentes avec plan d'hémitropie parallèle à *b'* (fig. 239) ou à *a'* (fig. 240); dans le premier cas, la macle peut être multiple, et chacun des cristaux se réduit à une lamelle hémitrope.

Quand la calcite est taillée en lames minces, on y constate
l'existence des trois systèmes de clivages, l'existence des lamelles

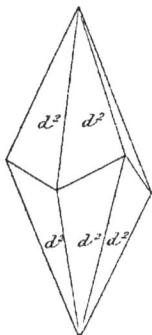
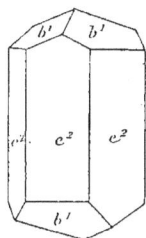
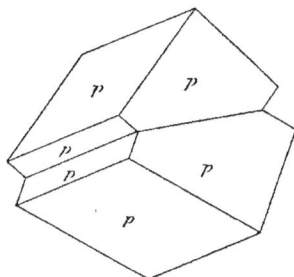

Fig. 237.   Fig. 238.   Fig. 239.

hémitropes ; et, par suite de sa forte biréfringence, elle prend les
couleurs irisées, grises, roses, bleues (fig. 241) ; $n_g = 1,658$;
$n_p = 1,486$.

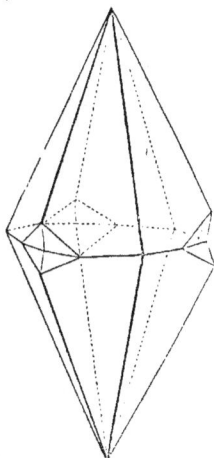
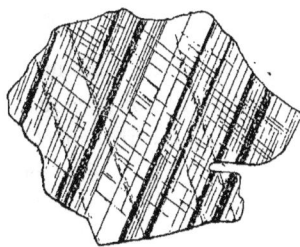

Fig. 240.   Fig. 241.

C. Ph. — La calcite est très répandue dans la nature ; c'est elle
qui forme les stalactites, les stalagmites, l'albâtre calcaire, le
marbre ; sa couleur est variable.

Quand on la chauffe, elle se dilate suivant l'axe ternaire, se contracte suivant les droites perpendiculaires à cet axe, et il existe
une direction intermédiaire, suivant laquelle la variation de
longueur est nulle.

DOLOMIE

Sa composition est représentée soit par la formule CaO, CO^2 + MgO, CO^2, soit par $2\ CaO$, CO^2 + MgO, CO^2.

C. C. — La forme, la plus fréquente est le rhomboèdre p, accompagné des bases a^1.

C. Ph. — On la trouve en masses compactes, grenues, saccharoïdes, dont la couleur est variable. Elle ne fait effervescence que si elle est réduite en poudre; les fragments se dissolvent dans les acides, mais sans effervescence.

GIOBERTITE

MgO, CO^2

C. Ph. — La seule forme connue est le rhomboèdre p.

On la trouve surtout en masses compactes, incolores, blanches, jaunes ou brunes.

C. Ch. — L'effervescence, sous l'action des acides, ne se produit qu'à chaud.

G. — On la trouve dans les roches cristallophylliennes.

DIALOGITE

MnO, CO^3

C. C. — On a rencontré les formes p, a^1, b^1, d^1.

Les faces p et a^1 sont fréquemment courbes, ce qui donne aux rhomboèdres aplatis un aspect lenticulaire.

C. Ph. — Elle forme des masses lamelleuses concrétionnées, à surfaces mamelonnées. Elle est rose ou rouge et brunit à l'air.

C. Ch. — Elle est infusible, prend une teinte noirâtre au feu, donne avec la perle de borax la teinte violet améthyste.

L'effervescence ne se produit que lentement à froid.

G. — On la trouve dans les filons de manganèse.

SIDÉROSE

FeO, CO^2

C. C. — On observe les formes p, b^1, e^1, d^1, d^2.

Les faces p et b^1 sont courbes. Les cristaux peuvent être maclés suivant b^1 et se réduire à l'état de lamelles hémitropes.

C. Ph. — La sidérose forme des masses compactes, concrétionnées, fibreuses, quelquefois mélangées à de l'argile. Elle est blonde ou brune, et fréquemment elle s'oxyde à la surface ; elle prend alors une teinte d'un brun foncé, due à la formation de l'oxyde de fer.

C. Ch. — Elle fait effervescence lentement à froid. Sur le charbon, elle donne un globule magnétique.

G. — C'est un minerai de filon.

SMITHSONITE

ZnO, CO^2

C. C. — Les formes habituelles sont les formes p, e^3, d^2.

Les faces p sont courbes.

C. Ph. — On la trouve en petites masses concrétionnées, incolores, blanchâtres ou jaunâtres.

C. Ch. — Sur le charbon, elle fond en donnant un émail blanc, et, en même temps, il se produit une auréole fixe, jaune à chaud et blanche à froid.

G. — C'est également un minerai de filon.

2° CARBONATES HYDRATÉS

MALACHITE

$2CuO, CO^2 + H^2O$.

C. C. — Cristallise dans le système monoclinique : l'angle mm étant de 104° 20′. On trouve surtout les formes m, p, h^1, g^1.

Les cristaux peuvent être maclés suivant h^1. Ils présentent un clivage parallèle à p, et un autre parallèle à g^1.

C. O. — Sa biréfringence est énergique, négative, les axes optiques étant dans g^1 ; $2V = 44°\ 6.′$

C. Ph. — On la trouve généralement en masses concrétionnées, surfaces mamelonnées, à structures zonées, dont les zones présentent des teintes vertes de différentes nuances. Eclat soyeux.

C. Ch. — Elle est facilement fusible et réductible sur le charbon, fait effervescence dans les acides, se dissout dans l'ammoniaque, colore la flamme en vert émeraude, et donne de l'eau dans le tube.

G. — On la trouve avec les minerais de cuivre, dans l'Oural et la Sibérie ; certains rognons ont jusqu'à 4 mètres de diamètre.

Ils servent alors à la fabrication d'objets d'art; les plus beaux échantillons sont utilisés par la joaillerie.

AZURITE

$2\ CuO,\ CO^2 + CuO,\ CO^2 + H^2O$

C. C. — Substance monoclinique dont l'angle *mm* est de 99° 20′. On l'observe avec les formes *m*, *p*, *h¹*, *b¹*. — Les cristaux son fréquemment aplatis suivant *p*. Elle possède un clivage parallèle a *e¹*.

C. O. — La biréfringence est énergique, positive.

C. Ph. — L'azurite est presque toujours cristallisée ; elle est d'un bleu d'azur ou bleu indigo ; son éclat est vif. Elle présente les caractères chimiques de la malachite.

G. — On la trouve dans les mines de cuivre, et principalement à Chessy près Lyon, dans les grès.

TABLEAU

DES DONNÉES NUMÉRIQUES RELATIVES AUX MINÉRAUX
DE LA PREMIÈRE CLASSE

Dans ce tableau nous désignerons :

Le système cubique par la lettre C

—	hexagonal	H
—	quadratique	Q
—	rhomboédique	R
—	orthorhombique	O
—	monoclinique	M
—	triclinique	T

En ce qui concerne les paramètres cristallographiques, on désigne dans les systèmes ayant un axe principal, par c le paramètre de l'axe principal, et par a, le paramètre d'un axe binaire perpendiculaire.

Dans le système orthorhombique a représente le paramètre de la brachydiagonale, b celui de la macrodiagonale, c celui de l'axe binaire vertical.

Dans le système monoclinique, a représente le paramètre de la clinodiagonale, b celui de l'axe binaire, et c celui de l'arête verticale.

Dans le système triclinique, on désigne par a le paramètre de la diagonale de base allant de l'angle a à l'angle o; par b celui de l'autre diagonale, et par c celui de l'arête verticale.

Pour la densité et la dureté, nous avons indiqué les moyennes de leurs valeurs, toujours légèrement variables.

ESPÈCES MINÉRALES	SYSTÈME cristallin	PARAMÈTRES cristallographiques			ANGLES du noyau	Dureté	Densité
		a	b	c			
Acerdèse.	O	0,844	1	0,545	99º 40	3,7	4,35
Anglésite.	O	0,785	1	1,289	103º 43	3	6,3
Anhydrite.	O	0,893	1	1,001	96º 36	3,2	2,92
Antimoine.	R	1	1	1.307	87º 35	3,2	6,7
Apatite.	H	1	1	0,735		4.5	3,19
Aragonite.	O	0,6228	1	0,721	116º 10	3,7	2,935
Argent.	C		1			2,7	10,5
Argyrose.	C		1			2,3	7,2
Argyrythrose.	R	1	1	0,788	108º 42	2,3	5,8
Arsenic.	R	1	1	1,402	85º 4	3,5	5,8
Azurite.	M	0,850	1	1,761	$mm = 99º\ 20$ $ph^1 = 92º\ 24'$	3,7	3,75
Barytine.	O	0,815	1	1,314	101º 40	3,2	4,55
Bismuth.	R	1	1	1,303	87º 40	2,3	9,73
Blende.	C		1			3,7	4
Calcite.	R	1	1	0,854	105º 5	3	2.71
Carnalitte.	O	0,597	1	1,389	118º 37'	1	1,6
Cassitérite.	Q	1	1	0,951		6,5	6,96
Célestine.	O	0,779	1	1,280	104º 10	3,2	3,95
Cérargyrite.	C					1,3	5,6
Cerusite.	O	0,610	1	0,723	117º 13	3,5	6,5
Chalcopyrite.	Q		1	0,986		3,7	4,2
Chalcosine.	O	1	1	0,971	119º 35	2,7	5,7
Chromite.	C	0,582				5,5	4,45
Cinabre.	R	1	1	2,29	71º 48	2,3	8,1

ESPÈCES MINÉRALES	SYSTÈME cristallin	PARAMÈTRES cristallographiques			ANGLES du noyau	Dureté	Densité
		a	b	c			
Cobaltine.	C					5,5	6,15
Corindon.	R	1	1	1,363	86° 4	9	3,95
Cryolite.	T				$mt = 91° 57'$ $mp = 90° 24'$ $tp = 90° 2'$	2,7	2,95
Cuivre.	C					2,7	8,7
Cuprite.	C					3,7	5,8
Dialogite.	R	1	1	0,818	107° 1'	3,8	3,4
Dolomie.	R	1	1	0,832	106° 15	3,8	2,8
Fer.	C					4,5	7,5
Fer oligiste.	R	1	1	1,359	86° 10	6	5,1
Fer titané.	R				86	5,5	4,5
Fluorine.	C					4	3,184
Galène.	C					2,6	7,5
Giobertite.	R	1	1	0,809	107° 30	3	4,8
Gypse.	M	0,744	1	0,412	$mm = 111° 30'$	1,7	2,32
Magnétite.	C					6	5,1
Malachite.	M	0,880	1	0,404	$mm = 104° 20'$ $ph^1 = 118° 10'$	3,7	3,9
Marcassite.	O	0,732	1	1,185	106° 5'	6,3	4,7
Mercure.	C						13,6
Mispikel.	O	0,685	1	1,186	111° 10'	5,8	6,2
Nikeline.	H	1	1	0,819		5,7	7,4
Or.	C					2,8	19
Orpiment.	O	0,829	1	1,12	100° 40	1,8	3,45
Panabase.	C					3,5	5
Platine.	C					4,7	18
Plomb.	C					1,5	11
Polianite.	Q	1	1	0,952		6,8	4,9
Polybasite.	O	0,577	1	0,408	120°	2,3	6,1
Proustite.	R	1	1	0,8038	107° 48	2,3	5,5
Pyrite.	C					6,3	4,9
Réalgar.	M	1,440	1	0,973	$mm = 74° 26$ $ph^1 = 66° 5'$	1,7	3,5
Rutile.	Q	1	1	0,911		6,2	4,27
Sel gemme.	C					2	2
Sidérose.	R	1	1	0,817	107°	4	3,85
Smaltine.	C					5,7	6,8
Smithsonite.	R	1	1	0,806	107° 40	5	4,39
Soufre.	O	0,813	1	1,904	101° 46	2	1,97
Spinelle.	C					2,3	6,25
Stéphanite.	O	0,631	1	0,688	115° 39	8	3,7
Stibine.	O	0.984	1	1,011	90° 54	2	4,65
Strontianite.	O	0,609	1	0,724	117° 18'	3,5	3,69
Tennantite.	C					3,7	4,9
Withérite.	O	0,595	1	0,741	118° 30'	3,2	4,25

CHAPITRE II

Ces minéraux sont, en grande majorité, des silicates. Leur examen est du plus haut intérêt, non seulement au point de vue minéralogique, mais encore au point de vue chimique.

Ils jouent en effet dans l'histoire du silicium le même rôle que les composés organiques dans l'histoire du carbone. C'est un fait digne de remarque que ces deux corps, le silicium et le carbone, appartenant à la même famille chimique, aient une prépondérance presque absolue dans chacun des deux règnes de la nature.

Avant d'indiquer la classification adoptée, il est nécessaire de donner quelques détails sur les conditions où se trouvent les minéraux dans les roches.

Au point de vue physique, on distingue dans une roche quatre sortes d'éléments ;

Les cristaux,

Les microlithes,

Les cristallites,

La substance vitreuse.

Cristaux. — Les cristaux, tantôt présentent des formes cristallines, tantôt ont une forme quelconque. Les premiers cristaux formés ont pu cristalliser librement, sans être gênés dans leur développement par les cristaux environnants ; aussi, ont-ils généralement des formes géométriques.

Il est vrai que celles-ci ont pu disparaître dans la suite, sous l'influence soit d'actions mécaniques qui ont brisé les cristaux, soit d'actions chimiques qui ont corrodé les angles, émoussé les arêtes.

Les derniers minéraux cristallisés n'ont pu qu'occuper la place qui leur a été laissée par les précédents ; aussi, fréquemment, n'ont-ils pas de formes géométriques.

Ces cristaux peuvent présenter certaines particularités de structure ; c'est ainsi que certains sont formés de zones concentriques généralement parallèles à la surface du cristal. Ces zones se distinguent les unes des autres par leur orientation optique et présentent des différences dans leur composition chimique.

En outre, les cristaux renferment fréquemment des inclusions, soit vitreuses, soit liquides, soit gazeuses. La nature de l'inclusion peut le plus souvent se reconnaître à la largeur de la bande sombre qui les borde. La largeur de cette bande, due à la réflexion totale de la lumière tombant sur l'inclusion, dépend de la différence entre les indices de réfraction du cristal et de l'inclusion ; elle sera, par suite, plus large pour les gaz que pour les liquides, et pour ceux-ci que pour les solides (fig. 242).

Il est à remarquer que les inclusions liquides se trouvent presque exclusivement dans les roches dites *plutoniques*, c'est-à-dire

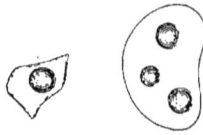

Fig. 242. — Bulles gazeuses dans une inclusion liquide et dans une inclusion vitreuse. (D'après Zirkel.)

Fig. 243. — Microlithes. (D'après Zirkel.)

dans les roches qui se sont solidifiées dans l'intérieur de l'écorce terrestre et ne sont venues au jour que postérieurement à cette solidification, par suite de mouvement du sol. Au contraire, les inclusions vitreuses sont à peu près caractéristiques des roches *volcaniques*, c'est-à-dire des roches résultant de la solidification de matière qui s'est épanchée à la surface du sol.

Microlithes. — Les microlithes possèdent la structure moléculaire des corps cristallisés et agissent sur la lumière polarisée comme les cristaux. Ils se distinguent de ceux-ci par leurs faibles dimensions et par leur forme irrégulière (fig. 243). Il existe d'ailleurs tous les intermédiaires entre les microlithes et les cristaux.

Ils ont une tendance à se grouper. Tantôt ils se disposent parallèlement, et leur ensemble offre l'aspect et les propriétés d'un cristal. Tantôt ils se disposent suivant les rayons d'une sphère, l'un de leurs axes d'élasticité étant très fréquemment parallèle aux rayons. Aussi, dans une section passant par le centre, les microlithes parallèles aux fils du réticule sont éteints entre les nicols à angle droit; et la section est traversée par une croix noire qui reste fixe quand on tourne la préparation. Ces amas sphériques portent le nom de *sphérolites*.

Cristallites. — Les cristallites sont des corps amorphes, microscopiques, qui se produisent toutes les fois qu'un corps capable de cristalliser se trouve dans des conditions défavorables à la cristallisation. Aussi, les considère-t-on comme le point de départ de toute cristallisation. On les trouve dans les roches, au milieu de la substance vitreuse. Les uns sont ellipsoïdaux et dits *globulites ;* les autres, allongés, sont nommés *longulites*. Ils se groupent de façon à former des arborisations ou des filaments enchevêtrés qui ont reçu le nom de *trichites*.

Substance vitreuse. — La substance vitreuse possède des propriétés physiques qui ne sont pas en rapport immédiat avec sa composition chimique. Celle-ci peut varier sans que les propriétés physiques diffèrent beaucoup de celles du verre commun. Elle est amorphe et englobe les autres éléments. La proportion dans laquelle elle entre dans les roches est fort variable ; elle peut dominer comme dans les obsidiennes, ou au contraire faire complètement défaut, comme dans les roches dites *holocristallines*, le granite par exemple.

De la substance vitreuse se rapproche la *substance pétrosiliceuse* qui joue également le rôle de magma dans certaines roches, mais qui en diffère par un état cristallin plus avancé. Sa composition chimique se rapproche de celle d'un orthose contenant un excès de silice. On peut en résumer la définition donnée par M. Michel Lévy [1], en disant avec lui que c'est un magma en partie amorphe, imprégné de silice, déjà individualisée ; entre les nicols croisés, l'extinction, bien qu'avancée, n'est pas complète ; les traînées s'es-

[1] Michel Lévy. *Structures des roches éruptives.* Baudry et Cie éditeurs.

tompent d'ombres et de parties plus claires qui changent de place
par la rotation d'un des nicols.

Ordre de cristallisation. — Les minéraux des roches n'ont pas
cristallisé simultanément ; les uns étaient déjà formés lors de l'é-
ruption de la masse liquide, les autres ont cristallisé lors du refroidissement de cette masse ; enfin, d'autres sont le résultat des
actions secondaires auxquelles la roche a été soumise dans la
suite. En laissant de côté ces derniers, on peut donc distinguer
deux stades dans la cristallisation. Les cristaux de première consolidation ont des formes géométriques qui ont pu être altérées
par des actions mécaniques ou chimiques. Les éléments de seconde consolidation, cristaux, microlithes, peuvent manquer de
formes cristallines, et sont souvent disposés en traînées autour des
premiers.

En outre, dans chacun de ces stades, les minéraux ne sont pas
tous contemporains. On constate que l'ordre de cristallisation n'est
pas en rapport avec la fusibilité, mais plutôt avec la composition
chimique.

Parmi les minéraux d'un stade, les plus anciens formés sont,
en général, les plus basiques ; c'est ainsi que les minéraux ferro-
magnésiens cristallisent avant les alcalino-terreux et ceux-ci avant
la silice. De plus, les minéraux de seconde consolidation sont en
général plus acides que ceux de première. Mais ces règles ne sont
pas générales et on a des exemples très nets d'un ordre inverse
dans la cristallisation.

Classification. — Nous adopterons la classification de MM. Fouqué et Michel Lévy, qui est toute différente de la classification
adoptée pour les minéraux de la première classe. La composition
chimique n'intervient plus seule ; on tient compte du rôle que
jouent les minéraux dans la composition des roches, de leur mode
d'association ; parmi les minéraux entrant dans la composition
des roches, les uns sont contemporains de la roche elle-même,
ils se sont formés en même temps qu'elle ; d'autres, au contraire,
se sont produits plus tard aux dépens des éléments de la roche,
sous l'influence des agents extérieurs, l'eau, l'oxygène, etc. De

cette différence d'origine résulte une première distinction en minéraux *primordiaux* et en minéraux *secondaires*.

Minéraux primordiaux. — Parmi ces minéraux, les uns sont en assez grand nombre dans les roches pour que la composition chimique de la roche soit une fonction de leur composition. D'autres, au contraire, sont toujours en si faible quantité que leur composition n'influe que d'une façon absolument insignifiante sur la composition de la roche.

Les premiers sont dits minéraux *essentiels*, les seconds minéraux *accessoires*. On fait intervenir la composition chimique pour répartir les minéraux essentiels en trois groupes ; le premier comprenant les minéraux acides, le second les alcalino-terreux et le troisième les ferro-magnésiens. Enfin, on divise les groupes en familles naturelles, d'après l'ensemble des propriétés et surtout d'après cette propriété que les minéraux d'une même famille jouent le même rôle dans la composition des roches et peuvent, par suite, se remplacer dans ces roches.

Les mêmes principes s'appliquent à la classification des minéraux accessoires.

Minéraux secondaires. — Les minéraux étant beaucoup moins nombreux que les précédents, nous les avons groupés en silicates anhydres, silicates hydratés et minéraux non siliceux et chacun de ces groupes est divisé en familles.

Dans le tableau suivant, nous avons réuni les principaux minéraux des roches ; aussi, avons-nous dû indiquer quelques minéraux appartenant à la classe précédente, pour que ce tableau ne présente pas de lacune trop importante.

Pour les recherches pétrographiques, on devra consulter les ouvrages suivants :

Fouqué et Michel Lévy, *Minéralogie micrographique ;*
Rosenbuch, *Mikroskopische Physiographie ;*
Michel Lévy et Lacroix, *Les Minéraux des roches.*
C'est dans ce dernier ouvrage que nous avons puisé la plupart des données optiques consignées dans ce chapitre.

TABLEAU

DES MINÉRAUX DES ROCHES CRISTALLISÉES

I. — MINÉRAUX PRIMORDIAUX

A. Eléments essentiels.

a. — Élément acides.

FAMILLE DE LA SILICE

Opale, $Si\ O^2 + nH^2O$

Quartzine $\begin{cases} \textbf{Calcédoine,}\ Si\ O^2 \\ \textbf{Quartzine proprement dite,}\ Si\ O^2 \\ \textbf{Quartz,}\ Si\ O^2 \\ \textbf{Tridymite,}\ Si\ O^2 \end{cases}$

b. — Éléments alcalino-terreux.

FAMILLE DES FELDSPATHS

Orthose, $K^2O,\ Al^2O^3,\ 6SiO^2$
Microcline, $K^2O,\ Al^2O^3,\ 6SiO^2$
Albite, $Na^2O,\ Al^2O^3,\ 6SiO^2 = Ab$
Oligoclase, $10Ab + 3An$
Andésine, $2Ab + An$
Labrador, $2Ab + 3An$
Anorthite, $2CaO,\ 2Al^2O^3,\ 4\ SiO^2 = An$

FAMILLE DES FELDSPATHOÏDES

Leucite, $K^2O,\ Al^2O^2,\ 4SiO^2$
Népheline, $(Na,\ K)^2O,\ Al^2O^3,\ 2SiO^2$
Hauyne, $2\ [(Na^2,\ Ca)O,\ Al^2O^3,\ 2SiO^2] + (Na^2,\ Ca)O,\ SO^3$
Sodalite, $2\ [Na^2O,\ Al^2O^3,\ 2SiO^2] + 2NaCl$

FAMILLE DES MICAS BLANCS

Muscovite, $[2(Ka^2,\ Na^2) + 4\ H^2]O^6,\ 6Al^2O^3,\ 12\ SiO^2$
Paragonite, $[2(Na^2,\ K^2) + 4H^2]O^6,\ 6Al^2O^3,\ 12\ SiO^2$
Margarite, $[3Ca + 3H^2]O^6,\ 6Al^2O^3,\ 12\ SiO^2$
Lépidolite, $8[Li,\ K^2,\ Na^2,\ H^2]O,\ 4Al^2O^3,\ 12\ Si\ (O,Fl^2)^2$

c. — Éléments ferro-magnésiens.

FAMILLE DES MICAS NOIRS

Biotite, $[3(K^2,H^2) + 12\ (Mg,\ Fe)]O^{15},\ 3(Al,\ Fe)^2O^3,\ 12\ SiO^2$
Anomite, $[3(K^2,\ H^2) + 12\ (Mg,\ Fe)]O^{15},\ 3Al^2O^3,\ 12\ SiO^2$
Lépidolemane, $[3(H^2,\ K^2) + 12\ (Fe,\ Mg)]O^{15},\ 3(Fe,\ Al)^2O^3,\ 12\ SiO^2$
Phlogopite, $[4(K^2,\ H^2) + 12\ Mg]O^{16},\ 2(Al,\ Fe)^2O^3,\ 12\ Si\ (O,\ Fl^2)^2$

FAMILLE DES AMPHIBOLES

Trémolite, $CaO,\ 3\ MgO,\ 4\ SiO^2$
Actinote, $CaO,\ (Mg,\ Fe,\ Mn)^3O^3,\ 4\ SiO^2$
Hornblende commune, $CaO,\ (Mg,\ Fe,\ Mn)^3O^3,\ 4\ SiO^2 + m\ Al^2O^3$
Hornblende ferrifère, $CaO,\ (Mg,\ Fe,\ Mn)^3O^3,\ 4\ SiO^2 + m\ (Al,\ Fe)^2O^3$
Glaucophane, $Na^2O,\ Al^2O^3,\ 4\ SiO^2$

FAMILLE DES PYROXÈNES

Diopside, $(Ca,\ Mg)O,\ SiO^2$
Diallage, $(Ca,\ Mg,\ Fe)O,\ SiO^2 + m\ Al^2O^3$
Augite, $(Ca, Mg,\ Fe)O,\ SiO^2 + m\ (Al,\ Fe)^2O^3$

FAMILLE DES HYPERSTHÈNES

Enstatite, $(Mg,\ Fe)O,\ SiO^2$
Bronzite,   —
Hypersthène,   —

FAMILLE DES PÉRIDOTS

Olivine, $2(Mg,\ Fe)O,\ SiO^2$

B. Eléments accessoires.

a. — Eléments alcalino-terreux.

Apatite, $Ca^5\ (Cl,\ Fl)\ (PhO^4)^3$
Topaze, $Al^{12}Si^6\ O^{25}\ Fl^{10}$
Emeraude, $Gl^3\ Al^2\ Si^6\ O^{18}$
Sphène, $CaO,\ TiO^2,\ SiO^2$
Cordiérite, $3MgO,\ 3(Al,\ Fe)^2O^3,\ 8SiO^2$
Melilite $12(Ca,\ Mg,\ Na^2)O,\ 2(Al,\ Fe)^2O^3,\ 9SiO^2$

b. — Eléments ferro-magnésiens.

FAMILLE DES GRENATS

Grossulaire, $3CaO,\ Al^2O^3,\ 3SiO^2$
Pyrope, $3MgO,\ Al^2O^3,\ 3SiO^2$
Almandin, $3FeO,\ Al^2O^3,\ 3SiO^2$
Spessartine, $3\ MnO,\ Al^2O^3,\ 3\ SiO^2$

Mélanite, 3 CaO, Fe^2O^3, 3 SiO^2
Ouwarowite, 3 CaO, Cr^2O^3, 3 SiO^2

Idocrase, 8 (Ca, Mg) O, H^2O, 2 $(Al, Fe)^2O^3$, 7 SiO^2

Tourmaline, 3 $(H^2, K^2, Na^2, Li, Mg, Fe, Ca, Mn)$ O, 2 Al^2O^3, 2 BoO^3, 4 SiO^2
Zircon, ZrO, SiO^2

FAMILLE DES SPINELLES

Spinelle, MgO, Al^2O^3
Pléonaste, (Mg, Fe) O, $(Al, Fe)^2O^3$
Picotite, (Mg, Fe) O, $(Cr, Al)^2O^3$
Chromite, (Fe, Mg, Cr) O, $(Cr, Al, Fe)^2O^3$
Magnétite, FeO, Fe^2O^3

FAMILLE DE L'OLIGISTE

Fer oligiste, Fe^2O^3
Fer titané, $(Ti, Fe)^2O^3$

II. — MINÉRAUX SECONDAIRES

a. — Silicates anhydres.

FAMILLE DE L'ANDALOUSITE

Andalousite, Al^2O^3 SiO^2
Sillimanite, Al^2O^3, SiO^2
Disthène, Al^2O^3, SiO^2
Wollastonite, CaO, SiO^2

b. — Silicates hydratés.

Staurotide, 3 (Fe, Mg) O, 6 Al^2O^3, 6 SiO^2 + H^2O

FAMILLE DE L'ÉPIDOTE

Epidote, 4 CaO, 3 $(Al, Fe)^2O^3$, 6 SiO^2 + H^2O
Zoïsite, 4 CaO, 3 Al^2O^3, 6 SiO^2 + H^2O
Allanite, 4 (Ca, Ce, Fe) O, 3 $(Al, Fe)^2O^3$, 6 SiO^2 + H^2O

FAMILLE DES CHLORITES

Pennine, 5 (Mg, Fe) O, $(Al, Fe, Cr)^2O^3$, 3 SiO^2 + 4 H^2O
Ripidolite,   —   —
Clinochlore,   —   —
Delessite,   —   —

FAMILLE DES CLINTONITES

Chloritoïdes, (Fe, Mg) O, Al^2O^3, SiO^2 + H^2O

FAMILLE DU TALC

Talc, $3 MgO, 4 SiO^2 + H^2O$
Serpentine, $3 (Mg, Fe) O, 2 SiO^2 + 2 H^2O$

FAMILLE DES ZÉOLITES

Mésotype, $Na^2O, Al^2O^3, 3 SiO^2 + 2 H^2O$
Analcime, $(Na^2, Ca) O, Al^2O^3, 2 SiO^2 + 2 H^2O$
Apophyllite, $4 [(Ca, K^2) O, 2 SiO^2 + 2 H^2O] + KFl$
Chabasie, $CaO, Al^2O^3, 5 SiO^2 + 7 H^2O$
Stilbite, $CaO, Al^2O^3, 6 SiO^2 + 6 H^2O$

c. — Minéraux non siliceux.

Calcite, CaO, CO^2
Aragonite, CaO, CO^2
Corindon, Al^2O^3
Graphite, C

I. — MINÉRAUX PRIMORDIAUX

A. ÉLÉMENTS ESSENTIELS
ÉLÉMENTS ACIDES

FAMILLE DE LA SILICE

La définition de l'espèce reposant sur la composition chimique, cette famille ne contient en réalité que deux espèces : l'opale qui est de la silice hydratée et la quartzine, silice anhydre.

L'espèce quartzine présente de nombreuses variétés ; nous ne nous occuperons que des principales, qui sont :

La calcédoine ;

La quartzine proprement dite ;

Le quartz ;

La tridymite.

OPALE
$$SiO^2 + nH^2O$$

C. Ph. — Substance colloïde, c'est-à-dire incapable de cristalliser, présentant un éclat soit résineux, soit gras : relativement cassante, cassure conchoïdale.

L'indice de réfraction, assez variable, est compris entre 1,406 et 1,455.

C. Ch. — L'opale contient une proportion d'eau variant entre 3 p. 100 et 15 p. 100. Il est à remarquer que certaines de ses propriétés physiques, telles que la dureté, la densité, varient avec la proportion d'eau. Elle est soluble dans la potasse concentrée ; décrépite au chalumeau et donne de l'eau dans le tube.

Variétés. — *Opale noble.* — Cette variété d'opale présente des couleurs tendres avec reflets irisés du plus bel effet, qui la font employer dans la joaillerie.

Hydrophane. — Substance blanchâtre ou jaunâtre, opaque. Possédant la propriété remarquable de devenir translucide lorsqu'elle a été plongée dans l'eau pendant un certain temps.

Quartz résinite. — Opale brunâtre, noirâtre ou rougeâtre, que l'on trouve en rognons dans les dépôts sédimentaires et principalement dans les dépôts lacustres.

Hyalite. — Opale transparente et vitreuse, caractérisée par l'existence de couches concentriques et contenant 3 p. 100 d'eau.

Geysérite. — Cette substance résulte du dépôt sur les bords des geysers de la silice entraînée par les eaux.

C. P. —Dans les roches, l'opale est un élément secondaire qui remplit les vacuoles ou bien se trouve en filonnets ; tantôt limpide, tantôt salie par la présence d'oxyde de fer. On la trouve à cet état dans les roches basiques telles que les mélaphyres et les serpentines. Dans les porphyres pétrosiliceux, on rencontre l'opale hyalitique, c'est-à-dire des sphérolithes d'opale présentant des couches concentriques. De la présence de ces couches résultent des différences de tension ; aussi cette opale se comporte-t-elle comme un cristal uniaxe et donne-t-elle la croix noire entre les nicols à angle droit. On la trouve encore à l'état d'opale sphérolithique, c'est-à-dire à l'état de sphérolithes simplement radiés, n'ayant aucune action sur la lumière polarisée.

CALCÉDOINE
$Si\,O^2$

C. O. — La calcédoine est biaxe et, par suite, appartient à l'un des trois derniers systèmes cristallins ; mais on ne connaît pas sa forme cristalline. Elle se présente en fibres allongées parallèlement au grand axe d'élasticité. Il en résulte, que dans toute section parallèle à la longueur, la vibration qui s'effectue parallèlement à l'allongement se propage plus vite que la vibration perpendiculaire. Ce grand axe d'élasticité est la bissectrice obtuse des axes optiques. 2 V = 30° environ.

$$n_g - n_p = 0.009 \text{ à } 0.010$$

Par cristallisation confuse, la calcédoine donne : le *silex pyromaque* (pierre à feu), et le *silex phthanite*, ou silex noir.

Ces silex forment des rognons disposés en lignes parallèles au milieu des terrains sédimentaires.

Les premiers se trouvent principalement dans la craie et les seconds dans le terrain carbonifère.

Mélangée à de l'argile, la calcédoine donne les *jaspes*.

QUARTZINE PROPREMENT DITE

Si O²

C. O. — La quartzine est également biaxe et se présente en fibres allongées, parallèlement au petit axe d'élasticité. Aussi, dans toute section parallèle à la longueur, la vibration qui s'effectue parallèlement à cette longueur se propage moins vite que la vibration perpendiculaire. Ce caractère permet de distinguer la quartzine de la calcédoine. Dans la quartzine, les fibres sont en outre aplaties parallèlement au grand axe d'élasticité.

$$2\,V \leq 35$$
$$n_g - n_p = 0,009 \text{ à } 0,010$$

La quartzine a la propriété de former des groupements ternaires, c'est-à-dire des groupements de trois prismes dont l'angle est de 120°.

Chacun de ces prismes est formé de fibres parallèles entre elles, l'allongement des fibres étant parallèle à la longueur du prisme et l'aplatissement parallèle à la bissectrice de chacun des secteurs (fig. 244).

Dans la partie centrale du groupement, ces trois secteurs se fusionnent et cette partie centrale présente alors tous les caractères du quartz. Ces groupements ternaires ne sont donc que des cristaux de quartz en voie de formation[1].

Association de la calcédoine et de la quartzine. On désignait autrefois sous le nom de calcédoine des concrétions mamelonnées fibreuses dont les fibres sont disposées radialement. Dans certains cas, ces concrétions présentent des couches con-

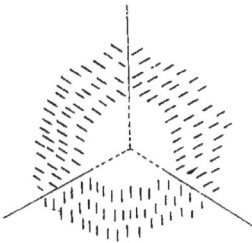

Fig. 244.

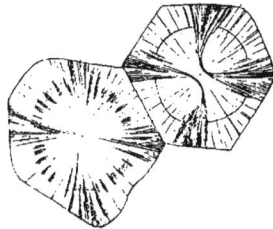

Fig. 245. — Calcédoine.

centrique s de différentes couleurs et on leur réservait alors le nom d'*agate*. Depuis, on a reconnu que certains de ces corps étaient formés de calcédoine, mais que d'autres étaient formés de quartzine, tels par exemple que la *cornaline*, désignée autrefois sous le nom de calcédoine rouge. Enfin, on a constaté que, dans les agates, certaines couches sont formées de calcédoine et d'autres de quartzine.

C. P. — Ces concrétions arrondies se trouvent également dans quelques roches telles que les porphyres pétrosiliceux et les pyromérides. On leur donne alors le nom de sphérolithes; ils sont formés, soit de calcédoine (fig. 245) et de quartzine pures, soit de ces substances renfermant de nombreuses inclusions de nature feldspathique.

QUARTZ
Si O²

C. C. — Comme nous venons de le voir, le quartz est constitué par un groupement ternaire de fibres de quartzine. Il en résulte

[1] Michel Lévy et Munier-Chalmas. — C. R., 1890.

que le quartz présente les éléments de symétrie d'un corps cristallisant dans le système rhomboédrique, dont la molécule est
holoaxe hémisymétrique; autrement dit, le quartz
a pour éléments de symétrie A^3, $3L^2$.

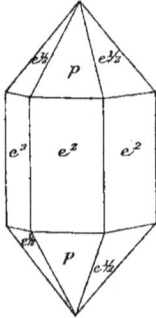

Les formes les plus fréquentes sont les rhomboèdres p et $e^{1/2}$ et le prisme hexagonal e^2 (fig. 246).
Les faces p sont généralement plus développées
et plus brillantes que les faces $e^{1/2}$; aussi, ces dernières se présentent-elles fréquemment sous l'aspect
de troncatures sur les faces p, qui sont alors des
pentagones. Ces différentes faces peuvent d'ailleurs
être développées d'une façon très variable et il en

Fig. 246.

résulte des aspects très différents pour les cristaux de quartz
(fig. 247).

Fig. 247.

Ces cristaux présentent en outre, dans certains cas, des formes
hémiédriques et en particulier l'hémiisocéloèdre ayant pour

notation $b^{1/2} d^1 d^{1/4}$. Les faces de cet hémiisocéloèdre sont appelées faces rhombes et sont désignées par ρ.

On trouve encore l'hémiscalénoèdre ayant pour notation $b^{1/4} d^1 d^{1/2}$, dont les faces sont dites plagièdres et désignées par σ.

C. O. — Le quartz est uniaxe et positif :

$$n_p = 1.54423$$
$$n_g = 1.55338$$
$$n_g - n_p = 0.0091$$

Le quartz présente le phénomène de la polarisation rotatoire qui devient apparente dans les plaques dont l'épaisseur dépasse 2 millimètres. Parmi les cristaux de quartz, les uns sont dextro-gyres, les autres lévogyres. Pour les distinguer, on place le

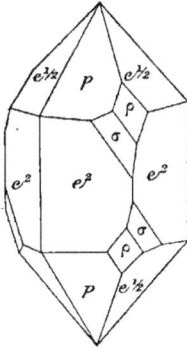
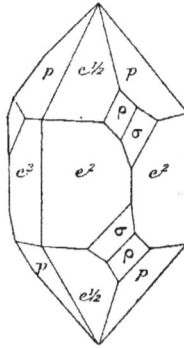

Fig. 248.   Fig. 249.

cristal devant soi, de façon à avoir une face *p* en avant. Si la face ρ ou σ se trouve à droite de l'observateur, le cristal est dex-trogyre (fig. 248), si elle se trouve à gauche, le cristal est lévo-gyre (fig. 249). Lorsque les faces ρ et σ coexistent, il n'est plus nécessaire de faire intervenir *p*. Dans les cristaux dextrogyres, la face ρ se trouve en haut et à droite de la face σ, tandis que dans les cristaux lévogyres, cette face ρ est en haut et à gauche de la face σ.

Dans certains cristaux, il existe des plages qui sont les unes dextrogyres, les autres lévogyres, et même, dans l'améthyste, ces deux sortes de plages se juxtaposent régulièrement, de façon à faire disparaître la polarisation rotatoire.

Variétés. — On distingue les variétés suivantes de quartz :

Le *quartz hyalin*, incolore et complètement transparent ;

Le *quartz enfumé*, noir, mais dont la couleur disparaît lorsqu'on le chauffe vers 200° ;

Le *quartz chloriteux* qui contient des lamelles de chlorite, lui donnant une couleur verte ;

L'*améthyste* qui est violette et qui ne présente que très rarement le prisme e^2. Elle a donc l'aspect d'une double pyramide hexagonale ;

Le *quartz commun*, blanc laiteux et qui ne présente qu'une cristallisation confuse.

Fréquemment ces cristaux de quartz renferment de longs filaments brun clair de rutile auxquels on donne le nom de cheveux de Vénus.

G. — Le quartz forme des filons coupant les roches stratifiées. Lorsque ces filons présentent des cavités, elles sont généralement tapissées par des cristaux de quartz. On trouve en outre des cristaux de quartz isolés, au milieu des terrains stratifiés tels que le gypse.

C. P. — Le quartz se rencontre dans presque toutes les roches, à l'exception des roches les plus basiques. C'est surtout dans les granites, les granulites, les microgranulites et les porphyres qu'il joue un rôle important.

On le reconnaît toujours à ce qu'il est uniaxe, incolore et lim-

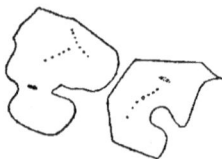

Fig. 250. — Quartz de première consolidation.   Fig. 251. — Quartz granitique.

pide avec des traînées d'inclusions généralement liquides et présentant une bulle mobile. Il présente des couleurs de polarisation très limpides.

On le trouve à l'état de cristaux de première consolidation dans les granulites, microgranulites et porphyres. Ses formes cristallines sont alors les rhomboèdres p et $e^{1/2}$.

Il est à remarquer que le prisme e^2 fait généralement défaut ou que, s'il existe, ses faces sont très raccourcies. Très souvent ses arêtes sont corrodées, et même le magma environnant pénètre à l'intérieur du cristal (fig. 249). A l'état de seconde consolidation, le quartz manque généralement de formes cristallines, il enveloppe les autres éléments ou même les pénètre. Dans ce dernier cas, on lui donne le nom de *quartz de corrosion*. Fréquemment il se présente alors dans les sections des roches sous forme d'une goutte arrondie à l'intérieur d'un cristal. Il a l'apparence d'une inclusion, parce que la section ne passe pas par le canal suivi par le quartz.

Le quartz offre des modifications de structure très importantes au point de vue de la classification des roches. Dans les granites il forme de grandes plages occupant plusieurs fois le champ du microscope, sous un grossissement de 80 diamètres. A cet état on lui donne le nom de *quartz granitique* (fig. 250).

Il arrive assez fréquemment que ces grandes plages ne soient pas orientées, au point de vue optique, de la même façon en tous les points. Il en résulte que le cristal ne s'éteint pas simultanément dans toutes ses parties.

Dans les microgranites, les plages ombrées de ces grands cristaux se décomposent en granules arrondis, orientés différemment. On a alors le *quartz microgranitique* (fig. 252). Assez fréquemment ces

Fig. 252. — Quartz microgranitique.   Fig. 253. — Quartz micropegmatique.

granules présentent des formes cristallines, le quartz est dit alors *granulitique*. Dans une même roche leur grandeur est sensiblement constante, mais elle varie beaucoup d'une roche à l'autre, et ces granules peuvent devenir si petits qu'ils sont à peine discernables avec un fort grossissement.

Dans les granulites, microgranulites on rencontre le *quartz pegmatique ;* tous les cristaux de quartz, à formes cristallines, englobés dans un cristal d'orthose, ont la même orientation. Il est à remarquer qu'ici, les faces du prisme e^2 sont nettement développées, ainsi que d'autres formes hémiédriques qui donnent en section des triangles plus ou moins aigus, suivant l'inclinaison de la section sur le cristal (fig. 253)

TRIDYMITE
Si O²

C. C. — La tridymite cristallise dans le système orthorhombique, mais l'angle *mm* des faces du prisme est voisin de 120°, c'est-à-dire que la symétrie de ce minéral est sensiblement ternaire (fig. 254). Les cristaux de tridymite sont généralement des lamelles très minces à contours hexagonaux. Ces lamelles sont des mâcles de trois cristaux associés comme les cristaux d'aragonite.

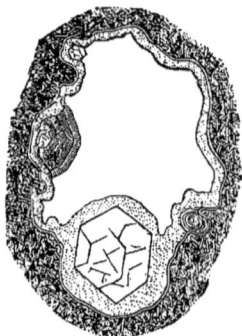

Fig. 254. — Tridymite, opale hyalitique.
(D'après M. Velain.)

C. O. — La double réfraction est positive et la bissectrice aiguë est perpendiculaire au plan *p*.

$$2V = 48°$$
$$n_g - n^p = 0,0016$$

Par suite de cette faible valeur de la biréfringence, la tridymite est presque complètement éteinte entre les nicols à 90°. Si on la chauffe à 130°, elle devient uniaxe.

C. Ph. — Le tridymite est incolore, limpide à l'éclat vitreux. Elle manque de relief; aussi faut-il l'observer en lumière oblique.

C. P. — Elle se trouve dans les roches volcaniques acides telles que les trachytes où elle est associée avec l'opale. Examinée à un fort grossissement, elle se présente le plus souvent sous forme de petits hexagones imbriqués les uns sur les autres.

ÉLÉMENTS ALCALINO-TERREUX

FAMILLE DES FELDSPATHS

Les feldspaths sont certainement les minéraux qui ont le plus
d'importance au point de vue pétrographique. Ce sont des silico-
aluminates soit de potasse, soit de soude, soit de chaux, soit de
soude et de chaux. Ils cristallisent, l'un d'eux dans le système
monoclinique, les autres dans le système triclinique, et possèdent
deux clivages, l'un parallèle à la face p, l'autre parallèle à la
face g^1.

Dans le feldspath cristallisant dans le système monoclinique,
ces deux clivages sont à angle droit; aussi lui donne-t-on le nom
d'orthoclase ou d'orthose.

Dans les autres, au contraire, les deux clivages sont inclinés
l'un sur l'autre; aussi les désigne-t-on sous le nom de plagioclases.
Parmi ceux-ci, il en est un, le microcline, qui possède la même
composition que l'orthose, qu'il accompagne toujours dans les
roches, et qui joue le même rôle que lui dans leur constitution.
Aussi le rapprocherons-nous de l'orthose, et nous diviserons la
famille des feldspaths en deux groupes :

1° *Groupe des orthoses;*
2° *Groupe des plagioclases proprement dits.*

Dans l'étude des feldspaths, on a fréquemment besoin d'indiquer
la position d'une droite si-
tuée soit dans le plan p, soit
dans le plan g^1. Pour que
l'indication ne présente aucune ambiguïté, dans le plan
g^1, on donne l'angle de la
droite avec la droite pg^1, cet
angle étant compté positivement, si la direction est
comprise dans l'angle obtus

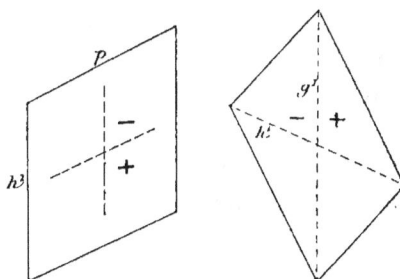

Fig. 255.   Fig. 256.

formé par la droite pg^1 avec la droite g^1h^1, et négativement si elle
est comprise dans l'angle aigu formé par ces deux mêmes droites
(fig. 255).

Dans le plan p, on compte également les angles à partir de la droite pg^1, cet angle étant compté positivement dans l'angle obtus de la droite pg^1 avec la droite ph^1 et négativement dans l'angle aigu (fig. 256).

ORTHOSE

$K^2O, l^2OA^3, 6SiO$

C. C. — L'orthose cristallise dans le système monoclinique; l'angle $mm = 118°\ 48'$. Les formes les plus fréquentes sont p, m^1, g^1, a^1 (fig. 257). Les cristaux sont fréquemment aplatis suivant g^1 ou

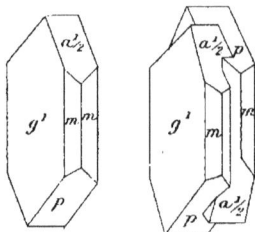 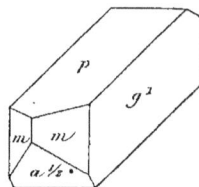

Fig. 257.   Fig. 258.

allongés suivant la droite pg^1; dans ce cas, les plans p et g^1 étant perpendiculaires, le cristal prend l'aspect d'un prisme quadratique terminé par le biseau des faces m (fig. 258).

L'orthose présente de nombreuses macles dont les principales sont :

La macle de Carlsbad, qui est une macle par hémitropie parallèle, le plan de macle étant le plan g^1 et l'axe de rotation la droite gh^1 (fig. 257). La macle de Baveno, macle par hémitropie normale, le plan de macle étant le plan $e^{1/2}$.

L'orthose présente un clivage parallèle à p très facile et un clivage parallèle à g^1 un peu moins facile.

C. O. — L'orthose est négatif; le plan des axes optiques est perpendiculaire à g^1 dans les orthoses non déformés par la chaleur; il coïncide avec g^1 dans les orthoses déformés. Le grand axe d'élasticité est fixe; il est situé dans le plan g^1 et fait un angle de

+ 5° avec pg^1. L'angle des axes optiques est très variable : lorsque ces deux axes sont situés dans g^1 on a :

$$2V_B = 11°51'$$
$$2V_R = 13°34'$$

lorsqu'ils sont situés dans un plan perpendiculaire à g^1 on a :

$$2V = 69°$$

La valeur moyenne de $n_g - n_p$ est 0,007.

Dans la zone pg^1, l'angle de la section extraordinaire avec pg^1 varie entre 0 et + 5°.

Cette zone est négative.

Dans la zone perpendiculaire à g^1, l'angle d'extinction est toujours nul et la zone est positive. Si les cristaux sont maclés suivant la macle de Carlsbad, dans la zone perpendiculaire à g^1, les deux sections principales extraordinaires coïncident; dans la zone h^1g^1 les sections extraordinaires sont symétriquement placées de part et d'autre de la ligne de macle et font entre elles un angle variant depuis 21° dans g^1 jusqu'à 90° dans h^1 si l'orthose n'est pas déformé; si l'orthose est déformé, cet angle varie depuis 21° dans g^1 jusqu'à un maximum, puis devient nul dans h^1.

Variétés. — La variété la plus commune est l'*orthose laiteux* rose, jaunâtre, présentant généralement la macle de Carlsbad; la *sanidine*, vitreuse, fendillée, présente la macle de Baveno et se trouve dans les roches volcaniques; l'*adulaire*, orthose limpide, est fréquemment coloré en vert.

C. P. — En lames minces, l'orthose est incolore ou coloré par de nombreuses inclusions; ses couleurs de polarisation sont bleuâtres ou grisâtres; les traces de clivage sont très fines et rectilignes, quelquefois absentes. On le trouve en grands cristaux de première consolidation, en plages de seconde consolidation et en microlithes.

Dans les granites, granulites et microgranulites, il se trouve à l'état de cristaux laiteux corrodés, brisés, maclés suivant la loi de Carlsbad. Aussi, présente-t-il généralement deux grandes bandes dont l'une est éteinte pendant que l'autre est éclairée (fig. 259).

Ces grands cristaux sont allongés, suivant la droite h^1g^1 ou suivant pg^1. Dans les porphyres pétrosiliceux, les porphyrites, les

Fig. 259. — Orthose de première
consolidation.

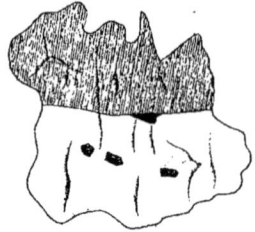

Fig. 260. — Orthose de seconde
consolidation.

trachytes et les andésites, on le trouve à l'état de cristaux vitreux, fendillés, possédant la macle de Carlsbad et présentant fréquemment une structure zonée.

Dans les granulites et les granites, on trouve de grandes plages de seconde consolidation (fig. 260); dans les granulites et les microgranulites, de petits grains ayant une tendance à affecter des formes cristallines.

Fig. 261.— Microlithes d'orthose.

Dans les trachytes, l'orthose se trouve à l'état de microlithes peu allongés suivant pg^1, à sections rectangulaires, généralement non maclés et s'éteignant suivant leur longueur (fig. 261).

La détermination de l'orientation des sections sera facilitée par les remarques suivantes.

Zone pg^1. — Les traces de clivage p et g^1 sont parallèles à l'axe de zone. Si deux cristaux sont maclés suivant la loi de Carlsbad, les droites pg^1 dans les deux cristaux n'étant pas parallèles, la section ne peut appartenir à cette zone que dans l'un des deux cristaux, dans ce cristal, les deux clivages sont parallèles à la ligne de macle; dans l'autre, le clivage g^1 lui est également parallèle, mais le clivage p fait avec elle un angle variant de 58° à 90°. La section g^1, seule, appartient à la zone pg^1 dans les deux cristaux et, comme ceux-ci dans la macle de Carlsbad se pénètrent, on pourra rencontrer des sections g^1 faites à travers les deux cristaux. Ces sections présenteront une partie centrale commune

et des parties latérales propres à chacun des cristaux. On constatera sur celles-ci un seul système de traces de clivage p; les deux
systèmes faisant entre eux un angle de 52°, et en outre, les deux
grands axes d'élasticité, situés dans l'angle aigu des deux clivages
faisant entre eux un angle de 48°[1].

Zone perpendiculaire g^1. — L'axe de zone étant un axe de symétrie du cristal, les sections sont symétriques et les deux systèmes
de clivage sont à angle droit. Il en est de même quand deux cristaux sont maclés suivant la loi de Carlsbad. En outre, la biréfringence est la même pour les deux cristaux.

Zone h^1g^1. — Dans la mâcle de Carlsbad, les deux clivages g^1 sont
parallèles à l'axe de zone, c'est-à-dire à la ligne de macle; les deux
clivages p font entre eux un angle variable ayant pour bissectrice
cette ligne de macle et les extinctions sont symétriques de part et
d'autre de cette ligne.

MICROCLINE
$K^2O, Al^{2}{}^3O, 6Si\,O^2$

C. C. — Le microcline cristallise dans le système triclinique;
l'angle $mt = 118°\ 31'$; $pg^1 = 90°\ 16'$.

Il présente les mêmes formes, le même aspect, les mêmes
clivages et les mêmes macles que l'orthose; mais, en outre, il
présente les deux macles suivantes :

1° La macle de l'*albite*, macle par hémitropie normale à g^1;

2° La macle de la *péricline* (variété d'albite), macle par hémitropie parallèle, la face d'association étant une face de la zone ph^1
coupant la face g^1 suivant une droite faisant un angle de $+100°$
avec pg^1; l'axe de rotation est la droite ph^1.

Ces macles sont généralement multiples et simultanées; leurs
lamelles sont très minces, et réduites à des stries formant un
quadrillage caractéristique du microcline; mais ces lamelles sont
mal définies et les extinctions sont moirées.

[1] Michel Lévy. — C. R., novembre 1891.

C. O. — Le microcline est négatif ; le grand axe d'élasticité coïncide presque avec pg^1 ; le plan des axes optiques est à peu près perpendiculaire à g^1. D'après M. Descloiseaux, ce plan fait un angle de 98° 30′ avec p de 78°, 36′ avec m ; de 162°, 19′ avec g^1.

$$2V = 83°$$
$$\mathbf{n}_g - \mathbf{n}_p = 0,007$$

L'extinction sur p se fait à + 15° et sur g^1 à + 5°.

Fig. 262. — Microcline.

C. P. — Il se présente en grandes plages de seconde consolidation, principalement dans les gneiss, les granulites et les pegmatites ; il est traversé par des filonnées de quartz et d'albite. Les extinctions sont moirées et fréquemment le quadrillage caractéristique ne s'observe que sur une portion de la section (fig. 262).

GROUPE DES PLAGIOCLASES

Les plagioclases sont très nombreux, et cette multiplicité provient de ce qu'ils sont des mélanges isomorphes de deux d'entre eux : l'albite et l'anorthite. Si, en effet, nous désignons par Ab et par An les équivalents de l'albite et de l'anorthite, c'est-à-dire si nous posons :

$$Ab = Na^2O, Al^2O^3, 6SiO^2$$
$$An = 2(CaO, Al^2O^3, 2SiO^2)$$

la formule des autres feldspaths peut se mettre sous la forme :

$$m_1\, Ab + m_2\, An$$

Dans les principaux feldspaths, les nombres m_1 et m_2 ont les valeurs suivantes :

	m_1	m_2
Albite.	1	0
Oligoclase.	10	3
Andésine	2	1
Labrador	2	3
Anorthite.	0	1

Ces feldspaths sont ainsi rangés dans l'ordre d'acidité décroissante, et, en général, les propriétés physiques varient d'une façon continue depuis l'albite jusqu'à l'anorthite.

C. C. — Dans ces feldspaths, les angles des faces mt et pg^1 ont les valeurs suivantes :

	$m t$	pg^1
Albite	120° 47′	93° 36′
Oligoclase	120° 42′	93° 50′
Labrador	121° 37′	93° 20′
Anorthite	120° 30′	94° 10′

Nous voyons donc que les prismes de ces différents feldspaths sont très voisins du prisme monoclinique. Les formes les plus fréquentes de ces feldspaths sont les formes p, g^1, m, t, a^1, $a^{1/2}$.

Ils présentent les macles de l'orthose et en outre la macle de l'albite et celle de la péricline. Dans cette dernière, la face d'association est variable avec le felspath ; cette face appartient toujours à la zone ph^1 et elle trace sur g^1 une ligne faisant avec pg^1 les angles suivants :

Pour l'albite, cet angle varie de	$+ 13°$ à $+ 21°$
— oligoclase —	$+ 4°$
— andésine —	$0°$
— labrador —	$- 2°$ à $- 3°$
— anorthite —	$18°$

Mais, tandis que dans les macles de l'orthose, deux cristaux seulement sont associés, dans les macles de l'albite et de la péricline, les cristaux associés sont très nombreux et se réduisent chacun à une fine lamelle hémitrope. Aussi, la macle de l'albite détermine-t-elle sur la face p de fines stries, qu'on observe au contraire sur la face g^1 dans la macle de la péricline.

C. O. — La position des axes d'élasticité est mal connue ; on peut dire, d'une façon approchée que le petit axe est sensiblement dans un plan perpendiculaire à la droite pg^1 et que le grand axe est situé dans le voisinage de cette droite pg^1.

La figure ci-jointe donne une idée assez nette de la position des axes d'élasticité (fig. 263). Sur une sphère, on a tracé les grands cercles d'intersection avec le plan p, le plan g^1 et le plan perpendiculaire à pg^1. Puis on a marqué les points d'intersection

avec les axes d'élasticité, en désignant par 1, 2, 3, 4, 5, les points
correspondants aux feldspaths, dans l'ordre où ils sont écrits plus
haut. La ligne tracée par les points d'intersection des grands axes

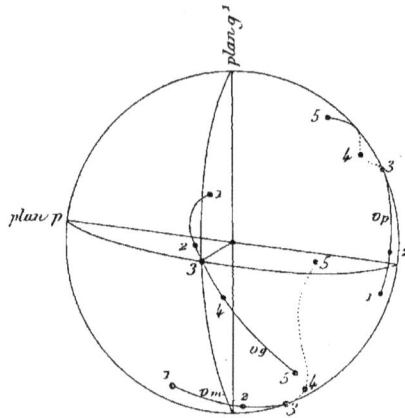

Fig. 263.

d'élasticité est désignée par v_g, celle des petits axes par v_p et celle
des axes d'élasticité moyenne par v_m.

Si l'on examine en lumière convergente une lame taillée parallèlement à g^1, on observe dans les différents feldspaths les

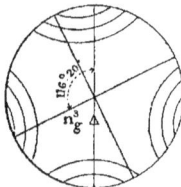

Fig. 264. — Albite [1].　　Fig. 265. — Oligoclase.　　Fig. 266. — Andésine.

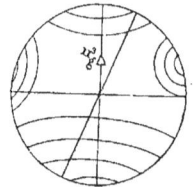

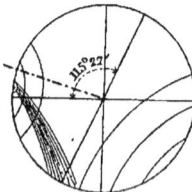

Fig. 267. — Labrador.　　Fig. 268. — Anorthite.

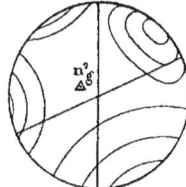

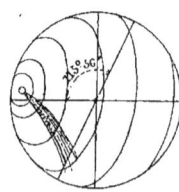

lignes isochromatiques ci-dessus (fig. 264, 265, 266, 267, 268).

[1] D'après MM. Michel Lévy et Lacroix.

Dans les feldspaths, la biréfringence et l'angle 2 V des axes optiques ont les valeurs suivantes :

	$n_g - n_p$	2V	Signe du minéral.
Albite	0.008	74° à 79°	positif
Oligoclase	0.008	85° à 90°	négatif
Andésine.	0.007	87° (?)	négatif
Labrador	0.009	82°	positif
Anorthite	0.012	81°	négatif

Quant aux angles qui peuvent servir à la détermination des espèces, ils sont compris dans le tableau suivant :

Dans la 1re colonne sont inscrits les angles d'extinction sur la face p ;

Dans la 2e colonne sont inscrits les angles d'extinction sur la face g^1 ;

Dans la 3°, le maximum de l'angle d'extinction dans les faces appartenant à la zone pg^1 ;

Dans la 4e, le maximum de l'angle d'extinction dans les faces appartenant à la zone perpendiculaire à g^1 ;

Dans la 5°, le maximum de l'angle des deux sections principales extraordinaires dans deux lamelles maclées suivant la loi de l'albite ou la loi de la péricline, lorsque ces sections principales sont symétriques par rapport à la ligne de macle.

	1	2	3	4	5
Albite	+ 5	+ 20	+ 20	— 18	36
Oligoclase	+ 1	+ 5	+ 5	+ 12	24
Andésine.	0	0	0	+ 21	42
Labrador	— 9	— 24	— 31	+ 32	64
Anorthite	— 37	— 37	— 50	+ 50	au-delà de 90

C. Ph. — Les feldspaths présentent un éclat vitreux, l'albite est généralement incolore ou blanchâtre; l'oligoclase a une couleur variable, mais le plus souvent verdâtre; le labrador est généralement gris, il peut présenter sur g^1 des reflets bleus, jaunes, rouges; l'anorthite est souvent limpide et incolore.

C. Ch. — L'albite, l'oligoclase et l'andésine sont inattaquables par les acides, à l'exception de l'acide fluorhydrique; le labrador est attaqué à la longue, tandis que l'anorthite s'attaque facilement.

Il en résulte un moyen de reconnaître ce dernier minéral ; on chauffe la préparation microscopique dans l'acide chlorhydrique pendant quelques heures à une température ne dépassant pas 70° pour éviter de faire fondre le baume de Canada, l'anorthite ne laisse qu'un squelette de silice, tandis que le labrador ne présente que des corrosions partielles.

C. P. — L'albite est relativement rare dans les roches, l'oligo-

Fig. 269. — Oligoclase.   Fig. 270. — Labrador d'une labradorite.

clase se trouve dans les roches acides et neutres, le labrador et l'anorthite dans les roches basiques. En lames minces ils sont incolores ou salis par les corps étrangers. Leurs teintes de polarisation sont blanchâtres ou grisâtres, plus vives dans le labrador et l'anorthite que dans les autres feldspaths.

Les lamelles hémitropes de

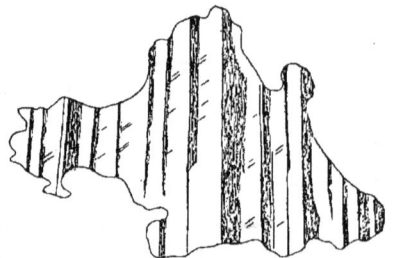

Fig. 271. — Labrador d'une   Fig. 272. — Anorthite (d'après MM. Fouqué
diabase à texture ophitique.   et Michel Lévy).

l'albite sont fines et espacées ; celles de l'oligoclase sont très nettes et d'épaisseur très régulière, l'un des systèmes étant beaucoup plus fin que l'autre, si fin même, qu'il est quelquefois impossible d'en apprécier l'épaisseur (fig. 269).

Dans le labrador, les lamelles sont également très nettement délimitées, mais l'épaisseur varie beaucoup d'une lamelle à l'autre et, dans une même lamelle, d'un point à un autre (fig. 270 et 271). Dans l'anorthite, les lamelles de l'albite sont larges et régulières, tandis que les lamelles de la péricline sont le plus souvent canton· nées dans certaines des premières lamelles (fig. 272).

On trouve les feldspaths en grands cristaux de première consolidation, en plages granitoïdes de seconde consolidation et en microlithes. Ceux-ci sont le plus souvent allongés suivant la droite pg^1, mais ceux du labrador et de l'anorthite peuvent être aplatis perpendiculairement à g^1. Ainsi, les sections allongées de ces microlithes peuvent être considérées comme appartenant à l'une de ces zones. Les microlithes d'albite et d'oligoclase ne sont pas toujours maclés ; ils sont, le plus souvent, fibreux (fig. 273). Ceux du labrador, moins fibreux que les précé-

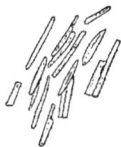

Fig. 273. — Microlithes d'oligoclase.   Fig. 274. — Microlithes de Labrador.

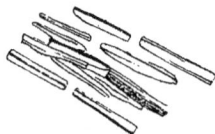

dents, sont toujours maclés (fig. 274). Ces caractères permettent seulement de prévoir la nature du microlithe; pour en déterminer l'espèce, il faut, par une série de mesures, déterminer le maximum de l'angle d'extinction dans la zone pg^1 ou la zone perpendiculaire à g^1 et comparer le résultat aux données du tableau précédent.

Quant à la détermination de l'orientation des sections, elle se fait au moyen des remarques exposées à propos de l'orthose, car l'angle pg^1 diffère très peu de 90°. En outre, ce qui a été dit à ce sujet à propos de la macle de Carlsbad, peut être appliqué à la macle de l'albite, puisque le plan de macle est le même.

Enfin, dans une section appartenant à la zone perpendiculaire à g^1, les lamelles de la macle de l'albite et celle de la macle de la péricline, s'éteignent symétriquement de part et d'autre de la ligne de macle. Cette zone est en effet une zone de symétrie dans la macle de l'albite puisque son axe coïncide avec l'axe d'hémitropie, et elle est sensiblement une zone de symétrie dans la macle de la péricline, puisque le plan p est à peu près perpendiculaire sur g^1.

On peut déterminer la face g^1 au moyen de la macle de Carlsbad, absolument comme pour l'orthose. La seule différence porte sur la valeur de l'angle des deux grands axes d'élasticité.

Cet angle a, dans les plagioclases, les valeurs suivantes :

Albite	12°
Andésine	52°
Labrador	102°
Anorthite	126°

NOTA. — Il ne faut pas oublier que les cristaux de seconde consolidation, étant généralement plus acides que ceux de première, quand les cristaux de première consolidation sont de l'oligoclase, les microlithes sont généralement de l'orthose ; quand ceux de première consolidation sont de labrador, les microlithes appartiennent à l'espèce oligoclase ; quand les cristaux de première consolidation sont de l'anorthite, les microlithes sont de labrador. Mais, bien entendu, ces règles n'ont rien d'absolu.

FAMILLE DES FELDSPATHOÏDES

Cette famille comprend des espèces qui jouent, dans les roches tertiaires et dans les roches modernes le même rôle que les feldspaths dans les roches anciennes.

Ils ont une composition analogue à celle des feldspaths, mais chez eux le rapport de la quantité d'oxygène, uni au silicium, à la quantité d'oxygène à l'état de protoxyde est généralement un multiple de 4, tandis que dans les feldspaths ce rapport est le plus souvent un multiple de 3. En outre, les feldspathoïdes se distinguent des feldspaths en ce que leur symétrie cristallographique est plus élevée.

NÉPHÉLINE
$(Na^2, K^2)O, Al^2O^3, 2SiO^2$

C. C. — La néphéline cristallise dans le système hexagonal et les formes les plus fréquentes sont les formes m, p, b^1, h^1. Les cristaux sont plutôt tabulaires qu'allongés. Elle présente des clivages parallèles à m et à p peu marqués.

C. O. — La double réfraction est négative.

$$n_g - n_p = 0,004$$

C. Ph. — La néphéline est incolore ou grisâtre et son éclat vitreux.

C. Ch. — Cette substance est facilement attaquée par les acides en donnant de la silice gélatineuse, et fond difficilement au chalumeau en donnant un verre bulleux.

C. P. — Elle se trouve dans les phonolites, les néphélinites, les téphrites et dans les roches à leucites. En section on l'observe soit à l'état de cristaux de première consolidation ou de seconde consolidation, soit à l'état de plages de seconde consolidation. Les sections sont le plus souvent hexagonales ou rectangulaires, les premières restant plus ou moins complètement éteintes suivant leur inclinaison sur l'axe, les secondes s'éteignant parallèlement à leurs côtés (fig. 275). Elles sont de petites dimensions, incolores ; les teintes de polarisation sont peu vives, généralement d'un gris bleuâtre. Les élé- de seconde consolidation, généralement de plus grande taille présentent des cassures, d'où partent de fines stries de clivages.

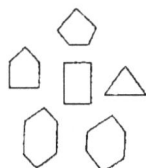

Fig. 275. — Sections de néphéline.

LEUCITE

$K^2O, Al^2O^3, 4SiO^2$

C. C. — La leucite cristallise dans le système orthorhombique, mais son système réticulaire est très voisin du système réticulaire régulier ; les trois paramètres sont en effet entre eux comme les nombres 0, 992, 1 et 0, 969.

On trouve toujours simultanément sur les cristaux les formes b^1, a^3, e^3. La combinaison de ces trois formes donne au cristal l'apparence d'un trapézoèdre ; aussi pendant longtemps a-t-on cru que la leucite cristallisait dans le système cubique, mais la mesure exacte de deux faces adjacentes montre que les angles ne sont pas égaux entre eux et diffèrent de la valeur 131° 49′ qu'ils auraient si la substance était cubique.

Les cristaux de leucite sont généralement formés par l'accolement et l'enchevêtrement de lamelles hémitropes dont les faces d'association seraient parallèles aux six couples de faces du rhombododécaèdre, si le cristal était cubique, et qui, en réalité, sont parallèles aux faces des formes $m, e^{1/2}$ et $a^{1/2}$

A des faisceaux de lamelles très fines succèdent le plus souvent des lamelles plus larges (fig. 276).

C. O. — La leucite est positive ; l'angle des axes optiques est très petit ;

$$n_g - n_p = 0,001$$

C. Ph. — La leucite est blanchâtre, ou grisâtre, à éclat vitreux. La surface des cristaux est finement striée par suite de la structure maclée.

C. Ch. — Elle est soluble dans les acides et difficilement fusible au chalumeau.

C. P. — On rencontre la leucite dans les leucitophyres, les leucotéphrites et les leucitites. Les sections sont octogonales,

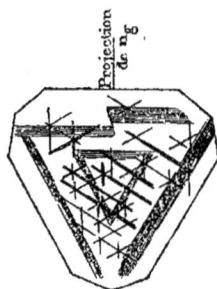

Fig. 276.

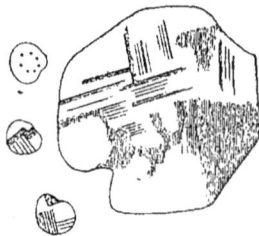

Fig. 277. — Sections de Leucite.

hexagonales, quadrangulaires, mais, les sommets étant fréquemment émoussés, ces sections sont très souvent arrondies.

Les inclusions sont très nombreuses et très variées ; généralement elles sont disposées en couches concentriques parallèles à la surface, et, en outre, elles sont allongées tangentiellement à la courbe sur laquelle elles sont réparties.

En lumière parallèle, la leucite reste généralement éteinte ; elle est d'un bleu blanchâtre quand l'épaisseur de la lame augmente.

La double réfraction et la structure maclée se mettent facilement en évidence au moyen d'une lame à teinte sensible (fig. 277).

HAÜYNE

$$2\,[(Na^2, Ca)O,\ Al^2O^3,\ 2SiO^2] + (Na^2, Ca)\,O,SO^3.$$

C. C. — Cette substance cristallise dans le système cubique et ses formes habituelles sont p, b^1, a^1.

Elle possède un clivage parallèle aux faces b^1.

C. Ph. — La haüyne est d'une couleur bleu ciel ou grise et présente un éclat vitreux.

C. Ch. — Elle fait gelée dans les acides et fond difficilement au chalumeau.

C. P. — On trouve la haüyne dans les phonolites, les andésites et les basaltes.

Les sections sont octogonales ou rectangulaires (fig. 278).

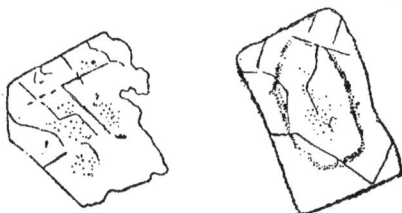

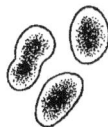

Fig. 278. — Haüyne (d'après MM. Fouqué et Michel Lévy).

Elle est incolore ou teintée de bleu par plages ou suivant des bandes.

Elle présente fréquemment sur son pourtour une bordure

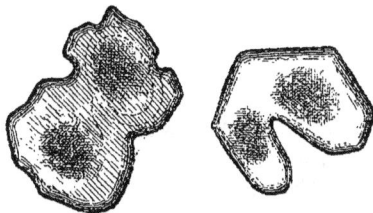

Fig. 279. — Haüyne.   Fig. 280. — Haüyne.

opaque provenant de la décomposition (fig. 279).

Les inclusions sont nombreuses, tantôt concentrées à la périphérie, tantôt au centre (fig. 280), tantôt en zones concentriques ; enfin elles peuvent être régulièrement disposées en files parallèles aux axes ternaires (fig. 279).

SODALITE

$3(Na^2O, Al^2O^3, 2SiO^2) + 2NaCl$.

C. C. — La sodalite cristallise dans le système cubique et ses formes habituelles sont p, b^1, a^1.

Elle est fréquemment allongée suivant un axe binaire et possède un clivage peu marqué parallèlement aux faces b^1.

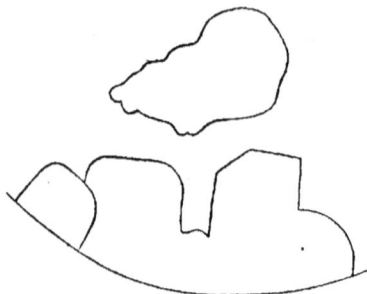

C. Ph. — Cette substance est incolore, bleue ou verte et présente une cassure vitreuse.

C. Ch. — Elle est soluble, avec gelée dans les acides, perd ses teintes quand on la chauffe; assez difficilement fusible au chalumeau.

Fig. 281. — Sodalite (d'après MM. Fouqué et Michel Lévy).

C. P. — La sodalite se trouve dans les trachytes et dans les phonolites.

Les sections sont carrées ou hexagonales ; mais, le plus souvent, elle est sans contours réguliers (fig. 281).

On la distingue de la haüyne au moyen des réactions microchimiques qui ne donnent pas avec elle le gypse que l'on obtient avec la haüyne.

FAMILLE DES MICAS BLANCS

Les espèces rentrant dans cette famille sont :

La Muscovite $[2\ (K^2, Na^2) + 4\ H^2]\ O^6$, $6\ Al^2O^3$, $12\ SiO^2$
La Paragonite $[2\ (Na^2, K^2) + 4\ H^2]\ O^6$, $6\ Al^2O^3$, $12\ SiO^2$
La Margarite $(3\ Ca + 3\ H^2)\ O^6$, $6\ Al^2O^3$, $12\ SiO^2$
La Lépidolite $8\ (Li, K^2, Na^2, H^2)\ O$, $4\ Al^2O^3$, $12\ Si\ (O, Fl^2)^2$

La damourite et la séricite sont des variétés hydratées de muscovite.

En résumé, les micas blancs sont des silico-aluminates hydratés de soude, de potasse, de lithine et de chaux.

C. C. — Ils sont monocliniques et l'angle $mm = 120°$. Aussi, par suite de la coexistence des faces g^1 avec les faces m, les cristaux ont-ils l'apparence hexagonale.

Ces cristaux sont aplatis suivant p et fréquemment allongés suivant la droite $p\,g^1$.

Ils possèdent un clivage très facile, parallèle à p; il en résulte la formation de lamelles très minces, flexibles et élastiques.

C. O. — Les micas blancs sont négatifs.

Le grand axe d'élasticité est perpendiculaire à p et le plan des axes optiques est perpendiculaire à g^1.

$$2\,V = 30° \text{ à } 50°$$
$$n_g - n_p = 0.038 \text{ à } 0.042$$

C. Ph. — Ils se trouvent en lamelles, en larges tables, en filaments groupés de couleur claire, généralement blanchâtre, quelquefois jaune brun, vert pâle, violette ou rose lilas.

C. Ch. — Les micas blancs donnent de l'eau dans le tube, ainsi que des traces d'acide fluorhydrique. Ils fondent au chalumeau ; après fusion, s'ils sont réduits en poudre, ils sont attaqués par les acides, et donnent de la silice gélatineuse.

C. P. — La muscovite se trouve dans les granulites, les gneiss, les micaschistes. Fréquemment elle résulte d'actions secondaires.

La paragonite se trouve dans les roches cristallophylliennes avec le disthène et la staurotide ; la margarite, dans les roches cristallophylliennes, avec le corindon ; la lépidolite, dans les pegmatites et les filons stannifères.

En lames minces, les micas sont incolores et offrent des reflets nacrés. Ils possèdent rarement des contours réguliers ; presque toujours, ils sont en lamelles déchiquetées, fréquemment plissées et disposées en traînées.

Fig. 282.
Lamelle de mica blanc.

Les lamelles parallèles à p sont, en lumière parallèle, toujours très sombres. Ce n'est qu'exceptionnellement que l'on constate l'existence de directions d'extinction.

Dans les lamelles obliques sur la face p, on voit toujours des traces très nettes de clivage (fig. 282).

Les couleurs de polarisation sont très vives, irisées, le jaune et le rouge dominant.

ÉLÉMENTS FERRO-MAGNÉSIENS

FAMILLE DES MICAS NOIRS

Les espèces de cette famille sont :

La Biotite [3 (K², H²) + 12 (Mg, Fe)] O¹⁵, 3 (Al, Fe)²O³, 12 SiO²

L'Anomite [3 (K², H²) + 12 (Mg, Fe)] O¹⁵, 3 Al²O³, 12 SiO²

La Lépidolémane [3 (H²,K²) + 12 (Fe, Mg)] O¹⁵, 3 (Fe, Al)²O³, 12 SiO²

La Phlogopite [4 (K², H²) + 12 Mg] O¹⁶, 2 (Al, Fe)²O³, 12 Si (O, Fl²)²

Les micas noirs sont donc des silico-aluminates de potasse, de fer et de magnésie.

C. C. — Identiques à ceux des micas blancs.

C. O. — Les micas noirs sont négatifs. Le grand axe d'élasticité est perpendiculaire à p ; les axes optiques sont dans g^1, à l'exception de ceux de l'anomite qui sont dans un plan perpendiculaire à g^1.

L'angle des axes optiques augmente avec la teneur en fer.

$$2\ V = 0^\circ \text{ à } 20^\circ$$
$$\mathbf{n}_g - \mathbf{n}_p = 0{,}044 \text{ à } 0{,}060$$

Ces micas noirs sont très polychroïques. Quand la vibration s'effectue parallèlement au grand axe d'élasticité, la lumière émergente est d'un **brun pâle** ou même **jaunâtre** ; quand elle s'effectue parallèlement aux deux autres axes d'élasticité, elle est d'un **brun foncé.**

C. Ph. — Ils sont le plus souvent d'un brun foncé, mais quelquefois verts ou jaunes. Ils sont attirables à l'aimant.

C. Ch. — Les micas noirs sont attaquables par l'acide chlorhydrique bouillant, qui les transforme en paillettes nacrées de silice.

C. P. — La biotite et l'anomite se trouvent dans les roches acides et les roches cristallophylliennes ; la lépidolémane, dans les roches éruptives volcaniques ; la phlogopite dans les roches cristallophylliennes.

En lames minces, ces micas sont verts, jaunes ou bruns, très polychroïques. Ils se trouvent en lamelles déchiquetées, présentant des traces très nettes de clivage (fig. 283).

Parallèlement à p, ils restent constamment éteints. En section obliques, ils s'éteignent parallèlement aux traces de clivage.

Les teintes de polarisation sont dans les tons bruns.

Fig. 283.
Lamelle de mica noir.

FAMILLE DES AMPHIBOLES

La composition chimique des espèces de cette famille est représentée soit par la formule :

$$4 RO, 4SiO^2 + mAl^2O^3$$

soit par la formule :

$$RO, R'^2O^3, 4SiO^2$$

dans lesquelles :

$$R = Mg, Ca, Fe, Mn, Na^2$$

et

$$R' = Al, Fe,$$

Dans les espèces dont la composition est représentée par la première formule, la magnésie domine sur la chaux.

C. C. — Elles sont monocliniques et l'angle $mm = 124°\ 11'$.

Les cristaux sont allongés parallèlement à la droite mm, et présentent des clivages très faciles, parallèles aux faces m.

Ces clivages donnent dans les sections des fissures très rectilignes et régulièrement espacées.

Les sections transversales présentent deux systèmes de ces fissures, faisant entre elles un angle voisin de $124°$. Dans les sections parallèles à l'allongement, les deux systèmes sont parallèles entre eux et parallèles à la direction de l'allongement.

Les cristaux d'amphibole présentent des macles par hémitropie normale à h^1 ; ces macles sont quelquefois multiples.

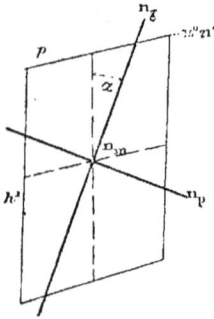

Fig. 284. — Section g^1 d'après MM. Michel (Lévy et Lacroix).

C. O. — Les amphiboles sont négatives. Les axes optiques sont dans le plan g^1, la bissectrice aiguë étant presque perpendiculaire à h^1. Le petit axe d'élasticité fait avec $h^1 g^1$, dans l'angle aigu de $h^1 g^1$ avec pg^1, un angle α variant de 0° à 22° (fig. 284).

La zone mm est positive ; dans cette zone, le maximum de l'angle d'extinction a lieu dans le plan g^1 ; ce maximum varie donc de 0° à 22°.

Les amphiboles sont généralement polychroïques ; la teinte foncée se produit quand la vibration s'effectue parallèlement au grand axe d'élasticité, et la teinte claire, lorsqu'elle a lieu suivant le petit axe d'élasticité.

TRÉMOLITE

CaO, 3MgO, 4SiO²

C. C. — Les formes habituelles sont m, h^1 sans terminaison. Les cristaux sont allongés suivant la droite mm.

C. O. — L'angle des axes :

$$2V = 80° \text{ à } 88°$$
$$n_g - n_p = 0,026 \text{ à } 0,0275$$

Dans la zone d'allongement mm, le maximum de l'angle d'extinction est 15°.

Polychroïsme nul.

C. Ph. — Souvent en masses bacillaires à éclat soyeux. Incolore, blanche, verdâtre.

En s'hydratant, elle se divise en fibres flexibles et donne naissance à l'*asbeste* dont la variété blanche est l'*amiante*.

C. P. — Se trouve dans les calcaires cipolins, les micaschistes.

Le plus souvent en fines aiguilles disposées en éventail. Incolore en lame mince, elle présente, outre le clivage *mm*, des cassures parallèles à *p*. Son relief est marqué. Ses couleurs de polarisation sont vives et limpides. Elle est difficile à distinguer de la
wollastonite

ACTINOTE
CaO, 3(Mg, Fe)O, 4SiO²

C. C. — Les formes que l'on observe sont celles du prisme *m*,
très rarement terminé, les cristaux étant très allongés suivant la
droite *mm*.

C. O. — L'angle des axes.

$$2V = 80°$$
$$n_g - n_p = 0,025$$

Dans la zone *mm*, le maximum de l'angle d'extinction est de 30°.

Le polychroïsme est sensible; suivant le petit axe d'élasticité,
la teinte est **verte**; suivant les deux
autres axes, elle est **jaune pâle**.

C. Ph. — On trouve l'actinote en
masses bacillaires, souvent rayon-
nées, d'un vert plus ou moins foncé.
Sa poussière est blanc verdâtre.

C. P. — On la trouve dans les
amphibolites, ou dans les autres
roches à l'état de produit secondaire.

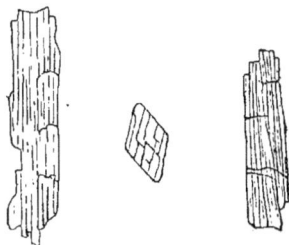

Fig. 285. — Sections d'actinote.

En lames minces, elle est verdâtre et présente un état fibreux
parallèlement à l'allongement (fig. 285). Les cristaux sont fréquemment disposés en éventail.

On la trouve très souvent à l'état de microlithes isolés, à peine
verdâtres ou incolores, à pointement très aigu, comme inclusions
au milieu des produits secondaires. Ses teintes de polarisation
sont vives et limpides.

HORNBLENDE COMMUNE

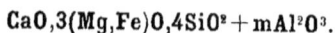

$$CaO,3(Mg,Fe)O,4SiO^2 + mAl^2O^3.$$

C. C. — C'est le prisme m qui domine ; il est rarement terminé et les cristaux sont allongés suivant la droite mm.

C. O. — L'angle des axes.

$$2V = 84°$$
$$n_g - n_p = 0,024$$

Dans le zone mm, le maximum de l'angle d'extinction varie de 15 à 22°.

Le polychroïsme est très marqué ; suivant le petit axe d'élasticité, la teinte est **vert foncé**, quelquefois bleuâtre ; suivant l'axe

Fig. 286. — Sections d'hornblende.

moyen elle est **verte**, et suivant le grand axe elle est **vert pâle** ou **vert jaunâtre**.

C. Ph. — L'hornblende est généralement verte, quelquefois brun foncé.

C. P. — Elle se trouve dans les roches neutres et basiques et dans les amphibolites, à l'état de cristaux de première consolidation ou de plages granitoïdes de seconde consolidation (fig. 286).

Les teintes de polarisation, assez vives, sont surtout le jaune, le vert et le brun.

HORNBLENDE FERRIFÈRE

$$CaO, 3(Mg,Fe)O, 4 SiO^2 + m(Fe, Al)^2 O^3$$

C. C. — Les formes habituelles sont m, g^1, p, $b^{1/2}$. Ici, les cristaux sont donc des prismes, à sections hexagonales, terminés par un pointement trièdre (fig. 287).

C. O. — L'angle des axes : $2V = 80°$

$$n_g^{'} - n_p \leq 0,072$$

Dans la zone mm, le maximum de l'angle d'extinction varie entre 0° et 10°.

Le polychroïsme est énergique ; suivant le petit axe d'élasticité,

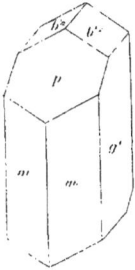

Fig. 287.

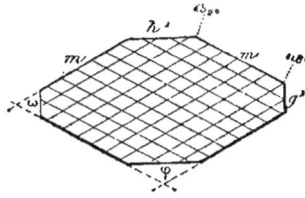

Fig. 288.— Section perpendiculaire à $g^{'} h^{'} \varphi = 124°$
(d'après MM. Fouqué et Michel Lévy).

la teinte est **brun foncé**, suivant l'axe moyen elle est **brune** et suivant le grand axe, **brun pâle**.

C. Ph. — Ce minéral est d'un noir brillant, à éclat vitreux.

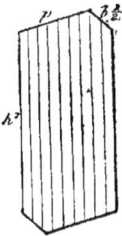

Fig. 289. — Section $g^{'}$.

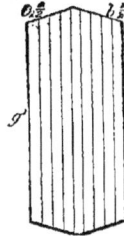

Fig. 290. — Section $h^{'}$.

C. P. — Elle se trouve dans les roches volcaniques et dans certaines porphyrites.

Les cristaux sont de première consolidation et offrent des sections généralement hexagonales (fig. 288, 289 et 290).

Elle peut présenter une structure zonaire.

GLAUCOPHANE

$Na^2O, Al^2O^3, 4SiO^1$

C. C. — Formes habituelles m, g^1, h^1, sans terminaison.

C. O. — L'angle des axes.

$$2V = 5° \text{ à } 42''$$
$$n_g - n_p = 0,0216$$

Dans la zone mm, le maximum de l'angle d'extinction varie de 4° à 6°.

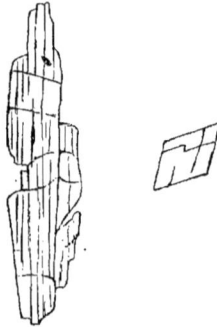

Fig. 291.
Sections de glaucophane.

Polychroïsme très net : suivant le petit axe, **bleu azur** ; suivant l'axe moyen, **violet** ; suivant le grand axe, **jaune pâle**.

C. P. — Se trouve dans les amphibolites à Syra, à l'île de Groix. On peut la rencontrer comme produit de décomposition de certains pyroxènes.

Ses teintes seules suffisent à la caractériser ; il faut se garder cependant de la confondre avec le disthène, dont on la distingue par l'angle des clivages dans les sections transversales (fig. 291).

FAMILLE DES PYROXÈNES

Les espèces de cette famille ont une composition représentée par la formule :

$$RO, SiO^2 + m \ R'^2O^3$$

dans laquelle :

$$R = Ca, Mg, Fe$$
$$R' = Al, Fe$$

A l'inverse de ce qui a lieu chez les amphiboles, dans les pyroxènes la chaux domine sur la magnésie.

C. C. — Les pyroxènes cristallisent dans le système monoclinique ; l'angle $mm = 87° 5'$.

L'allongement suivant la droite mm est moins marqué que dans
les amphiboles.

Ils présentent des clivages parallèlement aux faces du prisme
m, très nets, mais moins réguliers que ceux
de l'amphibole. En général, un des clivages
est plus continu que l'autre ; dans les sections transversales, les traces de ce clivage
font entre elles un angle voisin de 87°, c'est-
à-dire voisin de 90°.

Les pyroxènes présentent, en outre, des
macles fréquemment multiples par hémitropie normale à h^1.

C. O. — Ils sont négatifs ; les axes optiques sont dans le plan g^1.

Fig. 292. — Section g^1,
(d'après MM. Michel Lévy
et Lacroix).

Le petit axe d'élasticité, situé dans l'angle obtus des droites $g^1 h^1$
et $p g^1$, fait avec la droite $g^1 h^1$ un angle α variant de 38° à 45° (fig. 292).

Dans le zone mm, le maximum de l'angle d'extinction se produit
dans g^1 ; il varie donc de 38° à 45°.

Le polychroïsme est généralement inappréciable en lames minces.

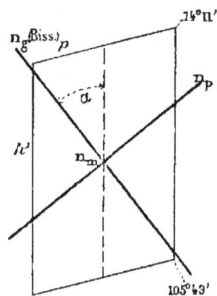

DIALLAGE

$(Ca, Mg, Fe)O, SiO^2 + mAl^2O^3$

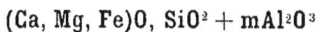

C. C. — Les formes habituelles sont m, g^1, h^1, $b^{1\,2}$; mais les cristaux sont rarement terminés et les faces h^1 sont fréquemment très
développées.

Outre le clivage mm, le diallage présente un clivage parallèle
à h^1, caractéristique. Les traces de ce clivage sont rectilignes, très
fines et très serrées.

Fréquemment il présente, suivant p, des macles multiples donnant naissance à de fines lamelles hémitropes.

C. O. — L'angle des axes

$$2V = 54°$$
$$n_g - n_p = 0,024$$

Une lame de clivage h^1 montre en lumière convergente un axe optique.

Dans la zone mm, le maximum de l'angle d'extinction varie de 39° à 45°.

Le polychroïsme est faible ; suivant le grand et le petit axe d'élasticité, la teinte est **verdâtre** ; suivant l'axe moyen, elle est **jaunâtre**.

C. Ph. — Le diallage se trouve en masses lamellaires, à éclat métalloïde ou nacré, gris verdâtre ou brunâtre.

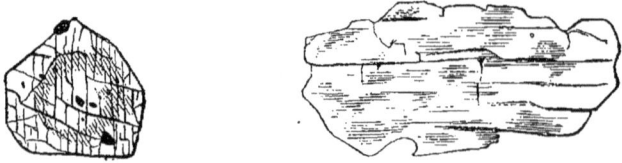

Fig. 293. — Sections de diallage.

C. P. — On trouve ce minéral dans les gabbros, les serpentines et les euphotides.

Il présente rarement des formes cristallines ; il est en gros grains irréguliers (fig. 293).

En lames minces il est généralement incolore ; exceptionnellement, il présente les teintes indiquées à propos du polychroïsme.

Ses couleurs de polarisation sont vives, le jaune et le rouge dominent.

Fréquemment, le diallage est épiginisé en hornblende ; c'est dans cette transformation que consiste le phénomène de l'ouralisation.

DIOPSIDE

(Ca, Mg)O, SiO²

C. C. — Formes habituelles m, p, g^1, h^1, a^1, $b^{1/2}$; les faces g^1 et h^1 sont fréquemment développées et donnent au cristal un aspect quadratique (fig. 294).

La macle suivant h^1 n'est formée le plus souvent que de deux individus. Macle par hémitropie normale à p donnant naissance à de fines lamelles hémitropes.

C. O. — L'angle des axes :

$$2V = 59°$$
$$n_g - n_p = 0,025 \text{ à } 0,030$$

Dans la zone *mm* le maximum de l'angle d'extinction est de 38°.

C. Ph. — Incolore, vert pâle, vert d'herbe ; transparent ou translucide.

C. P. — Se trouve surtout dans les schistes cristallins et les calcaires cristallins.

Il est à l'état soit de grains, soit de cristaux allongés sans terminaison, à sections transversales semblables à celles de l'augite.

Fig. 294.

Il est d'un vert pâle en lames minces ; son relief est assez marqué ; ses couleurs de polarisation sont vives.

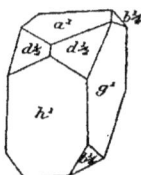

AUGITE

$(Ca, Mg, Fe)O, SiO^2 + m(Al, Fe)^2O^3$

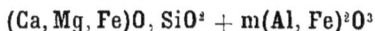

C. C. — Les formes habituelles sont m, g^1, h^1, $b^{1/2}$ par conséquent, les cristaux d'augite sont des prismes à sections octogonales, terminés par un biseau (fig. 295).

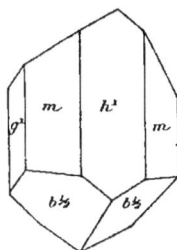

Fig. 295.

Fig. 296. — Section transversale d'augite.

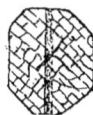

Fig. 297. — Section transversale d'augite maclé.

C. O. — L'angle des axes :

$$2 V = 60° \text{ à } 80°$$
$$n_g - n_p = 0,022.$$

Dans la zone *mm*, le maximum de l'angle d'extinction varie de 40° à 45°.

Le polychroïsme est généralement inappréciable ; dans le cas contraire, la teinte varie du **vert** au **rouge brun**.

C. Ph. — Les cristaux sont noirs ou vert olive, à cassure écailleuse.

C. P. — L'augite se trouve dans les roches basiques, telles que les diabases, les mélaphyres, les andésites, les trachytes et les phonolites.

Il est en cristaux de première consolidation, brisés, corrodés, quelquefois à structure zonée.

Les sections transversales sont octogonales (fig. 296, et 297), tan-

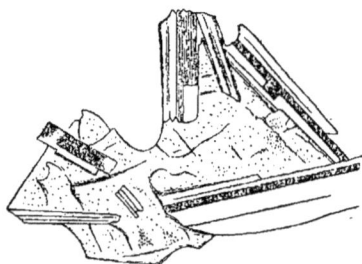

Fig. 298. — Sections longitudinales   Fig. 299. — Section d'augite d'un diabase
d'augite.   englobant des cristaux de feldspath.

dis que les longitudinales sont hexagonales (fig. 298). Il peut être à l'état de grandes plages granitoïdes de deuxième consolidation (fig. 299), mais on le trouve aussi à l'état de microlithes allongés suivant la droite *mm*. Ces microlithes se distinguent facilement des microlithes feldspathiques par leurs couleurs de polarisation.

En lames minces, la teinte de l'augite est généralement très faible, mais appréciable ; elle est verte, brunâtre, rosée ou violette.

Les variétés très colorées sont seules polychroïques. Les teintes de polarisation, où le jaune et le rouge dominent, sont très vives et limpides.

L'augite, par action secondaire, se transforme en diallage. Les stries très fines, caractéristiques de ce dernier minéral, apparaissent dès le début sur le bord des plages, puis il y a ouralisation, puis enfin passage à la chlorite, à l'épidote et à la serpentine.

FAMILLE DES HYPERSTHÈNES

Leur composition est représentée par la formule

$$(Fe, Mg)O, SiO^2$$

Dans l'*enstatite* il y a moins de 5 p. 100 de fer.
Dans la *bronzite* il y a de 5 à 14 p. 100 —
Dans l'*hypersthène* il y a plus de 14 p. 100
Ces espèces présentent d'ailleurs tous les passages entre elles.

C. C. — Ils cristallisent dans le système orthorhombique et les formes habituelles sont m, h^1, g^1, e^2, les cristaux étant allongés suivant mm.

Les clivages m sont difficiles ; mais le clivage g^1 est parfait dans la bronzite et l'hypersthène, moins net dans l'enstatite.

C. O. — L'enstatite est positive ; la bronzite est tantôt positive, tantôt négative ; l'hypersthène est négatif.

Les axes optiques sont dans g^1, le petit axe d'élasticité étant perpendiculaire à p.

Les quantités 2V et $n_g — n_p$ ont les valeurs suivantes :

	2V	$n_g — n_p$
Enstatite	70°	0,009
Bronzite	83°	0,009
Hypersthène.	50°	0,013

Dans la zone mm, l'angle d'extinction est toujours nul.

L'hypersthène seul est polychroïque, la teinte variant du **vert au brun**.

C. Ph. — L'enstatite est d'un blanc grisâtre ou jaunâtre, à éclat vitreux ;

La bronzite est brune ou jaune verdâtre, elle donne des reflets bronzés sur le plan g^1.

L'hypersthène est noir, vert, brun ; il a un éclat nacré sur le plan g^1 qui peut présenter des reflets rouge de cuivre.

C. P. — Les hypersthènes se trouvent dans les norites, les gabbros, les péridotites, les serpentines, les porphyrites et les andésites.

Dans ces deux dernières roches, ils sont à l'état de cristaux de première consolidation, mais généralement, ils se trouvent à l'état de grandes plages de seconde consolidation.

En lames minces, l'enstatite et la bronzite sont incolores; l'hypersthène est vert ou brun vert.

Les couleurs de polarisation sont analogues à celles des amphiboles, mais moins vives.

Les clivages donnent de fines stries cannelées (fig. 300).

Fig. 300.—Section d'hypersthène montrant les trois clivages.

Dans le plan g^1 l'hypersthène renferme fréquemment des inclusions alignées, soit parallèlement à g^1h^1, soit perpendiculairement à cette droite, ou enfin suivant des droites faisant un angle de 30° d'un seul côté de g^1h^1.

FAMILLE DES PÉRIDOTS

OLIVINE

2(Mg, Fe)O, SiO^2

C. C. — L'olivine cristallise dans le système orthorhombique; l'angle $mm = 119° 13'$.

Les formes habituelles sont p, g^1, a^1, g^3, et les cristaux sont allongés suivant la droite pg^1.

C. O. — Le péridot est positif; les axes optiques sont dans le plan h^1, la bissectrice aiguë étant perpendiculaire à p.

$$2V = 87°$$
$$n_g — n_p = 0,036.$$

C. Ph. — Le plus souvent, l'olivine se trouve en grains dans les basaltes où il forme quelquefois des masses de la grosseur du poing, fendillées en tous sens.

Il est jaune ou vert, à éclat vitreux.

C. P. — L'olivine se trouve dans les péridotites, les gabbros, les dolérites, les mélaphyres, les basaltes et les leucitites.

Le plus souvent il a perdu ses formes cristallines et il est en grains arrondis, à cassures curvilignes très nombreuses (fig. 301).

Il est incolore en lames minces ; il fait fortement relief et sa surface est chagrinée.

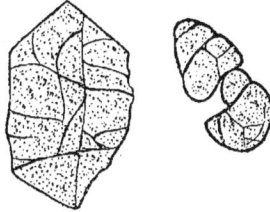

Fig. 301. — Sections d'olivine.

Ses teintes de polarisation sont très vives et limpides.

Il se transforme facilement en serpentine verte ou en une substance ferrugineuse rougeâtre ; la décomposition commence par la périphérie et se propage le long des fentes.

B. — ÉLÉMENTS ACCESSOIRES

ÉLÉMENTS ALCALINO-TERREUX

TOPAZE
$Al^{12} Si^6 O^{25} Fl^{10}$

C. C. — La topaze est orthorhombique, la molécule étant hémi-axe dichosymétrique.

Les formes habituelles sont m, g^3, b^1, e^1.

Par suite de l'hémiédrie de la molécule, les cristaux présentent le phénomène de l'*hémimorphisme*, c'est-à-dire que les formes terminant le prisme ne sont pas les mêmes aux deux extrémités (fig. 302).

Ce cristal possède un clivage parfait parallèlement à p.

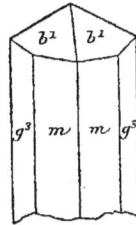

Fig. 302.

C. O. — La topaze est positive ; les axes optiques sont dans le plan g^1, la bissectrice aiguë étant perpendiculaire à p.

$$2\,V = 65°$$
$$n_g - n_p = 0,010 \text{ à } 0,014$$

C. Ph. — Elle est limpide, à éclat vitreux, mais elle peut être incolore, jaune rougeâtre, verte ou bleue.

Elle renferme fréquemment des inclusions liquides, le liquide étant soit de l'acide carbonique, soit un hydrocarbure.

Elle est en outre pyroélectrique.

C. Ch. — La topaze est infusible, inattaquable aux acides et donne la réaction du fluor dans le tube ouvert.

C. P. — On rencontre ce minéral dans les filons stannifères, les pegmatites, les granulites et les phyllades.

En lames minces, elle est incolore et très limpide ; les traces de clivage sont bien nettes et les teintes de polarisation sont un peu plus vives que celles du quartz.

ÉMERAUDE

$Gl^3 Al^2 Si^6 O^{18}$

C. C. — L'émeraude cristallise dans le système hexagonal et ses formes habituelles sont m, p, a^1, h^1.

Dans la variété Beryl, les cristaux sont cannelés suivant leur allongement.

L'émeraude présente un clivage suivant p et un autre suivant m, le premier étant plus net que le second.

C. O. — Elle est négative ; elle présente fréquemment des anomalies optiques qui l'ont fait considérer comme orthorhombique par M. Mallard. Ainsi, en lumière convergente, la croix noire se disloque, comme dans les cristaux dont les deux axes sont très rapprochés.

$$n_g - n_p = 0,003 \text{ à } 0,006$$

C. Ph. — L'émeraude est incolore, verte, bleue, rose, jaune et quelquefois pierreuse.

C. P. — On la trouve dans les filons stannifères, les pegmatites, les micaschistes, où elle est à l'état de cristaux de première consolidation.

Elle est incolore, sans relief ; les traces de clivage sont représentées par des cassures irrégulières.

Les couleurs de polarisation sont très faibles. Elle se kaolinise facilement.

SPHÈNE

CaO, TiO², SiO²

C. C. — Monoclinique ; $mm = 113° 11'$.

Formes très nombreuses ; les plus fréquentes sont : p, h^1, b^1, $d^{1/2}$; les cristaux ont soit une forme de toit (fig. 303), soit une forme de fuseau (fig. 304).

Clivages *mm* assez nets.

Macles fréquentes par hémitropie normale à h^1.

C. O. — Le sphène est positif. Les axes optiques sont dans g^1, la bissectrice aiguë étant presque normale à o^2.

$$2 V = 23° \text{ à } 34°$$
$$n_g - n_p = 0.121$$

La zone perpendiculaire à h^1 est positive et, quand les cristaux

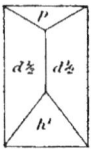
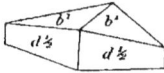

Fig. 303.   Fig. 304.   Fig. 305. — Sections de sphène.

sont maclés, les extinctions symétriques de part et d'autre de la ligne de macle font entre elles un angle variant de 0° à 39°.

Polychroïsme faible.

Suivant le petit axe d'élasticité, la teinte est : **rouge jaunâtre**;

moyen,   —   **rouge verdâtre**;

grand,   —   **jaune pâle.**

C. Ph. — Couleur très variable : jaune, jaune verdâtre, vert, rouge brun.

C. P. — Le sphène se trouve dans les roches éruptives acides et les roches cristallophylliennes basiques telles que les amphibolites. Il est à l'état de cristaux généralement de première consolidation ; dans les amphibolites, les sections, à angles mousses, ont la forme de fuseau (fig. 305).

En lames minces, il présente une des teintes indiquées plus haut à propos du polychroïsme. Les sections font fortement relief et sont bordées de noir par suite de réflexions totales. Les clivages peuvent être aussi nets que ceux du pyroxène.

Entre les nicols à 90°, il présente une teinte jaune brunâtre, analogue à sa teinte naturelle. Quand la lame est assez mince, pour offrir des teintes de polarisation, comme une légère variation d'épaisseur suffit pour faire varier la teinte, sa surface apparaît comme guillochée.

En lumière convergente, il montre de nombreuses lemniscates.

CORDIÉRITE

$3MgO, 3(Al, Fe)^2O^3, 8SiO^2$

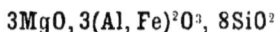

C. C. — Orthorhombique; $mm = 119° 10'$.

Formes habituelles : m, p, h^1, g^1, g^2. Les faces m et g^1 étant plus développées que les autres, les prismes ont un aspect hexagonal.

Clivage g^1 assez net.

Macles par hémitropie normale à m, tantôt entre trois cristaux comme dans l'aragonite, tantôt entre un plus grand nombre de cristaux donnant naissance à des lamelles hémitropes analogues à celles des feldspaths tricliniques.

C. O. — La cordiérite est négative. Les axes optiques sont dans le plan h^1, la bissectrice aiguë étant perpendiculaire à p.

$$2V = 40° \text{ à } 84°$$
$$n_g - n_p = 0,008$$

Polychroïsme marqué, que l'on peut quelquefois constater en lumière naturelle : suivant la direction de la lumière, elle est alors **bleu foncé, blanc grisâtre, blanc jaunâtre**.

C. P. — Se trouve dans les gneiss, granites, granulites et les roches volcaniques.

Les sections sont rectangulaires, hexagonales, ovales (fig. 306 et 307). Le plus souvent elle est incolore et dépourvue de polychroïsme. Les traces de clivage ne se dessinent nettement que dans les parties en voie de décomposition; par contre elle est traversée par des cassures étoilées remplies d'une substance jaune. Les teintes de polarisation sont analogues à celles des feldspaths.

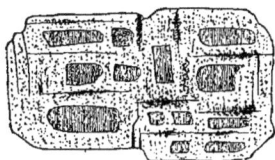

Fig. 306. — Cordiérite en voie de décomposition (d'après M. Lacroix).

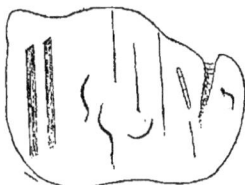

Fig. 307. — Cordiérite maclée.

Elle renferme fréquemment des microlithes très fins de sillimanite.

MÉLILITE

$12 (Ca, Mg, Na^2)O, 2(Al, Fe)^3O^3, 9 SiO^2$

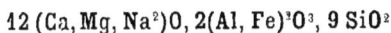

C. C. — Quadratique; formes habituelles : m, h^1, h^2, p. Les cristaux sont aplatis suivant p.

Clivage p parfait.

C. O. — Elle est négative, et présente des anomalies optiques assez prononcées.

$$n_g - n_p = 0,005$$

C. Ph. — Blanche ou jaune miel. Elle raye le verre.

C. Ch. — Fond au chalumeau. Elle se dissout facilement dans *HCl*, en donnant de la silice gélatineuse.

C. P. — Elle se trouve dans les néphélinites, les leucitites, les téphrites.

Elle est à l'état de cristaux de deuxième consolidation ; incolore en lame mince, elle offre un relief notable. Dans les sections parallèles à *mm*, elle

Fig. 308. — Section de mélilite.

présente des stries très fines parallèles à *mm* et ne traversant pas tout le cristal (fig. 308).

Couleurs de polarisation très faibles.

Elle se décompose facilement en donnant naissance à des zéolithes.

FAMILLE DES GRENATS

La composition des grenats est représentée par la formule :

$$3 \ RO, \ R'^2 \ O^3, \ 3 \ SiO^2$$

dans laquelle on a ;

$$R = Ca, \ Mg, \ Fe, \ Mn$$
$$R' = Al, \ Fe, \ Cr$$

On les divise en trois tribus d'après la nature du sesquioxyde, et les espèces sont caractérisées par le protoxyde. Mais, ces différentes espèces étant isomorphes, elles sont fréquemment mélangées, de sorte que les espèces théoriques sont relativement rares.

La première tribu, dans laquelle l'alumine domine, comprend les espèces :

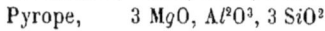

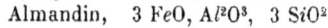

Grossulaire, 3 CaO, Al^2O^3, 3 SiO^2
Pyrope,   3 MgO, Al^2O^3, 3 SiO^2
Almandin,   3 FeO, Al^2O^3, 3 SiO^2
Spessartine, 3 MnO, Al^2O^3, 3 SiO^2

La deuxième tribu, caractérisée par le sesquioxyde de fer, comprend :

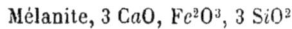

Mélanite, 3 CaO, Fe^2O^3, 3 SiO^2

La troisième, où domine le sesquioxyde de chrome, est représentée par :

Ouwarowite, 3 CaO, Cr^2O^3, 3 SiO^2

C. C. — Les grenats cristallisent en apparence dans le système cubique et les formes habituelles sont b^1 et a^2 (fig. 309 et 310). Mais, en réalité, ils cristallisent dans un système de symétrie inférieure, l'aspect cubique résultant de macles multiples par pénétration.

C. O. — Le grossulaire, la mélanite et l'ouwarowite se présentent assez fréquemment comme biréfringents, mais, en général, les grenats sont isotropes.

C. Ph. — Les grenats sont translucides ou transparents quand ils sont purs, leur éclat est vitreux et leur couleur très variable.

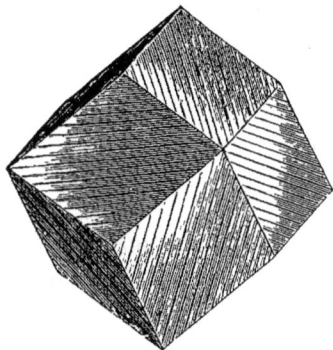

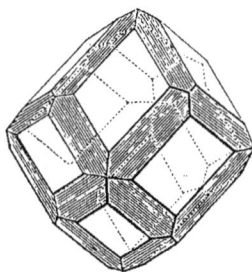

Fig. 309.   Fig. 310.

Le grossulaire est vert, jaune, rouge brun ;

Le pyrope est rouge sang ;

L'almandin est rouge, quelquefois brunâtre ;

La spessartine est jaune ou rouge brun ;

La mélanite est verte, jaune, brun noir ;

L'ouwarowite est vert émeraude.

C. P. — L'espèce grossulaire se trouve dans les chloritoschistes et dans les calcaires cristallins ; pyrope dans les serpentines et les péridotites ; almandin dans les granulites, les diorites, les gneiss, les micaschistes, amphibolites, chloritoschistes ; spessartine, dans les granulites et les pegmatites ; mélanite dans les roches à leucites.

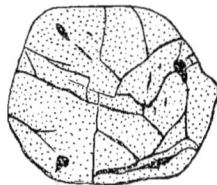

Fig. 311. — Section de grenat.

Ils sont en cristaux de première consolidation, donnant des sections rectangulaires, hexagonales, octogonales. Généralement ces sections sont arrondies et sans contours bien définis (fig. 311).

En lames minces, leur couleur est variable, mais généralement faible : grossulaire et spessartine sont incolores ou jaunes ; pyrode, almandin et spessartine sont rouge plus ou moins foncé.

Ils présentent d'ailleurs, assez fréquemment, des zones d'accroissement différemment colorées. Ils font fortement relief, ils sont bordés de noir et la surface est chagrinée.

Ils n'offrent pas de traces de clivage, mais des cassures irrégulières très nombreuses.

Dans certains cas, ils renferment comme inclusions de nombreux cristaux de quartz, le fer oxydulé, et d'autres minéraux.

IDOCRASE

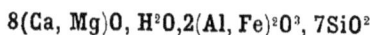

$$8(Ca, Mg)O, H^2O,2(Al, Fe)^2O^3, 7SiO^2$$

C. C. — L'idocrase cristallise dans le système quadratique et ses formes habituelles sont m, p, h^1, $b^{1/2}$ (fig. 312).

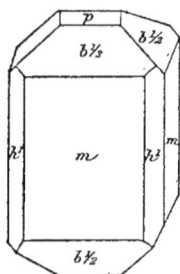

Les prismes sont striés longitudinalement et les arêtes sont souvent arrondies.

C. O. — L'idocrase, qui est négatif, présente fréquemment des anomalies optiques disparaissant dans les lames minces.

$$n_g — n_3 = 0,0045$$

Fig. 312.

C. Ph. — L'idocrase se présente quelquefois en masse compacte, à éclat vitro-résineux, vert, jaune, brun, bleu.

C. P. — Il se trouve dans les chloritoschistes et les calcaires cristallins.

En lames minces, il est incolore ou verdâtre ou brunâtre; il fait fortement relief; il est presque complètement éteint.

TOURMALINE

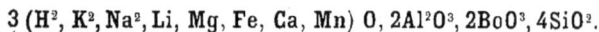

$$3 (H^2, K^2, Na^2, Li, Mg, Fe, Ca, Mn) O, 2Al^2O^3, 2BoO^3, 4SiO^2.$$

Suivant la base qui domine, on distingue les variétés magnésiennes, ferrifères, manganésiennes; ces dernières sont toujours lithinifères.

C.C. — La tourmaline est rhomboédrique avec molécule hémiaxe dichosymétrique; les formes les plus fréquentes sont e^2, d^1, p, b^1, a^1 (fig. 313).

Par suite de l'hémiédrie de la molécule, le prisme e^2 est réduit à trois faces, tandis que le prisme d^1 conserve ses six faces.

Les faces e^2 étant presque toujours très développées, le prisme a l'aspect d'un prisme triangulaire, même dans le cas où il présente les faces d^1 (fig. 314).

Le prisme présente le phénomène de l'hémimorphisme.

C. O. — La tourmaline est négative et offre quelquefois des anomalies optiques.

$$n_g - n_p = 0,020$$

Le polychroïsme est très intense ; suivant le petit axe d'élasticité, la teinte est **brun foncé** ou **bleue** ; suivant le grand axe, elle est **brun**

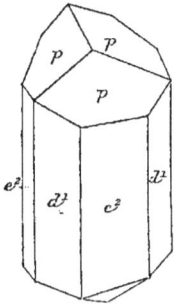
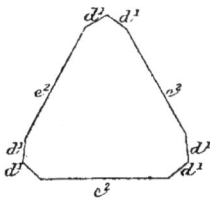
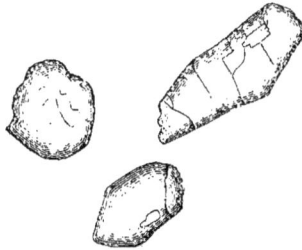

Fig. 313.   Fig. 314.   Fig. 315.— Sections de tourmaline.

pâle ou **incolore**. Quand l'épaisseur de la lame est suffisante, l'absorption est complète suivant le petit axe d'élasticité.

C. Ph. — La tourmaline est pyroélectrique. Les variétés magnésiennes sont brunes ou jaunes, les ferro-magnésiennes sont brun foncé, les ferrifères sont noires et les tithinifères, incolores, roses vertes ou bleues.

C.P. — La tourmaline se trouve dans les pegmatites, les granulites, les micaschistes, à l'état de cristaux de première consolidation.

Ses sections sont triangulaires, hexagonales ou irrégulièrement polygonales (fig. 315).

En lames minces, elle est brune, noire ou bleue ; ces colorations peuvent d'ailleurs être réparties suivant des zones différentes.

Son polychroïsme est intense et elle présente des couleurs de polarisation assez vives dans les tons bruns ou rouges.

ZIRCON

ZrO, SiO²

C. C. — Le zircon est quadratique et ses formes habituelles sont *m*, *h¹ b¹* (fig. 316 et 317). Il présente des clivages très nets suivant *m* et *b¹*.

C. O. — Il est positif et présente des anomalies optiques qui s'effacent dans les lames minces.

$$\mathbf{n}_g - \mathbf{n}_p = 0,055 \text{ à } 0,062$$

C. Ph. — Le zircon est incolore, gris, jaune, vert, brun, rouge; éclat vitreux.

Par calcination, les cristaux perdent leur couleur et deviennent phosphorescents.

C. P. — Il se trouve dans toutes les roches cristallines, mais

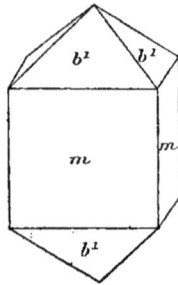 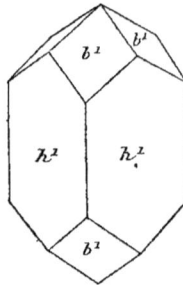 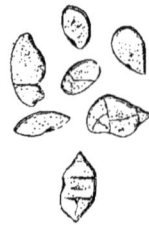

Fig. 316.   Fig. 317.   Fig. 318.—Sections de zircon.

toujours en petite quantité et le plus souvent à l'état d'inclusion dans les minéraux ferro-magnésiens (fig. 318).

En lames minces, il est brun pâle, presque incolore.

Les clivages *m* donnent des stries fines et rapprochées, visibles seulement dans les grands cristaux.

Il est très en relief, bordé de noir; ses couleurs de polarisation sont très vives et irisées. Quand les cristaux de zircon sont à l'état d'inclusions dans le mica noir et la cordiérite, autour d'eux se produisent de larges auréoles polychroïques.

II. — ÉLÉMENTS SECONDAIRES

SILICATES ANHYDRES

FAMILLE DE L'ANDALOUSITE

ANDALOUSITE
Al^2O^3, SiO^2

C. C. — L'andalousite cristallise dans le système orthorhombique.

L'angle $mm = 90°50'$ et ses formes habituelles sont m, p, e^1, a^1. Elle possède un clivage très net parallèlement aux faces m du prisme.

C. O. — Elle est négative ; les axes optiques sont dans le plan g^1, la bissectrice aiguë étant perpendiculaire au plan p.

$$2\ V = 84°$$
$$n_g - n_p = 0,011$$

La zone d'allongement mm est négative.

Le polychroïsme est variable, même dans un seul cristal ; suivant le petit axe d'élasticité, la teinte est **jaune olive**, presque **incolore** ; suivant l'axe moyen, elle est **vert olive**, et suivant le grand axe, **rose chair**.

C. Ph. — L'andalousite est verte, rouge, rose, violette ; son éclat est vitreux et, fréquemment, les cristaux sont recouverts de paillettes de mica blanc.

Une variété, dite *chiastolite*, renferme de nombreuses inclusions noirâtres, rassemblées au milieu du cristal, de façon à former un prisme noir, d'où partent des lames noires allant rejoindre les arêtes des dièdres latéraux.

C. Ch. — L'andalousite est infusible et ne se laisse attaquer que par l'acide sulfurique à 300°.

Elle donne à la perle d'oxyde de cobalt la teinte bleue caractéristique de l'alumine.

C. P. — Elle se trouve dans les gneiss, les micaschistes et les schistes métamorphiques.

Tantôt elle présente des formes cristallines, tantôt, au contraire, elle est en plages à contours indéterminés (fig. 319, 320 et 321).

Fig. 320. — Section transversale de chiastolite.

Fig. 319. — Sections d'andalousite (d'après MM Fouqué et Michel Lévy).

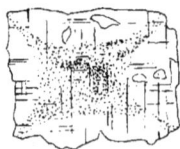

Fig. 321. — Section longitudinale de chiastolite.

Le plus souvent incolore en lames minces, elle peut cependant être colorée et polychroïque, surtout dans les teintes roses.

Les traces de clivage sont très nettes et très rectilignes, plus espacées que celles de l'amphibole et à peu près rectangulaires dans les sections transversales.

Les teintes de polarisation sont vives et limpides, analogues à celles des pyroxènes.

Elle se décompose facilement en donnant naissance à une matière fibreuse dont les fibres sont perpendiculaires aux traces de clivage.

SILLIMANITE

Al^2O^3, SiO^2

C. C. — Orthorhombique, $mm = 91°45'$. Cristaux prismatiques très allongés sans terminaison.

Clivage facile parallèle à h^1.

C. O. — Elle est positive. Les axes optiques sont dans le plan h^1, la bissectrice aiguë étant normale à p.

$$2\ V = 26$$
$$n_g - n_p = 0{,}020 \ \text{à} \ 0{,}022$$

Zone d'allongement *mm* positive.

C. Ph. — Grise, jaune ou brune. Éclat vitreux.

C. P. — La sillimanite se trouve dans les gneiss, les micaschistes, les schistes métamorphiques, la granulite.

Elle est en baguettes cannelées, généralement groupées en faisceaux (fig. 322). Incolore en lame mince. Ses couleurs de polarisation sont très vives, analogues à celles du mica blanc.

Fig. 322. — Silli-
manite.

DISTHÈNE

Al^2O^3, SiO^2

C. C. — Le disthène est monoclinique ; l'angle $mt = 97°$ et les formes habituelles sont m, t, g^1, h^1.

Les faces g^1 et h^1 sont fréquemment très développées, les prismes étant d'ailleurs rarement terminés.

Il possède un clivage h^1 parfait, un clivage g^1 imparfait et un clivage p difficile.

Les macles sont fréquentes, le plan d'hémitropie étant le plan h^1 et l'axe d'hémitropie pouvant être la perpendiculaire à h^1, la droite $g^1 h^1$ ou la droite $p h^1$.

C. O. — Le disthène est négatif. Les axes optiques sont dans un plan perpendiculaire à h^1, la bissectrice aiguë étant normale à h^1 et le petit axe d'élasticité faisant un angle de 30° avec la droite $g^1 h^1$.

$$2V = 82°$$
$$n_g - n_p = 0{,}021$$

La zone d'allongement est positive avec extinction maxima à 30° de $g^1 h^1$ dans le plan h^1.

Cette substance est polychroïque quand la coloration est intense.

C. Ph. — Le disthène est transparent ou translucide, incolore, bleu, vert, noirâtre, à l'éclat vitreux ou nacré.

C P. — On le rencontre dans les schistes à séricite et dans les schistes métamorphiques, à l'état de cristaux isolés, incolores en lames minces.

Les traces de clivage sont fines, rectilignes, réunies en faisceaux et ne traversant généralement pas toutes les sections.

Il présente un relief très marqué ; les couleurs de polarisation sont assez vives et limpides.

WOLLASTONITE

CaO, SiO^2

C. C. — Monoclinique, $m\,m = 95° 35'$.

Formes habituelles, m, p, h^1, $a^{1/2}$, $o^{1/2}$.

Clivages faciles parallèles à p et $a^{1/2}$, moins faciles parallèles à h^1 et o^1.

Macle fréquente, suivant p ; cette macle est quelquefois multiple.

C. O. — Négative. Les axes optiques sont dans g^1, la bissectrice aiguë faisant avec p g^1 un angle de $+ 32°$.

$$2V = 40$$
$$n_g - n_p = 0,014$$

C. Ph. — Eclat vitreux. Incolore, blanche ou grisâtre.

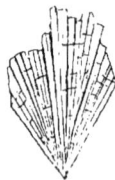

Fig. 323. — Section de wollastonite.   Fig. 324. — Cristaux fibreux de wollastonite.

C. Ch. — Elle fait gelée avec les acides ; elle fond difficilement.

C. P. — Se trouve dans les dolérites et les laves, mais surtout dans les roches cristallophylliennes et les schistes métamorphiques.

Elle est en grains cristallins ou en cristaux fibreux allongés suivant $p\,h^1$ (fig. 323 et 324).

Elle est incolore ; ses couleurs de polarisation sont vives et limpides. Les cristaux maclés donnent de larges bandes moirées.

SILICATES HYDRATÉS

STAUROTIDE

$$3(Fe,Mg)O, 6Al^2O^3, 6SiO^2 + H^2O$$

C. C. — La staurotide cristallise dans le système orthorhombique et ses formes habituelles sont m, p, g^1, $a^{3/2}$ (fig. 325).

Le système réticulaire de la staurotide est pseudocubique, l'axe binaire perpendiculaire à h^1 étant un axe quaternaire limite ; les deux autres axes quaternaires limites sont dans le plan g^1 et font

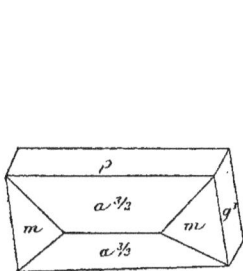
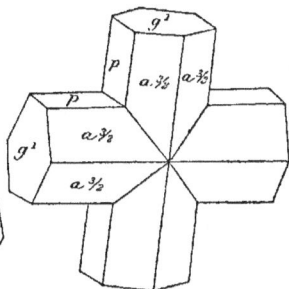
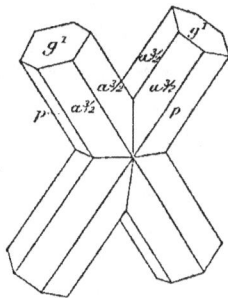

Fig. 325.   Fig. 326.   Fig. 327.

des angles de 45° avec les axes binaires perpendiculaires à g^1 et à p.

Les cristaux de staurotide peuvent se macler par pénétration de deux façons différentes : dans l'une des macles, les deux cristaux sont à angle droit l'un sur l'autre et ont en commun l'axe quaternaire limite perpendiculaire à h^1 (fig. 326) ; dans l'autre macle les deux cristaux font entre eux un angle de 60° et ont en commun un des axes binaires limites (fig. 327).

Le clivage p est facile, mais interrompu.

C. O. — La staurotide est positive ; les axes optiques sont dans h^1, la bissectrice aiguë étant perpendiculaire à g^1.

$$2V = 88°$$
$$\mathbf{n}_g - \mathbf{n}_p = 0,012.$$

La zone d'allongement $p\ h^1$ est positive.

Elle possède un polychroïsme marqué ; suivant le petit axe d'élasticité, la teinte est **jaune d'or** ; suivant les deux autres axes, la teinte est **jaune pâle**, presque **incolore**.

C. Ph. — Généralement la staurotide est rugueuse et terne à la surface (fig. 328), mais elle peut être lisse et brillante.

Sa cassure est vitro-résineuse. Ce minéral est brun rougeâtre, brun noirâtre.

C. P. — On la trouve dans les micaschistes et dans les schistes métamorphiques, à l'état de grands et de petits cristaux. Ces der-

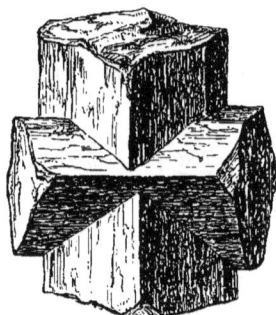

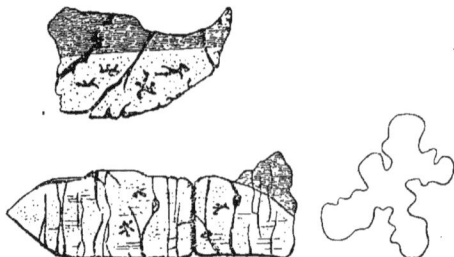

Fig. 328.   Fig. 329. — Sections de staurotide.   Fig. 330.

niers ne se pénètrent que rarement quand ils sont maclés (fig. 329) ; ils sont fréquemment corrodés, et les inclusions sont souvent d'assez grandes dimensions pour que dans les plaques minces chaque cristal donne naissance à plusieurs plages séparées.

En lames minces, elle est jaune d'or, polychroïque. Les traces de clivage sont peu marquées, les cassures fréquentes ; le relief est net ; les couleurs de polarisation sont vives et limpides.

Fréquemment elle renferme des inclusions de quartz à contours arrondis et très sinueux (fig. 330).

FAMILLE DE L'ÉPIDOTE

ÉPIDOTE

$4\,CaO, 3(Al, Fe)^2O^3, 6SiO^2 + H^2O.$

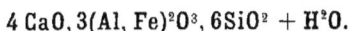

C. C. — L'épidote est monoclinique et ses formes habituelles sont m, p, h^1, e^1, a^1, $b^{1|2}$ (fig. 331), les cristaux étant fréquemment allongés et cannelés suivant la droite $p\,h^1$.

Elle présente des clivages suivant p et h^1, le second étant moins net que le premier. Macles fréquentes par hémitropie normale à h^1.

C. O. — L'épidote est négative; les axes optiques sont dans g^1, la bissectrice aiguë étant à peu près parallèle à la droite $h^1\,g^1$.

$$2V = 75°.$$

La biréfringence, qui est très variable, présente sa valeur maximum dans les variétés les plus colorées.

$$n_g - n_p = 0,038 \text{ à } 0,056$$

Le polychroïsme est quelquefois énergique, mais très variable : suivant le petit axe d'élasticité, la teinte est **verdâtre**; suivant

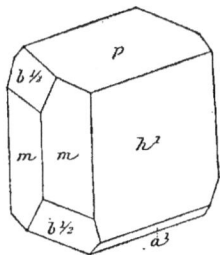

Fig. 331.

Fig. 332. — Section d'épidote en éventail.

l'axe moyen, elle est **brunâtre**, et suivant le grand axe, **jaune citron**.

Certaines lames parallèles à h^1 montrent en lumière naturelle une hyperbole noire.

C. Ph. — L'épidote est généralement en masses bacillaires, formées de cristaux implantés sur leurs faces g^1.

Elle est transparente ou translucide, quelquefois jaune ou noire, le plus souvent verte ; son éclat est vitreux.

C. Ch. — Au chalumeau, elle fond en bouillonnant, en donnant une masse de couleur foncée ; après calcination, elle fait gelée avec les acides.

C. P. — On rencontre l'épidote dans les diorites, les diabases, les amphibolites et d'une façon générale dans la plupart des roches comme produit de la décomposition des éléments ferro-magnésiens. Elle est en petits cristaux granuleux ou allongés et, dans ce cas, fréquemment groupés en éventail (fig. 332), remplissant les vacuoles et formant des filonnets.

En lames minces la coloration et le polychroïsme sont généralement très faibles ; le relief est assez marqué.

Les couleurs de polarisation sont très vives, d'une limpidité très grande et assez caractéristique. Les cristaux sont rarement maclés.

ZOÏSITE

$4\,CaO,\ 3Al^2O^3,\ 6SiO^2 + H^2O.$

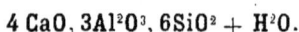

C. C. — Orthorhombique ; $mm = 116° 16$. Les cristaux sont généralement des prismes allongés à nombreuses facettes latérales sans terminaison. Clivage facile parallèle à g^1.

Les cristaux se groupent suivant les faces m, de façon à former des agrégats fibreux.

C. O. — Elle est positive. La bissectrice aiguë est toujours perpendiculaire à h^1, mais le plan des axes optiques coïncide tantôt avec g^1, tantôt avec p ; les deux positions peuvent s'observer dans un même cristal.

$$2V = 12° \text{ à } 28°$$
$$n_g - n_p = 0,003 \text{ à } 0,006.$$

La variété rose est très polychroïque.

Suivant le petit axe d'élasticité, la teinte est jaune.

	moyen			rose vif.
—	grand	—	—	rose clair.

C. Ph. — On la trouve en masses bacillaires. Elle est translucide ; son éclat est vitreux. Blanc grisâtre, gris jaunâtre, verte, brune, rose.

C. Ch. — Elle fond en bouillonnant et fait gelée avec les acides après calcination.

C. P. — On la rencontre dans les roches basiques : diorites, diabases, serpentines ; dans les micaschistes, amphibolites. Elle provient généralement de la décomposition des éléments alcalino-terreux.

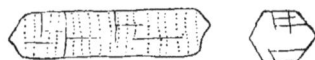

Elle est en grains ou en cristaux allongés (fig. 333).

Fig. 333. — Sections de zoïsite (d'après M. Hussak).

Les sections sont incolores, à l'exception de la variété rose qui est polychroïque. Son relief est très marqué. Les sections allongées présentent des cassures transversales et de nombreuses inclusions liquides disposées en traînées également transversales.

Les couleurs de polarisation sont le bleu indigo, analogues à celles de la pennine. En lumière blanche l'extinction n'est jamais complète.

ALLANITE
$4(Ca, Ce. Fe)O, 3(Al, Fe)^2O^3, 6 SiO^2 + H^2O$

C. C. — Monoclinique ; $mm = 70° 48'$. Cristaux généralement très allongés suivant $p\ h^1$. Clivages mm interrompus.

C. O. — Négative. Les axes optiques sont dans g^1, les axes étant à peu près perpendiculaires aux faces p et h^1.

$$2V = 65° \text{ à } 70°$$

Certains cristaux sont isotropes, aussi la biréfringence est-elle très variable :

$$n_g - n_p = 0 \text{ à } 0,032$$

Polychroïsme marqué en général, mais nul dans les cristaux isotropes.

Suivant le petit axe d'élasticité, la teinte est **brun jaune.**

| — | moyen | — | — | **brun rouge foncé.** |
| — | grand | — | — | **brun verdâtre pâle.** |

C. Ph. — Opaque ; elle n'est translucide qu'en lames très minces. Eclat vitreux ou résineux. Noire.

C. Ch. — Elle fond avec bouillonnement en donnant un émail magnétique. Elle fait plus ou moins complètement gelée avec les acides.

C. P. — On la rencontre dans les roches acides granitoïdes en cristaux de première consolidation (fig. 334).

Fig. 334. — Section d'allanite.

Elle présente en lame mince les teintes indiquées à propos du polychroïsme. Fréquemment zonée, elle fait fortement relief.

FAMILLE DES CHLORITES

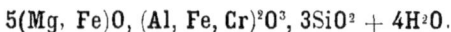

$$5(Mg, Fe)O, (Al, Fe, Cr)^2O^3, 3SiO^2 + 4H^2O.$$

Jusque dans ces derniers temps on distinguait trois principales espèces de chlorites :

Pennine ;

Clinochlore ;

Ripidolite.

MM. Michel Lévy et Lacroix ont proposé une nouvelle classification reposant sur la valeur de la biréfringence. Le premier groupe comprend les chlorites dont la biréfringence varie entre 0,004 et 0,005 ; dans le second groupe rentrent les chlorites dont la biréfringence est comprise entre 0,005 et 0,01 ; enfin le troisième groupe comprend les chlorites dont la biréfringence est voisine de 0, 014.

La pennine et la ripidolite appartiennent au premier groupe, le clinochlore au second et la delessite au troisième.

C. C. — Les chlorites sont monocliniques et présente un clivage parfait parallèle à *p*. Elles sont généralement à l'état de lamelles triangulaires ou hexagonales parallèles à *p*, et présentent des macles par pénétrations de trois individus, orientés à 120 l'un de l'autre, de façon à former des lamelles hexagonales. Les lamelles sont d'ailleurs fréquemment formées de fibres irrégulièrement enchevêtrées.

C. O. — Les propriétés optiques des chlorites sont fort variables même dans un seul individu, par suite de l'irrégularité dans la disposition des fibres qui se compensent plus ou moins complètement.

Les chlorites sont tantôt négatives, tantôt positives; les axes optiques sont dans g^1, la bissectrice aiguë étant perpendiculaire à p.

L'angle 2 V est généralement très petit, mais il peut atteindre 55° dans certaines variétés de clinochlore.

$$n_g - n_p = 0{,}001 \text{ à } 0{,}014.$$

Les variétés colorées possèdent un polychroïsme marqué : suivant la bissectrice aiguë, la teinte est **jaune pâle** ; suivant les traces de clivage, elle est **vert pâle**.

C. Ph. — Les chlorites ont un éclat vitreux et sont d'un vert plus ou moins foncé, plus ou moins bleu, plus ou moins jaune.

Les lamelles sont flexibles mais peu élastiques.

C. Ch. — Elles donnent de l'eau dans le tube et sont attaquées à la longue par l'acide chlorhydrique bouillant; leur fusibilité est variable.

C. P. — La pennine et la ripidolite se trouvent dans les chloritoschistes ; elles proviennent également de la décomposition des éléments ferro-magnésiens tels que le mica noir, l'hornblende, l'augite.

Fig. 335. — Section de pennine.   Fig: 336. — Sphérolite de delessite.

Elles sont d'un vert pâle en lames minces ; les couleurs de polarisation sont le bleu indigo, le rouge cuivre et le jaune ; elles ne s'éteignent jamais complètement (fig. 335).

Le clinochlore se trouve dans les chloritoschistes ; ses teintes de polarisation sont le blanc et le jaune avec ombres roulantes.

La délessite se rencontre dans les vacuoles des roches basiques anciennes où elle forme des houppes et des sphérolithes à croix noire et dont les teintes de polarisation sont le jaune et le rouge francs (fig. 336).

FAMILLE DES CLINTONITES

CHLORITOÏDE

$$(Fe,Mg)O, Al^2O^3, SiO^2 + H^2O$$

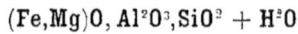

C. C. — Triclinique; $m\ t = 121$. Les formes sont speudo-hexagonales. Cristaux aplatis suivant p. Clivages faciles suivant p, difficiles suivant m, t et g^1.

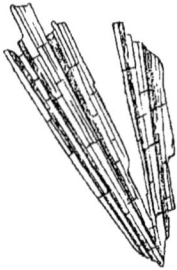

Macles par hémitropie normale à p produisant des lamelles hémitropes analogues à celles des feldspaths.

C. O. — Positif. Les axes optiques sont dans le plan bissecteur du dièdre obtus des faces m et t; la bissectrice aiguë est presque normale à p.

Fig. 337. — Section de chloritoïde.

$$2V = 45$$
$$n_g - n_p = 0,015$$

Polychroïsme intense et caractéristique.

Suivant le petit axe d'élasticité, la teinte est **jaune verdâtre** ;

| — | moyen | — | — | **bleu indigo**; |
| — | grand | — | — | **vert olive**. |

C. P. — Il se trouve dans les schistes cristallins et métamorphiques, en cristaux tabulaires à contours irréguliers de grandeur fort variable, assez fréquemment disposés en rosettes (fig. 337). Il est facilement reconnaissable à ses lamelles hémitropes et à son polychroïsme.

FAMILLE DU TALC

TALC

$$3MgO, 4SiO^2 + H^2O$$

C. C. — Le talc cristallise dans le système orthorhombique. L'angle $m \ m = 120°$; aussi les formes sont-elles pseudo-hexagonales.

Il possède un clivage facile suivant p.

C. O. — Il est négatif : les axes optiques sont dans h^1 la bissectrice aiguë étant perpendiculaire à p.

$$2V = 7°$$
$$n_g - n_p = 0,035 \text{ à } 0,050$$

C. Ph. — Le talc est en lames souvent très courbes ; il est onctueux et se laisse rayer à l'ongle.

Il est bleu ou vert, à éclat nacré.

C. Ch. — Il donne la réaction de la magnésie avec l'oxyde de cobalt ; sous l'action de la flamme du chalumeau, il devient dur et s'exfolie.

C. P. — On le rencontre dans les diorites, les serpentines, les chloritoschistes, les calcaires cristallins et les schistes métamorphiques. C'est un produit de décomposition des éléments magnésiens.

Ils forment fréquemment des rosettes ou des sphérolithes (fig. 338).

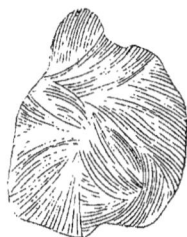

Fig. 338. — Agrégat fibreux de talc.

Il est incolore ou à peine verdâtre en lames minces, fibreux ; ses teintes de polarisation sont extrêmement vives, irisées, le jaune et le rouge dominant. Les rosettes donnent la croix noire.

On ne peut le plus souvent le distinguer du mica blanc que par une réaction microchimique, assez sensible pour permettre de constater l'absence de l'alumine.

SERPENTINE

$$3(Mg, Fe)O, 2SiO^2 + 2H^2O$$

La serpentine se trouve dans presque toutes les roches, comme produit de décomposition des silicates magnésiens ; elle peut en outre former à elle seule des masses considérables.

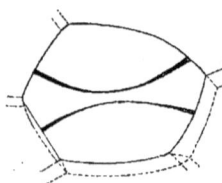

Fig. 339.

Certaines variétés sont amorphes, tandis que d'autres sont cristallines : elles ont une teinte verte plus ou moins noire, plus ou moins bleue, plus ou moins jaune, et un éclat gras ou résineux.

Au microscope, les variétés amorphes se montrent assez fréquemment divisées en petits solides à faces courbes, résultant probablement du retrait de la matière. Ces petits solides montrent en lumière parallèle des lignes neutres semblables à celles d'un cristal biaxe, par suite des différences de tension résultant de l'inégale contraction de la matière (fig. 339).

Les principales variétés cristallines sont : la *chrysotile* et la *bastite*.

La première est en fibres vert clair, très fines, le petit axe d'élasticité étant parallèle à l'allongement. Elle est positive et $2V < 30°$

La bastite résulte de la décomposition de l'enstatite. Elle est feuilletée par suite de l'existence d'un clivage parallèle au plan g^1 de l'enstatite. Ce clivage donne des traces fines et serrées. Elle est brun tombac ou jaune de laiton.

Négative, ses axes optiques sont dans h^1 la bissectrice aiguë étant perpendiculaire à g^1.

$$2V = 20° \text{ à } 90°$$
$$n_g - n_p = 0,011$$

Son polychroïsme est faible, dans les teintes vert pâle.

FAMILLE DES ZÉOLITES

Les zéolites sont des silicates hydratés de potasse, de soude, de chaux, de baryte et de strontiane. Les unes contiennent de l'alumine qui fait défaut chez les autres. La proportion d'eau est très variable : par une douce chaleur on peut en enlever une certaine quantité, que les zéolites reprennent dans l'air humide. Elles appartiennent aux différents systèmes cristallins et forment des macles par pénétration très complexes. Leurs systèmes réticulaires sont pseudo-cubiques, car leurs paramètres sont entre eux sensiblement comme les nombres 1, $\sqrt{2}$, $\sqrt{2}$, qui sont proportionnels aux paramètres d'un axe quaternaire et de deux axes binaires du système cubique. Elles offrent des anomalies optiques variables avec la température et la proportion d'eau.

Elles sont généralement blanches, incolores en lames minces.

Elles fournissent de l'eau dans le tube et, attaquées par l'acide chlorhydrique, elles donnent de la silice tantôt gélatineuse, tantôt pulvérulente.

Les zéolites remplissent les vacuoles des roches basiques ou épigénisent leurs éléments.

Comme elles sont très nombreuses, nous n'en décrirons que quelques-unes.

MÉSOTYPE

$$Na^2O, Al^2O^3, 3SiO^2 + 2H^2O.$$

C. C. — Orthorhombique; $mm = 91°$. Formes habituelles m, $b^{1/2}$
Les cristaux sont allongés suivant mm (fig. 340).
Clivages parfaits suivant mm.
Groupements irréguliers dans les variétés compactes.
C. O. — Positive. Les axes optiques sont dans le plan g^1, la bissectrice aiguë étant perpendiculaire à p.

$$2V = 58$$
$$n_g - n_p = 0,012$$

Zone d'allongement positive.

C. Ph. — Elle forme des sphérolites nettement radiées, des masses grenues ou palmées. Éclat vitreux. Incolore ou blanche.

ANALCIME

$$(Na^2, Ca)O, Al^2O^3, 2SiO^2 + 2H^2O$$

C. C. — Cubique tout au moins en apparence.

 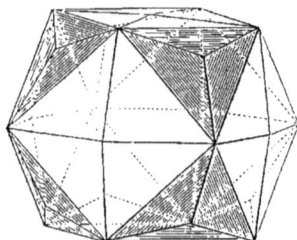

Fig. 340.   Fig. 341.

Formes habituelles p et a^2 (fig. 341).

Clivage p assez net.

C. O. — Elle présente des anomalies optiques visibles même en lame mince : à côté de plages isotropes, on observe des plages dont la biréfringence est de 0,001.

C. Ph. — Elle est généralement en gros cristaux, à éclat vitreux. Incolore, blanche, rouge chair.

APOPHYLLITE

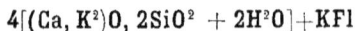

$$4[(Ca, K^2)O, 2SiO^2 + 2H^2O] + KFl$$

C. C. — Quadratique au moins en apparence. Formes habituelles m, p, a^1. Cristaux généralement aplatis suivant p.

Clivage p parfait.

Groupements irréguliers par pénétration.

C. O. — Anomalies optiques fréquentes; $n_g - n_p = 0,001$.

C. Ph. — Éclat vitreux. Incolore, blanche, jaune, bleue, rose, verte.

CHABASIE

CaO,Al²O³,5SiO² + 7H²O

C. C. — Rhomboédrique en apparence; $pp = 94°46'$.

Formes fréquentes : *p*, *b¹*, *e¹*, *c²*.

Clivages *p* assez nets.

Chaque rhomboèdre résulterait d'un groupement de prismes tricliniques.

C. O. — Négative. Anomalies optiques constantes;

$$n_g - n_p = 0,003$$

C. Ph. — Éclat vitreux. Incolore, blanche, rose.

STILBITE

CaO, Al²O³, 6SiO² + 6H²O

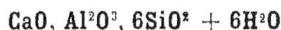

C. C. — Monoclinique, $mm = 94° 16'$. Cristaux aplatis suivant *g¹* et allongés suivant *g¹ h¹*.

Clivage *g¹* très facile.

C. O. — Anomalies optiques fréquentes. Négative. Les axes optiques sont dans *g¹*.

$$2\,V = 33°$$
$$n_g - n_p = 0,006$$

La zone d'allongement est négative.

C. Ph. — Elle forme des sphérolites radiés ou des gerbes de cristaux. Éclat vitreux. Blanche, rouge, brune.

TABLEAU DES DONNÉES NUMÉRIQUES

RELATIVES AUX MINÉRAUX DE LA DEUXIÈME CLASSE

ESPÈCE MINÉRALE	Système cristallin	PARAMÈTRES cristallographiques a	b	c	ANGLES DU NOYAU	Dureté	Densité	INDICES de réfraction n_g	n_m	n_p	BIRÉFRINGENCE $n_g - n_p$	ANGLE des axes optiques
Actinote	M	0,548	1	0,294	$m\,m = 124°\,11'$ / $p\,h^1 = 104°\,58'$ / $m\,m = 120°\,47'$	5,2	3	1,636	1,627	1,611	0,025	80°
Albite	T	0,633	1	0,558	$m\,m = 110°\,50'$ / $m\,p = 114°\,42'$ / $t\,p = 70°\,48'$	6	2,59	1,540	1,534	1,532	0,008	»
Allanite	M	1,553	1	1,778	$m\,m = 114°$	5,5	3,5	»	1,78	»	0,032	67
Almandin	C	1	1	1	»	7,2	3,8	»	1,77	»	»	»
Analcime	C	1	1	1		5,5	2,25	»	1,487	»	0,010	»
Andalousite	O	0,985	1	0,702	90° 50'	7,2	3,12	1,643	1,638	1,632	0,011	84
Andésine	T	2	2	2	2	2	2,67	1,556	1,553	1,549	0,007	»
Anorthite	T	0,635	1	0,550	$m\,l = 120°\,30'$ / $m\,p = 110°\,40'$ / $t\,p = 114°\,17'$	6	2,72	»	1,566	»	0,013	»
Augite	M	4,094	1	0,591	$m\,m = 87°\,5'$ / $p\,h^1 = 105°\,49'$	6	3,3	1,728	1,712	1,706	0,022	60 à 68
Biotite	M	0,578	1	3,203	$m\,m = 120°$	2,7	3	»	»	»	0,040	0 à 10
Chabasie	R	1	1	1,085	94° 46'	4,2	2,4	»	1,50	»	0,003	0 à 55
Clinochlore	M	0,577	1	2,277		2	2,7	1,596	1,588	1,585	0,011	45
Chloritoïde	M	»	»	»	120°	6,5	3,5		1,718		0,015	
Clintonite	M	»	»	»	120°	5,2	3,15	1,658	1,657	1,646	0,012	0 à 20
Corléirite	O	0,587	2	0,559	119° 10'	7,2	2,6	1,539	1,536	1,532	0,007	40 à 84
Diallage	M	4,094	1	0,591	$m\,m = 87°\,5'$ / $p\,h^1 = 105°\,49'$	4	3,3	1,703	1,681	1,679	0,024	34
Diopside	M	4,094	1	0,591	$m\,m = 87°\,51'$ / $p\,h^1 = 105°\,49'$	5,5	3,3	1,700	1,678	1,671	0,029	59
Disthène	T	0,890	1	0,696	$m\,l = 97°$	6	3,58	1,728	1,620	1,712	0,016	82
Emeraude	H	1	1	0,499	91° 44'	7,7	2,70	1,575	»	1,570	0,005	»
Enstatite	O	1,03	1	0,588	91° 44'	5,5	3,20	1,674	1,699	1,665	0,009	80
Epidote	M	1,581	1	1,806	$m\,h^1 = 115°\,24'$ / $m\,m = 124°\,11'$ / $p\,h^1 = 104°\,58'$	6,5	3,4	1,768	1,754	1,730	0,038	44
Glaucophane	M	0,548	1	0,294	$m\,m = 124°\,11'$ / $p\,h^1 = 104°\,58'$	6,2	3,1	»	1,644	»	0,022	42

Nom	Sys.					Angles	D	H				bir.	2V
Hypersthène	O		1		1		3,3	6	1,702	1,705	1,692	0,013	65 à 85
Idocrase	Q	1,029	1	0,537	1	91°10'	3,5	6,5	1,722	1,702	1,720	0,002	»
Labrador . . .	T	0,619	1	0,559	1	m l = 121°37' / m p = 110°30' / t p = 113°34'	2,70	6	1,562	1,557	1,554	0,008	30 à 60
Leucite . . .	O	0,992	1	0,969	1	m m = 120°	2,48	5,7	1,509	»	1,508	0,001	»
Margarite . .	M	0,578	1	3,293	1		3	»	»	»	»	0,038	»
Mélanite . .	C	1				91°	2,92	7	1,632	1,480	1,627	0,005	58
Méilite . .	Q			0,454	1		2,2	5,2	1,489		1,477	0,012	
Mésotype . .	O	0,083	1	0,352	1	91°	2,36	5,3	1,529	1,526	1,523	0,006	83
Microcline . .	T	0,649	1	0,55	1	m l = 118°31' / m p = 111°17' / m m = 120°	2,56	6	1,529	1,526	1,523	0,006	»
Muscovite .	M	0,578	1	3,293	1		3	»	1,613	1,610	1,571 / 1,540	0,042 / 0,005	30 à 60
Néphéline . .	H	1	1	0,836	1	m m = 120°	2,60	5,7	1,545	»	»	0,005	»
Oligoclase . .	T	0,632	1	0,553	1	m l = 120°42' / m p = 110°55' / t p = 110°40'	2,63	6	1,542	1,538	1,534	0,008	»
Olivine . . .	O	0,587	1	0,466	1	119°43'	3,3	6,8	1,697	1,678	1,661	0,036	87
Opale . . .	»	»	»				2	6	1,450	1,450	1,519	0,007	»
Orthose . .	M	0,659	1	0,556	1	m m = 118°48' / p h¹ = 116°7' / m m = 120°	2,56	6	1,526	1,523	1,562	0,014	70
Phlogopite . .	M	0,578	1	0,233	1		3,1	7,5	1,606	1,81	1,544 / 1,576	0,009 / 0,003	0 à 10
Pyrope . .	C	1	1	1,1	1	94°15'	3,7	7	»	»	»	0,003	»
Quartz . .	R	1	1	2,277	1		2,65	7	1,553	»	»	0,009	0
Ripidolite . .	M	0,577	1	x	»		2,8	4,2	1,579	»	1,576	0,003	0 à 10
Serpentine . .	»	»	»	1		91°45'	2,5						»
Sillimanite .	O	0,970	1	x	»		3,23	6,5	1,680	1,661	1,659	0,021	25
Sodalite . .	C	1	1	1			2,30	5,5	»	1,485	»		»
Sphène . .	M	0,755	1	0,834	1	m m = 113°31' / p h¹ = 119°43'	3,4	5,2	2,009	1,894	1,888	0,121	23 à 34
Staurotide . .	O	0,694	1	0,979	1	110°28'	3,5	7,2	1,746	1,741	1,736	0,010	88
Stilbite . .	O	0,928	1	0,756	»		2,7	3,8	1,500	1,498	1,494	0,006	33
Talc . . .	M	»	»	»	»	120°	2,7	1,2	1,53	1,55	1,611 / 1,623	0,038 à 0,054 / 0,010	7
Topaze . .	O	0,529	1	0,954	1	124°17' / 133°11'	3,55	8	1,621	1,613		0,010 / 0,020	62
Tourmaline . .	R	1	»	0,447	1	m m = 124°11' / p h¹ = 104°38' / m m = 95°35' / p h¹ = 110°12'	3	7,2	1,643	»	1,607	0,027	0
Trémolite . .	M	0,548	1	0,294	1	116°16'	3	5,5	1,634	1,621	1,621	0,014	80 à 88
Wollastonite .	M	0,966	1	0,114	1		2,8	4,8	1,635	1,633		0,014	40
Zircon . . .	Q	1	1	0,906	1		4,3	7,5	1,993	»	1,931	0,062	0
Zoïsite . .	O	0,621	1	0,343	1		3,29	6	1,702	1,696	1,696	0,006	12 à 28

CHAPITRE III

TROISIÈME CLASSE. — COMBUSTIBLES MINÉRAUX

Ces minéraux proviennent de débris organiques enfouis dans le sol et qui, soustraits à l'action de l'atmosphère, ont subi une série de décompositions et de modifications qui les ont amenés dans l'état où nous les observons aujourd'hui

Ce sont des composés du carbone, ou des mélanges de ce corps avec ses composés. Aussi, pour ne pas scinder l'histoire du carbone, place-t-on dans cette classe le diamant et le graphite, dont l'origine est inconnue, mais qui, fort probablement, n'ont pas une origine organique.

Les principaux combustibles minéraux sont :

FAMILLE DU DIAMANT

Diamant, C.

Graphite C.

CHARBONS FOSSILES

Anthracite.

Houille.

Lignite.

Tourbe.

CIRES FOSSILES

Ozocérite $C^{30} H^{62}$

BITUMES

Naphte $C^{2n} H^{2n+2}$

Asphalte.

RÉSINES FOSSILES.

Succin $C^{10} H^{64} O^{4}$

FAMILLE DU DIAMANT

DIAMANT

C. C. — Cristallise dans le système cubique. Sa molécule est hémiaxe dichosymétrique.

On observe les formes $1/2\ a^1$, b^1, p; $1/2\ a^{\frac{1}{2}}$. Fréquemment les deux demi-formes sont superposées sur le même cristal, qui prend ainsi l'aspect d'un cristal holoédrique. Les cristaux sont fréquemment maclés par pénétration. Il possède douze systèmes de clivages parallèles aux faces du rhombododécaèdre.

Les faces sont courbes, fréquemment striées; sur les faces p on peut observer des impressions carrées dont les côtés sont parallèles aux diagonales de la face,

Sur les faces a^1, on trouve des impressions triangulaires dont les sommets sont opposés aux côtés de la face.

C. Ph. — Le diamant possède une légère biréfringence qui fait supposer qu'il ne cristallise qu'en apparence dans le système cubique. L'indice de réfraction est très grand, égal à 2,42. Le diamant est transparent, généralement incolore ; mais il peut être rouge, vert, jaune, noir. Le diamant est quelquefois en boules hérissées de pointes cristallines ; il est alors généralement noir, et on lui donne le nom de carbonado. Il doit être taillé pour présenter un vif éclat, car il offre un aspect rugueux à la surface. C'est le plus dur des corps ; il est moins dur sur la face a^1 que sur la face p. Il est infusible et brûle complètement dans l'oxygène.

G. — On le trouve dans les alluvions aurifères de l'Inde, de Bornéo, de l'Oural et du Cap.

GRAPHITE

C. C. — Le graphite est cristallisé dans le système monoclinique, mais comme l'angle mm est de 124° 33′, c'est-à-dire très voisin de 120°, et comme les cristaux présentent le plus souvent les faces m^1, p et g^1, ils ont l'apparence de lamelles hexagonales. Ils se clivent très facilement suivant p.

C. Ph. — Il est généralement en masses fibreuses, en paillettes. Il est d'un noir de fer ou gris de plomb, onctueux, flexible, tachant le papier. Il est infusible, brûle plus difficilement que le diamant.

G. — On le trouve dans les roches cristallophylliennes.

CHARBONS FOSSILES

Ils proviennent de la décomposition des végétaux à l'abri de l'air. Ils sont formés de carbone et de carbures d'hydrogène, en proportions fort variables. Ils renferment, en outre, une petite quantité de matières minérales. C'est sur la proportion de carbone qu'on base la division des charbons en espèces.

Ils sont amorphes, noirs ou bruns, complètement opaques.

Anthracite. — Elle renferme 94 p. 100 environ de charbon; son éclat est résineux. Elle est quelquefois irisée; elle brûle difficilement, mais dégage une grande quantité de chaleur.

Dans le tube fermé, elle donne de l'eau, mais pas d'huiles volatiles.

Houille. — Substance noire à l'éclat vitreux, présentant fréquemment trois plans de clivage perpendiculaires entre eux. Les houilles sèches contiennent 20 à 25 p. 100 de substances volatiles; les houilles grasses maréchales en contiennent 25 à 30 p. 100, et les houilles à gaz en renferment 30 à 40 p. 100.

Lignite. — C'est une houille imparfaite, à structure ligneuse contenant 50 à 70 p. 100 de matières volatiles. Noire ou brune. On appelle jayet une variété noire plus compacte, employée dans la joaillerie.

Tourbe. — La tourbe est le premier résultat de la décomposition des végétaux. C'est une substance plus ou moins fibreuse; elle donne les produits de distillation du bois et renferme 55 p. 100 de carbone.

CIRES FOSSILES

OZOCÉRITE

$$C^{30} H^{62}$$

Substance ayant la couleur de la cire, vert ou brun jaunâtre.

Légèrement chauffée elle devient malléable et fond à 62°. Si on continue à la chauffer, elle s'enflamme et brûle sans donner de résidu.

On la trouve en masses quelquefois volumineuses dans les

fentes et les poches des grès tertiaires du Caucase et de la Moldavie.

BITUMES

NAPHTES, PÉTROLES

$$C^{2n} H^{2n+2}$$

· La napthe est un liquide huileux, volatil, odorant, incolore, quand il est pur. Généralement il contient une faible proportion d'asphalte en dissolution ; il prend alors une teinte jaune, et on l'appelle pétrole. Très inflammable ; il dissout l'asphalte et les résines. Il imbibe certains terrains ; pour l'extraire, tantôt on creuse des puits où il s'accumule, tantôt on chauffe la roche de façon à faire distiller le pétrole. En chauffant les pétroles à des températures, s'élevant progressivement jusqu'à 360°, on a obtenu treize hydrocarbures du groupe des paraffines, c'est-à-dire ayant pour formules $C^{2n} H^{2n+2}$.

On trouve ces huiles dans tous les pays, à Bacou, aux États-Unis, dans l'Inde, le Japon, en Chine.

RÉSINES FOSSILES

SUCCIN OU AMBRE

$$C^{40} H^{64} O$$

Se trouve en rognons transparents ou translucides, d'un jaune orangé, ou d'un jaune brun. Fond à 287° et brûle en répandant une odeur agréable.

Le succin provient de la résine sécrétée par un pin de l'époque tertiaire ; on le trouve sur les bords de la Baltique.

Fréquemment le succin renferme des insectes.

TABLE DES MATIÈRES

LIVRE II

MINÉRALOGIE PHYSIQUE

PROPRIÉTÉS PHYSIQUES DES MINÉRAUX

Première section.

Deuxième section. — Propriétés optiques.

Troisième section.

LIVRE III

MINÉRALOGIE SPÉCIFIQUE

DESCRIPTION DES ESPÈCES

Première section. — Détermination des espèces. Classification.

TABLE ALPHABÉTIQUE DES NOMS D'ESPÈCES

CITÉS DANS L'OUVRAGE

A

Acerdèse, 321, 347.
Actinote, 373, 405.
Adamine, 322.
Adulaire, 387.
Aegyrine : espèce de pyroxène.
Agate, 379.
Aimant, 346.
Alabandine, 320.
Albite, 293, 372, 390.
Allanite, 374, 433.
Almandin, 151, 373, 420.
Améthyste, 382.
Améthyste orientale, 351.
Amiante, 404.
Amphiboles, 373, 403,
Amphigène : voy. *Leucite*.
Analcime, 375, 440.
Andalousite, 374, 425.
Andésine, 372, 390.
Anglésite, 291.
Anhydrite. 294, 322, 355.
Anomite, 373, 401.
Anorthite, 294, 372, 390.
Anthracite, 446.
Antimoine, 290, 295, 319, 326.
Antimoniures, 320, 330.
Apatite. 294, 322, 356, 373.
Apophyllite, 375, 440.
Aragonite, 151, 294, 323, 359, 375.
Argent, 295, 319, 328.
Argents noirs, 341.

Argents rouges, 342.
Argyrose, 320, 330.
Argyrythrose, 342.
Arseniates, 288, 289, 322, 356.
Arsenic, 290, 319, 325.
Arseniures, 220, 330.
Asbeste, 404.
Augite, 375, 411.
Axinite, 294.
Azotates, 288.
Azurite, 294, 323, 361.

B

Barytine, 294, 322, 353.
Bastite, 438.
Béryl, 416.
Biotite, 373, 402.
Bismuth, 295, 319, 326.
Bismuthine, 292, 320.
Bitumes, 288.
Blende, 292, 320, 332.
Boracite, 146, 323.
Borax, 294, 323.
Braunite, 321.
Bronzite, 373, 413.
Brookite, 322.
Bruschite, 322.

C

Calamine, 292, 323.
Calcédoine, 372, 377.

ERRATA

Page 97, dans le tableau au lieu de : A_2 *lire* A^2.

— 110, 2º ligne en remontant au lieu de : *première espèce, lire deuxième espèce.*

— 127, 10º ligne au lieu de : *f* l'arête, etc., *lire f* celle située au-dessous de *b, h* l'arête, etc.

-- 190, au lieu de Polarisateurs, *lire* Polariseurs.

— 254, lignes 17 et 20, au lieu de : Wynoubofl, *lire* Wyrouboff.

— 278, lignes 14 au lieu de : A^2, *lire* A^3.

ÉVREUX, IMPRIMERIE DE CHARLES HÉRISSEY

81

Pour quoi
de vauflo

LIBRAIRIE POLYTECHNIQUE, BAUDRY ET Cie, ÉDITEURS

Paris, 15, rue des Saints-Pères. — Liège, rue des Dominicains, 7.

EXTRAIT DU CATALOGUE

ÉVREUX, IMPRIMERIE DE CHARLES HÉRISSEY

www.ingramcontent.com/pod-product-compliance
Lightning Source LLC
Chambersburg PA
CBHW031626210326
41599CB00021B/3313